Dirk Rein
Mathematik für die Praxis
des Naturwissenschaftlers und Ingenieurs

Dirk Rein

Mathematik für die Praxis des Naturwissenschaftlers und Ingenieurs

Walter de Gruyter · Berlin · New York 1979

Dr. Dirk Rein
Institut für Physikalische Chemie
der Universität Göttingen
Tammannstraße 6
3400 Göttingen

CIP-Kurztitelaufnahme der Deutschen Bibliothek

Rein, Dirk:
Mathematik für die Praxis des Naturwissenschaftlers und Ingenieurs / Dirk Rein. – Berlin, New York: de Gruyter, 1979.
(De-Gruyter-Lehrbuch)
ISBN 3-11-007199-1

Satz: Composersatz Verena Boldin, Aachen. Druck: Color Druck, Berlin. – Bindearbeiten: Dieter Mikolai, Berlin. Printed in Germany.

Vorwort

Das hier vorliegende Lehrbuch entstand aus den Erfahrungen einer zweisemestrigen Kursvorlesung „Mathematik für Chemiker", wie sie seit einigen Jahren innerhalb des Fachbereichs Chemie der Universität Göttingen abgehalten wird. Diese Lehrveranstaltung gehört für alle Göttinger Studenten der Chemie, der Physik (Lehramt) und der Mineralogie zum verbindlichen Studiengang. Außerdem wird sie von vielen Studenten der Biologie und mitunter auch der Physik (Diplom) und der Medizin besucht.

Entsprechend den Anforderungen in Ausbildung und späterer Tätigkeit in diesen Berufsgruppen wird in dieser Lehrveranstaltung weitgehend auf abstrakte Formulierungen und Beweisführungen mathematischer Sätze und Definitionen verzichtet. Vielmehr gilt es, dem Studenten ausreichende Grundlagen zu vermitteln und ihn so auf die Verwendung mathematischer Hilfsmittel bei theoretischen Betrachtungen und vor allem auch in der Auswertung experimenteller Arbeiten seines Faches vorzubereiten. Damit liegt das Schwergewicht auf der Anwendung einfacher mathematischer Sätze. Andererseits finden Sprache und Gedankenführung aus der Mathematik zunehmend Eingang in die naturwissenschaftlichen Disziplinen, so daß es angebracht scheint, Sätze und Definitionen in einem gewissen Rahmen in der abstrakten mathematischen Formulierung zu verwenden, dann aber, anstelle des Beweises, die Benutzung der Beziehungen an möglichst vielen Beispielen aufzuzeigen. Wo immer sich einfache angewandte Beispiele, überwiegend aus der Physik und der Chemie, anbieten, werden diese zur Ergänzung der mathematischen Beispiele herangezogen, um so dem Leser einen konkreten Bezug seiner Arbeit zu zeigen.

Abschließend möchte ich Herrn Prof. Dr. K. Hauffe danken, von dem die Anregung und stete Ermunterung zu diesem Buch ausging, sowie Herrn Dr. J. Halfdanarson und Herrn Dr. V. Martinez, die mir bei der Vorbereitung des Manuskriptes und bei den Korrekturen geholfen haben, und den Mitarbeitern des de Gruyter-Verlages für die angenehme Zusammenarbeit.

Göttingen, im Januar 1979 D. Rein

Inhalt

Teil I: Analysis

1 Grundlagen

1.1 Grundbegriffe der Mengenlehre

Befaßt man sich mit Fragestellungen der Mathematik, so empfiehlt es sich, als Sprachbasis einige Begriffe aus der Mengenlehre zu übernehmen, deren Verwendung zu vielerlei Vereinfachungen führen kann.

1.1.1. Definition. Eine **Menge** M ist eine wohldefinierte Gesamtheit unterschiedlicher Objekte x mit gemeinsamen Eigenschaften.

$$M = \{x \mid x \text{ hat die Eigenschaft } A\}.$$

Die Objekte x, die zu M gehören, heißen **Elemente** von M

$$x \in M \quad (\text{d.h. „x ist das Elemente von M"})$$

bzw.

$$x \notin M \quad (\text{d.h. „x ist kein Element von M"}).$$

Die Menge aller Halogene z.B. kann man in zwei verschiedenen Formen darstellen:

$$\begin{aligned} M &= \{F, Cl, Br, J, At\} \\ &= \{x \mid x \text{ ist Halogen}\}. \end{aligned}$$

Je nach Art und Zahl der Elemente gibt es für einige Mengen spezielle Namen. Da ist zunächst die **leere Menge** ϕ zu nennen, die gar kein Element enthält.

Endliche Mengen sind durch die endliche Anzahl von Elementen ausgezeichnet. So stellt z.B. die Menge aller zweiziffrigen Zahlen eine endliche Menge dar. Dagegen gehört z.B. die Menge aller Kreise vom Radius r = 1 innerhalb der Zeichenebene zur Gesamtheit der unendlichen Mengen, also zu den Mengen, die unendliche viele Elemente enthalten.

Nun kann man die Eigenschaften der Elemente einer Menge noch spezifizieren, d.h. innerhalb der Menge der zweiziffrigen Zahlen z.B. kann man verschärfend fordern, daß nur solche Zahlen gewählt werden, die nicht größer als 20 sind. Man erfaßt somit nur einen Teil der Elemente der Menge aller zweiziffrigen Zahlen, die neugebildete Menge stellt also eine Teilmenge der ursprünglichen Menge dar.

1.1.2. Definition. Eine Menge M_2 heißt **Teilmenge** der Menge M_1, wenn jedes Element von M_2 auch Element von M_1 ist.

$$M_2 \subseteq M_1 \Rightarrow \forall x : x \in M_2 \Downarrow x \in M_1.$$

M_2 ist eine echte Teilmenge, $M_2 \subset M_1$, wenn M_1 mehr Elemente enthält als M_2.

Die Mengen M_1 und M_2 heißen gleich, wenn sie dieselben Elemente enthalten.

Somit stellt also die oben beschriebene Menge aller zweiziffrigen Zahlen unter 20 eine echte Teilmenge der Menge aller zweiziffrigen Zahlen dar

$$\left.\begin{array}{l} M_2 = \{x \mid x \text{ ist zweiziffrige Zahl unter } 20\} \\ M_1 = \{y \mid y \text{ ist zweiziffrige Zahl}\} \end{array}\right\} \Rightarrow M_2 \subset M_1.$$

Selbstverständlich stellt die leere Menge ϕ eine echte Teilmenge zu jeder beliebigen Menge dar.

Nun kann man mathematische Verbindungen herstellen, sowohl zwischen den Mengen, als auch zwischen den Elementen einer Menge.

1.1.3. Definition. Unter der **Vereinigung von zwei Mengen** M_1 und M_2 versteht man die Menge von Elementen x, die in M_1 oder in M_2 enthalten sind

$$M_3 = M_1 \cup M_2 = \{x \mid x \in M_1 \vee x \in M_2\}.$$

Dabei ist das „oder" nichtausschließend zu verstehen, d.h. das Element darf auch in beiden Mengen gleichzeitig auftreten.

1.1.4. Beispiele.

1.

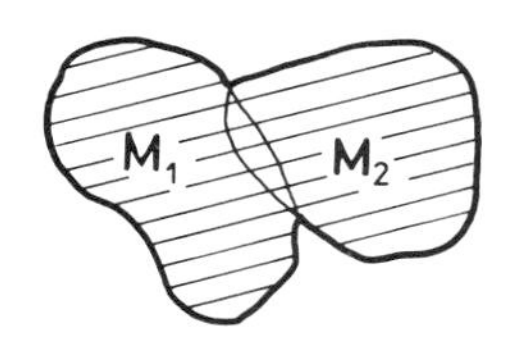

Abb. 1.1: Die Vereinigungsmenge zweier Mengen

2. $$\left.\begin{array}{l} M_1 = \{0;1;2;4\} \\ M_2 = \{1;3;5;7\} \end{array}\right\} \Rightarrow M_1 \cup M_2 = \{0;1;2;3;4;5;7\}.$$

1.1.5. Definition. Unter dem **Durchschnitt von zwei Mengen** M_1 und M_2 versteht man die Menge von Elementen x, die sowohl in M_1 als auch in M_2 enthalten sind.

$$M_3 = M_1 \cap M_2 = \{x \mid x \in M_1 \wedge x \in M_2\}$$

1.1.6. Beispiele.

1.

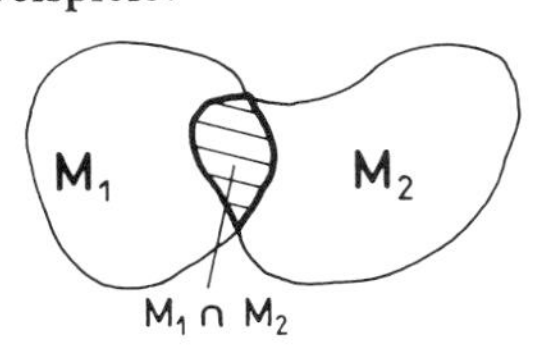

Abb. 1.2: Die Durchschnittsmenge von zwei Mengen

2. $$\left.\begin{array}{l} M_1 = \{0;1;2;4\} \\ M_2 = \{1;3;5;7\} \end{array}\right\} \Rightarrow M_1 \cap M_2 = \{1\}.$$

1.1.7. Definition: Unter der **Differenz von zwei Mengen** M_1 und M_2 versteht man die Menge von Elementen x, die in M_1, nicht aber in M_2 enthalten sind.

$$M_3 = M_1 - M_2 = \{x \mid x \in M_1 \wedge x \notin M_2\}.$$

1.1.8. Beispiele.

1.

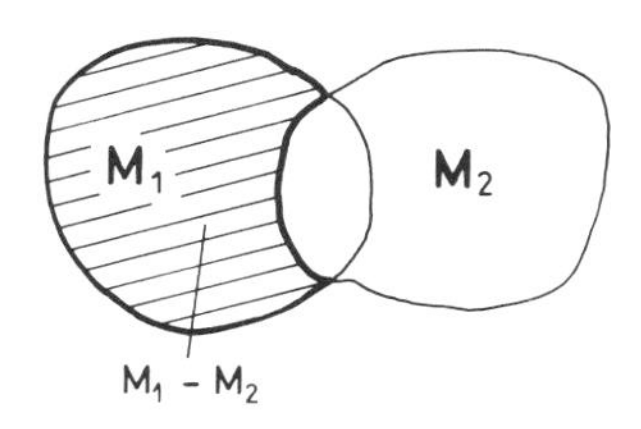

Abb. 1.3: Die Differenzmenge von zwei Mengen

2. $\left.\begin{array}{l} M_1 = \{0;1;2;4\} \\ M_2 = \{1;3;5;7\} \end{array}\right\} \curvearrowright M_1 - M_2 = \{0;2;4\}.$

1.1.9. Definition. Unter dem (kartesischen) **Produkt von zwei Mengen** M_1 und M_2 versteht man die Menge von geordneten Paaren (x;y) mit $x \in M_1$ und $y \in M_2$

$$M_3 = M_1 \times M_2 = \{(x;y) \mid x \in M_1,\ y \in M_2\}.$$

1.1.10. Beispiel.

$$\left.\begin{array}{l} M_1 = \{1;2\} \\ M_2 = \{3;4;5\} \end{array}\right\} \curvearrowright M_1 \times M_2 = \{(1;3);\ (1;4);\ (1;5);\ (2;3);\ (2;4);\ (2;5)\}\ .$$

Mit Hilfe des Produktes zweier Mengen kann die Multiplikation von Zahlen anschaulich gemacht werden. Bei obigem Beispiel wird eine Menge mit zwei Elementen mit einer Menge mit drei Elementen verknüpft. Die Produktmenge hat $2 \cdot 3 = 6$ Elemente.

1.1.11. Definition. Unter einer Verknüpfung o von je zwei Elementen x_1 und x_2 einer Menge M versteht man eine mathematische Operation, die den Elementen x_1 und x_2 eine Größe $x_3 = x_1 \circ x_2$ zuordnet.

Die Menge M heißt **abgeschlossen** bezüglich der Verknüpfung o, wenn $x_3 = x_1 \circ x_2$ wieder Element von M ist, d.h. wenn gilt

$$x_3 = x_1 \circ x_2 \in M \quad \forall\ x_i \in M.$$

1.1.12. Beispiel. Gegeben sei die Menge aller zweiziffrigen Zahlen. Bezüglich der Addition ist die Menge M nicht abgeschlossen, denn es gilt zwar $53 \in M$ und $76 \in M$, aber die Summe $53 + 76 = 129$ ist nicht Element von M.

1.2 Reelle Zahlen

Die unterste Ebene, auf der man sich bei mathematischen Betrachtungen bewegt, ist die des Abzählens, wodurch die Zahl zum Ausgangspunkt jeglicher mathematischen Operation wird.

1.2.1. Definition. Die Menge $\mathbb{N}$ der **natürlichen Zahlen** besteht aus den ganzen positiven Zahlen.

Die Menge der natürlichen Zahlen ist bezüglich der Rechenoperationen „Addition" und „Multiplikation" abgeschlossen, d.h. Summe und Produkt von zwei natürlichen Zahlen sind wieder natürliche Zahlen. Will man erreichen, daß die Zahlenmenge auch bezüglich der Subtraktion abgeschlossen ist, muß man die natürlichen Zahlen um die Zahl Null und um die ganzen negativen Zahlen erweitern.

1.2.2. Definition. Die Menge $\mathbb{Z}$ der **ganzen Zahlen** besteht aus der Zahl Null und den natürlichen Zahlen mit positivem und negativem Vorzeichen.

Soll schließlich auch die Division berücksichtigt werden, so muß man die Zahlenmenge noch einmal erweitern.

1.2.3. Definition. Die Menge $\mathbb{Q}$ der **rationalen Zahlen** besteht aus den Zahlen, die sich als Quotient aus zwei ganzen Zahlen darstellen lassen.

$$\mathbb{Q} = \{q \mid q = \frac{a}{b};\ \forall a, b \in \mathbb{Z},\ b \neq 0\}.$$

Dabei kann man jede rationale Zahl, d.h. jeden Zahlenbruch, in eine Dezimalzahl umwandeln. Z.B. sind die Darstellungsformen

$$\frac{1}{8} = \frac{125}{1000} = 0{,}125 = 1{,}25 \cdot 10^{-1}$$

völlig gleichberechtigt. In vielen Fällen erhält man bei dieser Umformung jedoch keine endliche Dezimalzahl, d.h. keine Dezimalzahl mit endlich vielen Ziffern, sondern eine periodische Dezimalzahl

$$\frac{1}{6} = \frac{1}{10} + \frac{6}{100} + \frac{6}{1000} + \ldots = 0{,}166\ldots = 0{,}1\bar{6}.$$

1.2.4. Definition. Eine Dezimalzahl heißt **periodisch**, wenn sich gewisse Ziffernanordnungen ohne Ende wiederholen.

Damit ergeben sich also zwei mögliche Darstellungsformen für rationale Zahlen.

1.2.5. Satz. Jede rationale Zahl q kann entweder als Bruch oder als endliche oder unendlich-periodische Dezimalzahl dargestellt werden.

Zwar ist die Menge der rationalen Zahlen abgeschlossen in bezug auf die Rechenoperationen Addition, Subtraktion, Multiplikation, Division und Potenzieren, doch nicht bezüglich der Operation des Wurzelziehens. Außerdem gibt es unendlich-nichtperiodische Dezimalzahlen, die bei den rationalen Zahlen nicht erfaßt werden. Dazu gehören viele Naturkonstanten wie z.B.

die Kreiszahl	π	$= 3{,}14159...$
die Eulersche Zahl	e	$= 2{,}71828...$
die Gaskonstante	R	$= 8{,}315...\ [\mathrm{J} \cdot \mathrm{mol}^{-1}\,\mathrm{grd}^{-1}]$
das Plancksche Wirkungsquantum	h	$= 6{,}625... \cdot 10^{-34}\ [\mathrm{J} \cdot \mathrm{sec}]$

sowie ein großer Teil der Wurzelausdrücke, was durch eine besondere Form des mathematischen Beweises, den „Beweis durch Widerspruch" gezeigt werden soll.

1.2.6. Behauptung. $\sqrt{2}$ ist keine rationale Zahl.

Beweis durch Widerspruch:
Annahme: $\sqrt{2}$ ist eine rationale Zahl.
Wenn $\sqrt{2}$ eine rationale Zahl ist, dann kann man sie als Bruch aus zwei teilerfremden (gekürzt) natürlichen Zahlen a und b darstellen, d.h.

$$\sqrt{2} = \frac{a}{b} \quad \text{mit } a, b \in \mathbb{N},\ b \neq 0,\ a, b \text{ teilerfremd} \Rightarrow 2b^2 = a^2 \qquad |*$$

Aus dieser Gleichung ergibt sich: a^2 ist eine gerade Zahl. Damit ist auch a eine gerade Zahl, so daß man a auch durch eine Zahl $n \in \mathbb{N}$ ausdrücken kann:

$$a = 2n; \quad n \in \mathbb{N}.$$

In Gleichung * eingesetzt, ergibt sich

$$4n^2 = 2b^2$$
$$\Rightarrow b^2 = 2n^2.$$

Also ist auch b^2 eine gerade Zahl und damit auch b. Wenn aber sowohl a als auch b gerade Zahlen sind, dann kann man den Bruch $\frac{a}{b}$ durch 2 kürzen. Es war jedoch angenommen worden, daß a und b teilerfremd sind, so daß sich aus der Rechnung ein Widerspruch zur Annahme ergibt. Die Annahme muß also falsch sein. Damit kann $\sqrt{2}$ keine rationale Zahl sein.

1.2.7. Definition. Die Menge der **irrationalen Zahlen** besteht aus solchen Zahlen, die man als unendliche, nichtperiodische Dezimalzahlen darstellen kann.

Stellten die ganzen Zahlen z.B. noch eine Teilmenge der rationalen Zahlen dar, so haben die Mengen der rationalen und der irrationalen Zahlen keinerlei gemeinsame Elemente. Daher faßt man noch einmal zusammen.

1.2.8. Definition. Die Menge $\mathbb{R}$ der **reellen Zahlen** stellt die Vereinigungsmenge der rationalen und der irrationalen Zahlen dar.

Die reellen Zahlen sind schließlich die Zahlen, mit denen man im allgemeinen zu rechnen gewöhnt ist. Da auch bei experimentellen Arbeiten und deren Auswertungen den reellen Zahlen eine besondere Bedeutung zukommt, seien im folgenden stets reelle Zahlen und deren Eigenschaften zugrunde gelegt, wenn nicht ausdrücklich anderes gesagt wird.

Vor weiterführenden Betrachtungen benötigt man einige Kenntnisse über das Arbeiten mit reellen Zahlen. Zunächst muß man wissen, wieweit man zwei mathematische Größen, hier also reelle Zahlen, miteinander vergleichen kann.

1.2.9. Satz. Zwischen zwei reellen Zahlen gilt stets eine der folgenden Ordnungsbeziehungen:

$a = b$, d.h. „a ist gleich b"
$a \neq b$, d.h. „a ist ungleich b". In diesem Fall kann man die Aussage präzisieren,
$a > b$, d.h. „a ist größer als b"
$a < b$, d.h. „a ist kleiner als b".
Ist eine so präzise Aussage nicht möglich, so kann man auch sagen
$a \geqslant b$, d.h. „a ist größer oder gleich b".
$a \leqslant b$, d.h. „a ist kleiner oder gleich b".

Mit Hilfe dieses Satzes ist es also möglich, reelle Zahlen in Relation zueinander zu setzen und eine Reihenfolge vorzugeben, etwa mit Hilfe eines Zahlenstrahles.

Verknüpft man nun zwei reelle Zahlen miteinander, deren Ordnungsbeziehung zueinander man kennt, so stellt sich die Frage, ob man auch Aussagen über die Ordnungsbeziehungen der Verknüpfungselemente machen kann.

Aus dem Satz 1.2.9. ergeben sich Konsequenzen, die hier nur aufgelistet werden sollen.

1.2.10. Satz. Für beliebige Zahlen $a, b, c, \in \mathbb{R}$ mit $a \neq b$ gilt stets

$$a + c \neq b + c$$
$$a - c \neq b - c$$
$$a \cdot c \neq b \cdot c \qquad c \neq 0$$
$$\frac{a}{c} \neq \frac{b}{c} \qquad c \neq 0.$$

Werden in diesem Satz die Grundregeln für das Rechnen mit Ungleichungen beschrieben, so bezieht sich der nächste Satz auf das Arbeiten mit den Größenrelationen.

1.2.11. Satz. Für beliebige reelle Zahlen $a, b, c \in \mathbb{R}$ gilt stets

$$a > 0,\ b > 0 \quad \curvearrowright \quad a + b > 0$$
$$a > 0,\ b > 0 \qquad a \cdot b > 0$$
$$a > b \qquad a + c > b + c$$
$$a > b,\ c > 0 \qquad a \cdot c > b \cdot c$$
$$a > b,\ c < 0 \qquad a \cdot c < b \cdot c$$
$$a > b,\ a \cdot b > 0 \qquad \frac{1}{a} < \frac{1}{b}$$
$$a > b,\ a \cdot b < 0 \qquad \frac{1}{a} > \frac{1}{b}$$
$$a \geqslant b,\ a \leqslant b \qquad a = b.$$

Mit diesem Satz werden zunächst Rechenregeln aufgeführt für die Verknüpfung von reellen Zahlen, die in ihren Ordnungsbeziehungen gegeben sind. Man kann jedoch weitergehend auch Ordnungsbeziehungen miteinander vergleichen, was im nächsten Satz zusammengefaßt sei.

1.2.12. Satz. Für beliebige reelle Zahlen a, b, c, d $\in \mathbb{R}$ gilt stets

$$\begin{array}{lll} a < b,\ c < d & \Rightarrow & a + c < b + d \\ a < b,\ c > d & & a - c < b - d \\ a < b,\ c < d & & a \cdot c < b \cdot d \quad \text{falls } b > 0,\ c > 0 \\ 0 < a < b & & a^q < b^q \quad \forall q \in \mathbb{Q}. \end{array}$$

Wie die letzten Sätze schon gezeigt haben, können zwei Größen denselben Zahlenwert haben und sich dennoch unterscheiden, indem sie durch ein Vorzeichen in einer Größenbeziehung zueinander stehen. Bei manchen Betrachtungen reicht es jedoch aus, den Zahlenwert ohne Berücksichtigung eines Vorzeichens zu verwenden. Damit ergibt sich ein neuer Begriff.

1.2.13. Definition. Der (absolute) **Betrag** einer reellen Zahl a ist gegeben durch

$$|a| = \begin{cases} a & \text{für } a > 0 \\ 0 & \text{für } a = 0 \\ -a & \text{für } a < 0. \end{cases}$$

Der Betrag einer Zahl entspricht also lediglich dem Zahlenwert und hat stets ein positives Vorzeichen, denn sei z.B. $a=2>0$, dann ist $|a|=2>0$ nach der Definition eine positive Zahl. Oder sei z.B. $a=-2<0$, dann ist $|a|=-a=-(-2)=+2>0$ ebenfalls eine positive Zahl. Die an diesem Beispiel erläuterte Aussage kann man mit dem Inhalt von 1.2.13. noch einmal zusammenfassen.

1.2.14. Satz. Der Betrag einer Zahl a ist durch die beiden folgenden Eigenschaften gekennzeichnet:

$$|a| \geqslant 0$$
$$|a| = \pm a.$$

Wie für jede andere mathematische Größe gelten für das Rechnen mit Beträgen besondere Vorschriften, die sich jedoch aus den Rechenregeln für reelle Zahlen unter Berücksichtigung von 1.2.13. herleiten lassen.

1.2.15. Satz. Für beliebige Zahlen, a, b $\in \mathbb{R}$ gilt stets

$$\begin{array}{lll} |a \cdot b| & = & |a| \cdot |b| \\ \left|\frac{a}{b}\right| & = & \frac{|a|}{|b|} \\ |a + b| & \leqslant & |a| + |b| \quad \text{(Dreiecksungleichung)} \\ |a - b| & \leqslant & |a| + |b| \\ |a + b| & \geqslant & |a| - |b| \\ |a - b| & \geqslant & |a| - |b| \end{array}$$

Aus den Beziehungen des Satzes 1.2.15. sei hier die besonders wichtige Dreiecksungleichung als einziges bewiesen. Dazu muß man eine Fallunterscheidung als mathematische Beweisform durchführen.

1.2.16. Behauptung. $|a + b| \leqslant |a| + |b|$

Beweis durch Fallunterscheidung:

a) sei $a \geqslant 0$ und $b \geqslant 0$, dann gilt

$$|a + b| = |a| + |b|$$

z.B. $a = 2,\ b = 3 \Rightarrow |a+b| = |2+3| = |5| = 5 = |2| + |3|$

b) sei $b<0$ und $a \geqslant |b|$, dann gilt (entsprechend $a < 0,\ b \geqslant |a|$)

$$|a| + |b| > |a| > |a + b|$$

z.B. $b = -2,\ a = 4 \Rightarrow |4| + |-2| = 4 + 2 = 6 > |4 + (-2)| = |4 - 2| = 2$

c) sei $b<0$ und $|b| > a$, dann gilt (entsprechend $a<0,\ |a| > b$)

$$|a| + |b| > |b| > |a + b|$$

z.B. $b = -4,\ a = 2 \Rightarrow |2| + |-4| = 2 + 4 = 6 > |2 + (-4)| = |2-4| = 2$

d) sei $a < 0$ und $b < 0$, dann gilt

$$|a + b| = |a| + |b|$$

z.B. $a = -2,\ b = -3 \Rightarrow |-2| + |-3| = 2 + 3 = 5 = |-5| = |-2 - 3|$.

Wie man an diesem Beweis schon sieht, bedarf es beim Rechnen mit Beträgen besonderer Sorgfalt, was mit dem folgenden Beispiel noch einmal gezeigt werden soll.

1.2.17. Beispiel. Gesucht sind die Zahlen $x \in \mathbb{R}$, für die gilt

$$|2x + 3| \leqslant 5.$$

Zur Lösung dieser Aufgabe ist eine Fallunterscheidung notwendig:

a) sei $(2x + 3) > 0$, dann ergibt sich

$$\begin{aligned} +(2x + 3) &\leqslant 5 \\ 2x &\leqslant 2 \\ x &\leqslant 1 \end{aligned}$$

b) sei $(2x + 3) < 0$, dann ergibt sich

$$\begin{aligned} -(2x + 3) &\leqslant 5 \\ -2x - 3 &\leqslant 5 \\ x &\geqslant -4 \end{aligned}$$

c) die gegebene Ungleichung ist auch für $(2x + 3) = 0$ erfüllt, also auch für $x = -\frac{3}{2}$.

Die Zusammenfassung der Einzelfälle ergibt, daß die Ungleichung für alle $x \in \mathbb{R}$ mit $-4 \leqslant x \leqslant 1$ erfüllt ist.

Mit Hilfe der nächsten Definition ist der Lösungsbereich aus Beispiel 1.2.17. auch anders zu beschreiben.

1.2.18. Definition. Gegeben seien die beiden reellen Zahlen a und b. Man nennt dann die Mengen

$[a;b] = \{x \mid a \leqslant x \leqslant b\}$ abgeschlossenes Intervall
$(a;b) = \{x \mid a < x < b\}$ offenes Intervall
$[a;b) = \{x \mid a \leqslant x < b\}$ halbseitig rechts offenes Intervall
$(a;b] = \{x \mid a < x \leqslant b\}$ halbseitig links offenes Intervall.

Entsprechend dieser Definition kann die Lösungsmenge aus Beispiel 1.2.17. auch geschrieben werden

$$-4 \leqslant x \leqslant 1 \Leftrightarrow x \in [-4; 1].$$

Durch die Betrachtung eines speziellen Intervalls wird also die Gesamtmenge aller zur Verfügung stehenden Zahlen erheblich eingeschränkt.

1.2.19. Definition. Eine Zahlenmenge M heißt **beschränkt**, wenn ein Intervall $[a;b]$ existiert, das alle Elemente $x \in M$ im Innern enthält.
Die Zahlen a und b heißen dann untere bzw. obere **Schranken** von M.

Aus dieser Definition kann man sofort schließen, daß jede endliche Zahlenmenge beschränkt sein muß, denn es finden sich stets Intervalle, die diese Zahlenmengen als Teilmengen enthalten.

1.2.20. Beispiele.

1. Sei die Zahlenmenge $M = \{1;2;3;4;5\}$ vorgegeben. Die Zahlen 0, −2, −5 oder auch −10 sind kleiner als jedes Element von M, sie stellen also untere Schranken dar. Ebenso sind mit 5, 7, 8 oder 10 obere Schranken gegeben, so daß M beschränkt ist.
2. Die unendliche Zahlenmenge $N = \{x \mid x = 10^{-n}, n \in \mathbb{N}\}$ ist ebenfalls beschränkt, denn es gilt z.B. $N \subset [0; 2]$.
3. Dagegen ist die unendliche Zahlenmenge $P = \{x \mid x = 10^{n}, n \in \mathbb{N}\}$ unbeschränkt, denn es läßt sich für P zwar eine untere Schranke (z.B. − 1), aber keine obere Schranke finden.

Wie man an diesen Beispielen schon sieht, lassen sich häufig sehr viele Intervalle finden, die eine gegebene Zahlenmenge beschränken. Daher ist eine weitere Einschränkung praktisch.

1.2.21. Definition. Die Zahl a heißt **untere Grenze** (Infimum) von M, wenn sie die größte aller unteren Schranken ist. Die Zahl b heißt **obere Grenze** (Supremum) von M, wenn sie die kleinste aller oberen Schranken ist.

In den Beispielen 1.2.20. stellt das Intervall $[1; 5]$ eine Begrenzung für die Zahlenmenge M dar. In diesem Fall sind obere und untere Grenze selbst Elemente von M. Anders dagegen bei der Zahlenmenge N. Hier begrenzt das Intervall $[0; 0{,}1]$ die Zahlenmenge, wobei die untere Grenze kein Element von N ist. Die Zahlenmenge P schließlich ist nach oben unbeschränkt, folglich existiert auch keine obere Grenze.

Beschränkt oder begrenzt man Zahlenmengen, so sucht man stets eine zweite Zahlenmenge, die die gegebene Menge als Teilmenge enthält. Mitunter ist es aber auch notwendig, ein Intervall zu beschreiben, das ein bestimmtes Element einer Zahlenmenge enthält.

1.2.22. Definition. Unter einer **Umgebung** $U(x)$ einer Zahl x versteht man ein beliebiges offenes Intervall $(a;b)$ mit $a<x<b$.

Eine linksseitige Umgebung $U_l(x)$ einer Zahl x ist ein Intervall $(a;x]$ mit $a<x$. Entsprechend ist das Intervall $[x;b)$ mit $x<b$ eine rechtsseitige Umgebung $U_r(x)$ von x.

Unter einer ϵ-Umgebung $U(x;\epsilon)$ einer Zahl x versteht man das Intervall $(x-\epsilon;\ x+\epsilon)$ mit $\epsilon>0$.

Kann man jedes Intervall (a; b) mit beliebigen, $a, b, \in \mathbb{R}$ noch als Umgebung eines Punktes x bezeichnen, sofern nur $x \in (a;b)$ erfüllt ist, wird bei der ϵ-Umgebung die Größe des Intervalls durch die Vorgabe der Zahl $\epsilon>0$ bereits festgelegt.

1.2.23. Beispiele.

1. Sei die Menge $M = \{x|1 \leqslant x \leqslant 12;\ x\in \mathbb{R}\}$vorgegeben, sowie der Wert $\epsilon=3>0$ und die Zahl $x_1=5$. Die ϵ-Umgebung $U(5;3)$ ist dann durch die Menge
$$U(5;3) = (5-3;\ 5+3) = (2;8) = \{x|2<x<8,\ x\in \mathbb{R}\}$$
gegeben.
2. Sei $M = \{\frac{1}{n}|\ n\in \mathbb{N}\}$ vorgegeben.
   a) Weiter seien $\epsilon = \frac{1}{16}$ und $x=\frac{1}{4}$ vorgegeben. Dann gilt
   $$U(x;\epsilon) = U(\tfrac{1}{4};\ \tfrac{1}{16}) = (\tfrac{1}{4}-\tfrac{1}{16};\ \tfrac{1}{4}+\tfrac{1}{16}) = (\tfrac{3}{16};\tfrac{5}{16}).$$
   b) Es sei $U(\frac{1}{4};\epsilon)$ vorgegeben. Wie groß muß $\epsilon>0$ sein, daß gilt $\frac{1}{9}\in U(\frac{1}{4};\epsilon)$?
   Nach 1.2.22. muß gelten $\frac{1}{4}-\epsilon<\frac{1}{9}$. Diese Ungleichung ist erfüllt für $\epsilon>\frac{5}{36}$.

1.3 Komplexe Zahlen

Die Menge $\mathbb{R}$ der reellen Zahlen ist abgeschlossen in bezug auf die vier Grundrechenarten Addition, Subtraktion, Multiplikation und Division sowie bezüglich deren Steigerungsform Potenzrechnung. Lediglich beim Wurzelziehen, einer Spezialform der Potenzrechnung, ergibt sich eine Ausnahme. Zwar erhält man mit $x_1=+1$ und $x_2=-1$ zwei reelle Lösungen der Gleichung $x^2=1$, die Gleichung $x^2=-1$ ist jedoch innerhalb der Menge der reellen Zahlen nicht lösbar. Hier bedarf der Zahlbegriff also einer Erweiterung.

1.3.1. Definition. Die Zahl i mit der Eigenschaft

$$\sqrt{-1} = i \quad \text{bzw.} \quad i^2 = -1$$

heißt **imaginäre Einheit.**

Alle Zahlen $a \cdot i$ mit $a \in \mathbb{R}$ heißen **imaginäre Zahlen.** Für alle imaginären Zahlen gilt

$$a \cdot i = a\sqrt{-1} = \sqrt{a^2 \cdot (-1)} = \sqrt{-a^2} \qquad a \in \mathbb{R}.$$

Dabei gelten für imaginäre Zahlen dieselben Rechenregeln wie für reelle Zahlen mit der durch die Definition 1.3.1. gegebenen Einschränkung in bezug auf die Wurzelgesetze. Ohne die beiden gleichberechtigten Gleichungen $\sqrt{-1} = i$ und $i^2 = -1$ wäre der folgende Widerspruch möglich:

a) aus den Potenzgesetzen folgt: $(\sqrt{-1})^2 = (-1)^{\frac{2}{2}} = (-1)^1 = -1$

b) aus den Wurzelgesetzen folgt ohne 1.3.1.:

$$(\sqrt{-1})^2 = \sqrt{-1}\,\sqrt{-1} = \sqrt{(-1)(-1)} = \sqrt{+1} = 1,$$

so daß beiden Gleichungen für das Rechnen mit imaginären Zahlen besondere Bedeutung zukommt.

Mit Hilfe der imaginären Zahlen ist also die Lösung jeder rein quadratischen Gleichung der Form $x^2=a$ möglich. Dagegen führen quadratische Gleichungen wie z.B.

$$x^2 - 4x + 13 = 0$$

zu den Lösungen

$$x_1 = 2 + 3i \quad \text{und} \quad x_2 = 2 - 3i,$$

also zu einer Verknüpfung einer reellen mit einer imaginären Zahl. Die Gesamtheit solcher Zahlen faßt man zur Menge $\mathbb{C}$ der komplexen Zahlen zusammen.

1.3.2. Definition. Die Summe aus einer reelen Zahl a und einer imaginären Zahl bi

$$z = a + bi \qquad a, b \in \mathbb{R}$$

heißt eine **komplexe Zahl.** Dabei stellt die Zahl a den **Realteil**, $a=\text{Re}(z)$, von z und die Zahl b den **Imaginärteil**, $b=\text{Im}(z)$, der komplexen Zahl z dar.

Damit sind zwei Angaben für die Beschreibung einer komplexen Zahl notwendig, nämlich die des Realteils und die des Imaginärteils.

Kann man eine reelle Zahl auf dem (reellen) Zahlenstrahl darstellen, so benötigt man zur anschaulichen Darstellung einer komplexen Zahl zwei Zahlenstrahlen, nämlich einen reellen **(Realteilachse)** und einen imaginären **(Imaginärteilachse)**, die man senkrecht zueinander anordnet. In einem solchen (komplexen) Koordinatensystem kann man alle komplexen Zahlen einordnen.

1.3.3. Satz. Jeder komplexen Zahl $z=a+bi$ kann eindeutig ein Punkt P in der komplexen Zahlenebene (Gaußsche Zahlenebene) zugeordnet werden, der als Koordinaten Real- und Imaginärteil der komplexen Zahl hat.

1.3.4. Beispiel. Der Zahl $z=2+3i$ entspricht der Punkt $P(2;3)$ in der Gaußschen Zahlenebene.

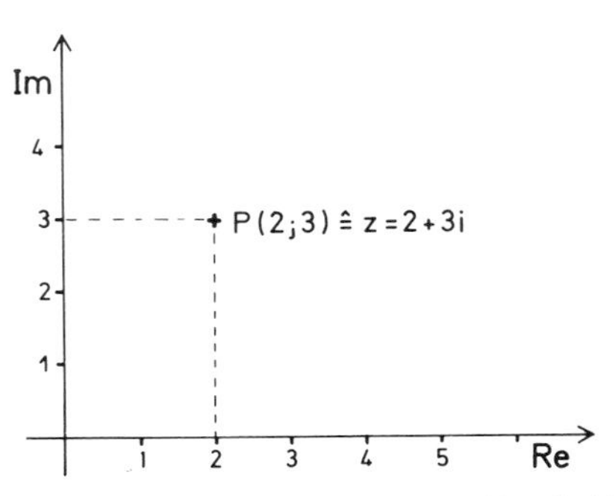

Abb. 1.4: Die Darstellung der Zahl $z=2+3i$ als Punkt der Gaußschen Zahlenebene

Aus diesem Beispiel ergibt sich als Konsequenz, daß zwei komplexe Zahlen gleich sind, wenn die entsprechenden Punkte in der Gaußschen Zahlenebene identisch sind, wenn also der folgende Satz gilt.

1.3.5. Satz. Zwei komplexe Zahlen $z_1=a_1+b_1 i$ und $z_2=a_2+b_2 i$ sind genau dann gleich, wenn sie in Realteil und Imaginärteil gleich sind.

Aus diesem Satz ergibt sich sofort der Spezialfall:

1.3.6. Satz. Eine komplexe Zahl $z=a+bi$ ist genau dann gleich Null, wenn Realteil und Imaginärteil gleich Null sind.

Damit sind die Voraussetzungen für das Rechnen mit komplexen Zahlen gegeben. Dabei ist zu beachten, daß unter Beachtung von 1.3.1. formal vorgegangen wird, wie bei den reellen Zahlen, sofern die Rechnung durch eine Gleichung beschrieben wird. Da zur Beschreibung einer komplexen Zahl zwei Angaben, Real- und Imaginärteil, notwendig sind, existiert dagegen ein Rechenvorgang nicht, sofern er durch Größer-/Kleinerrelationen beschrieben wird.

Als Beispiele für das Rechnen mit komplexen Zahlen seien hier einige Fälle vorgeführt.

1.3.6. Beispiele.

1. $(1+5i) + (3-6i) = 1 + 3 + 5i - 6i = 4-i$
2. $(3-2i)(4+i) = 12+3i-8i-2i^2 = 12-5i+2 = 14-5i$
3. $z_1 - z_2 = (a_1+b_1 i) - (a_2+b_2 i) = a_1-a_2+b_1 i-b_2 i=(a_1-a_2)_2+(b_1-b_2)i$
4. $\frac{z_1}{z_2} = \frac{a_1+b_1 i}{a_2+b_2 i} = \frac{(a_1+b_1 i)(a_2-b_2 i)}{(a_2+b_2 i)(a_2-b_2 i)} = \frac{a_1 a_2-a_1 b_2 i+a_2 b_1 i-b_1 b_2 i^2}{a_2^2-a_2 b_2 i+a_2 b_2 i-b_2^2 i^2}$

$$= \frac{a_1 a_2+b_1 b_2+(a_2 b_1-a_1 b_2)i}{a_2^2 + b_2^2} \cdot = \frac{a_1 a_2+b_1 b_2}{a_2^2 + b_2^2} + \frac{a_2 b_1-a_1 b_2}{a_2^2 + b_2^2} \cdot i$$

Wie für reelle Zahlen kann man auch für komplexe Zahlen einen Betrag definieren.

1.3.7. Definition. Der **Betrag einer komplexen Zahl** $z \in \mathbb{C}$ ist gegeben durch

$$|z| = |a + bi| = \sqrt{a^2 + b^2}.$$

Dieser Betrag einer komplexen Zahl z kann ebenfalls anschaulich in der Gaußschen Zahlenebene erklärt werden.

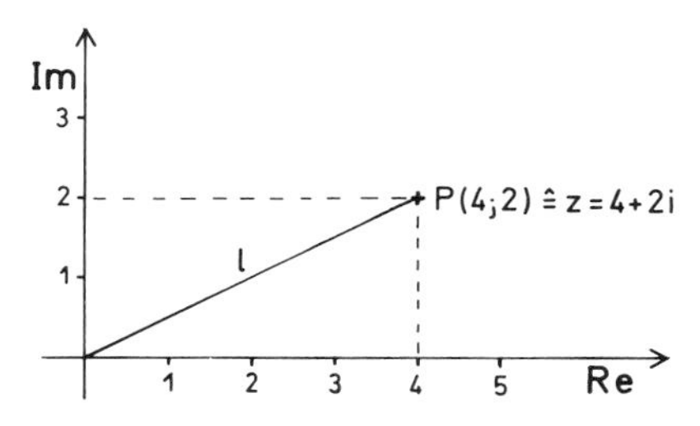

Abb. 1.5: Der Betrag der komplexen Zahl z = 4+2i

Berechnet man die Länge ℓ der Strecke vom Ursprung der Zahlenebene zum Punkt z=6+4i mit den Koordinaten Re(z)=6 und Im(z)=4, so ergibt sich nach dem Satz des Pythagoras

$$\ell^2 = 4^2 + 2^2 \Rightarrow \ell = \sqrt{4^2 + 2^2} = |z|.$$

Somit folgt sich der nächste Satz zwangsläufig:

1.3.8. Satz. Der Betrag einer komplexen Zahl z=a+bi entspricht dem Abstand des zu z gehörigen Punktes vom Ursprung der Gaußschen Zahlenebene.

Mit diesem Satz ergibt sich eine zusätzliche Parallele zur Vektorrechnung, denn der der Betrag eines Vektor $\vec{z}$ wird ebenfalls als seine Länge definiert, so daß man die Strecke vom Nullpunkt der Gaußschen Zahlenebene zum Punkt z=a+bi auch vektoriell beschreiben kann.

1.3.9. Definition. Unter einem **komplexen Vektor** $\vec{z}$ versteht man den Vektor in der Gaußschen Zahlenebene, der seinen Anfang im Nullpunkt und seine Spitze im Punkt P(Re(z); Im(z)) hat.

1.3.10. Beispiel. Gegeben sei die komplexe Zahl z=4+2i. Der zugehörige komplexe Vektor hat die Gestalt

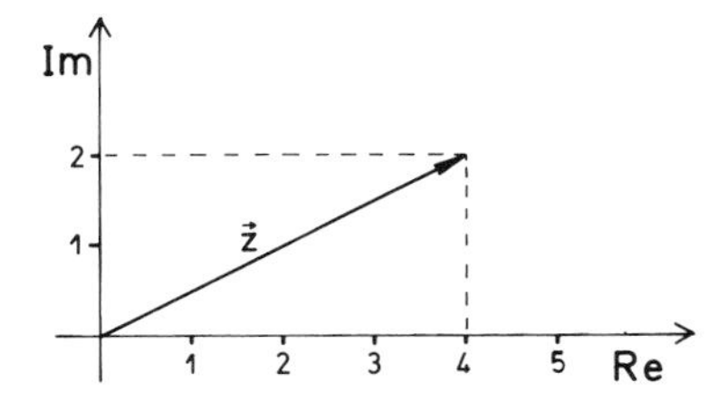

Abb. 1.6: Darstellung des komplexen Vektors $\vec{z}$ zur komplexen Zahl z=4+2i

Bezüglich Addition und Subtraktion stimmen die Rechenregeln für Vektoren mit denen für komplexe Zahlen überein, was am Beispiel der Addition gezeigt werden soll.

1.3.11. Beispiel.

$$z_1 + z_2 = (3+4i) + (2-i) = 5+3i$$

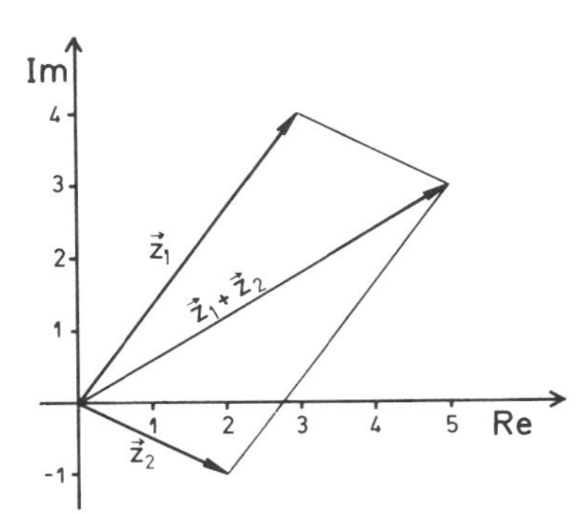

Abb. 1.7: Darstellung der Summe aus zwei komplexen Vektoren

Bei früherer Gelegenheit hatten sich bereits als Lösungen der quadratischen Gleichung

$$x^2 - 4x + 13 = 0$$

die komplexen Zahlen

$$x_1 = z_1 = 2+3i \quad \text{und} \quad x_2 = z_2 = 2-3i$$

ergeben. Diese Lösungen unterscheiden sich nur im Vorzeichen des Imaginärteils. Da ein solches Ergebnis grundsätzlich bei allen quadratischen Gleichungen mit komplexen Lösungen auftritt, hat man solchen Zahlen einen besonderen Namen gegeben.

1.3.12. Definition. Zwei komplexe Zahlen $z = a+bi$ und $\bar{z} = a-bi$, die sich nur im Vorzeichen des Imaginärteils unterscheiden, heißen **konjugiert komplexe Zahlen.**

In der vektoriellen Darstellung sind konjugiert komplexe Vektoren dadurch gekennzeichnet, daß sie symmetrisch zur Realteilachse der Gaußschen Zahlenebene verlaufen.

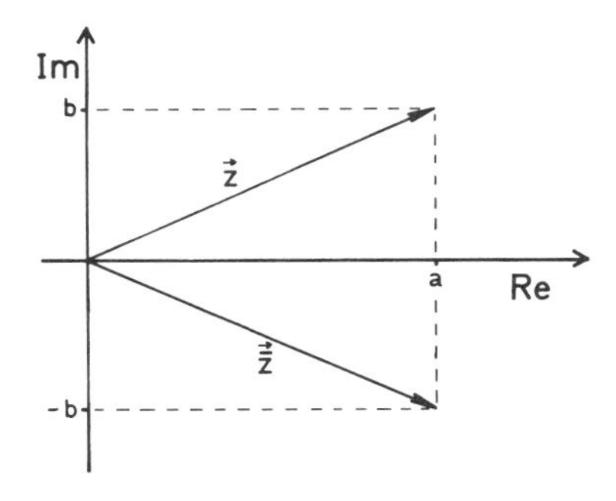

Abb. 1.8: Darstellung von konjugiert komplexen Vektoren

Aus der Tatsache, daß konjugiert komplexe Zahlen in besonderer Beziehung zueinander stehen, ergeben sich einige Rechenregeln, die hier nur aufgezählt werden sollen.

1.3.13. Satz. Die Summe aus zwei konjugiert komplexen Zahlen ergibt stets eine reelle Zahl.

1.3.14. Beispiel.

allgemein	speziell $z = 2 - 3i$
$z + \bar{z} = (a+bi) + (a-bi)$	$z + \bar{z} = (2-3i) + (2+3i)$
$= 2a$	$= 4$

1.3.15. Satz. Die Differenz aus zwei konjugiert komplexen Zahlen ergibt stets eine imaginäre Zahl.

1.3.15. Beispiel.

allgemein	speziell $z = 2 - 3i$
$z - \bar{z} = (a+bi) - (a-bi)$	$z - \bar{z} = (2-3i) - (2+3i)$
$= 2bi$	$= -6i$

1.3.16. Satz. Das Produkt aus zwei konjugiert komplexen Zahlen ist stets reell und größer/gleich Null.
Es ist genau dann gleich Null, wenn die komplexe Zahl gleich Null ist.

1.3.17. Beispiel.

allgemein	speziell $z = 2-3i$
$z \cdot \bar{z} = (a+bi)(a-bi) = a^2+b^2$	$z \cdot \bar{z} = (2-3i)(2+3i) = 4+9 = 13$

Ein Vergleich der Definition 1.3.7. mit dem Satz 1.3.16. führt unmittelbar zu einem weiteren Weg, um den Betrag einer komplexen Zahl zu berechnen.

1.3.18. Satz. Der Betrag einer komplexen Zahl z berechnet sich nach

$$|z| = \sqrt{a^2 + b^2} = \sqrt{z \cdot \bar{z}}.$$

1.3.19. Beispiel.

allgemein	speziell $z = 2 - 3i$
$|z| = |a+bi| = \sqrt{a^2+b^2}$	$|z| = |2-3i| = \sqrt{4+9} = \sqrt{13}$
$= \sqrt{(a+bi)(a-bi)}$	$= \sqrt{(2-3i)(2+3i)}$
$= \sqrt{z \cdot \bar{z}}$	$= \sqrt{(2-3i)\overline{(2-3i)}}$
	$= \sqrt{z \cdot \bar{z}}.$

1.3.20. Satz. Für konjugiert komplexe Zahlen gelten die folgenden Regeln:

$$\overline{z_1 \pm z_2} = \overline{z_1} \pm \overline{z_2}$$

$$\overline{z_1 \cdot z_2} = \overline{z_1} \cdot \overline{z_2}$$

$$\overline{\left(\frac{z_1}{z_2}\right)} = \frac{\overline{z_1}}{\overline{z_2}}$$

$$\overline{\overline{z}} = z.$$

Dieser Satz sei nur am Beispiel der ersten Regel erläutert, für die anderen Regeln kann entsprechend gerechnet werden.

1.3.21. Beispiel.

allgemein

$$\begin{aligned}\overline{z_1 + z_2} &= \overline{(a_1+b_1 i) + (a_2+b_2 i)}\\ &= \overline{(a_1+a_2) + (b_1+b_2)i}\\ &= (a_1+a_2) - (b_1+b_2)i\\ &= (a_1-b_1 i) + (a_2-b_2 i)\\ &= \overline{z_1} + \overline{z_2}\end{aligned}$$

speziell $z_1=2-3i$; $z_2=1+5i$

$$\begin{aligned}\overline{z_1 + z_2} &= \overline{(2-3i) + (1+5i)}\\ &= \overline{(2+1) + (-3+5)i}\\ &= \overline{3+2i} = 3-2i\\ &= (2+1) - (-3+5)i\\ &= (2+3i) + (1-5i)\\ &= \overline{z_1} + \overline{z_2}\,.\end{aligned}$$

1.4 Binome

1.4.1. Definition. Ein zweigliedriger Ausdruck der grundsätzlichen Form

$a + b$ heißt ein **Binom.**

Dabei ist zunächst eine spezielle Form denkbar, bei der die beiden Summanden denselben Exponenten haben. In Ausnahmefällen ist dann eine Umformung möglich, wie an einigen Beispielen gezeigt werden soll.

1.4.2. Beispiele.

1. $a^2 - b^2 = (a+b)(a-b)$
   entsprechend gilt allgemein
   $a^{2n} - b^{2n} = (a^n + b^n)(a^n - b^n)$
2. $a^3 - b^3 = (a - b)(a^2 + ab + b^2)$
   allgemein
   $a^{2n+1} - b^{2n+1} = (a - b)(a^{2n} + a^{2n-1} b + a^{2n-2} b^2 + \ldots + a^2 b^{2n-2} + ab^{2n-1} + b^{2n})$
3. $a^3 + b^3 = (a + b)(a^2 - ab + b^2)$
   allgemein
   $a^{2n+1} + b^{2n+1} = (a + b)(a^{2n} - a^{2n-1} b + a^{2n-2} b^2 - + \ldots + a^2 b^{2n-2} - ab^{2n-1} + b^{2n})$

Eine besondere Stellung innerhalb der Gesamtheit der Binome nehmen Ausdrücke der Form $(a + b)^n$ ein, wobei zunächst $n \in \mathbb{N}$ vorausgesetzt sei. Dazu das folgende Schema:

1.4.3. Schema zu den Binomen $(a + b)^n$ mit $n \in \mathbb{N}$

n	$(a+b)^n$	
0	$(a\pm b)^0$	1
1	$(a\pm b)^1$	$a \pm b$
2	$(a\pm b)^2$	$a^2 \pm 2ab + b^2$
3	$(a\pm b)^3$	$a^3 \pm 3a^2b + 3ab^2 \pm b^3$
4	$(a\pm b)^4$	$a^4 \pm 4a^3b + 6a^2b^2 \pm 4ab^3 + b^4$
5	$(a\pm b)^5$	$a^5 \pm 5a^4b + 10a^3b^2 \pm 10a^2b^3 + 5ab^3 \pm b^5$
6	$(a\pm b)^6$	$a^6 \pm 6a^5b + 15a^4b^2 \pm 20a^3b^3 + 15a^2b^4 \pm 6ab^5 + b^6$
n	$(a\pm b)^n$	$a_0 a^n \pm a_1 a^{n-1} b + a_2 a^{n-2} b^2 \pm ... + a_{n-2} a^2 b^{n-2} \pm a_{n-1} ab^{n-1} + a_n b^n$

Innerhalb dieses Schemas ergeben sich einige Auffälligkeiten:

1. Das Schema ist symmetrisch.
2. Für den Exponenten n ergeben sich n+1 Summanden.
3. Jeder Summand besteht aus einem ganzzahligen Koeffizienten (Vorfaktor) a_k und einem Produkt der Form $a^i b^k$ mit $i, k \in \mathbb{N}$.
4. Die Summe der Exponenten i und k ist stets gleich n.
5. Die Exponenten i fallen mit fortlaufenden Summanden von n auf 0 ab, während die Exponenten k entsprechend von 0 bis n ansteigen.
6. Der erste und der letzte Summand haben jeweils den Koeffizienten
   $a_0 = a_n = 1.$
7. Der zweite und der vorletzte Summand haben jeweils den Koeffizienten
   $a_1 = a_{n-1} = n.$
8. Hat b ein negatives Vorzeichen, d.h. für $(a-b)^n$, dann wechselt (alterniert) das Vorzeichen mit fortlaufendem Summanden.

Diese Auffälligkeiten, die bereits bei relativ kleinen n zu erkennen sind, können verallgemeinert werden, so daß sich bereits ein Ansatz zu einer allgemeingültigen Gesetzmäßigkeit ergibt. Um auch über die Koeffizienten eine allgemeingültige Aussage machen zu können, seien diese noch einmal in einem dreieckigen Schema, dem Pascalschen Dreieck, gesondert zusammengestellt.

1.4.4. Pascalsches Dreieck für die Binomischen Koeffizienten:

n													
0							1						
1						1		1					
2					1		2		1				
3				1		3		3		1			
4			1		4		6		4		1		
5		1		5		10		10		5		1	
6	1		6		15		20		15		6		1
n	a_0		a_1		a_2		a_3		a_{n-2}		a_{n-1}		a_n

Innerhalb dieses Schemas ist auffällig, daß der einzelne Koeffizient gerade durch die Summe der beiden schräg über ihm stehenden Koeffizienten berechnet werden kann.

Auch diese Beobachtung hat allgemeine Gültigkeit, so daß sich nunmehr eine Möglichkeit ergibt, mit Hilfe des Pascalschen Dreiecks sofort jedes beliebige Binom der Form $(a+b)^n$ zu berechnen. Diese Berechnung wird allerdings umso umständlicher, je größer n wird, so daß im folgenden eine Regel für die Berechnung der Binominalkoeffizienten erarbeitet werden soll. Dazu seien zunächst die Binomialkoeffizienten für n=6 herausgegriffen:

$$a_0 = 1 = 1$$

$$a_1 = 6 = \frac{6}{1}$$

$$a_2 = 15 = \frac{6 \cdot 5}{1 \cdot 2}$$

$$a_3 = 20 = \frac{6 \cdot 5 \cdot 4}{1 \cdot 2 \cdot 3}$$

$$a_4 = 15 = \frac{6 \cdot 5 \cdot 4 \cdot 3}{1 \cdot 2 \cdot 3 \cdot 4}$$

$$a_5 = 6 = \frac{6 \cdot 5 \cdot 4 \cdot 3 \cdot 2}{1 \cdot 2 \cdot 3 \cdot 4 \cdot 5}$$

$$a_6 = 1 = \frac{6 \cdot 5 \cdot 4 \cdot 3 \cdot 2 \cdot 1}{1 \cdot 2 \cdot 3 \cdot 4 \cdot 5 \cdot 6}$$

Man kann also die Koeffizienten, abgesehen von a_0, tatsächlich allgemein berechnen. Dabei geht man zunächst noch willkürlich von einem Quotienten aus. Im Zähler und im Nenner dieses Quotienten stehen jeweils Produkte aus gleichvielen Faktoren, wobei die Anzahl der Faktoren von der Lage des Koeffizienten innerhalb des Pascalschen Dreiecks abhängt. Der Koeffizient a_4 z.B. hat im Zähler und im Nenner jeweils 4 Faktoren.

Im Zähler verringern sich die Faktoren, ausgehend von n=6, jeweils um 1, während sie im Nenner, ausgehend von 1, jeweils um 1 zunehmen.

Diese Regel kann verallgemeinert werden. Als Kontrolle sei der Koeffizient a_3 für n=5 berechnet:

$$a_3 = \frac{5 \cdot 4 \cdot 3}{1 \cdot 2 \cdot 3} = 10.$$

Ein Vergleich mit dem entsprechenden Wert im Pascalschen Dreieck zeigt Übereinstimmung.
Die folgende Definition erleichtert schließlich die Schreibweise.

1.4.5. Definition. Es sei allgemein definiert

$$\binom{n}{i} = \frac{n \cdot (n-1)(n-2)(n-3) \dots (n-(i-1))}{1 \cdot 2 \cdot 3 \cdot 4 \cdot \dots \cdot (i-2)(i-1) \cdot i} \quad \text{(sprich „n über i")}$$

und $\binom{n}{0} = 1.$

Damit kann der „Binomische Satz" wie folgt formuliert werden.

1.4.6. Satz. Der **Binomische Satz** lautet:

$$(a+b)^n = \binom{n}{0}a^n + \binom{n}{1}a^{n-1}b + \binom{n}{2}a^{n-2}b^2 + \ldots + \binom{n}{n-1}ab^{n-1} + \binom{n}{n}b^n$$
$$= \sum_{i=0}^{n}\binom{n}{i}a^{n-i}b^i.$$

Da sehr viele Tabellenwerke und ein großer Teil der elektronischen Kleinrechner die Ermittlung von Fakultäten unmittelbar ermöglichen, ergibt sich durch die folgende Umformung eine erhebliche Erleichterung für die Berechnung der Binomialkoeffizienten.

1.4.7.

$$\binom{n}{i} = \frac{n(n-1)(n-2)\ldots(n-(i-1))}{1\cdot2\cdot3\cdot\ldots\cdot i} = \frac{[n(n-1)\cdot\ldots(n-(i-1))][(n-i)(n-(i+1))\cdot\ldots\cdot2\cdot1]}{[1\cdot2\cdot3\cdot4\cdot\ldots\cdot i]\,[1\cdot2\cdot3\cdot\ldots\cdot(n-i)]}$$
$$= \frac{n!}{i!\cdot(n-i)!}$$

Setzt man schließlich $0!=1$, so ergibt sich auch Übereinstimmung mit der zweiten Gleichung von 1.4.5., denn

1.4.8. $$\binom{n}{0} = \frac{n!}{0!\cdot(n-0)!} = \frac{n!}{n!} = 1.$$

Desweiteren ergibt sich Übereinstimmung mit der beobachteten Symmetrie im Pascalschen Dreieck, denn es gilt

1.4.9. $$\binom{n}{i} = \frac{n!}{i!\cdot(n-i)!} = \frac{n!}{(n-(n-i))!\,(n-i)!} = \binom{n}{n-i}$$

Besonders diese Symmetrieregel 1.4.9. führt in Spezialfällen zu besonderen Vereinfachungen bei der konkreten Berechnung von Binominalkoeffizienten, wie das folgende Beispiel zeigt.

1.4.10. Beispiel.

a) $$\binom{7}{5} = \frac{7!}{5!\,(7-5)!} = \frac{5040}{120\cdot2} = 21$$

b) $$\binom{7}{5} = \binom{7}{7-5} = \binom{7}{2} = \frac{7\cdot6}{1\cdot2} = 21.$$

Bisher war davon ausgegangen worden, daß der Exponent n im Binom $(a+b)^n$ eine natürliche Zahl ist. Es kann jedoch gezeigt werden, daß dieses keine Voraussetzung ist. Tatsächlich gilt der Binomische Satz für jede rationale Zahl q als Exponenten. Allerdings ergibt sich ein wichtiger Unterschied: während das Binom $(a+b)^n$ mit $n \in \mathbb{N}$ eine Summe mit $(n+1)$ Summanden bildet, besteht das Binom $(a+b)^q$ mit $q \in \mathbb{Q}$, $q \notin \mathbb{N}$ aus einer Summe mit unendlich vielen Summanden. Das soll an zwei Beispielen gezeigt werden.

1.4.11. Beispiele.

1. a) Berechnung durch Polynomdivision:

$$(1 + x)^{-1} = \frac{1}{1 + x} = 1 : (1 + x) = 1 - x + x^2 - x^3 + x^4 - + \ldots$$

b) Berechnung nach dem Binomischen Satz:

$$(1 + x)^{-1} = \sum_{i=0}^{\infty} \binom{-1}{i} 1^{-1-i} x^i = \sum_{i=0}^{\infty} \binom{-1}{i} x^i$$

$$= 1 + \frac{-1}{1} x^1 + \frac{(-1)(-2)}{1 \cdot 2} x^2 + \frac{(-1)(-2)(-3)}{1 \cdot 2 \cdot 3} x^3 + \ldots$$

$$= 1 - x + x^2 - x^3 + \ldots$$

2. $$(1 + x)^{1/2} = \sum_{i=0}^{\infty} \binom{1/2}{i} 1^{1/2-i} x^i = \sum_{i=0}^{\infty} \binom{1/2}{i} x^i$$

$$= 1 + \frac{1/2}{1} x^1 + \frac{1/2\,(1/2 - 1)}{1 \cdot 2} x^2 + \frac{1/2\,(1/2-1)\,(1/2-2)}{1 \cdot 2 \cdot 3} x^3 + ..$$

$$= 1 + \frac{1}{2} x + \frac{1/2\,(-1/2)}{2!} x^2 + \frac{1/2\,(-1/2)\,(-3/2)}{3!} x^3 + \ldots$$

$$= 1 + \frac{1}{2} x - \frac{1}{2! \cdot 4} x^2 + \frac{3}{3! \cdot 8} x^3 + \frac{3 \cdot 5}{4! \cdot 16} x^4 + \ldots$$

$$= 1 + \frac{1}{1! \cdot 2^1} x - \frac{1 \cdot 1}{2! \cdot 2^2} x^2 + \frac{1 \cdot 1 \cdot 3}{3! \cdot 2^3} x^3 + \frac{1 \cdot 1 \cdot 3 \cdot 5}{4! \cdot 2^4} x^4 + \ldots$$

Mit Hilfe des Binomischen Satzes ist es möglich, näherungsweise Potenzen und Wurzeln von Zahlen in der Nähe von 1 zu berechnen. Dazu zwei Beispiele:

1.4.12. Beispiele.

1. $$x = 1{,}0157^4 = (1+0{,}0157)^4 = 1 + 4 \cdot 0{,}0157 + 6 \cdot 0{,}0157^2 + 4 \cdot 0{,}0157^3 + 0{,}0157^4$$

$$\approx 1 + 4 \cdot 0{,}0157 = 1{,}06280$$

genauer Wert: $x = 1{,}06429\ldots$

2. $$x = \frac{1}{\sqrt[5]{1{,}015}} = (1 + 0{,}015)^{-1/5} \quad 1 - \frac{1}{5} \cdot 0{,}015 + \frac{\binom{1}{5} - \binom{4}{5}}{2!} \cdot 0{,}015^2 \pm \ldots$$

$$\approx 1 - \frac{1}{5} \cdot 0{,}015 = 1 - 0{,}003 = 0{,}997$$

genauer Wert: $x = 0{,}99702\ldots$

1.5 Zahlenfolgen

1.5.1. Definition. Besteht zwischen unendlich vielen Zahlen a_n $(n \in \mathbb{N})$

$$a_1, a_2, a_3, a_4, \ldots$$

ein beliebiger Zusammenhang, so heißt die Aufeinanderfolge der Zahlen eine **Zahlenfolge** (a_n). Die einzelnen Zahlen innerhalb der Zahlenfolge nennt man ihre **Glieder.**

1.5.2. Beispiele.

1. $(a_n) = \left(\frac{1}{n}\right) = 1, \frac{1}{2}, \frac{1}{3}, \frac{1}{4}, \ldots$

2. $(b_n) = \left(\frac{(-1)^{n+1}}{\sqrt{n}}\right) = 1, -\frac{1}{\sqrt{2}}, \frac{1}{\sqrt{3}}, -\frac{1}{\sqrt{4}}, +- \ldots$

3. $(c_n) = \left((-1)^{n+1} \cdot \frac{n+1}{n}\right) = 2, -\frac{3}{2}, \frac{4}{3}, -\frac{5}{4}, +- \ldots$

4. $(d_n) = (\sqrt{n}) = \sqrt{1}, \sqrt{2}, \sqrt{3}, \sqrt{4}, \ldots$

5. $(e_n) = (2n) = 2, 4, 6, 8, \ldots$

6. $(f_n) = (2^n) = 2, 4, 8, 16, \ldots$

An diesen Beispielen zeigt sich zunächst, daß es zwei Darstellungsformen für Zahlenfolgen gibt, nämlich durch Angabe des allgemeinen Gliedes mit einem darin enthaltenen mathematischen Zusammenhang oder durch die Aneinanderreihung der einzelnen Glieder.

Bei den Folgen (b_n) und (c_n) wechselt das Vorzeichen jeweils von einem Glied zum nächsten, entsprechend handelt es sich dabei um Beispiele für alternierende Folgen.

Während die Folge (e_n) durch eine konstante Differenz zwischen ihren Gliedern gekennzeichnet ist – solche Folgen heißen arithmetische Folgen – stellt die Folge (f_n) ein Beispiel für eine geometrische Folge dar. Geometrische Folgen sind durch einen konstanten Faktor q zwischen ihren Gliedern ausgezeichnet und lauten allgemein $(a_n)=(a \cdot q^n)$.

Ein Vergleich der Beispiele zeigt, daß die Glieder der Folgen (d_n), (e_n) und (f_n) immer größer werden und anscheinend gegen unendlich gehen, während die Glieder der Folgen (a_n) und (b_n) jeweils offenbar gegen 0 streben und die Glieder der Folge (c_n) gegen +1 bzw. –1 gehen. Diese zunächst noch gefühlsmäßige Aussage „streben gegen einen Wert a" kann mathematisch exakt gefaßt werden.

1.5.3. Definition. Die Folge (a_n) ist **konvergent mit dem Grenzwert a** (konvergiert gegen a), wenn zu jedem beliebig vorgegebenen $\epsilon > 0$ eine Zahl $N(\epsilon)$ existiert, so daß

$$|a_n - a| < \epsilon$$

erfüllt ist für alle $n > N(\epsilon)$. Dieses ist genau dann der Fall, wenn fast alle (endlich viele Ausnahmen) Glieder der Folge innerhalb einer ϵ-Umgebung um a liegen. Falls ein solcher Grenzwert existiert, schreibt man dafür auch

$$\lim_{n \to \infty} a_n = a.$$

Existiert der Grenzwert nicht, so heißt die Folge **divergent.**

Diese Definition enthält neben einer Klärung der Begriffe „Grenzwert" und „Konvergenz" bereits eine Anleitung zum Beweis der Existenz eines solchen Grenzwertes. Dazu benötigt man jedoch zunächst eine Vermutung über den Grenzwert, die man dann mit Hilfe der ϵ-Umgebung beweisen kann, wie an zwei Beispielen gezeigt werden soll.

1.5.4. Beispiele.

1. Behauptung: $\lim\limits_{n\to\infty} \frac{1}{n} = a = 0.$

   Beweis: Es sei ein $\epsilon > 0$ beliebig vorgegeben. Dann gilt mit $N(\epsilon) = \frac{1}{\epsilon}$ für alle $n > N(\epsilon)$

$$|a_n - a| = |\frac{1}{n} - 0| = \frac{1}{n} < \frac{1}{N(\epsilon)} = \epsilon$$

2. Behauptung: $\lim\limits_{n\to\infty} \frac{(-1)^{n+1}}{\sqrt{n}} = b = 0.$

   Beweis: Es sei $\epsilon > 0$ beliebig vorgegeben. Dann gilt mit $N(\epsilon) = \frac{1}{\epsilon^2}$ für alle $n > N(\epsilon)$

$$|b_n - b| = |\frac{(-1)^{n+1}}{\sqrt{n}} - 0| = \frac{1}{\sqrt{n}} < \epsilon = \frac{1}{\sqrt{N(\epsilon)}}.$$

Damit ist bereits gezeigt, daß es sich bei den beiden ersten Beispielen aus 1.5.2. um konvergente Zahlenfolgen handelt. Da beide Folgen den Grenzwert 0 haben, handelt es sich dabei um zwei Beispiele für Nullfolgen. Bei den anderen Beispielen ist ein Konvergenzbeweis in der gezeigten Form nicht möglich, die Zahlenfolgen sind also divergent.
Im folgenden seien einige Sätze aufgezählt, die die konkrete Bestimmung von Grenzwerten ermöglichen, wie dann anschließend an einem Beispiel gezeigt werden soll.

1.5.5. Satz. Konvergieren die Zahlenfolgen (a_n) und (b_n), sind c und d zwei beliebige Zahlen, so konvergiert auch die Zahlenfolge $(c_n) = (c \cdot a_n \pm d \cdot b_n)$, und es gilt

$$\lim_{n\to\infty} (c \cdot a_n \pm d \cdot b_n) = c \cdot \lim_{n\to\infty} a_n \pm d \cdot \lim_{n\to\infty} b_n$$

1.5.6. Satz. Konvergieren die Zahlenfolgen (a_n) und (b_n), so konvergiert auch die Folge $(c_n) = (a_n \cdot b_n)$, und es gilt

$$\lim_{n\to\infty} (a_n \cdot b_n) = \lim_{n\to\infty} a_n \cdot \lim_{n\to\infty} b_n$$

1.5.7. Satz. Konvergieren die Zahlenfolgen (a_n) und (b_n), ist weiter $\lim\limits_{n\to\infty} b_n \neq 0$, so konvergiert auch die Folge $(c_n) = (\frac{a_n}{b_n})$, und es gilt

$$\lim_{n\to\infty} \frac{a_n}{b_n} = \frac{\lim\limits_{n\to\infty} a_n}{\lim\limits_{n\to\infty} b_n}$$

1.5.8. Beispiel.

Behauptung: $\lim\limits_{n\to\infty} \frac{3n^2 - 6n + 4}{6n^2 + n - 12} = \frac{1}{2}$

Beweis: Zunächst wird der Bruch umgeformt.

$$\frac{3n^2 - 6n + 4}{6n^2 + n - 12} = \frac{n^2\left(3 - \frac{6}{n} + \frac{4}{n^2}\right)}{n^2\left(6 + \frac{1}{n} - \frac{12}{n^2}\right)} = \frac{3 - \frac{6}{n} + \frac{4}{n^2}}{6 + \frac{1}{n} - \frac{12}{n^2}}$$

Sodann werden getrennt die Grenzwerte von Zähler und Nenner nach 1.5.5. bestimmt.

$$\begin{aligned}\lim_{n\to\infty} \left(3 - \frac{6}{n} + \frac{4}{n^2}\right) &= \lim_{n\to\infty} 3 + \lim_{n\to\infty} \frac{-6}{n} + \lim_{n\to\infty} \frac{4}{n^2}\\ &= 3 - 6\cdot\lim_{n\to\infty} \frac{1}{n} + 4\cdot\lim_{n\to\infty} \frac{1}{n^2}\\ &= 3 - 6\cdot 0 + 4\cdot 0\\ &= 3\end{aligned}$$

$$\begin{aligned}\lim_{n\to\infty} \left(6 + \frac{1}{n} - \frac{12}{n^2}\right) &= \lim_{n\to\infty} 6 + \lim_{n\to\infty} \frac{1}{n} - 12\cdot\lim_{n\to\infty} \frac{1}{n^2}\\ &= 6.\end{aligned}$$

Da die Grenzwerte von Zähler und Nenner existieren und der Grenzwert des Nenners ungleich 0 ist, kann 1.5.7. angewandt werden, so daß folgt:

$$\begin{aligned}\lim_{n\to\infty} \frac{3n^2 - 6n + 4}{6n^2 + n - 12} &= \frac{\lim\limits_{n\to\infty} \left(3 - \frac{6}{n} + \frac{4}{n^2}\right)}{\lim\limits_{n\to\infty} \left(6 + \frac{1}{n} - \frac{12}{n^2}\right)} = \frac{3}{6}\\ &= \frac{1}{2}.\end{aligned}$$

1.5.9. Definition. Die Zahlenfolge (a'_n) heißt **Teilfolge** einer gegebenen Zahlenfolge (a_n), wenn (a'_n) aus (a_n) durch Weglassen einzelner Glieder hervorgegangen ist.

1.5.10. Satz. Konvergiert die Zahlenfolge (a_n) gegen einen Grenzwert a, so konvergiert auch jede Teilfolge von (a_n) gegen a.

Mit Hilfe dieses Satzes ist es möglich nachzuweisen, daß die Folge

$$(c_n) = \left((-1)^{n+1} \cdot \frac{n+1}{n}\right)$$

aus Beispiel 1.5.2. divergent ist. Man kann die Folge (c_n) in zwei Teilfolgen zerlegen, nämlich in eine Teilfolge mit positivem und eine mit negativem Vorzeichen der einzelnen Glieder:

a) sei $n=2m$, $m \in \mathbb{N}$. Dann ist $n+1=2m+1$ eine ungerade Zahl, und es gilt

$$a_{2m} = (-1)^{2m+1} \cdot \frac{2m+1}{2m} = -\frac{2m+1}{2m}.$$

Analog zu Beispiel 1.5.8. ergibt sich $\lim\limits_{m\to\infty} a_{2m} = -1$.

b) Sei $n=2m+1$, $m \in \mathbb{N}$. Dann ist $n+1=2m+2$ eine gerade Zahl, und es gilt

$$a_{2m+1} = (-1)^{2m+2} \cdot \frac{2m+2}{2m+1} = \frac{2m+2}{2m+1}.$$

$$\Downarrow \lim_{m\to\infty} a_{2m+1} = 1.$$

Zur gegebenen Folge (c_n) existieren also zwei Teilfolgen mit unterschiedlichen Grenzwerten, so daß die Folge (c_n) nach 1.5.10. divergent ist.

1.5.11. Satz. Jede konvergente Zahlenfolge ist beschränkt.

Dieser Satz ist sofort einleuchtend, wie das Beispiel $(a_n) = (\frac{1}{n})$ zeigt, denn diese ist sicherlich durch das Intervall $[0;1]$ beschränkt. Dagegen ist eine Umkehrung des Satzes nicht zulässig. Nicht jede beschränkte Zahlenfolge ist automatisch konvergent, wie man am Beispiel der Folge (c_n) aus 1.5.2. erkennt, denn diese Folge ist sicherlich durch das Intervall $[-2;+2]$ beschränkt, gleichzeitig wurde aber gezeigt, daß (c_n) divergent ist.

1.5.12. Beispiel. Ein besonders anschauliches Beispiel für Zahlenfolgen stellen die Spektralserien der Chemie dar, die nach den Gesetzmäßigkeiten einer konvergenten Zahlenfolge berechnet werden können. So berechnen sich die Wellenzahlen der Wasserstoffspektren nach der allgemeinen Gleichung

$$\frac{1}{\lambda} = R_H \left(\frac{1}{m^2} - \frac{1}{n^2}\right) \quad \text{mit } m,n \in \mathbb{N},\ n > m.$$

Die Größe $R_H = 1{,}097 \cdot 10^5\ \text{cm}^{-1}$ heißt Rydbergkonstante. Mit $m=1$ ergibt sich die Lyman-Serie, mit $m=2$ die Balmer-Serie usw.

Der Grenzwert dieser Zahlenfolgen für $n \to \infty$ entspricht dem Kontinuum der jeweiligen Serie, man kann damit also die Energie berechnen, die zur Abtrennung des jeweiligen Elektrons vom Kern benötigt wird.

2 Funktionen

2.1 Polynome und rationale Funktionen

Im Zusammenhang mit den reellen Zahlen wurde jeder reellen Zahl ein Punkt auf dem (reellen) Zahlenstrahl zugeordnet. Weiter wurde bei den komplexen Zahlen, z.B. in Abb. 1.4, einer komplexen Zahl z ein Punkt in der Gaußschen Zahlenebene zugeordnet. In beiden Fällen wurde also mit Hilfe einer feste Vorschrift einer Größe, in diesen Fällen Zahlen, eine andere Größe, nämlich ein geometrischer Punkt, zugeordnet. Allgemein nennt man solche Arten von Zuordnungen Abbildungen.

2.1.1. Definition. Unter einer **Abbildung** f einer Menge D in eine Menge B versteht man eine eindeutige Vorschrift, die jedem Element $x \in D$ ein Element $f(x)=y \in B$ zuordnet.
Die Menge D heißt **Definitionsbereich**, die Menge B **Bildbereich** der Abbildung f.

Damit kann man also jede Art von Zuordnung durch eine Abbildung beschreiben (vgl. 9.1.).
Einen Spezialfall innerhalb der Gesamtheit aller Abbildungen stellt die Funktion dar.

2.1.2. Definition. Eine **Funktion** f ist eine Vorschrift, die jeder Veränderlichen x aus einer Zahlenmenge D eindeutig eine Zahl $f(x)=y$ einer Menge B zuordnet.
Die Zahl $x \in D$ heißt das **Argument** von f, $f(x)=y \in B$ der **Funktionswert** (an der Stelle x).
Hängt der Funktionswert lediglich von einem Argument ab, dann spricht man von **Funktionen einer Veränderlichen** oder von zweidimensionalen Funktionen. Gibt es dagegen mehrere Funktionsargumente, so spricht man von **Funktionen mit mehreren Veränderlichen** (mehrdimensionale Funktionen).

Zunächst scheinen die Definitionen von Abbildungen und Funktionen gleichen Inhalts zu sein. Tatsächlich stellt die Funktion aber einen Spezialfall der Abbildungen dar, denn Funktionen sind nur für Zahlenmengen definiert.
Gerade gegen die Eindeutigkeitsvorschrift bei Abbildungen und Funktionen wird häufig verstoßen. So spricht man oft bei der Beziehung $x^2 + y^2 = r^2$ also $y=\pm\sqrt{r^2-x^2}$ von der „Kreisfunktion", obwohl diese Beziehung nicht eindeutig ist (doppeltes Vorzeichen) und daher keine Funktion darstellt. Mit der Aufspaltung in $y_1=+\sqrt{r^2-x^2}$ und $y_2=-\sqrt{r^2-x^2}$, also in Halbkreise, erhält man eindeutige Beziehungen, also Funktionen.
Ein weiteres, anschauliches Beispiel für den Unterschied zwischen Abbildungen und Funktionen stellen Fische in einem Aquarium dar. Man kann für jeden einzelnen Fisch eine Zuordnung seines Aufenthaltsortes zur Zeit als Veränderliche for-

mulieren. Eine solche Zuordnung ist eindeutig und stellt daher eine Funktion dar. Es ist jedoch nicht möglich, mit Hilfe einer Funktionsgleichung die Aufenthaltsorte aller Fische in Abhängigkeit von der Zeit zu formulieren. Eine solche Zuordnung ist aber durch ein System von Gleichungen und damit durch eine Abbildung zu beschreiben.
Es gibt verschiedene Möglichkeiten, einen funktionalen Zusammenhang zu formulieren. Das soll im folgenden gezeigt werden.

2.1.3. Darstellung einer Funktion durch eine mathematische Gleichung

a) **explizite Form**:
Bei der expliziten Form wird die Funktionsgleichung stets nach dem Funktionswert aufgelöst und in der Form $y = f(x)$ dargestellt.
z.B. $y = 3x^2 - 6$.

b) **implizite Form**:
Bei der impliziten Form einer Funktionsgleichung tritt keine der Variablen isoliert auf einer Seite der Funktionsgleichung auf. Meistens wird die Gleichung so aufgelöst, daß auf einer Seite Null steht.
z.B. $y - 3x^2 + 6 = 0$ aber auch $y - 3x^2 = -6$
oder auch
$$x^2y + 6y = \sqrt{xy}.$$

c) **Parameterform**:
In dieser Darstellungsform wird ein Parameter t eingeführt. Die Funktion wird durch die Abhängigkeit des Funktionsargumentes $x=x(t)$ und des Funktionswertes $y=y(t)$ vom Parameter t bestimmt.
Z.B.: Die Funktion $y=3x^2-6$ kann in Parameterdarstellung lauten
$$x = x(t) = \sqrt{t} \qquad y = y(t) = 3t - 6.$$

d) **nicht geschlossene Form einer Funktionsgleichung**:
In manchen Fällen kann man nur für bestimmte Intervalle innerhalb des Definitionsbereiches einer Funktion eine geschlossene mathematische Gleichung zur Beschreibung dieser Funktion angeben. Für ein zweites Intervall innerhalb des Definitionsbereiches muß eine zweite Gleichung bestimmt werden usw.
z.B. $$y = \begin{cases} +x & \text{für } x \geqslant 0 \\ -x & \text{für } x < 0 \end{cases}$$

2.1.4. Darstellung einer Funktion durch eine Wertetabelle. Liegt die Funktion in Form eines geschlossenen mathematischen Ausdrucks vor, kann man mit dessen Hilfe leicht eine Wertetabelle berechnen.
Z.B. berechnet sich aus der Funktionsgleichung $y = 3x^2 - 6$ die Wertetabelle

x	–3	–2	–1	–0,5	0	0,5	1	2
y	+21	+6	–3	–5,25	–6	–5,25	–3	+6

usw. –

In den Fällen, in denen die Funktion nicht in Form einer geschlossenen Gleichung vorliegt, hat eine Wertetabelle besonderen Informationswert.

Z.B. Gegeben sei eine Funktion f(x), für die die folgenden Angaben gelten:

$$D = \{x \mid x \in \mathbb{N}\}$$

$$B = \{f(x) = y \mid y \text{ ist die Anzahl der positiven Teiler von } x\}.$$

Die so gegebene Funktion hat die Wertetabelle:

x	1	2	3	4	5	6	7	8	9	10
y=f(x)	1	2	2	3	2	4	2	4	3	4

usw. –

Die Zahl $x=6 \in \mathbb{N}$ ist durch 1, 2, 3 und durch 6 teilbar. Die Anzahl der positiven Teiler von $x=6$ ist also $y=f(x)=4$.

2.1.5 Darstellung einer Funktion durch eine Kurve. Prinzipiell kann man jede zweidimensionale Funktion auch in Form einer Kurve (Graph) darstellen, indem man das Funktionsargument x und den zugehörigen Funktionswert $y=f(x)$ in ein rechtwinkliges x,y-Koordinatensystem einzeichnet.

Z.B. Gegeben sei die Funktion $y = 3x^2 - 6$. Die zugehörigen Wertepaare zur Eintragung in ein Koordinatensystem ergeben sich aus der Wertetabelle.

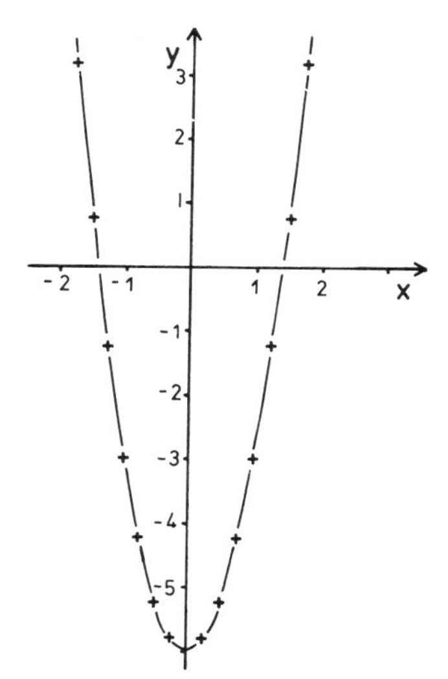

Abb. 2.1: Graphische Darstellung der Funktion $y=3x^2-6$ im x,y-Koordinatensystem

Da für weitere Berechnungen eine Gerade besonders leicht zu handhaben ist, empfiehlt es sich bei der Auswertung von Experimenten, die Art der graphischen Darstellung so zu wählen, daß man eine Gerade erhält. Das kann in vielen Fällen leicht durch Änderung der Koordinaten erreicht werden.

Die Funktion $y=3x^2-6$ ergibt z.B. bei linearer Auftragung y gegen x im x,y-Koordinatensystem eine gekrümmte Kurve, wie in Abb. 2.1 dargestellt. Vergleicht man diese Funktionsgleichung jedoch mit der allgemeinen Gleichung einer Geraden,

$y=ax+b$, so zeigt sich, daß bei einer Auftragung von y gegen x^2, also im x^2,y-Koordinatensystem die gekrümmte Kurve aus Abb. 2.1 in eine Gerade übergeht, die leicht weiter auszuwerten ist.

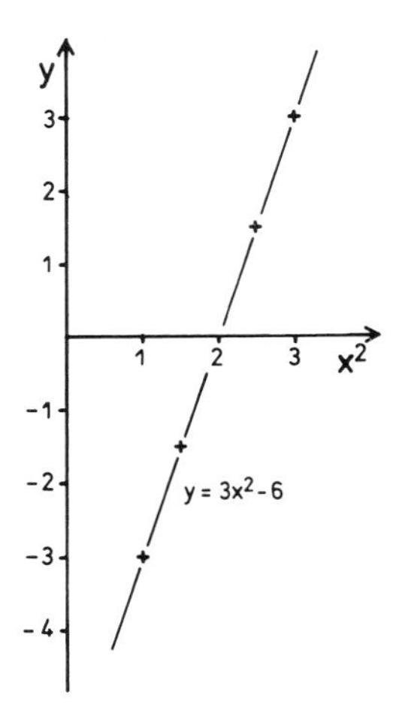

Abb. 2.2: Darstellung der Funktion $y=3x^2-6$ im x^2,y-Koordinatensystem

Innerhalb der Gesamtheit der Funktionen gibt es einen Teil, der besonders leicht zu überschauen ist und daher bevorzugt als Beispiel bei der Erläuterung mathematischer Zusammenhänge herangezogen wird.

2.1.6. Definition. Ein Ausdruck der Form

$$P(x) = a_n x^n + a_{n-1} x^{n-1} + \ldots + a_1 x + a_0 = \sum_{i=0}^{n} a_i x^i$$

heißt die Normalform eines **Polynoms** in x.
Gilt für den Koeffizienten $a_n \neq 0$, so ist n der **Grad des Polynoms.**

Dieser Definition entsprechend stellt die Funktion $P(x)=25x^4-x^2+6$ ein Polynom vom Grad 4 dar, wobei speziell $a_3=a_1=0$ gilt.
Man unterscheidet Polynome also in zwei Punkten voneinander, nämlich durch den Grad und durch die einzelnen Koeffizienten. Dementsprechend ergibt sich der nächste Satz.

2.1.7. Satz. Zwei Polynome sind gleich, wenn

a) sie vom gleichen Grad sind
b) alle entsprechenden Koeffizienten gleich sind.

Da Polynome Summen mit endlich vielen Summanden darstellen, gelten die Additions- und Multiplikationsregeln der reellen Zahlen auch für Polynome. Vor diesem Hintergrund sind die folgenden Sätze zu verstehen.

2.1.8. Satz. Summe und Differenz von zwei Polynomen stellen wieder Polynome dar. Der Grad des Summen- bzw. Differenzpolynoms ist höchstens so groß wie das Maximum der Grade der Summanden.

Besonders der zweite Teil dieses Satzes bedarf einer Erläuterung durch ein Beispiel.

2.1.9. Beispiele.

1. Es seien zunächst die Polynome

$$P(x)=25x^4-x^2+6 \quad \text{und} \quad Q(x)=-3x^3+5x^2-4x+3$$

gegeben. Es gilt also grad $P(x)=4$ und grad $Q(x)=3$. Dann folgt

$$P(x) + Q(x) = (25x^4 - x^2 + 6) + (-3x^3 + 5x^2 - 4x + 3) =$$
$$= 25x^4 - 3x^3 + 4x^2 - 4x + 9.$$

Der Grad des Summenpolynoms ist 4, also gleich dem Maximum von grad $P(x)$ und grad $Q(x)$.

2. Es seien die Polynome

$$P(x)=2x^4-3x^2+9 \quad \text{und} \quad Q(x)=-2x^4+5x^3-9$$

gegeben. Dann gilt weiter

$$P(x) \neq Q(x)\,;\ \text{grad}\ P(x) = 4\,;\ \text{grad}\ Q(x) = 4$$
$$P(x) + Q(x) = (2x^4 - 3x^2 + 9) + (-2x^4 + 5x^3 - 9) = 5x^3 - 3x^2.$$

Der Grad des Summenpolynoms, grad $(P(x)+Q(x))=3$, ist also kleiner als der Grad der beiden Summanden.

2.1.10. Satz. Das Produkt aus zwei Polynomen ist wieder ein Polynom. Der Grad dieses Produktpolynoms ist gleich der Summe der Grade der beiden Faktoren, d.h.

$$\text{grad}\ (P(x)\cdot Q(x)) = \text{grad}\ P(x) + \text{grad}\ Q(x).$$

Auch hier soll insbesondere der zweite Teil des Satzes an einem Beispiel erläutert werden.

2.1.11. Beispiel

Gegeben seien die Polynome

$$P(x)=2x^4-3x^2+9 \quad \text{und} \quad Q(x)=x^3+x$$

mit grad $P(x) = 4$ und grad $Q(x) = 3$. Weiter gilt

$$P(x)\cdot Q(x) = (2x^4-3x^2+9)\,(x^3+x) = 2x^7 - x^5 + 6x^3 + 9x.$$

Dem Satz 2.1.10. entsprechend gilt weiterhin

$$\text{grad}\ P\cdot Q = 7 = 4 + 3 = \text{grad}\ P + \text{grad}\ Q.$$

Bisher wurden im Zusammenhang mit den Polynomen nur Rechenregeln der endlichen Summation benutzt. Der nächste Satz dagegen stellt eine neue, besonders wichtige Eigenschaft von Polynomen heraus, auf die später weiter eingegangen werden muß.

2.1.12. Satz. Ein Polynom vom Grad n läßt sich in ein Produkt aus maximal n Faktoren der Form $(x-b_i)$ mit $b_i \in \mathbb{R}$ zerlegen. Läßt sich ein Polynom vom Grad n nur in k (k<n) derartige Linearfaktoren zerlegen, so tritt ein Restpolynom R(x) vom Grad (n–k) als zusätzlicher Faktor auf.

$$P(x) = \sum_{i=1}^{n} a_i x^i = (x-b_1)(x-b_2) \dots (x-b_k) \cdot R(x).$$

Der Inhalt dieses Satzes läßt sich leicht an einem Beispiel verstehen.

2.1.13. Beispiele.

1. Für das folgende Polynom ist einer Zerlegung ohne Restglied möglich

$$P(x) = x^3 + 3x^2 - x - 3$$
$$= (x+1)(x-1)(x+3).$$

Es handelt sich also um ein Polynom 3. Grades, das ohne Restpolynom R(x) in drei Linearfaktoren zerlegt werden kann.

2. Für das folgende Polynom ist eine Zerlegung möglich in der Form

$$Q(x) = x^5 + 3x^4 + x^3 + 3x^2 - 2x - 6$$
$$= (x+1)(x-1)(x+3)(x^2+2)$$
$$= (x+1)(x-1)(x+3) \cdot R(x).$$

Es ist also eine Zerlegung in Linearfaktoren möglich bis auf ein Restpolynom $R(x)=x^2+2$. Das Ausgangspolynom hatte den Grad 5 und wurde in drei Linearfaktoren und ein Restpolynom 2. Grades zerlegt, entsprechend dem zweiten Teil von Satz 2.1.13.

Bei allen bisherigen Sätzen und Definitionen über Polynome wurde noch nicht beachtet, daß für die Größe x beliebige Zahlen eingesetzt werden können, daß Polynome also besonders einfache Funktionen darstellen. Im folgenden sollen deshalb einige besondere Eigenschaften von Funktionen am Beispiel der Polynome erarbeitet werden.

2.1.14. Definition. Wählt man in einem Polynom $P(x) = \sum_{i=0}^{n} a_i x^i$ für x einen speziellen Zahlwert x_1, so stellt $P(x_1) = \sum_{i=0}^{n} a_i x_1^i$ den **Wert des Polynoms an der Stelle x_1 dar.**

Allgemeiner: Wählt man in einer Funktion f(x) für x einen speziellen Wert x_i, so stellt $f(x_i)$ den Wert der Funktion f an der Stelle x_i dar.

Diese Definition 2.1.14. bezieht die Erkenntnis der Definition 2.1.1., daß man durch Vorgabe eines Funktionsargumentes einen Funktionswert bestimmen kann, auf den speziellen Fall des Polynoms und führt damit zu einer Betrachtung der Polynome im Sinne einer Funktion. Wenn man nun jede beliebige Zahl aus dem Definitionsbereich als Argument der Funktion einsetzen kann, dann kann man vielfach in der Umkehrung das Argument auch so wählen, daß der Funktionswert Null wird.

2.1.15. Definition. Die Zahl x_N heißt **Nullstelle** der Funktion $f(x)$, wenn $f(x_N) = 0$ gilt.

Bei den Polynomen ergibt sich nun eine Besonderheit innerhalb der Gesamtheit der Funktionen.

2.1.16. Satz. Die Zahl x_N stellt genau dann eine Nullstelle des Polynoms $P(x)$ dar, wenn bei der Zerlegung von $P(x)$ in Linearfaktoren ein Faktor $(x - x_N)$ auftritt.

Damit ist ein Zusammenhang zwischen den Nullstellen eines Polynoms und der Zerlegung in Linearfaktoren nach Satz 2.1.12. hergestellt. Folglich kann die Zerlegung in Linearfaktoren die Suche nach den Nullstellen eines Polynoms erheblich erleichtern, denn hat man eine erste Nullstelle – notfalls durch Raten – gefunden, dann kann man durch Polynomdivision den Grad des Polynoms um 1 reduzieren und dann eine weitere Zerlegung in Linearfaktoren durchführen. Dieses soll an einem Beispiel gezeigt werden.

2.1.17. Beispiel. Gegeben sei das Polynom $P(x)=x^3+3x^2-x-3$. Die erste Nullstelle wurde mit $x_{N_1}=1$ erraten. Eine Polynomdivision ergibt weiter

$$
\begin{array}{l}
(x^3 + 3x^2 - x - 3) : (x - 1) = x^2 + 4x + 3 \\
\underline{x^3 - x^2} \\
\quad 4x^2 - x - 3 \\
\quad \underline{4x^2 - 4x} \\
\qquad 3x - 3 \\
\qquad \underline{3x - 3} \\
\qquad\quad 0
\end{array}
$$

Das Restpolynom dieser Division kann als quadratische Gleichung leicht gelöst werden

$$x^2 + 4x + 3 = 0 \quad \curvearrowright \quad x_{N_2} = -1, \quad x_{N_3} = -3.$$

Damit ergibt sich nach 2.1.16. die Zerlegung in Linearfaktoren zu

$$P(x) = x^3 + 3x^2 - x - 3 = (x-1)(x+1)(x+3)$$

in Übereinstimmung mit Beispiel 2.1.13.1.

Aus den Sätzen 2.1.12. und 2.1.16. läßt sich eine Regel für die Nullstellen eines Polynoms herleiten, die noch einmal zusammengefaßt werden soll.

2.1.18. Satz. Für ein Polynom $P(x) = \sum_{i=0}^{n} a_i x^i$ gilt folgendes:

1. $P(x)$ hat maximal n reelle Nullstellen.

2. Hat P(x) k reelle Nullstellen ($k \leqslant n$) $x_{N_1}, x_{N_2}, \ldots, x_{N_k}$, so existiert eine Produktzerlegung

$$P(x) = (x - x_{N_1})(x - x_{N_2}) \ldots (x - x_{N_k}) \cdot R(x).$$

Dabei ist R(x) ein Polynom vom Grad (n–k), das keine reelle Nullstellen hat.
3. Gilt speziell n=k, so hat R(x) den Grad 0, und P(x) hat nur reelle Nullstellen.

Der erste Teil dieses Satzes wurde mit Hilfe des Beispiels 2.1.17. bereits verdeutlicht, denn dort lag ein Polynom 3. Grades mit genau drei reellen Nullstellen und damit der Spezialfall n=k vor. Der zweite Teil des Satzes sei am folgenden Beispiel erläutert.

2.1.19. Beispiel. In 2.1.13.2. wurde bereits gezeigt, daß die Beziehung

$$Q(x) = x^5 + 3x^4 + x^3 + 3x^2 - 2x - 6$$
$$= (x+1)(x-1)(x+3) \cdot R(x)$$

gilt. Das Restpolynom $R(x)=x^2+2$ hat mit $x_1=+\sqrt{2}i$ und $x_2=-\sqrt{2}i$ zwei komplexe, also keine reellen Nullstellen. Damit ergeben sich für das Polynom Q(x) lediglich drei reelle Nullstellen.

$$x_{N_1} = -1 \qquad x_{N_2} = 1 \qquad x_{N_3} = -3.$$

Nun hat z.B. das Polynom zweiten Grades $P(x)=x^2$ mit $x_N=0$ nur eine Nullstelle, obwohl bei der Zerlegung in Linearfaktoren mit $P(x)=(x-0)(x-0)$ kein Restpolynom mit komplexen Nullstellen auftritt, also $1=k<n=2$ gilt. Dieser scheinbare Widerspruch wird durch die folgende Definition beseitigt.

2.1.20. Definition. Der Punkt x_N des Polynoms P(x) heißt eine **k-fache Nullstelle**, wenn bei der Zerlegung von P(x) in Linearfaktoren ein Faktor $(x-x_N)^k$ auftritt.

Damit hat das Polynom $P(x)=x^2$ in $x_N=0$ eine doppelte Nullstelle. Die Übereinstimmung mit 2.1.18. ist wiederhergestellt.

Eine erste Anwendung des bisher behandelten Stoffes ergibt sich bei speziellen Berechnungen an rationalen Funktionen.

2.1.21. Definition. Der Quotient $\frac{P(x)}{Q(x)}$ zweier Polynome P(x) und $Q(x) \neq 0$ heißt eine **rationale Funktion.**
Ist der Grad des Zählerpolynoms kleiner als der Grad des Nennerpolynoms, grad P(x) < grad Q(x), dann spricht man von einer **echt gebrochenen rationalen Funktion.**

Mit rationalen Funktionen wird gerechnet wie mit Polynomen, wobei die Gesetzmäßigkeiten der Bruchrechnung selbstverständlich zu beachten sind. Dementspre-

chend ergeben Summe, Differenz, Produkt und Quotient von rationalen Funktionen wieder rationale Funktionen.
Liegt nun eine unecht gebrochene rationale Funktion vor, so kann man diese durch Polynomdivision umwandeln in ein Polynom und einen Rest, der eine echt gebrochene rationale Funktion darstellt.

2.1.22. Beispiel. Durch Polynomdivision mit Rest erhält man aus der unecht gebrochenen rationalen Funktion

$$\frac{P(x)}{Q(x)} = \frac{x^4+2x^3-x-1}{x^2-1} = x^2+2x+1 + \frac{x}{x^2-1}$$

$$= R(x) + \frac{S(x)}{Q(x)}$$

das Polynom $R(x)=x^2+2x+1$ und als Rest die echt gebrochene rationale Funktion $\frac{S(x)}{Q(x)} = \frac{x}{x^2-1}$.

Somit lassen sich alle Probleme bei der Berechnung von rationalen Funktionen reduzieren auf Berechnungen an echten rationalen Funktionen.
Besondere Fragestellungen der Integralrechnung erfordern eine möglichst weitgehende Zerlegung der rationalen Funktionen, so daß im folgenden auf weitere Möglichkeiten der Zerlegung noch weiter eingegangen werden soll. Dabei ist zu beachten, daß eine rationale Funktion wie ein Zahlenbruch behandelt werden kann.
Nach den Regeln der Bruchrechnung wird bei der Addition zunächst jeder Summand auf den gemeinsamen Hauptnenner erweitert, bevor die Zähler bei festgehaltenem Hauptnenner addiert werden können.
Z.B. gilt

$$\frac{1}{3} + \frac{1}{4} = \frac{4}{12} + \frac{3}{12} = \frac{7}{12}.$$

Die Umkehrung dieser Addition von zwei Brüchen, also eine möglichst weitgehende Zerlegung in einzelne Teile des Zahlenbruches, nennt man eine **Partialbruchzerlegung** einer rationalen Zahl. Diese Überlegungen können unmittelbar auf rationale Funktionen übertragen werden, so daß man auch hier von einer Partialbruchzerlegung spricht.

2.1.23. Satz. Hat das Nennerpolynom Q(x) einer echt gebrochenen rationalen Funktion $\frac{P(x)}{Q(x)}$ nur einfache, reelle Nullstellen x_{N_i} sowie den Grad n, so kann man die Funktion $\frac{P(x)}{Q(x)}$ in Partialbrüche zerlegen gemäß

$$\frac{P(x)}{Q(x)} = \frac{A_1}{x-x_{N_1}} + \frac{A_2}{x-x_{N_2}} + \ldots + \frac{A_n}{x-x_{N_n}}.$$

Die konkrete Aufgabe einer Partialbruchzerlegung liegt also darin, die zunächst noch unbekannten Zahlen $A_1,\ldots,A_n$ zu bestimmen. Dazu gibt es zwei Verfahren, die hier parallel besprochen werden sollen.

2.1.24. Beispiel. Man zerlege die folgende Funktion $\frac{P(x)}{Q(x)}$ in Partialbrüche.

$$\frac{P(x)}{Q(x)} = \frac{2x^2 + 15x - 14}{x^3 - x^2 - 4x + 4} = \frac{2x^2 + 15x - 14}{(x-1)(x-2)(x+2)}$$

$$= \frac{A_1}{x-1} + \frac{A_2}{x-2} + \frac{A_3}{x-3}$$

Multiplikation mit dem Nenner ergibt

$$2x^2 + 15x - 14 = A_1(x-2)(x+2) + A_2(x-1)(x-3) + A_3(x-1)(x-2)$$

1. Lösungsweg

Die obige Gleichung ist für alle $x \in \mathbb{R}$ definiert, also auch für die Nullstellen des Nennerpolynoms $R(x)$. Diese in die Gleichung eingesetzt ergibt:

$$x=2:\quad 8+30-14 = A_2(+1)(2+2)$$
$$\curvearrowright\ A_2 = 6$$
$$x=-2:\quad 8-30-14 = A_3(-3)(-4)$$
$$\curvearrowright\ A_3 = -3$$
$$x=1:\quad 2+15-14 = A_1(-1)(3)$$
$$\curvearrowright\ A_1 = -1$$

2. Lösungsweg

Die obige Gleichung wird ausmultipliziert und umgeformt

$$2x^2+15x-14 = A_1(x^2-4) + A_2(x^2+x-2) + A_3(x^2-3x+2)$$
$$= x^2(A_1+A_2+A_3) + x(A_2-3A_3) + (-4A_1-2A_2+2A_3)$$

Koeffizientenvergleich liefert das Gleichungssystem:

$$\begin{aligned} 2 &= A_1 + A_2 + A_3 \\ 15 &= A_2 - 3A_3 \\ -14 &= -4A_1 - 2A_2 + 2A_3. \end{aligned}$$

Hierbei handelt es sich um ein System von drei Gleichungen mit drei Unbekannten. Daraus berechnen sich die Unbekannten zu

$A_1 = -1;\ A_2 = 6;\ A_3 = -3.$

Somit ergibt sich die Lösung der Aufgabe zu

$$\frac{P(x)}{Q(x)} = \frac{2x^2 + 15x - 14}{x^3 - x^2 - 4x + 4} = -\frac{1}{x-1} + \frac{6}{x-2} - \frac{3}{x+2}$$

Der Ansatz für beide Lösungswege geht also davon aus, daß man ebensoviele Partialbrüche erhalten kann, wie das Nennerpolynom Nullstellen enthält. Von derselben Annahme geht auch der Lösungsansatz aus, wenn das Nennerpolynom Mehrfachnullstellen besitzt.

2.1.25. Satz. Hat das Nennerpolynom $Q(x)$ einer echt gebrochenen rationalen Funktion $\frac{P(x)}{Q(x)}$ mehrfache, reelle Nullstellen, d.h. gilt

$$Q(x) = a_n (x - x_{N_1})^{k_1} (x - x_{N_2})^{k_2} \ldots (x - x_{N_n})^{k_n} \text{ mit } \begin{array}{l} x_{N_i} \in \mathbb{R} \\ k_i \in \mathbb{N} \end{array}$$

mit $k_1 + k_2 + \ldots + k_n = \text{grad } Q$, so kann die Funktion $\frac{P(x)}{Q(x)}$ in Partialbrüche zerlegt werden gemäß

$$\begin{aligned} \frac{P(x)}{Q(x)} = & \frac{A_{11}}{x - x_{N_1}} + \frac{A_{12}}{(x - x_{N_1})^2} + \ldots + \frac{A_{1k_1}}{(x - x_{N_1})^{k_1}} + \\ & + \frac{A_{21}}{x - x_{n_2}} + \frac{A_{22}}{(x - x_{N_2})^2} + \ldots + \frac{A_{2k_2}}{(x - x_{N_2})^{k_2}} + \\ & \quad \vdots \qquad\qquad \vdots \qquad \cdots \qquad \vdots \\ & + \frac{A_{n1}}{x - x_{N_n}} + \frac{A_{n2}}{(x - x_{N_n})^2} + \quad + \frac{A_{nk_n}}{(x - x_{N_n})k_n} \end{aligned}$$

Bei der konkreten Berechnung der Partialbrüche ist zu beachten, daß der erste Lösungsweg aus Beispiel 2.1.24. in diesem Fall keine ausreichende Bestimmung der Unbekannten zuläßt. Man kann also nur analog zum zweiten Lösungsweg des Beispiels 2.1.24. vorgehen.

2.1.26. Beispiele.

1. Man zerlege die folgende Funktion $\frac{P(x)}{Q(x)}$ in Partialbrüche.

$$\begin{aligned} \frac{P(x)}{Q(x)} = \frac{-18x + 18}{x^3 - 3x^2 + 4} &= \frac{-18x + 18}{(x+1)(x-2)^2} \\ &= \frac{A_1}{x+1} + \frac{A_2}{x-2} + \frac{A_3}{(x-2)^2} \end{aligned}$$

Entsprechend der Anzahl der Nullstellen des Nennerpolynoms, eine einfache und eine doppelte Nullstelle, ergeben sich bei diesem Beispiel drei Partialbrüche. Multiplikation mit dem Nenner $Q(x)$ ergibt:

$$\begin{aligned} -18x + 18 &= A_1 (x-2)^2 + A_2 (x+1)(x-2) + A_3(x+1) \\ &= A_1(x^2 - 4x + 4) + A_2(x^2 - x - 2) + A_3(x+1) \\ &= x^2(A_1 + A_2) + x(-4A_1 - A_2 + A_3) + (4A_1 - 2A_2 + A_3). \end{aligned}$$

Koeffizientenvergleich liefert das Gleichungssystem

$$\begin{aligned} 0 &= A_1 + A_2 \\ -18 &= -4A_1 - A_2 + A_3 \\ 18 &= 4A_1 - 2A_2 + A_3. \end{aligned}$$

Dieses System aus drei Gleichungen mit drei Unbekannten läßt die Berechnung der Unbekannten zu.

$A_1 = 4;\ A_2 = -4;\ A_3 = -6.$

Die Partialbruchzerlegung ergibt also das Ergebnis

$$\frac{P(x)}{Q(x)} = \frac{-18x + 18}{x^3 - 3x^2 + 4} = \frac{4}{x+1} - \frac{4}{x-2} - \frac{6}{(x-2)^2}$$

2. Man zerlege die Funktion $\frac{P(x)}{Q(x)}$ in Partialbrüche.

$$\frac{P(x)}{Q(x)} = \frac{x^5 + 2x - 3}{(x-1)^3} = x^2 + 3x + 6 + \frac{10x^2 - 13x + 3}{(x-1)^3}$$

$$= R(x) + \frac{S(x)}{Q(x)}$$

Der Rest $\frac{S(x)}{Q(x)}$ stellt eine echt gebrochene rationale Funktion dar, die nun in Partialbrüche zerlegt werden kann.

$$\frac{S(x)}{Q(x)} = \frac{10x^2 - 13x + 3}{(x-1)^3} = \frac{A_1}{x-1} + \frac{A_2}{(x-1)^2} + \frac{A_3}{(x-1)^3}$$

$$\Rightarrow 10x^2 - 13x + 3 = A_1(x-1)^2 + A_2(x-1) + A_3$$

$$= x^2 \cdot A_1 + x(-2A_1 + A_2) + (A_1 - A_2 + A_3).$$

Koeffizientenvergleich liefert das Gleichungssystem und damit die Lösungen

$$\left.\begin{aligned} 10 &= A_1 \\ -13 &= -2A_1 + A_2 \\ 3 &= A_1 - A_2 + A_3 \end{aligned}\right\} \Rightarrow A_1 = 10;\ A_2 = 7;\ A_3 = 0$$

$$\Rightarrow \frac{P(x)}{Q(x)} = \frac{x^5 + 2x - 3}{(x-1)^3} = x^2 + 3x + 6 + \frac{10}{x-1} + \frac{7}{(x-1)^2}$$

2.2 Eigenschaften stetiger Funktionen

In diesem Kapitel sollen einige Eigenschaften von Funktionen behandelt werden, insbesondere solche, die aus der Stetigkeit der Funktionen folgen. Dazu muß jedoch zunächst der Begriff der Stetigkeit selbst geklärt werden, was an einigen Beispielen geschehen soll.

2.2.1. Beispiele.

1. Das Polynom $y=f(x)=x^2$ ist für alle $x \in \mathbb{R}$ definiert. Bei der graphischen Darstellung geht man von einigen Punkten der Wertetabelle aus und verbindet diese miteinander zu einer durchgehenden Kurve.

2. Die Länge ℓ eines Metallstabes ist proportional zu dessen Temperatur. Mißt man also ℓ als Funktion der Temperatur T, $\ell=\ell(T)$, so erhält man einzelne Meßpunkte, die man miteinander zu einer durchgehenden Kurve verbindet.

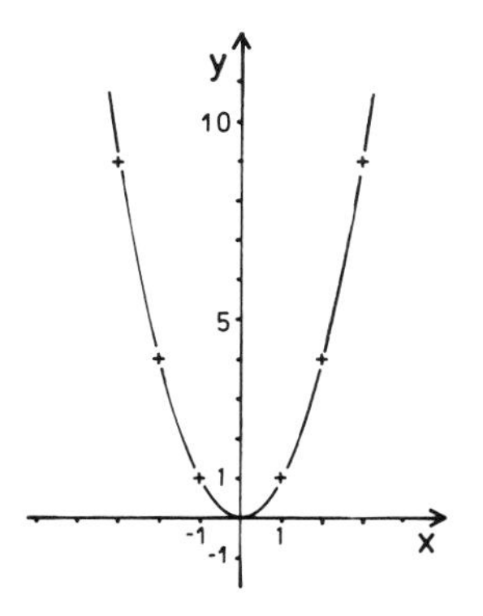

Abb. 2.3: Graphische Darstellung der Funktion $y=x^2$

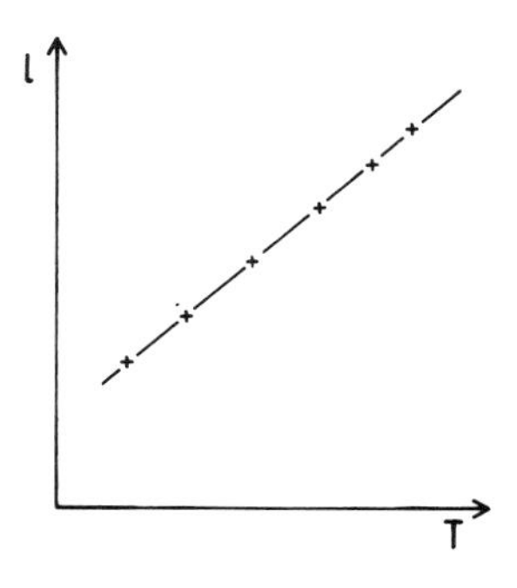

Abb. 2.4: Graphische Darstellung der Länge l eines Metallstabes als Funktion der Temperatur T

3. Schüttelt man Benzoesäure in Benzol und Wasser aus, so stellen sich in der nichtvermischten Benzol- und Wasserphase unterschiedliche Benzoesäurekonzentrationen ein (Nernstscher Verteilungssatz). Trägt man die Benzoesäurekonzentration in Benzol als Funktion der Konzentration in Wasser auf, $c_B=f(c_W)$, so erhält man eine durchgehende Kurve.

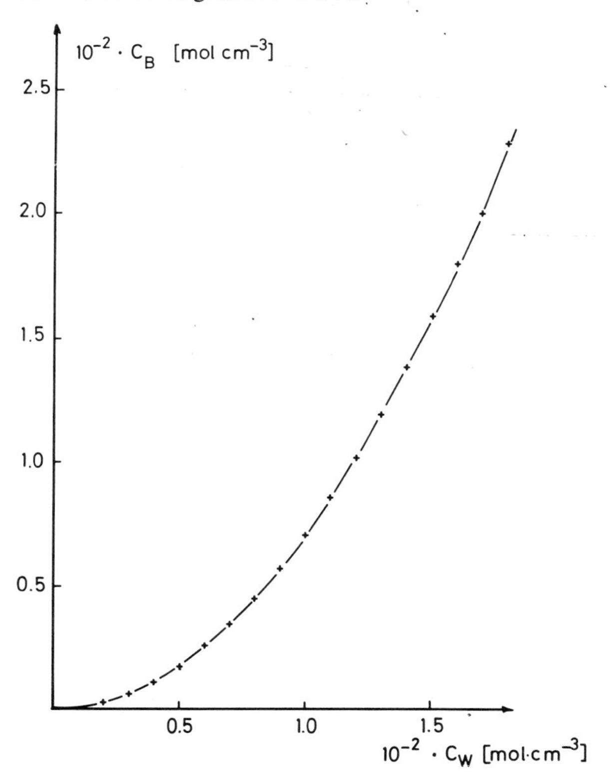

Abb. 2.5: Darstellung der Konzentration von Benzoesäure in Benzol als Funktion der Konzentration in Wasser

4. Trägt man die Funktion $f(x)=\frac{1}{x-4}$ graphisch auf, so ergibt sich mit x=4 ein Punkt, an dem die Funktion nicht definiert ist.

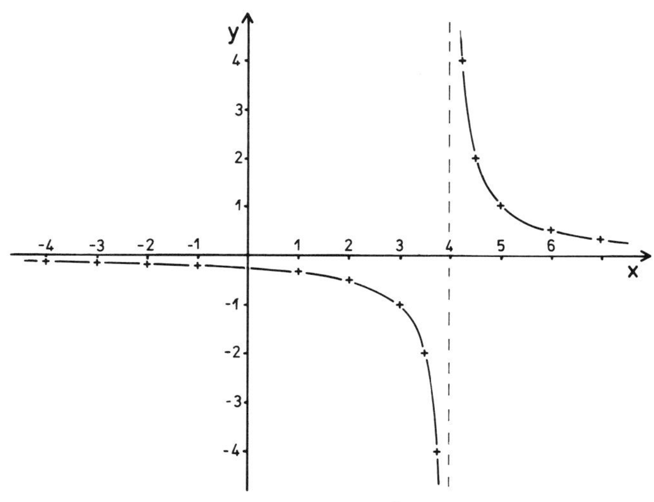

Abb. 2.6: Darstellung der Funktion $y=\frac{1}{x-4}$

5. Die Löslichkeit von Natriumsulfat in Wasser ist temperaturabhängig. Trägt man die Ableitung $\frac{dL}{dT}$ des Löslichkeitskoeffizienten L=L(T) als Funktion der Temperatur auf, so ergibt sich eine Kurve, die bei 32,4° C einen Sprung aufweist.

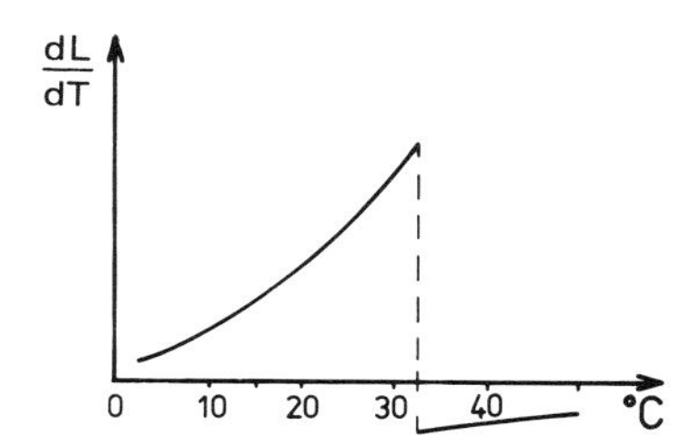

Abb. 2.7: Darstellung der Ableitung $\frac{dL}{dT}$ des Löslichkeitskoeffizienten L=L(T) von Na_2SO_4 in Wasser als Funktion der Temperatur T

Vergleicht man diese fünf Beispiele miteinander, so fällt ein wichtiger Unterschied auf. Während bei den ersten drei Beispielen für alle Funktionsargumente die Funktionswerte durch eine durchgehende Linie verbunden werden können, geht dieses bei den letzten beiden Beispielen nicht. Hier macht die Funktion jeweils einen Sprung, d.h. für Funktionsargumente in unmittelbarer Umgebung der Punkte x=4 bzw. T=32,4° C liegen die Funktionswerte nicht in unmittelbarer Umgebung zueinander. Damit ist jedoch schon die Definition des Begriffs Stetigkeit anschaulich vorweggenommen worden.

2.2.2. Definition. Eine Funktion f(x) heißt **stetig im Punkt x_0**, wenn zu jedem $\epsilon>0$ ein $\delta>0$ existiert, so daß $|f(x) - f(x_0)| < \epsilon$ ist für alle $x \in D$ mit $|x - x_0| < \delta$. Die Funktion f(x) heißt **stetig**, wenn sie in allen Punkten ihres Definitionsbereiches stetig ist.

Diese mathematische Formulierung besagt das gleiche, was an den Beispielen bereits festgestellt wurde. Die Funktionen 2.2.1.1., 2.2.1.2. und 2.2.1.3. sind stetig. Wenn man hier – auch beliebig kleine – δ-Umgebungen zu den Funktionsargumenten festlegt, dann liegen die zugehörigen Funktionswerte gemeinsam in – gegebenenfalls auch beliebig kleinen – zugehörigen ϵ-Umgebungen. Man kann die Funktionen in Form von geschlossenen Kurven darstellen.
Bei den Beispielen 2.2.1.4. und 2.2.1.5. treten dagegen Unstetigkeitsstellen an den Punkten x=4 bzw. T=32,4° C auf. Hier liegen die Funktionswerte nicht beliebig dicht beisammen, so daß man keine geschlossene Kurve zeichnen kann.

Der folgende Teil dieses Kapitels soll sich nun mit einigen Konsequenzen befassen, die sich aus der Stetigkeit von Funktionen ergeben. Wie auch in anderen Fällen muß man dazu zunächst die Frage beantworten, wie weit die Stetigkeit erhalten bleibt, wenn man stetige Funktionen miteinander verknüpft. Dazu gilt der nächste Satz.

2.2.3. Satz. Sind f(x) und g(x) zwei stetige Funktionen, so ist auch $f(x) \pm g(x)$ und $f(x) \cdot g(x)$ stetig. Die Funktion $\frac{f(x)}{g(x)}$ ist stetig, sofern $g(x) \neq 0$ erfüllt ist.

Dieser Satz läßt sich unmittelbar auf den Spezialfall der Polynome und der rationalen Funktionen anwenden, so daß sich der folgende Satz sofort ergibt.

2.2.4. Satz. Ein Polynom ist in jedem Punkt seines Definitionsbereiches stetig. Eine rationale Funktion ist in jedem Punkt ihres Definitionsbereiches stetig, wo der Nenner ungleich Null ist.

Insbesondere der Fall der rationalen Funktionen sei noch einmal aufgegriffen. Gegeben sei die rationale Funktion

$$y = f(x) = \frac{x^2 + 3x + 2}{x^2 - 1}$$

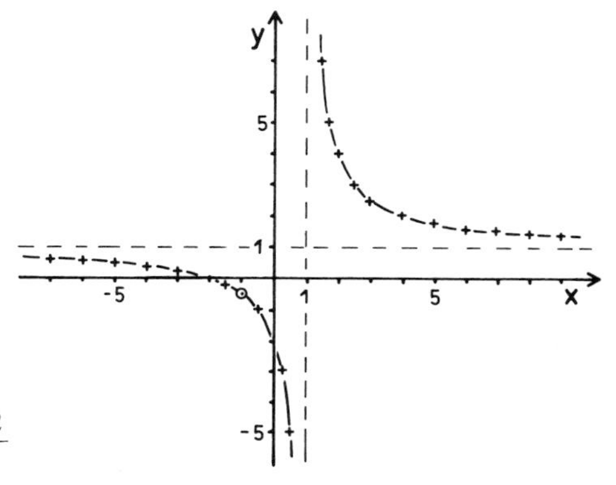

Abb. 2.8: Darstellung der Funktion $y=\frac{x^2+3x+2}{x^2-1}$

Die Nullstellen des Nenners dieser Funktion liegen bei $x_{N_1}=1$ und $x_{N_2}=-1$. Nach Satz 2.2.4. ist die Funktion also in $x_{N_1}=1$ und $x_{N_2}=-1$ unstetig. Dennoch unterscheiden sich beide Unstetigkeitsstellen erheblich.

a) Es sei zunächst der Fall $x_{N_1}=1$ herausgegriffen.
Wie aus Abb. 2.8 zu ersehen ist, besteht ein Unterschied darin, von welcher Seite man bei der Betrachtung an die Unstetigkeitsstelle herangeht. Geht man von links aus, also von den negativen Zahlen kommend, dann strebt die Funktion gegen $-\infty$, in symbolischer Schreibweise

$$\lim_{x \to 1^-} \frac{x^2 + 3x + 2}{x^2 - 1} = -\infty \, *$$

Kommt man dagegen von der Seite der positiven, großen x-Werte, also von rechts, auf die Unstetigkeitsstelle zu, so ist der entsprechende **rechtsseitige Grenzwert** $+\infty$, d.h.

$$\lim_{x \to 1^-} \frac{x^2 + 3x + 2}{x^2 - 1} = +\infty.$$

Im Falle des Punktes $x_{N_1}=1$ sind linksseitiger und rechtsseitiger Grenzwert also ungleich.

$$\lim_{x \to 1} f(x) \neq \lim_{x \to 1^+} f(x).$$

Solche Unstetigkeitsstellen, an denen die einseitigen Grenzwerte gegen Unendlich streben, heißen Polstellen (Pole) der Funktion f(x).

b) Im Falle $x_{N_2}=-1$ ist es dagegen anders. Wie man aus der Abbildung entnehmen kann, sind hier linksseitiger und rechtsseitiger Grenzwert gleich

$$\lim_{x \to -1^-} f(x) = \lim_{x \to -1^+} f(x).$$

Man kann sogar schreiben

$$\lim_{x \to -1} f(x) = \lim_{x \to -1} \frac{x^2 + 3x + 2}{x^2 - 1} = \lim_{x \to -1} \frac{(x+1)(x-2)}{(x+1)(x-1)}$$

$$= \lim_{x \to -1} \frac{x+2}{x-1} = -\frac{1}{2}.$$

Definiert man jetzt zusätzlich zur Funktionsgleichung

$$f(x) = \begin{cases} \dfrac{x^2 + 3x + 2}{x^2 - 1} & \text{für } x \neq -1 \\ -\dfrac{1}{2} & \text{für } x = -1 \end{cases}$$

so hebt man die Unstetigkeitsstelle $x_{N_2}=-1$ auf.

---

* Es sei darauf hingewiesen, daß man sich hier einer oberflächlichen Schreibweise bedient, denn ∞ ist keine Zahl, sondern nur ein Symbol.

In allen solchen Fällen, wo rechtsseitiger und linksseitiger Grenzwert an einer Unstetigkeitsstelle gleich sind, wo man also durch Definition des Funktionswertes an der Unstetigkeitsstelle die Unstetigkeit aufheben kann, spricht man von **hebbaren Unstetigkeiten.**

Auch der folgende Satz, der Zwischenwertsatz, wurde bereits mehrfach unausgesprochen angewandt.

2.2.5. Satz. Die Funktion f(x) sei im abgeschlossenen Intervall [a; b] definiert, reellwertig und stetig. Weiter sei $f(a) \leqslant c \leqslant f(b)$. Dann gibt es mindestens einen Wert $x_0 \in [a;b]$ mit $f(x_0)=c$.

Dieser Satz besagt nichts weiter, als daß die stetige Funktion f(x) jeden Funktionswert innerhalb des Intervalls [f(a); f(b)] annimmt. Praktisch benutzt man diesen Satz bei der graphischen Darstellung stetiger Funktionen, wenn man jeweils zwei Punkte aus der Wertetabelle miteinander verbindet, oder wenn man über die Punkte der Wertetabelle hinaus extrapoliert. Dabei ist, wie auch beim nächsten Satz, die Reellwertigkeit von f(x) eine besonders wichtige Voraussetzung, da für komplexe Zahlen Größer-/Kleinerrelationen nicht definiert sind (vgl. S. 12).

2.2.6. Definition. Eine reellwertige Funktion f(x) mit reellem Definitionsbereich D heißt in einem Intervall $I \subset D$ **monoton zunehmend** (wachsend, steigend), wenn aus $x_2 > x_1$ stets $f(x_2) \geqslant f(x_1)$ für alle $x_i \in I$ folgt. Die Funktion heißt **monoton abnehmend**, wenn $f(x_2) \leqslant f(x_1)$ folgt.
Die Funktion f(x) heißt **streng monoton zunehmend**, wenn aus $x_2 > x_1$ stets $f(x_2) > f(x_1)$ für alle $x_i \in I$ folgt. Die Funktion heißt **streng monoton abnehmend,** wenn entsprechend $f(x_2) < f(x_1)$ folgt.

Mit dieser Definition ist neben der graphischen Darstellung eine weitere Möglichkeit gegeben, eine Funktion über einen größeren Bereich zu beschreiben. Mit Hilfe der Monotonie ist eine qualitative Aussage über den Verlauf einer Funktion, über „Anstieg" oder „Abfall", also über die Steigung, möglich. Die entsprechenden quantitativen Aussagen sollen noch im Zusammenhang mit der Differentialrechnung behandelt werden.

2.2.7. Satz. Jede in einem abgeschlossenen Intervall I=[a; b] stetige Funktion f(x) ist in I auch beschränkt.
Ist f(x) reellwertig, so nimmt sie in I einen Maximal- und einen Minimalwert ein, d.h. es gibt einen Wert $x_1 \in [a; b]$ und einen Wert $x_2 \in [a; b]$ mit

$$f(x_1) \leqslant f(x) \leqslant f(x_2) \qquad \forall x \in [a; b].$$

Neben der Reellwertigkeit und der Stetigkeit wird hier noch eine weitere Bedingung für die Aussage gestellt, nämlich die, daß das Intervall I abgeschlossen ist. Die Wichtigkeit dieser Voraussetzung läßt sich leicht am Beispiel der Funktion

$f(x)=\frac{1}{x}$ zeigen. Diese Funktion ist im Bereich des offenen Intervalls (0; x) definiert, reellwertig und stetig. Dennoch ist die Funktion für $x\to 0$ nicht beschränkt, sie kann folglich auch keinen Maximalwert annehmen.

Stellten die beiden letzten Sätze mehr formale Hilfen für die Beschreibung von Funktionen dar, so bringt der nächste Satz, ebenfalls eine Folge der Stetigkeit, eine Hilfe für das Rechnen mit Funktionen.

2.2.8. Satz. Die geschachtelte Funktion f(y) sei stetig für alle Werte y=g(x) mit $x \in D$. Dann gilt

$$\lim_{x\to a} f(y) = \lim_{x\to a} f(g(x)) = f(\lim_{x\to a} g(x)).$$

Dieser Satz bedeutet, daß man bei einer stetigen Funktion, die durch eine äußere Vorschrift f und eine innere Funktion g(x) gegeben ist, das Limeszeichen und die äußere Funktionsvorschrift f austauschen darf. Dazu ein Beispiel.

2.2.9. Beispiel. Gegeben sei die Funktion $f(g(x))=\sqrt{g(x)} = \sqrt{\frac{x^2+2x-6}{x^2+1}}$. Dabei handelt es sich um eine geschachtelte Funktion mit der äußeren Vorschrift „Quadratwurzelziehen" und der rationalen Funktion als innere Vorschrift. Die Funktion g(x) ist stetig für alle $x \in \mathbb{R}$, ebenso ist auch die Funktion f stetig. Damit darf nach 2.2.8. umgeformt und entsprechend 1.5.8. gerechnet werden.

$$\lim_{x\to\infty} f(g(x)) = \lim_{x\to\infty}\sqrt{\frac{x^2+2x+6}{x^2+1}} = \sqrt{\lim_{x\to\infty}\frac{x^2+2x+6}{x^2+1}}$$

$$= \sqrt{\lim_{x\to\infty}\frac{x^2\left(1+\frac{2}{x}-\frac{6}{x^2}\right)}{x^2\left(1+\frac{1}{x^2}\right)}} = \sqrt{\lim_{x\to\infty}\frac{1+\frac{2}{x}-\frac{6}{x^2}}{1+\frac{2}{x^2}}}$$

$$= \sqrt{\frac{1}{1}} = 1.$$

Da in der Praxis überwiegend geschachtelte Funktionen auftreten, kommt diesem Satz große Bedeutung für die Berechnung von Grenzwerten, z.B. im Zusammenhang der uneigentlichen Integrale (vgl. z.B. 4.4.3.2.) zu. Noch wichtiger ist der Begriff der Umkehrfunktion, auf den abschließend eingegangen werden soll.

2.2.10. Definition. Die Abbildung y=f(x) habe den Definitionsbereich D und den Bildbereich B.
Ist die Abbildung $f: D\to B$ umkehrbar eindeutig (bijektiv), so existiert eine **Rückabbildung** $x=f^{-1}(y)$, die die Menge B eindeutig auf die Menge D abbildet.
Stellt y=f(x) eine Funktion dar, so heißt $x=f^{-1}(y)$ die **Umkehrfunktion** (inverse Funktion) zu f(x).

Damit man eine Umkehrfunktion f^{-1} überhaupt definieren kann, muß die Abbildung f(x) also umkehrbar eindeutig sein.
Konkret bestimmt man die Umkehrfunktion, indem man die gegebene Funktionsgleichung $y=f(x)$ nach x auflöst. Die neue Vorschrift $x=g(y)$ stellt dann die Umkehrfunktion dar. Das soll jedoch noch an einem Beispiel erläutert werden.

2.2.11. Beispiel. Die Funktion $y=f(x)=x^3$ ist umkehrbar eindeutig, d.h. zu jedem $x \in D$ gehört ein $y \in B$ und umgekehrt zu jedem $y \in B$ gehört ein $x \in D$. Löst man die Funktionsgleichung formal nach x auf, so erhält man die Umkehrfunktion

$$y = f(x) = x^3 \quad \Rightarrow \quad x = f^{-1}(y) = \sqrt[3]{y}$$

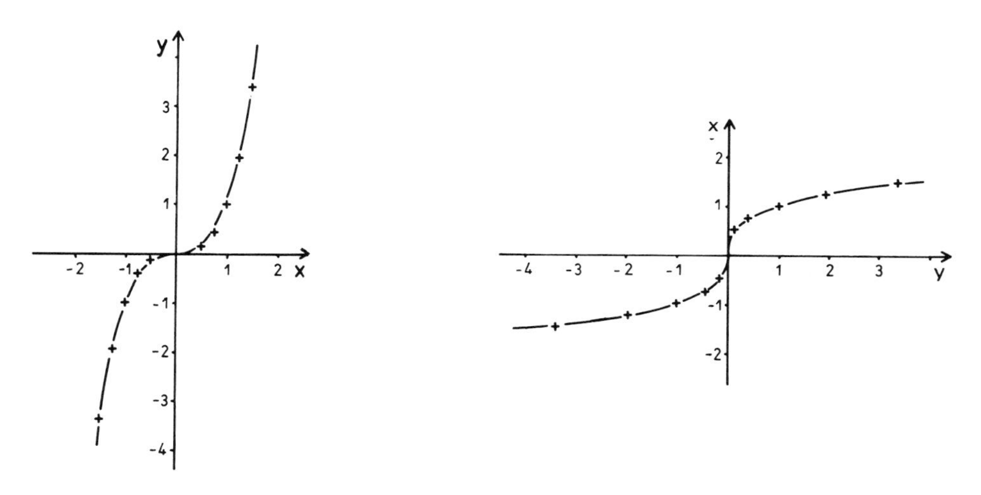

Abb. 2.9: Darstellung der Funktion $y=x^3$ und ihrer Umkehrfunktion $x=\sqrt[3]{y}$

Voraussetzung für die Existenz einer Umkehrfunktion ist also die umkehrbare Eindeutigkeit, die in sehr vielen Fällen jedoch nicht gegeben ist. Dennoch kann man auch in solchen Fällen häufig zu einer Umkehrfunktion kommen, indem man den Definitionsbereich einschränkt. Auch dazu ein Beispiel.

2.2.12. Beispiel. Die Funktion $y=f(x)=x^2$ ist nicht umkehrbar eindeutig. Zwar existiert zu jedem $x \in D$ nur ein $y \in B$, in der Umkehrung gibt es aber zu jedem $y \in B$ zwei $x \in D$, nämlich mit positivem und negativem Vorzeichen. Nach 2.2.10. existiert also keine Umkehrfunktion.
Schränkt man jedoch den Definitionsbereich nur auf die positiven Vorzeichen ein, d.h. $D=\mathbb{R}^+$, so wird die Funktion $f(x)=x^2$ umkehrbar eindeutig, und man kann mit $f^{-1}(y)=\sqrt{y}$ eine Umkehrfunktion definieren.

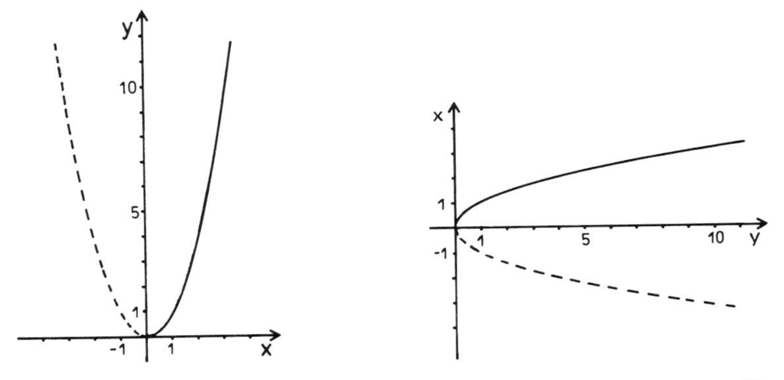

Abb. 2.10: Darstellung der Funktion $y=x^2$ und ihrer Umkehrfunktion $x=\sqrt{y}$

Nun geht die Konvention dahin, daß man mit dem Buchstaben x stets das Argument einer Funktion und mit y stets den Funktionswert bezeichnet, so daß sich bei der Formulierung der Umkehrfunktion zu $x=f^{-1}(y)$ ein Widerspruch zu diesem Sprachgebrauch ergibt. Deshalb vertauscht man in der Praxis bei der Umkehrfunktion noch einmal die Buchstaben x und y und erhält somit eine neue Funktion g(x), die Umkehrfunktion.
Bezogen auf die beiden obigen Beispiele heißt das, daß die Funktion $y=g(x)=\sqrt[3]{x}$ die Umkehrfunktion zu $y=f(x)=x^3$ und $y=g(x)=\sqrt{x}$ die Umkehrfunktion zu $y=f(x)=x^2$ genannt wird.
Zeichnet man nach dieser Konvention eine Funktion und ihre Umkehrfunktion in dasselbe Koordinatensystem, so sind die beiden Graphen stets symmetrisch zur Geraden y=x. Damit ergibt sich jedoch eine Möglichkeit, Umkehrfunktionen auch zeichnerisch zu bestimmen.

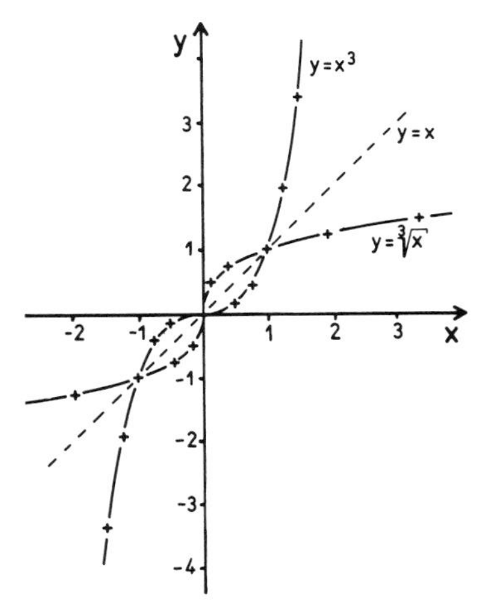

Abb. 2.11. Darstellung der Funktion $y=x^3$ und ihrer Umkehrfunktion $y=\sqrt[3]{x}$

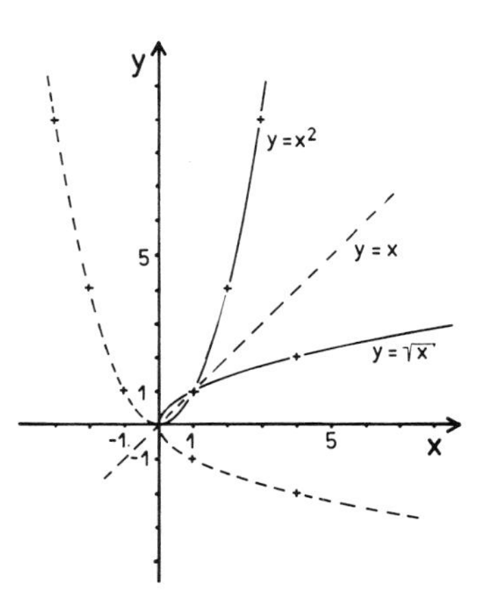

Abb. 2.12: Darstellung der Funktion $y=x^2$ und ihrer Umkehrfunktion $y=\sqrt{x}$

Neben dieser graphischen Möglichkeit, eine Funktion f(x) und ihre Umkehrfunktion g(x) zu vergleichen, ergeben sich aus einigen Eigenschaften von f(x) Konsequenzen für g(x).

2.2.13. Satz. Die Funktion f(x) sei für alle $x \in D$ stetig. Existiert eine Umkehrfunktion g(x), so ist diese ebenfalls stetig.

2.2.14. Satz. Die Funktion f(x) sei monoton für alle $x \in D$. Existiert eine Umkehrfunktion g(x), so ist diese ebenfalls monoton.

Diese Sätze sagen also aus, daß man aus der Stetigkeit und Monotonie einer gegebenen Funktion f(x), z.B. der Funktion $y=x^3$, auf die Stetigkeit und Monotonie der Umkehrfunktion g(x), also z.B. $y=\sqrt[3]{x}$, schließen kann.
Der folgende Satz verschärft diese Aussage noch:

2.2.15. Satz. Zu einer Funktion f(x) existiert genau dann eine Umkehrfunktion g(x), wenn f(x) stetig und streng monoton für alle $x \in D$ ist.

Die Notwendigkeit der beiden Forderungen, Stetigkeit und strenge Monotonie, für die Existenz einer Umkehrfunktion sei am Beispiel der Funktion $f(x)=x^2$ erläutert. Diese Funktion ist nicht für alle $x \in \mathbb{R}$ streng monoton. Wie bereits gezeigt wurde, existiert auch nicht für alle $x \in \mathbb{R}$ eine Umkehrfunktion. Schränkt man dagegen den Definitionsbereich auf die positiven reellen Zahlen ein, so wird die Funktion streng monoton steigend. Da sie nach 2.2.4. auch stetig ist, existiert nach 2.2.15. eine Umkehrfunktion. Die hier besprochene Einschränkung in bezug auf den Definitionsbereich wurde auch bei Beispiel 2.2.12. durchgeführt und führt dort zum gleichen Ergebnis.
Nun stellen Funktion und Umkehrfunktion für sich getrennt zwei Rechenvorschriften dar, die man nacheinander auf das gleiche Argument anwenden kann.

2.2.16. Satz. Stellt die innere Funktion g(x) einer geschachtelten Vorschrift f(g(x)) die Umkehrfunktion zur äußeren Funktion f dar, so heben sich stets Funktion und Umkehrfunktion auf, und es ergibt sich das Funktionsargument.

2.2.17. Beispiel. Gegeben sei die Funktion $f(x)=\sqrt[3]{x}$ und ihre Umkehrfunktion $g(x)=x^3$. Für die geschachtelte Funktion gilt dann

$$f(g(x)) = \sqrt[3]{g(x)} = \sqrt[3]{x^3} = x.$$

Dieser Satz wird unausgesprochen sehr oft benutzt, so z.B. beim Auflösen von quadratischen Gleichungen oder beim „Entlogarithmieren", so daß ihm ganz besondere Bedeutung zukommt. Wenn das auch in den folgenden Kapiteln nicht immer ausdrücklich gesagt wird, wird doch sehr häufig, insbesondere bei den Differentialgleichungen, auf diesen Satz zurückgegriffen.

2.3 Transzendente Funktionen

Alle Sätze und Definitionen, die sich bisher auf Funktionen bezogen, wurden an Beispielen erläutert, die in Form einer algebraischen Funktionsgleichung dargestellt werden konnten.

2.3.1. Definition. Eine Funktion $y=f(x)$ heißt **algebraisch**, wenn sie durch eine algebraische Gleichung der Form

$$\sum_{i,k=0}^{n,m} a_{ik}\, x^i y^k = 0$$

dargestellt werden kann.

Diese algebraischen Funktionen, zu denen die Polynome als besonders einfache Repräsentanten zählen, stellen nur einen Teil aller möglichen Funktionen dar. Um alle Funktionstypen zu erfassen, muß man also den Funktionsbegriff erweitern.

2.3.2. Definition. Eine Funktion $f(x)$ heißt **transzendent**, wenn sie keine algebraische Funktion ist.

Somit kann man die Menge aller Funktionen also als Vereinigung der Menge der algebraischen und der transzendenten Funktionen auffassen. Da die transzendenten Funktionen in den Naturwissenschaften eine besonders wichtige Rolle spielen, sollen in diesem Kapitel ihre wichtigsten Eigenschaften behandelt werden.

2.3.3. Definition. Jede Funktion $f(x)$ der Gestalt

$$f(x) = a^x \quad \text{mit} \quad a \in \mathbb{R}^+;\ a \neq 1$$

heißt **Exponentialfunktion.**

Der entscheidende Unterschied zwischen einer Exponentialfunktion und einem Polynom liegt also darin, daß bei der Exponentialfunktion das Funktionsargument im Exponenten und beim Polynom in der Basis des Potenzausdrucks auftritt. Aus diesem Grunde muß die Basis der Exponentialfunktion auch eine positive reelle Zahl sein, d.h. $a \in \mathbb{R}^+$.
Der Fall $a=1$, d.h. $f(x)=1^x=1$ sei schließlich als Trivialfall ausgeschlossen.
Da für Exponentialfunktionen auch die Regeln der Potenzrechnung gelten, kann man leicht eine Wertetabelle aufstellen und eine Exponentialfunktion graphisch darstellen, was in Abb. 2.13 am Beispiel $a=2$ gezeigt wird.

Die grundlegenden Eigenschaften von Exponentialfunktionen kann man direkt aus Abbildung 2.13. entnehmen und verallgemeinern, so daß sie hier nur aufgezählt und kurz kommentiert werden sollen.

2.3.4. Satz. Die Exponentialfunktion $f(x)=a^x$ ist für alle $x \in \mathbb{R}$ definiert, reellwertig und stetig, d.h. für alle $x \in \mathbb{R}$ gilt $f(x)=a^x \in \mathbb{R}$.

2.3.5. Satz. Die Exponentialfunktion $f(x)=a^x$ ist für alle $a>1$, $a \in \mathbb{R}$ streng monoton steigend und für alle $0<a<1$ streng monoton fallend.

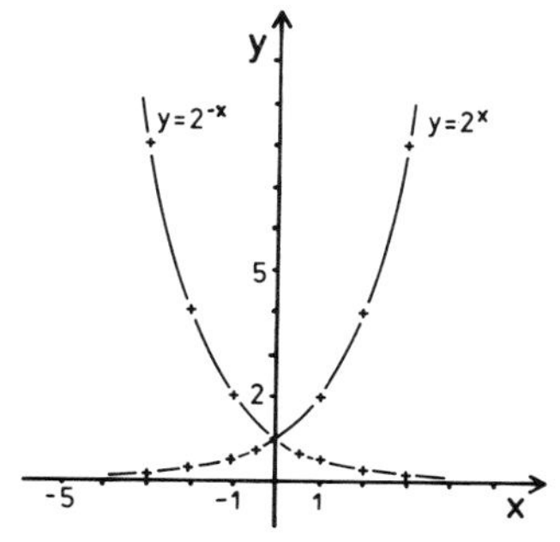

Abb. 2.13: Graphische Darstellung der Funktionen $f_1(x)=2^x$ und $f_2(x)=2^{-x}$

2.3.6. Satz. Die Exponentialfunktionen $f(x)=a^x$ und $g(x)=a^{-x}$ sind symmetrisch zur y-Achse des Koordinatensystems.

Diese drei Sätze können unmittelbar auf die Regeln der Potenzrechnung zurückgeführt werden. So sind z.B. Potenzen für jeden beliebigen Exponenten definiert (Satz 2.3.4.). Weiter gilt für allgemein

$$g(-x) = a^{-(-x)} = a^x = f(x).$$

Aus dieser Rechnung leitet sich ab, daß die Funktion $g(x)=a^{-x}$ achsensymmetrisch zu $f(x)=a^x$ ist (Satz 2.3.6.) und daß sie streng monoton fallend ist.
Der nächste Satz ergibt sich aus den Potenzgesetzen, denn es gilt allgemein $a^0=1$.

2.3.7. Satz. Alle Exponentialfunktionen $f(x)=a^x$ mit beliebiger Basis $a>0$ schneiden die y-Achse des Koordinatensystems in $y=1$.

2.3.8. Satz. Für jede Exponentialfunktion $f(x)=a^x$ mit beliebiger Basis $a>0$ gilt

$$f(x) = a^x > 0,$$

d.h. Exponentialfunktionen haben keine Nullstellen.

2.3.9. Satz. Für jede Exponentialfunktion $f(x)=a^x$ mit beliebiger Basis $a>0$ gilt

$$f(x_1+x_2) = a^{x_1+x_2} = a^{x_1} \cdot a^{x_2} = f(x_1) \cdot f(x_2)$$

$$f(x_1-x_2) = a^{x_1-x_2} = \frac{a^{x_1}}{a^{x_2}} = \frac{f(x_1)}{f(x_2)}$$

$$f(nx) = a^{nx} = (a^x)^n = (f(x))^n$$

$$f(\tfrac{x}{n}) = a^{x/n} = (a^x)^{1/n} = \sqrt[n]{a^x} = \sqrt[n]{f(x)}.$$

Mit diesen Sätzen 2.3.4. bis 2.3.9., die sich alle aus den Potenzgesetzen und damit aus den Multiplikationsregeln herleiten, ergeben sich Hilfen für die Arbeit mit Exponentialfunktionen, die besonders leicht einzusehen und damit zu handhaben sind. Auch über das Grenzverhalten von Exponentialfunktionen kann man sich, in Übereinstimmung mit Abbildung 2.13., allgemeingültige Regeln aufstellen.

Für $a>1$ und $x \to +\infty$ gilt $f(x) = a^x \to +\infty$
$x \to -\infty$ $f(x) = a^x \to 0$

Für $0 < a < 1$ und $x \to +\infty$ gilt $f(x) = a^x \to 0$
$x \to -\infty$ $f(x) = a^x \to +\infty$.

In den Naturwissenschaften spielt nun eine spezielle Exponentialfunktion eine ganz besonders wichtige Rolle, nämlich die Exponentialfunktion mit der Eulerschen Zahl e als Basis.

2.3.10. Definition. Die **Eulersche Zahl** e lautet

$$e = \sum_{n=0}^{\infty} \frac{1}{n!} = \lim_{n\to\infty} (1 + \frac{1}{n})^n = 2{,}718281828...$$

Für die spezielle Exponentialfunktion mit der Eulerschen Zahl e als Basis findet man, besonders in der Chemie, häufig auch die Schreibweise

2.3.11. $e^x = \exp(x)$.

Diese Schreibweise ist dann empfehlenswert, wenn das Argument der Exponentialfunktion selbst eine innere Funktion darstellt, wie es in der Anwendung häufig auftritt.
Wegen ihrer Wichtigkeit bezieht man in den Naturwissenschaften oftmals den Namen „Exponentialfunktion" direkt auf die Funktion $f(x)=e^x$.

2.3.12. angewandte Beispiele.

1. Der Luftdruck p der Erdatmosphäre nimmt mit steigender Höhe x, von Meereshöhe (x=0) ausgehend, entsprechend dem Verlauf einer Exponentialfunktion ab. Die zugehörige **Barometrische Höhenformel** lautet

$$p(x) = p(0) \cdot e^{-\frac{x}{\alpha}} = p(0) \cdot \exp(-\frac{x}{\alpha}) \quad \text{mit } \alpha \approx 7{,}69 \cdot 10^3 \text{ m.}$$

2. Die Anzahl der radioaktiven Teilchen N verringert sich mit der Zeit t entsprechend der Gleichung für den **radioaktiven Zerfall**

$$N(t) = N(0) \cdot e^{-\lambda t} = N(0) \exp(-\lambda t).$$

Kann man bei einem Polynom die Umkehrfunktion in vielen Fällen noch durch Rechnung bestimmen, so ist dieses bei den transzendenten Funktionen nicht möglich. Daher muß man für diese Funktionen die Umkehrfunktionen definieren und ihre Eigenschaften in Übereinstimmung mit dem in 2.2.10. bis 2.2.16. gesagten festlegen.

2.3.13. Definition. Die Umkehrfunktion zur Exponentialfunktion $f(x)=a^x$ heißt die **logarithmische Funktion** (Logarithmus)

$$g(x) = {}_a\log x.$$

Dabei heißt a die **Basis des Logarithmus.**

Wie es mit der Basis e eine spezielle Exponentialfunktion gibt, hat man auch spezielle Logarithmen definiert, die insbesondere auch tabellarisch erfaßt sind.

2.3.14. Definition. Der Logarithmus zur Basis 10 heißt der **dekadische Logarithmus**

$${}_{10}\log x = \lg x.$$

Der Logarithmus zur Basis e heißt der **natürliche Logarithmus**

$${}_{e}\log x = \ln x.$$

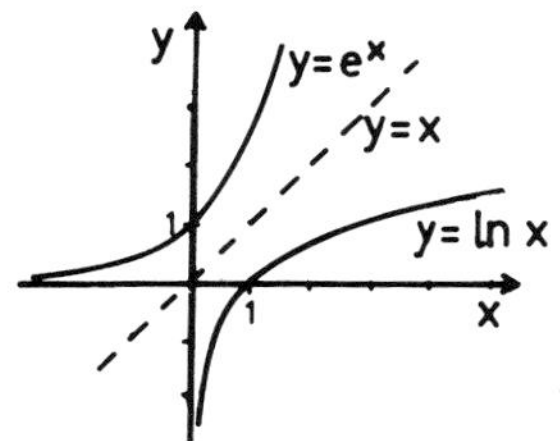

Abb. 2.14: Graphische Darstellung der Funktionen $f(x)=e^x$ und ihrer Umkehrfunktion $g(x)=\ln x$

Durch den bereits besprochenen Zusammenhang zwischen Funktion und Umkehrfunktion einerseits (vgl. S. 42–45) und die speziellen Eigenschaften der Exponentialfunktion andererseits sind die Eigenschaften der Logarithmusfunktionen bereits festgelegt.

2.3.15. Satz. Die Logarithmusfunktion $f(x)={}_{a}\log x$ mit beliebiger Basis $a>0$ ist für alle $x \in \mathbb{R}$ mit $x>0$ definiert, reellwertig und stetig.

Alle Logarithmusfunktionen haben mit $x=1$ dieselbe Nullstelle.

2.3.16. Satz. Die Funktion $f(x)={}_{a}\log x$ ist für $a>1$ streng monoton steigend.

2.3.17. Satz. Für jede Logarithmusfunktion $f(x) = {}_{a}\log x$ gilt

$${}_{a}\log (x_1 \cdot x_2) = {}_{a}\log x_1 + {}_{a}\log x_2$$

$${}_{a}\log \left(\frac{x_1}{x_2}\right) = {}_{a}\log x_1 - {}_{a}\log x_2$$

$${}_{a}\log (x^n) = n \cdot {}_{a}\log x$$

$${}_{a}\log \sqrt[n]{x} = \frac{1}{n} \cdot {}_{a}\log x$$

$${}_{a}\log x = \frac{1}{{}_{b}\log a} \cdot {}_{b}\log x.$$

Während in den Sätzen 2.3.15. und 2.3.16. allgemeine Eigenschaften der Logarithmusfunktionen zusammengefaßt werden, stellt der Satz 2.3.17. eine Anleitung für die rechnerische Arbeit mit Logarithmen dar. Ganz besonders können diese Regeln für das Logarithmieren von Gleichungen benutzt werden, d.h. für die Anwendung der Logarithmusfunktion auf beiden Seiten einer Gleichung. Zusätzliche Bedeutung kommt dabei der letzten Gleichung von 2.3.17. zu, denn mit ihrer Hilfe können Logarithmen von einer Basis auf eine andere umgerechnet werden, so z.B.

2.3.18. $\ln x = \ln 10 \cdot \lg x \approx 2{,}3026 \cdot \lg x$

$$\lg x = \frac{1}{\ln 10} \cdot \ln x \approx 0{,}4343 \cdot \ln x.$$

In der Praxis wird der Zusammenhang zwischen Exponentialfunktionen und Logarithmen immer wieder benutzt, indem man eine bestehende Gleichung logarithmiert und dann, unter Berücksichtigung von 2.2.16., einzelne Größen berechnet.

2.3.19. Angewandte Beispiele.

1. Unter 2.3.12.2. wurde die Gleichung für den radioaktiven Zerfall bereits mit

$$N = N(t) = N_0\, e^{-\lambda t}$$

gegeben. Logarithmiert man diese Gleichung, so kann man leicht die Halbwertszeit eines radioaktiven Stoffes berechnen, d.h. die Zeit τ, zu der $N = \frac{1}{2} N_0$ gilt:

$$\frac{N}{N_0} = e^{-\lambda t}$$

$$\ln\left(\frac{N}{N_0}\right) = \ln\left(e^{-\lambda t}\right) = -\lambda t.$$

mit $N(\tau) = \frac{1}{2} N_0$ ergibt sich weiter

$$-\lambda\tau = \ln \frac{\frac{1}{2} N_0}{N_0} = \ln \frac{1}{2} = -\ln 2$$

$$\Rightarrow \tau = \frac{\ln 2}{\lambda}.$$

Setzt man für ^{14}C z.B. $\lambda = 1{,}2444 \cdot 10^{-4}\, a^{-1}$ ein, so ergibt sich

$$\tau_{^{14}C} = \frac{\ln 2}{1{,}2444 \cdot 10^{-4}} = 5570 \text{ Jahre.}$$

2. Bei der archäologischen Altersbestimmung vergleicht man die ^{14}C-Konzentration (Strahlung des ^{14}C-Isotops) innerhalb der gesamten C-Konzentration von lebenden Wesen mit der der Funde und berechnet nach der Zerfallsgleichung das Alter des Fundes.
So wurden z.B. 1975 bei Ausschachtungsarbeiten Speisereste gefunden, deren ^{14}C-Radioaktivität 95,7 % der Aktivität von lebenden Pflanzen betrug, d.h. $\frac{N}{N_0} = 95{,}7\ \%$. Aus der Zerfallsgleichung berechnet sich das Alter der Funde bei einer Halbwertszeit für ^{14}C von $\tau = 5570$ Jahren zu

$$0{,}957 = \frac{N}{N_0} = e^{-\lambda t} = e^{-\frac{\ln 2}{\tau} t}$$

$$\Leftrightarrow \ln 0{,}957 = \ln\left(e^{-\frac{\ln 2}{\tau} t}\right) = -\frac{\ln 2}{\tau} t$$

$$\Leftrightarrow t = -\frac{\tau \cdot \ln 0{,}957}{\ln 2} \approx 353{,}2 \text{ Jahre.}$$

Unter 2.1.5. wurde bereits festgestellt, daß man sich die Auswertung von experimentellen Funktionen f(x) oftmals erheblich erleichtern kann, wenn man nicht eine lineare Auftragung y gegen x für die graphische Darstellung wählt, sondern die Funktion linearisiert und dementsprechend eine andere Auftragung wählt. Diese linearisierte Auftragung ist besonders wichtig, wenn die Funktion einen exponentiellen oder logarithmischen Zusammenhang beschreibt, wie er in den Naturwissenschaften sehr häufig auftritt.
Lassen die experimentellen Ergebnisse einen Zusammenhang der Form

$$f(x) = A \cdot e^{Bx}$$

erwarten, so logarithmiert man diese Gleichung und erhält

$$\ln f(x) = \ln A + B \cdot x.$$

Trägt man jetzt nicht linear auf, sondern die Werte ln f(x) gegen x, so erhält man eine Gerade, aus deren Steigung man die Unbekannte B und aus deren Schnittpunkt mit der ln f(x)-Achse man die Unbekannte A berechnen kann. Eine solche Auftragung nennt man „**halblogarithmisch**", da nur eine Meßgröße logarithmisch aufgetragen wird. Wegen der besonderen Wichtigkeit der Exponentialfunktion und damit dieser Art der Auftragung liefert die Industrie „**halblogarithmisches Papier**", d.h. Papier, das in einer Richtung in logarithmischem und in der anderen Richtung in linearem Maßstab aufgeteilt ist.

2.3.20. Beispiel. Die Abhängigkeit des Dampfdruckes p von der absoluten Temperatur T wird bei Flüssigkeiten durch die Gleichung von **Clausius-Clapeyron** beschrieben

$$p = p(T) = C \cdot \exp\left(-\frac{\Delta H}{RT}\right),$$

dabei stellt ΔH die zu bestimmende Verdampfungsenthalpie dar. Aus Messungen ergibt sich die Wertetabelle für den Dampfdruck von Wasser.

T [K]	273	278	283	288	293	298	303
$\frac{1}{T} \cdot 10^{-3}$ [K^{-1}]	3,66	3,60	3,53	3,47	3,41	3,36	3,30
p [Nm^{-2}]	610,5	866,6	1226,6	1706,5	2333,1	3173,1	4239,4
ln p	6,414	6,765	7,112	7,442	7,755	8,063	8,352

Trägt man die originalen Meßwerte linear auf (Abb. 2.15), so erhält man eine Kurve, aus der sich ΔH nicht bestimmen läßt. Logarithmiert man dagegen die Gleichung von Clausius-Clapeyron,

$$\ln p = \ln C - \frac{\Delta H}{RT},$$

und trägt $\ln p$ gegen $\frac{1}{T}$ auf, dann erhält man eine Gerade (Abb. 2.16).

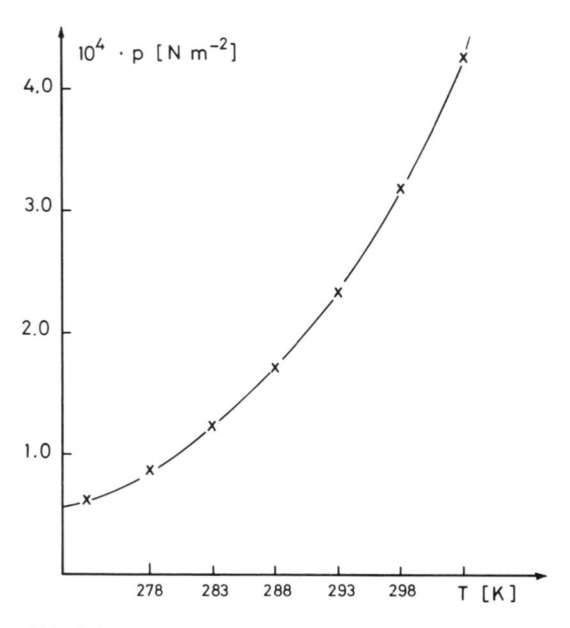

Abb. 2.15: Dampfdruckkurve des Wassers in linearer Auftragung

Aus Abb. 2.16 kann man aus der Geradensteigung für den vorgegebenen Temperaturbereich ΔH berechnen:

$$-\Delta H = \frac{\Delta \ln p}{\Delta \frac{1}{T}} \cdot R = \frac{-0{,}71 \cdot 8{,}32}{0{,}132 \cdot 10^{-3}} \approx 44{,}75 \text{ kJ mol}^{-1}.$$

Benutzt man halblogarithmisches Papier, dann erübrigt sich das Logarithmieren der Dampfdruckwerte, da das Papier in einer Richtung in logarithmischem Maßstab aufgeteilt ist. Bei der Berechnung der Verdampfungsenthalpie muß man jedoch beachten, daß 10 die Basis des halblogarithmischen Papiers ist, daß man also grundsätzlich auf natürliche Logarithmen entsprechend 2.3.18. umrechnen muß.

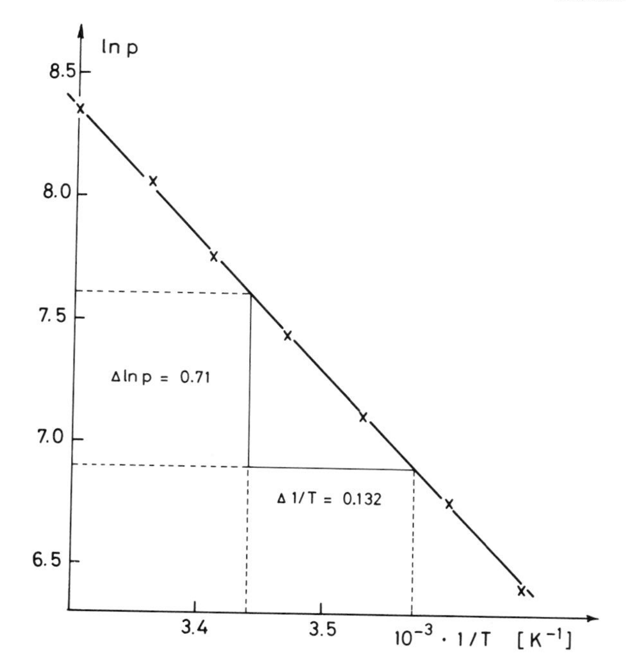

Abb. 2.16: Dampfdruckkurve des Wassers in halblogarithmischer Auftragung

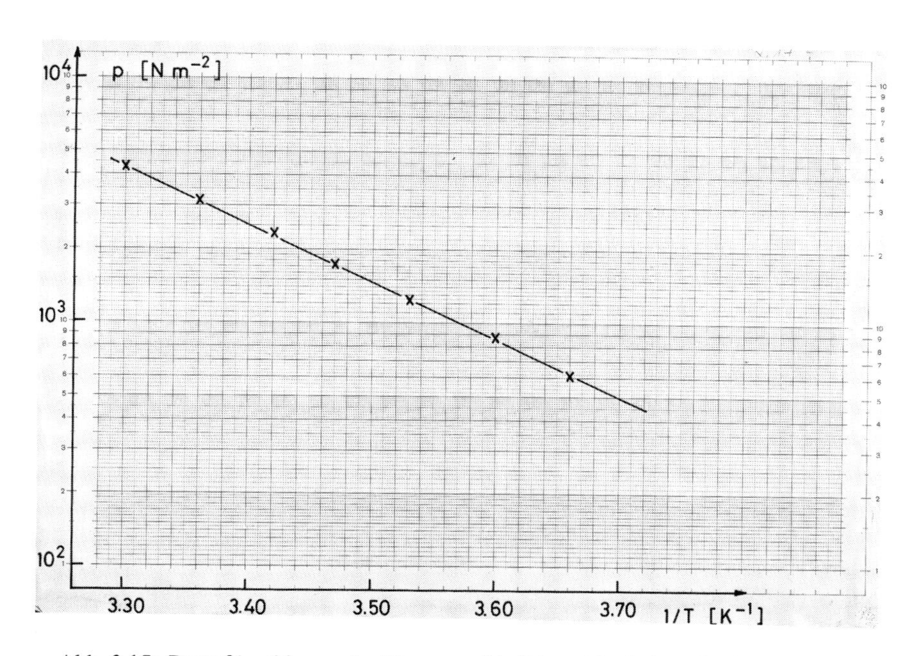

Abb. 2.17: Dampfdruckkurve des Wassers auf halblogarithmischem Papier

In sehr vielen Fällen lassen sich experimentelle Werte nach einem Zusammenhang der allgemeinen Form

$$f(x) = a \cdot x^b$$

auswerten. Auch hier läßt eine lineare Auftragung der Meßwerte eine Bestimmung der Größen a und b nur in Ausnahmefällen zu. Logarithmiert man dagegen die Gleichung bei beliebiger Basis

$$\log f(x) = \log a + b \cdot \log x,$$

so zeigt sich, daß eine Auftragung der Logarithmen der Meßwerte zu einer Geraden führt, die sich sehr leicht in bezug auf Steigung und absolutes Glied auswerten läßt. Eine solche Auftragung heißt **„doppeltlogarithmisch"**, da die Logarithmen von Funktionsargument und Funktionswert aufgetragen werden.
Wegen der besonderen Bedeutung der doppeltlogarithmischen Auftragung gibt es auch hier ein spezielles Papier, das **„doppeltlogarithmische Papier"**.

2.3.21. Beispiel. Unter 2.2.1.3. wurde in Abb. 2.5. die Konzentration c_B von Benzoesäure in Benzol als Funktion der Konzentration c_W von Benzoesäure in Wasser beim Ausschütteln aufgetragen. Dieser experimentelle Befund läßt sich in der Darstellung von Abb. 2.5. nur schlecht weiter auswerten. Bestimmt man dagegen die Logarithmen der Meßwerte und trägt diese gegeneinander auf, so ergibt sich eine Gerade.

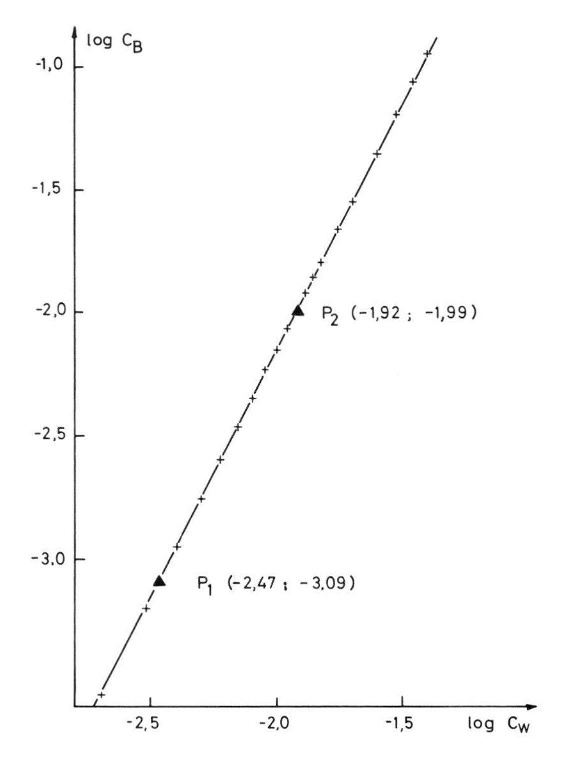

Abb. 2.18: Doppeltlogarithmische Auftragung der Funktion $c_B = f(c_W)$ auf Millimeterpapier

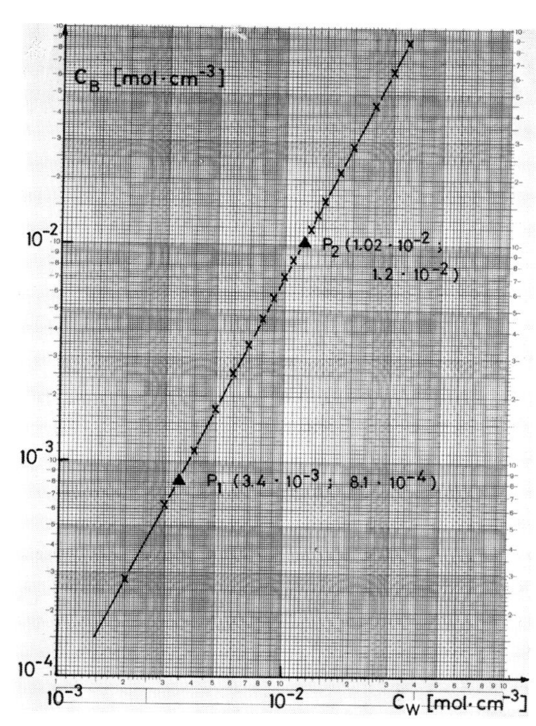

Abb. 2.19: Doppeltlogarithmische Auftragung der Funktion $c_B=f(c_W)$ auf doppeltlogarithmischem Papier

Aus Abb. 2.18 ergibt sich, wie auch aus Abb. 2.19.:

$$\lg c_B \quad = \frac{\lg 1{,}02 \cdot 10^{-2} - \lg 8{,}1 \cdot 10^{-4}}{\lg 1{,}2 \cdot 10^{-2} - \lg 3{,}4 \cdot 10^{-3}} (\lg c_W - \lg 3{,}4 \cdot 10^{-3}) + \lg 8{,}1 \cdot 10^{-4}$$

$$\curvearrowright \lg c_B = 2{,}00 \cdot \lg c_W + 1{,}85.$$

Entlogarithmieren der Gleichung führt zum gesuchten Ergebnis

$$c_W = 70{,}6 \cdot c_B^2.$$

Neben den Exponential- und den Logarithmusfunktionen stellen die Kreisfunktionen eine weitere wichtige Gruppe innerhalb der Menge der transzendenten Funktionen dar. Der Name dieser Funktionen deutet bereits auf einen Zusammenhang mit dem Kreis hin. Daher sollen sie hier zunächst anschaulich vom Kreis her abgeleitet werden. Dazu sind jedoch einige Vorbemerkungen notwendig. Zur Vereinfachung sei das folgende am **Einheitskreis** erläutert, d.h. an einem Kreis mit dem Radius r=1.

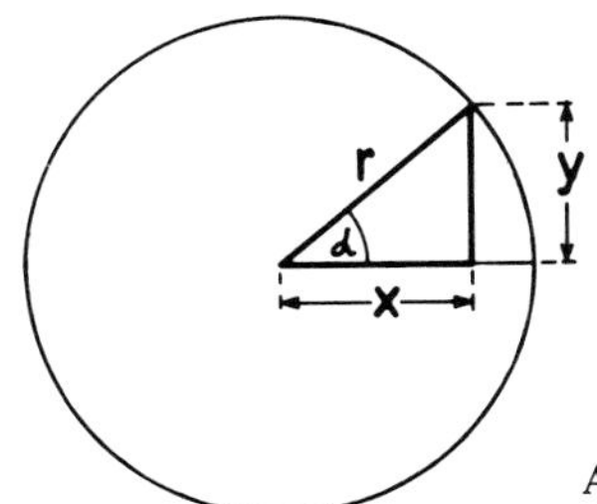

Abb. 2.20: Darstellung der Winkelbeziehungen am Kreis

Wie man aus Abb. 2.20. entnehmen kann, besteht ein proportionaler Zusammenhang zwischen dem Winkel α im Kreis und dem Kreisbogen b. Bedenkt man weiter, daß für den Kreisumfang allgemein gilt $U = 2\pi r$, so ergibt sich am Einheitskreis

dem Winkel $\alpha = 360°$ entspricht der Bogen $b = U = 2\pi$
$\alpha = 180°$ entspricht der Bogen $b = \pi$
$\alpha = 90°$ entspricht der Bogen $b = \frac{\pi}{2}$
$\alpha = 45°$ entspricht der Bogen $b = \frac{\pi}{4}$
usw.,

d.h., man kann jeden Winkel α im Kreis (gemessen in Grad Winkelmaß) einen Kreisbogen b zuordnen.

2.3.22. Satz. Im Einheitskreis kann jedem Winkel α (gemessen in Grad Winkelmaß) ein Kreisbogen b als Teil des Kreisumfanges, genannt Radiant (rad.), zugeordnet werden (gemessen in Bogenmaß)

$$b = \alpha \cdot \frac{2\pi}{360} = \text{arc } \alpha.$$

Der Winkel $\alpha = 60°$ z.B. entspricht demnach einem Bogen $b = 60 \cdot \frac{2\pi}{360} = \frac{\pi}{3}$, also arc $60° = \frac{\pi}{3}$ und $1 \text{ rad} \approx 57{,}3°$ Winkel. Eine weitere Möglichkeit, Winkel im rechtwinkligen Dreieck zu beschreiben, ergibt sich aus dem Verhältnis einzelner Strecken zueinander. Wie aus Abb. 2.20. zu entnehmen ist, ändern sich die Größen der Strecken x und y im Kreis in Abhängigkeit von der Größe des Winkels α. Diese Abhängigkeit wird durch die Kreisfunktionen beschrieben.

2.3.23. Definition. Im Kreis gelten die folgenden Beziehungen zwischen dem Winkel α und den Strecken x, y und r (Abb. 2.20.)

der **Sinus** lautet $\sin \alpha = \frac{y}{r}$

der **Cosinus** lautet $\cos \alpha = \frac{x}{r}$

der **Tangens** lautet $\tan \alpha = \frac{\sin \alpha}{\cos \alpha} = \frac{y}{x}$ (alt: $\text{tg } \alpha$)

der **Cotangens** lautet $\cot \alpha = \frac{\cos \alpha}{\sin \alpha} = \frac{x}{y}$ (alt: $\text{ctg } \alpha$).

Im Satz 2.3.22. war bereits festgestellt worden, daß man jedem Winkel α mit dem Bogen b eine reelle Zahl zuordnen kann. Dementsprechend kann man die Kreisbeziehungen auch über reelle Zahlen definieren, so daß man reelle Funktion erhält.

2.3.24. Definition. Die **Kreisfunktionen** lauten für $x \in \mathbb{R}$

$f(x) = \sin x$ **(Sinusfunktion)**

$g(x) = \cos x$ **(Cosinusfunktion)**

$h(x) = \tan x = \frac{\sin x}{\cos x}$ **(Tangensfunktion)**

$i(x) = \cot x = \frac{\cos x}{\sin x}$ **(Cotangensfunktion)**

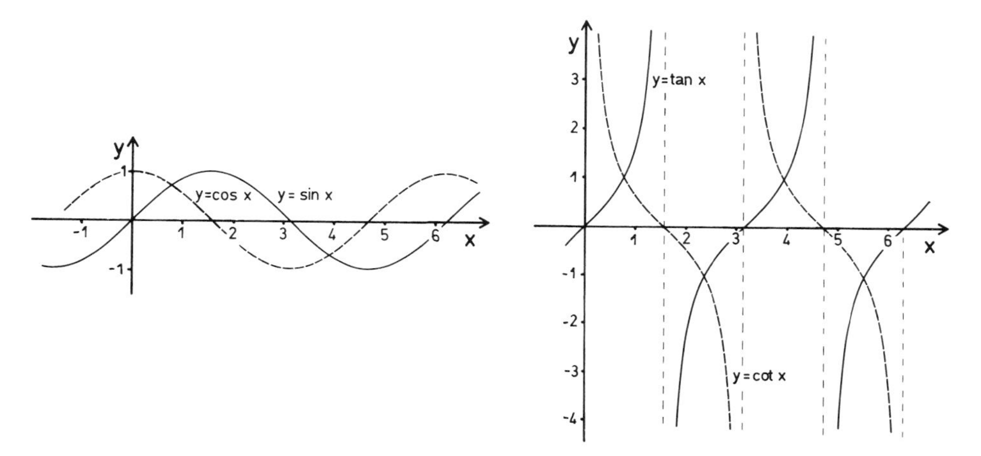

Abb. 2.21: Schaubild der Sinus- und Cosinusfunktion

Abb. 2.22: Schaubild der Tangens- und Cotangensfunktion

Neben dieser mehr anschaulichen Herleitung über Beziehungen am Kreis gibt es eine weitere Möglichkeit, die Kreisfunktionen darzustellen. In Kapitel 6.2. wird gezeigt, daß die folgenden Gleichungen Gültigkeit haben.

2.3.25. $$\sin x = \sum_{n=1}^{\infty} \frac{x^{2n-1}}{(2n-1)!}(-1)^{n+1} = \frac{x}{1!} - \frac{x^3}{3!} + \frac{x^5}{5!} - \frac{x^7}{7!} + - \ldots \qquad \forall x \in \mathbb{R}$$

$$\cos x = \sum_{n=1}^{\infty} \frac{x^{2n-2}}{(2n-2)!}(-1)^{n+1} = 1 - \frac{x^2}{2!} + \frac{x^4}{4!} - \frac{x^6}{6!} + - \ldots \qquad \forall x \in \mathbb{R}$$

Schließlich gibt es auch eine Reihenentwicklung für die Exponentialfunktion

2.3.26. $$e^x = \sum_{n=0}^{\infty} \frac{x^n}{n!} = 1 + \frac{x}{1} + \frac{x^2}{2!} + \frac{x^3}{3!} + \frac{x^4}{4!} + \ldots$$

Die Reihenentwicklung 2.3.26. kann neben den reellen Zahlen auch komplexe Zahlen als Funktionsargumente haben, so daß man formal rechnen kann.

2.3.27. $$e^{ix} = 1 + \frac{ix}{1!} + \frac{(ix)^2}{2!} + \frac{(ix)^3}{3!} + \frac{(ix)^4}{4!} + \frac{(ix)^5}{5!} + \frac{(ix)^6}{6!} + \dots$$

$$= 1 + \frac{ix}{1!} - \frac{x^2}{2!} - \frac{ix}{3!} + \frac{x^4}{4!} + \frac{ix^5}{5!} - \frac{x^6}{6!} - \frac{ix^7}{7!} + + - - \dots$$

$$= (1 - \frac{x^2}{2!} + \frac{x^4}{4!} - \frac{x^6}{6!} + - \dots) + i\,(\frac{x}{1!} - \frac{x^3}{3!} + \frac{x^5}{5!} - \frac{x^7}{7!} + - \dots)$$

$$= \cos x + i \cdot \sin x \qquad \forall x \in \mathbb{R}.$$

Aus dem Vergleich zwischen 2.3.25. und 2.3.27. ergibt sich also die Aussage

2.3.28. Definition. Die **Eulersche Gleichung** lautet

$$e^{ix} = \cos x + i \cdot \sin x \qquad \forall x \in \mathbb{R}.$$

Dabei stellt die Cosinusfunktion den Realteil und die Sinusfunktion den Imaginärteil von e^{ix} dar.

Durch die Eulersche Gleichung wird also ein Zusammenhang zwischen den Kreisfunktionen und einer komplexen Exponentialfunktion hergestellt. Durch formales Rechnen kann man aus der Eulerschen Gleichung noch weitere Beziehungen herleiten.

$$e^{ix} = 1 + \frac{ix}{1!} - \frac{x^2}{2!} - \frac{ix^3}{3!} + \frac{x^4}{4!} - \frac{ix^5}{5!} - \frac{x^6}{6!} - \frac{ix^7}{7!} + + - - \dots$$

$$e^{-ix} = 1 + \frac{-ix}{1!} + \frac{(-ix)^2}{2!} + \frac{(-ix)^3}{3!} + \frac{(-ix)^4}{4!} + \frac{(-ix)^5}{5!} + \dots$$

$$= 1 - \frac{ix}{1!} - \frac{x^2}{2!} + \frac{ix^3}{3!} + \frac{x^4}{4!} - \frac{ix^5}{5!} - \frac{x^6}{6!} + + - - \dots$$

$$\curvearrowright\; e^{ix} + e^{-ix} = 2 - \frac{2x^2}{2!} + \frac{2x^4}{4!} - \frac{2x^6}{6!} + \frac{2x^8}{8!} - + \dots = 2\cos x$$

$$e^{ix} - e^{-ix} = \frac{2ix}{1!} - \frac{2ix^3}{3!} + \frac{2ix^5}{5!} - \frac{2ix^7}{7!} + \frac{2ix^9}{9!} - + \dots = 2i \sin x.$$

Damit ergibt sich der nächste Satz.

2.3.29. Satz. Aus der Eulerschen Gleichung folgt

$$\cos x = \mathrm{Re}\,(e^{ix}) = \frac{1}{2}(e^{ix} + e^{-ix})$$

$$\sin x = \mathrm{Im}\,(e^{ix}) = \frac{1}{2i}(e^{ix} - e^{-ix}).$$

Mit der Definition 2.3.28. und dem Satz 2.3.29. ergibt sich also eine Möglichkeit, zwischen den komplexen Zahlen einerseits und den Kreisfunktionen und der Exponentialfunktion andererseits Verbindungen herzustellen. Dieser Zusammenhang kann auch anschaulich dargestellt werden. Unter 1.3.3. wurde bereits gezeigt, daß man jede komplexe Zahl $z = a + bi$, also auch die komplexe Zahl $e^{i\varphi}$, als Punkt der Gaußschen Zahlenebene darstellen kann.

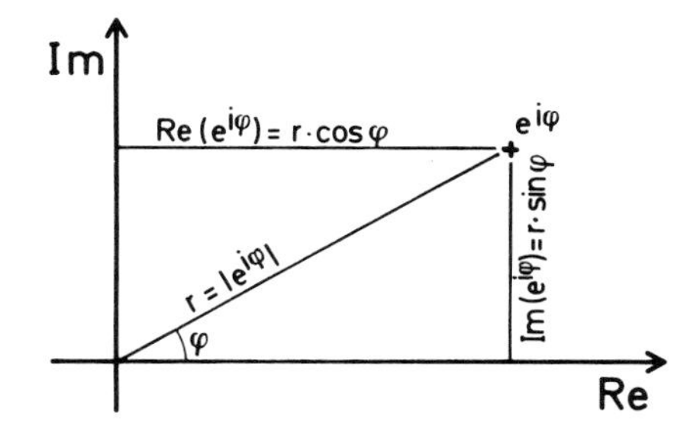

Abb. 2.23: Darstellung der komplexen Zahl $e^{i\varphi}$ in der Gaußschen Zahlenebene

In Abb. 2.23. ist die komplexe Zahl $e^{i\varphi}$ in der Gaußschen Zahlenebene dargestellt. In Übereinstimmung mit der Definition 2.3.23. ergibt sich die Beziehung

2.3.30. $$\begin{aligned} e^{i\varphi} &= \operatorname{Re}(e^{i\varphi}) + i \cdot \operatorname{Im}(e^{i\varphi}) \\ &= r \cdot \cos\varphi + ir \cdot \sin\varphi \\ &= r \cdot (\cos\varphi + i \cdot \sin\varphi) \\ &= |e^{i\varphi}| \cdot (\cos\varphi + i \cdot \sin\varphi). \end{aligned}$$

Mit dieser Beziehung ergibt sich die Möglichkeit, jede komplexe Zahl z durch die Kreisfunktionen auszudrücken.

2.3.31. Beispiele.

1. Von einer komplexen Zahl z seien $|z| = 4$ und $\varphi = \frac{\pi}{6}$ gegeben.

   Dann gilt weiter

   $$z = 4\left(\cos\frac{\pi}{6} + i \cdot \sin\frac{\pi}{6}\right) = 4\left(\frac{1}{2}\sqrt{3} + \frac{1}{2}i\right) = 2\sqrt{3} + 2i.$$

2. Gesucht sind Real- und Imaginärteil der komplexen Zahl $z = 2e^{i\frac{\pi}{3}}$.

   $$z = 2e^{i\frac{\pi}{3}} = 2\left(\cos\frac{\pi}{3} + i \cdot \sin\frac{\pi}{3}\right) = 2\left(\frac{1}{2} + \frac{1}{2}\sqrt{3}\,i\right) = 1 + \sqrt{3}\,i.$$

3. Gesucht sei die Eulersche Polarform $a \cdot e^{i\varphi}$ der komplexen Zahl $z = 4 - 3i$. Berechnet man zunächst den Betrag von z, so ergibt sich

   $$|z| = \sqrt{16 + 9} = 5.$$

   Damit folgt weiter für die gesuchte Form der komplexen Zahl z

   $$z = |z|\,(\cos\varphi + i\sin\varphi) = 5\left(\frac{4}{5} - \frac{3}{5}i\right)$$

   $$\Downarrow \left.\begin{aligned} \cos\varphi &= \frac{4}{5} \\ \sin\varphi &= -\frac{3}{5} \end{aligned}\right\} \Downarrow \quad \varphi \approx -0{,}64 \text{ rad} \mathrel{\hat{=}} -36{,}87^\circ = 323{,}13^\circ.$$

   Also ergibt sich

   $$z = 4 - 3i = 5 \cdot e^{-0{,}64\,i}.$$

4. Im Vorgriff auf das Kapitel „Differentialrechnung" und „Differentialgleichungen" sei festgestellt, daß für Strom I und Spannung V im Wechselstromkreis mit dem Ohmschen Widerstand R, der Kapazität C und der Induktivität L die folgenden Differentialgleichungen gelten:

$$L \cdot \frac{d^2I}{dt^2} + R\frac{dI}{dt} + \frac{I}{C} = \frac{dV}{dt} \text{ mit } \begin{array}{l} V = V_0 \sin \omega t \\ I = I_0 \sin(\omega t - \varphi). \end{array}$$

Mit Hilfe der Eulerschen Gleichung kann man verallgemeinern

$$V = V_0 e^{i\omega t} \qquad \text{daraus folgt} \qquad \frac{dV}{dt} = i\omega V_0 e^{i\omega t}$$

$$I = I_0 e^{i(\omega t - \varphi)} \qquad \frac{dI}{dt} = i\omega I_0 e^{i(\omega t-\varphi)}$$

$$\frac{d^2I}{dt^2} = -\omega^2 I_0 e^{i(\omega t-\varphi)}$$

Setzt man diese Beziehungen in die Differentialgleichung ein, so erhält man

$$-L\omega^2 \cdot I_0 e^{i(\omega t-\varphi)} + Ri\omega I_0 e^{i(\omega t-\varphi)} + \frac{1}{C} I_0 e^{i(\omega t-\varphi)} = i\omega V_0 e^{i\omega t}$$

$$\Leftrightarrow i\omega I_0 e^{i(\omega t-\varphi)} [i\omega L + R + \frac{1}{i\omega C}] = i\omega V_0 e^{i\omega t}$$

$$\Leftrightarrow R + i\omega L + \frac{1}{i\omega C} = R + i\omega L - \frac{i}{\omega C} = \frac{V_0}{I_0} \cdot \frac{e^{i\omega t}}{e^{i\omega t} \cdot e^{-i\varphi}}$$

$$= R_{\sim} \cdot e^{i\varphi}.$$

Der Gesamtwiderstand im Wechselstromkreis setzt sich also zusammen aus einem reellen Ohmschen Widerstand und den komplexen kapazitiven und induktiven Widerständen.
Dieses kann man auch mit Hilfe von komplexen Vektoren in der Gaußschen Zahlenebene zeigen.

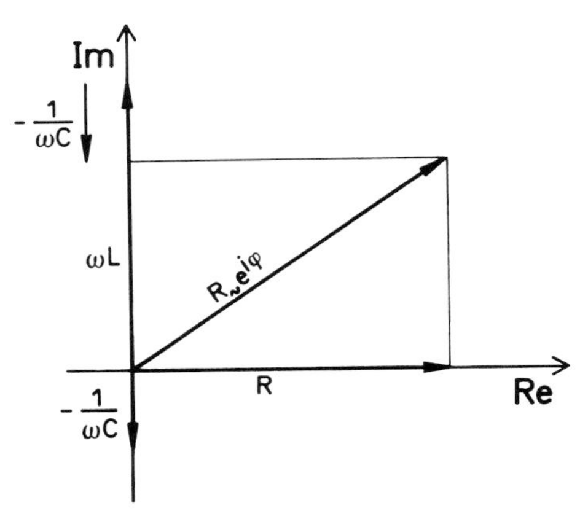

Abb. 2.24: Darstellung der Wechselstromwiderstände in der Gaußschen Zahlenebene

Mit Hilfe der Eulerschen Gleichung sind viele Beziehungen der ebenen Trigonometrie besonders leicht zu beweisen. So kann man mit Hilfe des Lehrsatzes von Pythagoras sofort aus Abb. 2.23. entnehmen.

2.3.32. $(e^{i\varphi})^2 = r^2 = (r \cdot \sin\varphi)^2 + (r \cdot \cos\varphi)^2$.

Damit ergibt sich

$$|e^{i\varphi}| = r\sqrt{\sin^2\varphi + \cos^2\varphi} = r.$$

Somit erhält man aus dem zweiten Teil von 2.3.32. die Beziehung:

2.3.33. Satz. Es gilt stets (**„trigonometrischer Pythagoras"**)

$$\sin^2 x + \cos^2 x = 1 \qquad \forall x \in \mathbb{R}.$$

Auch die Additionstheoreme für Kreisfunktionen kann man besonders leicht mit Hilfe der Eulerschen Beziehungen herleiten.

$$\begin{aligned}
\cos(\varphi_1 + \varphi_2) + i\sin(\varphi_1 + \varphi_2) &= e^{i(\varphi_1+\varphi_2)} = e^{i\varphi_1} \cdot e^{i\varphi_2} \\
&= (\cos\varphi_1 + i\sin\varphi_1)(\cos\varphi_2 + i\sin\varphi_2) \\
&= \cos\varphi_1\cos\varphi_2 + i\cos\varphi_1\sin\varphi_2 + i\sin\varphi_1\cos\varphi_2 + \\
&\qquad + i^2\sin\varphi_1\sin\varphi_2 \\
&= (\cos\varphi_1\cos\varphi_2 - \sin\varphi_1\sin\varphi_2) + \\
&\qquad + i(\sin\varphi_1\cos\varphi_2 + \cos\varphi_1\sin\varphi_2).
\end{aligned}$$

Ein Vergleich von Realteil und Imaginärteil obiger Rechnung ergibt den folgenden Satz:

2.3.34. Satz. Es gilt stets (**„Additionstheoreme"**) für alle $x \in \mathbb{R}$

$$\sin(x_1 \pm x_2) = \sin x_1 \cdot \cos x_2 \pm \sin x_2 \cdot \cos x_1$$
$$\cos(x_1 \pm x_2) = \cos x_1 \cdot \cos x_2 \mp \sin x_1 \cdot \sin x_2.$$

Schließlich sei an einem weiteren Beispiel noch einmal der Umgang mit der Eulerschen Gleichung und damit die Herleitung von Grundregeln der ebenen Trigonometrie vorgeführt.

$$\begin{aligned}
\cos 3x &= \frac{1}{2}(e^{i3x} + e^{-i3x}) = \frac{1}{2}((e^{ix})^3 + (e^{-ix})^3) \\
&= \frac{1}{2}[(e^{ix})^3 + (e^{-ix})^3 + (3e^{ix} + 3e^{-ix}) - (3e^{ix} + 3e^{-ix})] \\
&= \frac{1}{2}[(e^{ix} + e^{-ix})^3 - 3(e^{ix} + e^{-ix})] \\
&= 4 \cdot \frac{1}{8}(e^{ix} + e^{-ix})^3 - 3 \cdot \frac{1}{2}(e^{ix} + e^{-ix}) \\
&= 4\cos^3 x - 3\cos x.
\end{aligned}$$

Die bisherigen Aussagen über die Kreisfunktionen wurden formal aus der Eulerschen Gleichung hergeleitet, ohne daß auf die besonderen Eigenschaften dieser Beziehungen als Funktionen eingegangen wurde. Da die Sinus- und Cosinusfunktion insbesondere bei Schwingungsvorgängen von besonderer Bedeutung sind, soll die Besprechung der Eigenschaften dieser Funktionen nun nachgeholt werden.

2.3.35. Satz. Die Funktionen $f_1(x) = \sin x$ und $f_2(x) = \cos x$ sind definiert für alle $x \in \mathbb{R}$, sie sind stetig und periodisch mit der **einfachen Periode** $T = 2\pi$, d.h. es gilt

$$\sin(x + 2\pi) = \sin x \quad \text{und} \quad \cos(x + 2\pi) = \cos x.$$

2.3.36. Satz. Die Funktionen $f_1(x) = \sin x$ und $f_2(x) = \cos x$ sind um die **Phase** $x_0 = \frac{\pi}{2}$ gegeneinander verschoben, d.h. es gilt

$$\sin x = \cos\left(x - \frac{\pi}{2}\right).$$

2.3.37. Satz. Die Funktion $f_1(x) = \sin x$ ist punktsymmetrisch zum Ursprung des Koordinatensystems, d.h.

$$\sin(-x) = -\sin x.$$

Die Funktion $f_2(x) = \cos x$ ist achsensymmetrisch zur y-Achse des Koordinatensystems, d.h.

$$\cos(-x) = \cos x.$$

Diese Sätze werden aus Abb. 2.21. verständlich. Mathematisch ergibt sich die Richtigkeit der Sätze aus den Reihenbeziehungen 2.3.25. Besonders die Symmetrieeigenschaften werden aus den Reihenbeziehungen leicht verständlich, denn da die Sinusreihe nur ungerade Exponenten enthält – entsprechend nennt man $f(x) = \sin x$ eine **ungerade Funktion** – ergibt sich zwangsläufig der erste Teil von Satz 2.3.37. mit

$$\sin(-x) = -\sin x.$$

Entsprechend ergibt sich für den Cosinus als **gerade Funktion** mit ausschließlich geraden Exponenten der zweite Teil von Satz 2.3.37. mit

$$\cos(-x) = \cos x.$$

Zum Schluß fehlen noch Aussagen über den Tangens und den Cotangens.

2.3.38. Satz. Die Funktion $f(x) = \tan x$ ist definiert durch

$$f(x) = \tan x = \frac{\sin x}{\cos x}.$$

Ihr Definitionsbereich D ist die Menge aller reellen Zahlen mit Ausnahme der Nullstellen des Cosinus.

$$D = \left\{ x \mid x \in \mathbb{R};\ x \neq (2n + 1)\frac{\pi}{2};\ n \in \mathbb{N} \right\}.$$

Ihr Bildbereich B ist die Menge der reellen Zahlen.

Die Funktion $f(x) = \tan x$ ist für alle $x \in D$ streng monoton steigend. Sie ist periodisch mit der einfachen Periode $T = \pi$, d.h.

$$\tan(x + \pi) = \tan x.$$

Die entsprechende Aussage für die Cotangensfunktion lautet:

2.3.39. Satz. Die Funktion $f(x) = \cot x$ ist definiert durch

$$f(x) = \cot x = \frac{\cos x}{\sin x}.$$

Ihr Definitonsbereich D ist die Menge aller reellen Zahlen mit Ausnahme der Nullstellen des Sinus

$$D = \{x | x \in \mathbb{R} ; x \neq n\pi ; n \in \mathbb{N}\}.$$

Ihr Bildbereich B ist die Menge aller reellen Zahlen.

Die Funktion $f(x) = \cot x$ ist für alle $x \in D$ streng monoton fallend. Sie ist periodisch mit der einfachen Periode $T = \pi$, d.h.

$$\cot (x + \pi) = \cot x.$$

2.3.40. Satz. Die Funktionen $f_1(x) = \tan x$ und $f_2(x) = \cot x$ sind symmetrisch zum Ursprung des Koordinatensystems, d.h.

$$\tan (-x) = -\tan x \quad \cot (-x) = -\cot x \quad \forall x \in D.$$

Die Funktionen sind zueinander achsensymmetrisch in bezug auf die Geraden $x = (2n-1)\frac{\pi}{4}$ mit $n \in \mathbb{N}$, d.h.

$$\tan (x + \frac{\pi}{2}) = -\cot x \quad \cot (x + \frac{\pi}{2}) = -\tan x \quad \forall x \in D.$$

Wie schon am Beispiel der Exponentialfunktion gezeigt, kann man die Umkehrfunktionen zu den transzendenten Funktionen nicht durch algebraische Rechnung aus den Funktionen selbst bestimmen, wie es z.B. in 2.2.11. geschah. Deshalb müssen auch zu den Kreisfunktionen die Umkehrfunktionen neu definiert und benannt werden. Ihre Eigenschaften ergeben sich aus den Regeln über Umkehrfunktionen.

2.3.41. Definition. Die Umkehrfunktionen $g_i(x)$ zu den Kreisfunktionen $f_i(x)$ heißen **Arcusfunktionen**

$$f_1(x) = \sin x \quad \Rightarrow \quad g_1(x) = \text{arc} \sin x$$
$$f_2(x) = \cos x \quad \Rightarrow \quad g_2(x) = \text{arc} \cos x$$
$$f_3(x) = \tan x \quad \Rightarrow \quad g_3(x) = \text{arc} \tan x$$
$$f_4(x) = \cot x \quad \Rightarrow \quad g_4(x) = \text{arc} \cot x.$$

Bei der Festlegung des Definitionsbereiches, insbesondere der Funktionen $g_1(x) = \text{arc} \sin x$ und $g_3(x) = \text{arc} \tan x$ muß die Eindeutigkeitsvorschrift aus 2.2.10. besonders beachtet werden, so daß hier Einschränkungen analog zu Beispiel 2.2.12. gemacht werden müssen. In Abb. 2.25. und 2.26. sind die Arcusfunktionen dargestellt.

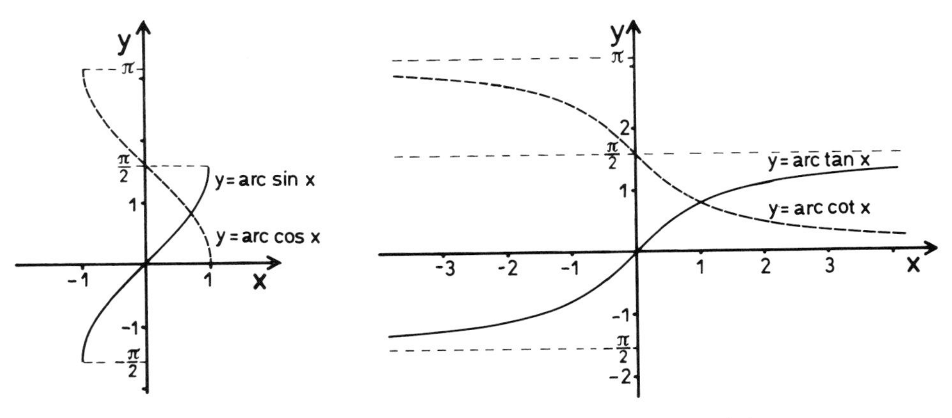

Abb. 2.25: Darstellung der Funktionen $g_1(x) = \text{arc}\sin x$ und $g_2(x) = \text{arc}\cos x$

Abb. 2.26: Darstellung der Funktionen $g_3(x) = \text{arc}\tan x$ und $g_4(x) = \text{arc}\cot x$

Da die Arcusfunktionen seltener auftreten, seien hier nur einige besondere Eigenschaften kommentarlos aufgeführt, deren Richtigkeit mit Hilfe der Abb. 2.25. und 2.26. überprüft werden kann.

2.3.42. Satz. Die Funktionen $f_1(x) = \text{arc}\sin x$ und $f_2(x) = \text{arc}\cos x$ sind für alle reellen x mit $-1 \leqslant x \leqslant +1$ definiert, d.h. für den Definitionsbereich D gilt

$$D = \{x \mid x \in \mathbb{R}\,;\ -1 \leqslant x \leqslant +1\}.$$

Ihr Bildbereich B ist die Menge der reellen Zahlen mit $-\frac{\pi}{2} \leqslant y \leqslant +\frac{\pi}{2}$, d.h.

$$B = \{y \mid ;\ -\frac{\pi}{2} \leqslant y \leqslant +\frac{\pi}{2};\ y \in \mathbb{R}\}.$$

2.3.43. Satz. Die Funktionen $f_3(x) = \text{arc}\tan x$ und $f_4(x) = \text{arc}\cot x$ sind definiert für alle $x \in \mathbb{R}$, d.h. der Definitionsbereich entspricht der Menge der reellen Zahlen.
Für den Bildbereich B_3 der Funktion $f_3(x) = \text{arc}\tan x$ gilt

$$B_3 = \{y \mid ;\ -\frac{\pi}{2} \leqslant y \leqslant +\frac{\pi}{2};\ y \in \mathbb{R}\}.$$

Für den Bildbereich B_4 der Funktion $f_4(x) = \text{arc}\cot x$ gilt

$$B_4 = \{y \mid ;\ 0 \leqslant y \leqslant \pi;\ y \in \mathbb{R}\}.$$

2.3.44. Satz. Die Arcusfunktionen sind für alle Zahlen ihres jeweiligen Definitionsbereiches stetig.
Die Funktionen $f_1(x) = \text{arc}\sin x$ und $f_3(x) = \text{arc}\tan x$ sind streng monoton steigend.
Die Funktionen $f_2(x) = \text{arc}\cos x$ und $f_4(x) = \text{arc}\cot x$ sind streng monoton fallend.

Mit diesen Sätzen, die sich aus den Sätzen über Umkehrfunktionen in Übereinstimmung mit den Abbildungen 2.25. und 2.26. ergeben, sind die wichtigsten

Eigenschaften der Arcusfunktionen zusammengefaßt, so daß damit die Bearbeitung dieser Funktionen abgeschlossen werden soll.

Neben den Exponentialfunktionen und den Kreisfunktionen – jeweils mit ihren Umkehrfunktionen – gibt es mit den **Hyperbelfunktionen** und ihren Umkehrfunktionen noch eine dritte große Gruppe von transzendenten Funktionen, die hier besprochen werden soll. Da die Hyperbelfunktionen in den Naturwissenschaften jedoch keine so zentrale Rolle spielen wie die beiden anderen Gruppen von transzendenten Funktionen, sollen sie nicht ganz so ausführlich behandelt werden.

Lassen sich die Kreisfunktionen anschaulich über den Kreis definieren, so kann man die Hyperbelfunktionen, ihrem Namen entsprechend, an einer Hyperbel $x^2 - y^2 = r^2$ veranschaulichen.

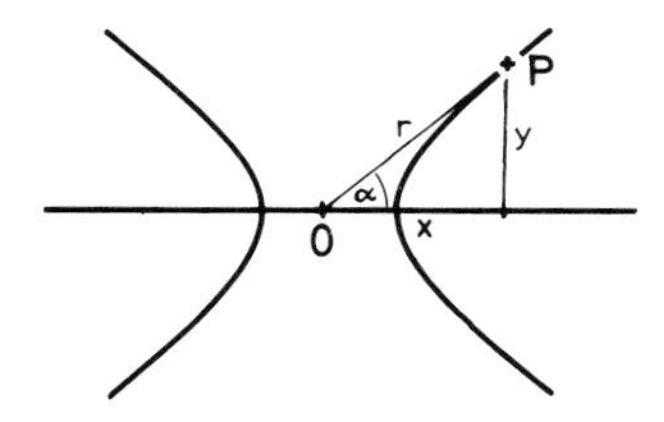

Abb. 2.27: Darstellung der Winkelbeziehungen an einer Hyperbel

Entsprechend der Definition 2.3.23. für die Winkelbeziehungen am Kreis kann man aus Abb. 2.27. auch Winkelbeziehungen an der Hyperbel entnehmen.

2.3.45. Definition. An der Hyperbel gelten die folgenden Beziehungen zwischen dem Winkel α und den Strecken r, x und y (vgl. Abb. 2.27.).

der **Sinus Hyperbolicus** lautet $\sin h\,\alpha = \frac{y}{r}$ (alt: $\operatorname{sh}\alpha$)

der **Cosinus Hyperbolicus** lautet $\cos h\,\alpha = \frac{x}{r}$ (alt: $\operatorname{csh}\alpha$)

der **Tangens Hyperbolicus** lautet $\tan h\,\alpha = \frac{\sin h\,\alpha}{\cos h\,\alpha} = \frac{y}{x}$ (alt: $\operatorname{tgh}\alpha$)

der **Cotangens Hyperbolicus** lautet $\cot h\,\alpha = \frac{\cos h\,\alpha}{\sin h\,\alpha} = \frac{x}{y}$ (alt: $\operatorname{ctgh}\alpha$).

Unter Berücksichtigung von 2.3.22. kann man auch die Hyperbelfunktionen über reelle Zahlen definieren. In weiterer Analogie zur Eulerschen Gleichung bei den Kreisfunktionen kann man auch die Hyperbelfunktionen über die e-Funktion definieren.

2.3.46. Definition. Die **Hyperbelfunktionen** lauten für $x \in \mathbb{R}$

$$f_1(x) = \sin h\, x = \frac{1}{2}(e^x - e^{-x})$$

$$f_2(x) = \cos h\, x = \frac{1}{2}(e^x + e^{-x})$$

$$f_3(x) = \tan h\, x = \frac{\sin h\, x}{\cos h\, x} = \frac{e^x - e^{-x}}{e^x + e^{-x}}$$

$$f_4(x) = \cot h\, x = \frac{\cos h\, x}{\sin h\, x} = \frac{e^x + e^{-x}}{e^x - e^{-x}}$$

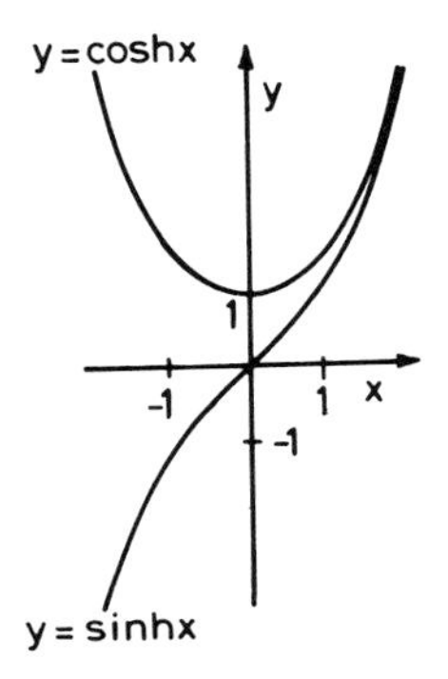

Abb. 2.28: Darstellung der Funktionen $f_1(x) = \sin h\, x$ und $f_2(x) = \cos h\, x$

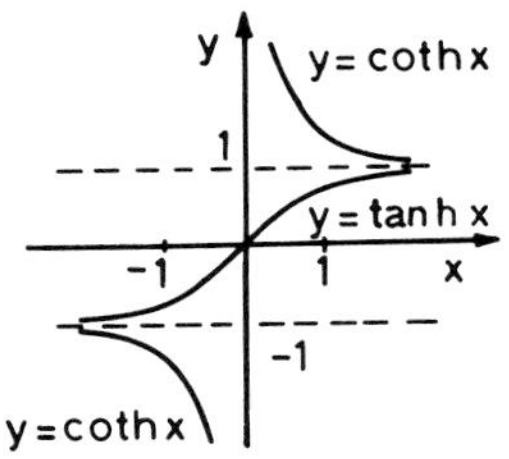

Abb. 2.29: Darstellung der Funktionen $f_3(x) = \tan h\, x$ und $f_4(x) = \cot h\, x$

Aus den Eigenschaften der Exponentialfunktionen ergeben sich als erstes Konsequenzen für die Hyperbelfunktionen.

2.3.47. Satz. Die Hyperbelfunktionen sind – mit Ausnahme von $f_4(x)$ an der Stelle $x = 0$ – für alle $x \in \mathbb{R}$ definiert und stetig.

Desweiteren fällt bei der Definition 2.3.46. die Ähnlichkeit mit den Eulerschen Beziehungen 2.3.29. auf. Waren die Kreisfunktionen nach Euler über komplexe Exponentialfunktionen definiert

$$\sin x = \frac{1}{2i}(e^{ix} - e^{-ix})$$

$$\cos x = \frac{1}{2}(e^{ix} + e^{-ix}),$$

so werden die Hyperbelfunktionen über reelle e-Funktionen definiert. Galt nach Euler weiterhin (2.3.38)

$$e^{ix} = \cos x + i \cdot \sin x,$$

so gilt für die Hyperbelfunktionen entsprechend

2.3.48. $\sin h\, x + \cos h\, x = \frac{1}{2}(e^x - e^{-x}) + \frac{1}{2}(e^x + e^x) = e^x.$

Auch zum trigonometrischen Pythagoras (2.3.33.) gibt es bei den Hyperbelfunktionen eine wichtige Analogie.

$$\begin{aligned}
\cos h^2 x - \sin h^2 x &= [\tfrac{1}{2}(e^x + e^{-x})]^2 - [\tfrac{1}{2}(e^x - e^{-x})]^2 \\
&= \tfrac{1}{4}[(e^x)^2 + 2e^x e^{-x} + (e^{-x})^2] - \tfrac{1}{4}[(e^x)^2 - 2e^x e^{-x} + (e^{-x})^2] \\
&= \tfrac{1}{4}(e^{2x} + 2 + e^{-2x}) - \tfrac{1}{4}(e^{2x} - 2 + e^{-2x}) \\
&= \tfrac{1}{4}(2 + 2) = 1.
\end{aligned}$$

2.3.49. Satz. Es gilt stets („**Hyperbolischer Pythagoras**")

$$\cos h^2 x - \sin h^2 x = 1 \qquad \forall x \in \mathbb{R}.$$

Ebenso lassen sich die Additionstheoreme leicht aus den Exponentialfunktionen herleiten.

$$\begin{aligned}
\sin h(x_1 + x_2) &= \tfrac{1}{2}(e^{x_1 + x_2} - e^{-(x_1 + x_2)}) \\
&= \tfrac{2}{4}(e^{x_1 + x_2} - e^{-(x_1 + x_2)}) + \tfrac{1}{4}(e^{x_1 - x_2} - e^{-(x_1 - x_2)}) - \\
&\qquad - \tfrac{1}{4}(e^{x_1 - x_2} - e^{-(x_1 - x_2)}) \\
&= \tfrac{1}{4}(e^{x_1 + x_2} - e^{-(x_1 + x_2)} + e^{x_1 - x_2} - e^{-(x_1 - x_2)}) + \\
&\qquad + \tfrac{1}{4}(e^{x_1 + x_2} - e^{-(x_1 + x_2)} - e^{x_1 - x_2} + e^{-(x_1 - x_2)}) \\
&= \tfrac{1}{2}(e^{x_1} - e^{-x_1}) \cdot \tfrac{1}{2}(e^{x_2} + e^{-x_2}) + \tfrac{1}{2}(e^{x_1} + e^{-x_1}) \cdot \tfrac{1}{2}(e^{x_2} - e^{-x_2}) \\
&= \sin h\, x_1 \cdot \cos h\, x_2 + \cos h\, x_1 \cdot \sin h\, x_2 \\
\cos h(x_1 + x_2) &= \tfrac{1}{2}(e^{x_1 + x_2} + e^{-(x_1 + x_2)}) \\
&= \tfrac{2}{4}(e^{x_1 + x_2} + e^{-(x_1 + x_2)}) + \tfrac{1}{4}(e^{x_1 - x_2} + e^{-(x_1 - x_2)}) - \\
&\qquad - \tfrac{1}{4}(e^{x_1 - x_2} + e^{-(x_1 - x_2)}) \\
&= \tfrac{1}{4}(e^{x_1 + x_2} + e^{-(x_1 + x_2)} + e^{x_1 - x_2} + e^{-(x_1 - x_2)}) + \\
&\qquad + \tfrac{1}{4}(e^{x_1 + x_2} + e^{-(x_1 + x_2)} - e^{x_1 - x_2} - e^{-(x_1 - x_2)}) \\
&= \tfrac{1}{2}(e^{x_1} + e^{-x_1}) \cdot \tfrac{1}{2}(e^{x_2} + e^{-x_2}) + \tfrac{1}{2}(e^{x_1} - e^{-x_1}) \cdot \tfrac{1}{2}(e^{x_1} - e^{-x_2}) \\
&= \cos h\, x_1 \cdot \cos h\, x_2 + \sin h\, x_1 \cdot \sin h\, x_2.
\end{aligned}$$

Damit ergibt sich der nächste Satz allgemein

2.3.50. Satz. Es gilt stets („**Additionstheoreme**") für alle $x \in D$

$$\sin h\,(x_1 \pm x_2) = \sin h\, x_1 \cdot \cos h\, x_2 \pm \cos h\, x_1 \cdot \sin h\, x_2$$

$$\cos h\,(x_1 \pm x_2) = \cos h\, x_1 \cdot \cos h\, x_2 \pm \sin h\, x_1 \cdot \sin h\, x_2.$$

Zum Abschluß dieses Kapitels müssen noch die Umkehrfunktionen zu den Hyperbelfunktionen definiert werden.

2.3.51. Definition. Die Umkehrfunktionen $g_i(x)$ zu den Hyperbelfunktionen $f_i(x)$ heißen **Areafunktionen**

$$f_1(x) = \sin h\, x \quad \Rightarrow \quad g_1(x) = \text{ar} \sin h\, x$$

$$f_2(x) = \cos h\, x \quad \Rightarrow \quad g_2(x) = \text{ar} \cos h\, x$$

$$f_3(x) = \tan h\, x \quad \Rightarrow \quad g_3(x) = \text{ar} \tan h\, x$$

$$f_4(x) = \cot h\, x \quad \Rightarrow \quad g_4(x) = \text{ar} \cot h\, x.$$

Die Eigenschaften der Areafunktionen ergeben sich aus den Eigenschaften der Hyperbelfunktionen nach 2.2.10. bis 2.2.17.

2.4 Funktionen mit mehreren Veränderlichen

Bei allen bisherigen Betrachtungen an Funktionen war vorausgesetzt worden, daß es sich um Abhängigkeiten eines Funktionswertes von nur einem Argument handelt. Dieses stellt jedoch eine erhebliche Einschränkung des im allgemeinen vorliegenden Falles dar. Dazu ein anschauliches Beispiel:

2.4.1. Beispiel. Betrachtet man den Flugweg einer Stubenfliege im Raum, so ergibt sich ein Zusammenhang zwischen den drei Raumkoordinaten Länge ℓ, Breite b und Höhe h, sowie der Zeit t, den man durch eine Funktion beschreiben kann. D.h. der Wert der Längenkoordinate ℓ hängt von der Breite, der Höhe und der Zeit ab. Dementsprechend kann man eine Funktion f formulieren,

$$\ell = f(b, h, t),$$

die einen Funktionswert ℓ und drei Funktionsargumente (Veränderliche) hat. Damit stellt die Länge ℓ eine Funktion mit drei Veränderlichen dar.

2.4.2. Definition. Es sei eine Funktion f gegeben. Hängt der Funktionswert y von n Funktionsargumenten ab,

$$y = f(x_1, x_2, x_3, \ldots, x_n),$$

so heißt f eine **Funktion von n Veränderlichen.**

Ein weiteres **Beispiel** für Funktion mit n Veränderlichen stellt das

2.4.3. ideale Gasgesetz dar: hier ist das Volumen V eines idealen Gases eine Funktion der Molzahl n, des Druckes p und der Temperatur T

$$V = V(n,p,T) = \frac{R \cdot n \cdot T}{p} \quad (R = \text{Gaskonstante}).$$

Zur zeichnerischen Darstellung des idealen Gasgesetzes würde man insgesamt vier Koordinaten benötigen, nämlich je eine Volumen-, Temperatur-, Molzahl und eine Druckkoordinate. Dementsprechend bezeichnet man diese Funktion 2.4.3. auch als eine vierdimensionale Funktion.

Wenn man auch viele Eigenschaften von zweidimensionalen Funktionen $y=f(x)$ sinngemäß auf mehrdimensionale Funktionen übertragen kann, so gibt es dabei doch einige Punkte, die besonders beachtet werden müssen. Das beginnt beim Definitionsbereich einer mehrdimensionalen Funktion. Der Definitionsbereich einer (zweidimensionalen) Funktion $f(x)$ wird über einen Bereich in x beschrieben, also über einen Bereich mit $(2-1)$ Veränderlichen. Entsprechend wird der Definitionsbereich einer n-dimensionalen Funktion durch einen Bereich aus $(n-1)$ Veränderlichen beschrieben, was zu einer erheblichen Komplizierung führen kann. Das soll an einigen Beispielen gezeigt werden, ohne daß damit die Vielzahl der Möglichkeiten erschöpfend behandelt wird.

2.4.4. Beispiele.

1. Ist eine Funktion $z = f(x, y)$ für alle $x, y \in \mathbb{R}$ definiert, dann umfaßt der Definitionsbereich die unbeschränkte Menge der reellen Zahlen sowohl bezüglich der x- als auch bezüglich der y-Koordinate. Der Definitionsbereich umfaßt also den gesamten (unbeschränkten) $\mathbb{R}^2$. In einem solchen Fall spricht man von einem **„einfachen, unbeschränkten Bereich"**.
2. Ist der Definitionsbereich der Funktion $z = f(x, y)$ zwar in sich geschlossen, aber beschränkt wie es z.B. in Abb. 2.30. dargestellt ist, dann spricht man von einem **„einfach zusammenhängenden Bereich"**.

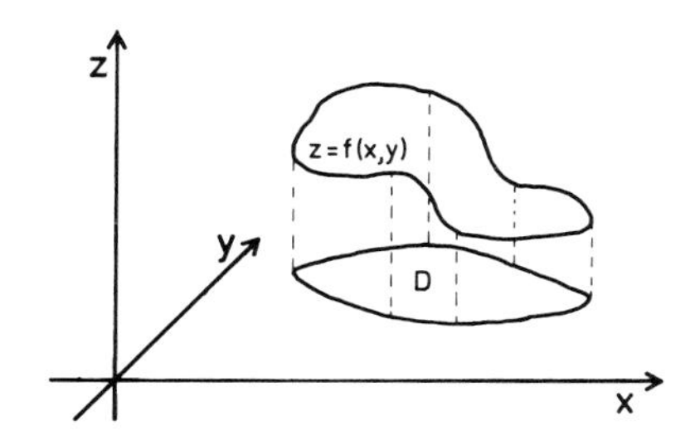

Abb. 2.30: Darstellung einer Funktion z=f(x,y) mit einfach zusammenhängendem Definitionsbereich D

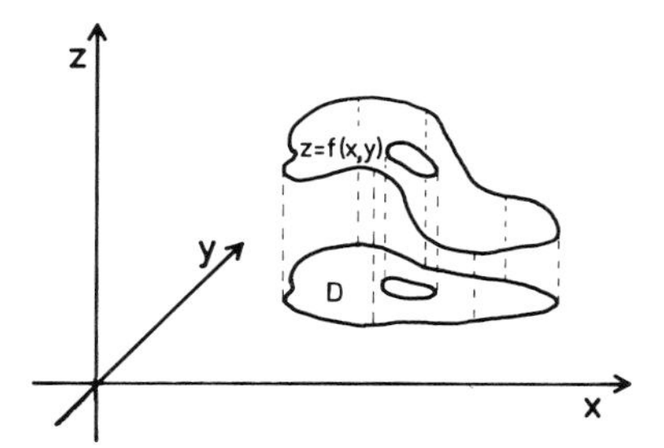

Abb. 2.31: Darstellung einer Funktion z=f(x,y) mit zweifach zusammenhängendem Definitionsbereich D

3. Schließlich ist der Fall denkbar, daß der Definitionsbereich einer Funktion $z = f(x, y)$ ein zusammenhängender, begrenzter Bereich ist mit einer Lücke. Dieser Fall ist in Abb. 2.31. dargestellt. Man spricht dann von einem **„zweifach (doppelt) zusammenhängendem Bereich"**.

An diesen Beispielen zeigt sich schon, daß bereits die Bestimmung des Definitionsbereiches einer mehrdimensionalen Funktion zu erheblichen Schwierigkeiten führen kann, so daß man sehr viel mehr Sorgfalt aufwenden muß als bei zweidimensionalen Funktionen.

Diese Erschwerung setzt sich bei der Beschreibung der Eigenschaften von mehrdimensionalen Funktionen fort. Brauchte man bei der Stetigkeit einer Funktion f(x) lediglich die ϵ-Umgebung des Funktionswertes und die δ-Umgebung des Funktionsargumentes zu untersuchen, so muß man bei mehrdimensionalen Funktionen die δ-Umgebungen aller Funktionsargumente berücksichtigen.

2.4.5. Definition. Eine Funktion $y = f(x_1, x_2, ..., x_n)$ von n Veränderlichen heißt **stetig an der Stelle** $y_0 = f(x_{10}, x_{20}, \ldots, x_{n0})$, wenn es zu jedem $\epsilon > 0$ ein $\delta > 0$ gibt, so daß

$$|f(x_1, ..., x_n) - f(x_{10}, ..., x_{n0})| < \epsilon$$

ist, wenn $|x_i - x_{i0}| < \delta$ ist für alle Indices $i = 1, ..., n$. Die Funktion $f(x_1, ..., x_n)$ heißt **stetig**, wenn sie in jedem Punkt ihres Definitionsbereiches stetig ist.

Auch die Begriffe der Begrenztheit und der Monotonie können von zwei sinngemäß auf mehrdimensionale Funktionen übertragen werden, doch muß man auch hier beachten, daß eine Funktion durchaus in Richtung einer Koordinate unbegrenzt und monoton sein kann, in bezug auf die anderen Koordinaten dagegen nicht. Das sei am Beispiel einer Funktion gezeigt, die man anschaulich als „Halbröhre" bezeichnen kann.

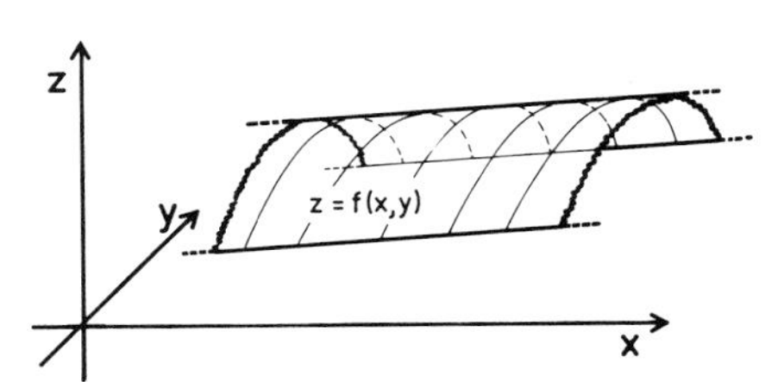

Abb. 2.32: Darstellung einer Funktion z = f(x,y), die in x-Richtung unbeschränkt und streng monoton und in y-Richtung beschränkt ist

In Abb. 2.32. ist eine Funktion z = f(x,y) dargestellt, die in Richtung der x-Koordinate unbeschränkt und monoton und in Richtung der y-Koordinate lediglich beschränkt ist. An diesem Beispiel sieht man, daß es durchaus Funktionen gibt, deren Eigenschaften in bezug auf die jeweilige Richtung unterschiedlich betrachtet werden müssen.

Auch ein weiteres Problem der mehrdimensionalen Funktionen wird an den bisher aufgezeigten Beispielen deutlich, nämlich das der graphischen Darstellung. Kann man zweidimensionale Funktionen graphisch auf der (zweidimensionalen) Papierebene noch exakt darstellen, ist dieses bei dreidimensionalen Funktionen schon nicht mehr möglich. Hier hilft nur ein räumliches Modell oder eine perspektivische Zeichnung nach dem Vorbild der Abb. 2.30. bis 2.32. weiter. Bei höherdimensionalen Funktionen schließlich versagen auch diese Darstellungsmöglichkeiten.

Um dennoch einen Eindruck vom Verlauf einer (n+1)-dimensionalen Funktion zu erhalten, setzt man jeweils (n − 1) Funktionsargumente als (konstante) Parameter an und stellt die Funktion $z = f(x_1, ..., x_n)$ als Funktion des (übrigbleibenden) Arguments x_i dar. Dafür schreibt man die konstantgehaltenen Argumente als Index an das (veränderliche) Argument entsprechend

$$z = f(x_i)_{x_1 ... x_{i-1}, x_{i+1} ... x_n}.$$

2.4.6. Beispiel. In 2.4.3. war das ideale Gasgesetz bereits mit

$$pV = nRT \qquad R = \text{const.}$$

genannt worden. Bezieht man nun die Gleichung auf ein Mol Gas, so erhält man mit $\overline{V}$ das Molvolumen des Gases und damit die Gleichung

$$p\overline{V} = RT.$$

Diese Funktion ist dreidimensional, so daß eine Darstellung lediglich als Modell oder perspektivisch möglich ist. Sucht man dennoch eine exakte graphische Darstellung, dann setzt man reihum eine Veränderliche als konstant an und reduziert damit das Problem auf (3 − 1) = 2 Dimensionen.

a) Setzt man p = const., so erhält man mit

$$\overline{V} = \overline{V}(T)_p = \frac{R}{p} \cdot T = K_1 \cdot T$$

Geraden, deren Steigung vom Wert des Druckes p abhängt.

b) Setzt man $\overline{V}$ = const., so erhält man mit

$$p = p(T)_{\overline{V}} = \frac{R}{\overline{V}} \cdot T = K_2 \cdot T$$

Geraden, deren Steigung vom Wert des Molvolumens $\overline{V}$ abhängt.

c) Setzt man schließlich T = const., so erhält man mit

$$p = p(\overline{V})_T = RT \cdot \frac{1}{\overline{V}} = K_3 \cdot \frac{1}{\overline{V}}$$

Hyperbeln.

Die einzelnen Fälle a) bis c) sind in Abb. 2.33. dargestellt.

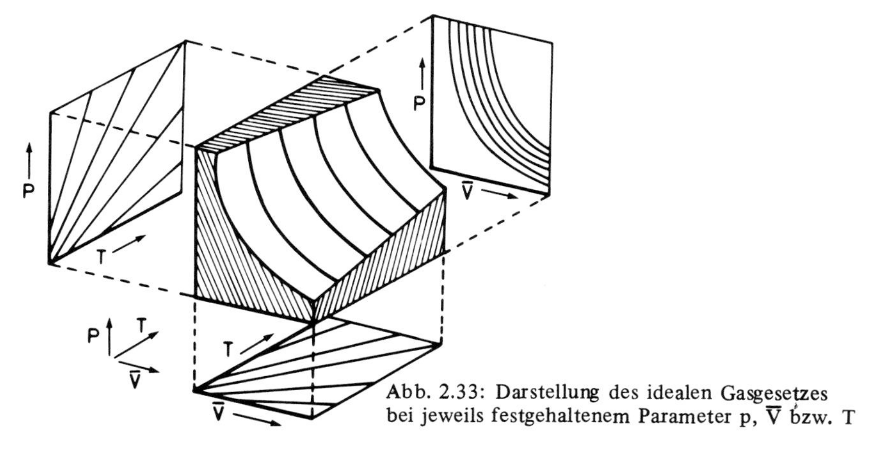

Abb. 2.33: Darstellung des idealen Gasgesetzes bei jeweils festgehaltenem Parameter p, $\overline{V}$ bzw. T

3 Differentialrechnung

3.1 Der Differentialquotient

Aufgabe dieses Kapitels soll es zunächst sein, die „Ableitung von Funktionen" als Begriff zu erklären und anschließend Regeln herzuleiten, die zur Berechnung von Ableitungen dienen. Dabei soll zunächst ein anschauliches Beispiel helfen.

3.1.1. Ausgangsproblem. Ein Pkw fahre von Hamburg nach München. Für die 782 km benötige er 9 Stunden 48 Minuten, die Pausen eingeschlossen. Damit berechnet sich seine Durchschnittsgeschwindigkeit zu $\bar{v} = \frac{782}{9{,}8} = 79{,}8 \frac{\text{km}}{\text{h}}$. In vielen Fällen ist jedoch nicht die Durchschnittsgeschwindigkeit von besonderem Interesse, sondern die Momentangeschwindigkeit, z.B. bei Kilometer x_0 (Baustelle).

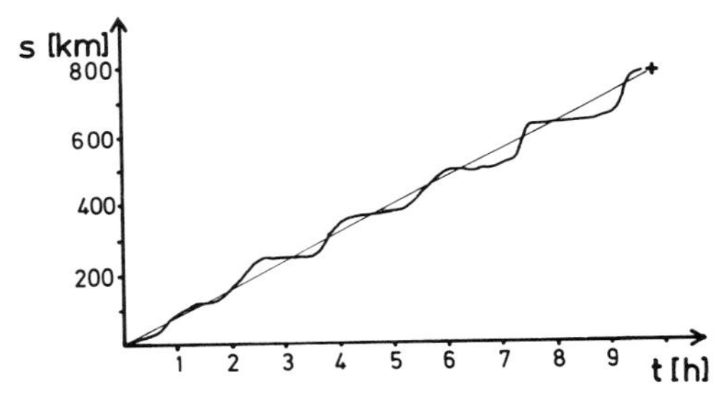

Abb. 3.1: Weg-Zeit-Diagramm eines Pkw auf der Fahrt von Hamburg nach München

Kann man die Durchschnittsgeschwindigkeit über das Weg-Zeit-Verhältnis berechnen, so gibt es nach dem Stand des bisher behandelten Stoffes noch keine Möglichkeit, die Momentangeschwindigkeit zu bestimmen.

Verallgemeinert man die Fragestellung des Ausgangsproblems, so ergibt sich die Aufgabe, einen Weg zu finden, wie man eine Aussage über das Maß der „Steigung" einer Funktion machen kann.
Bei einem linearen Zusammenhang ist eine solche Aussage noch sehr leicht zu machen. Wie man Abb. 3.2. entnehmen kann, stellt der Winkel α ein Maß für die Steilheit (**„Steigung"**) einer Geraden dar. Mit der Beziehung

3.1.2. $m = \tan \alpha = \frac{y_0}{x_0}$

erhält man weiterhin eine einfache Möglichkeit, diese Steigung aus den Koordinaten eines Punktes der Geraden zu berechnen. In der allgemeinen Geradengleichung

$$y = ax + b,$$

die für diesen Fall sicherlich erfüllt sein muß, entspricht die in 3.1.2. definierte Steigung m gerade der Größe a, so daß man direkt aus der Geradengleichung mit Hilfe von 3.1.2. den Steigungswinkel α bestimmen kann.

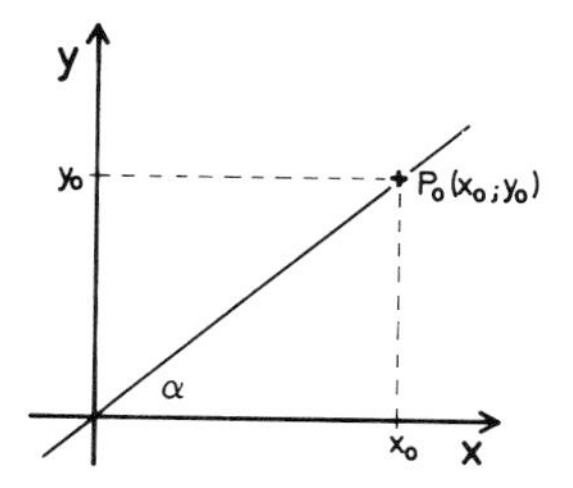

Abb. 3.2: Diagramm zur Bestimmung der Steigung einer Geraden

Bei einer geschwungenen Kurve dagegen sind die entsprechenden Größen nicht so leicht zu bestimmen.

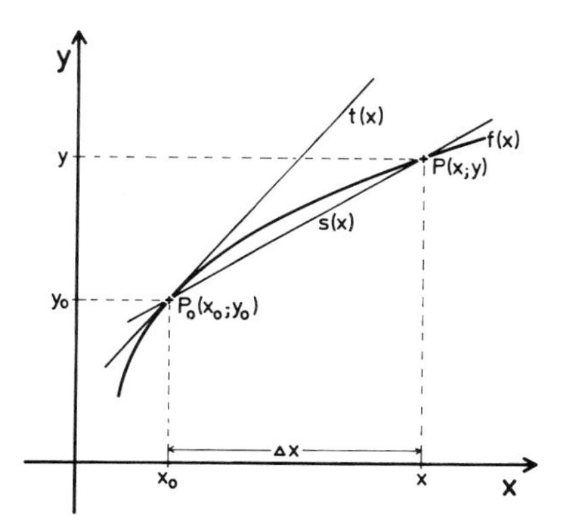

Abb. 3.3: Diagramm zur Bestimmung der Steigung einer gekrümmten Kurve

Wie man der Abb. 3.3. entnehmen kann, ist es möglich, die Steilheit der gekrümmten Funktion f(x) durch die Steigung einer Sekante s(x) durch den festen Punkt $P_0(x_0;y_0)$ und den beliebigen Punkt P(x;y), also durch eine Durchschnittssteigung, zu beschreiben. Der Gleichung 3.1.2. entsprechend gilt dann für die Sekante

$$m_{s(x)} = \tan \alpha_{s(x)} = \frac{\Delta y}{\Delta x} = \frac{f(x) - f(x_0)}{x - x_0}$$

$$= \frac{f(x_0 + \Delta x) - f(x_0)}{\Delta x}.$$

Will man nun die Steigung der Funktion f(x) im Punkt $P_0(x_0 ; y_0)$ exakt berechnen, dann reicht eine Betrachtung der Sekantensteigung nicht mehr aus. Man muß zur Betrachtung der Tangente t(x) im Punkt P_0 an der Funktion f(x) übergehen. Da man jedoch zur Bestimmung einer Geradengleichung, also auch der Tangentengleichung t(x), zwei Angaben benötigt, andererseits aber aus den Koordinaten des Punktes P_0 nur eine Angabe erhält, kann man mit den bisherigen Mitteln diese Aufgabe nicht lösen.

Nähert man aber den Punkt P immer mehr dem Punkt P_0 an, d.h. betrachtet man den Fall $x \to x_0$, so gleicht sich die Sekante s(x) zunehmend der Tangente t(x) an, und man erhält schließlich

$$m_{t(x)} = \tan \alpha_{t(x)} = \lim_{x \to x_0} \frac{f(x) - f(x_0)}{x - x_0}$$
$$= \lim_{\Delta x \to 0} \frac{f(x_0 + \Delta x) - f(x_0)}{\Delta x}$$

3.1.5. Definition. Die Funktion f(x) heißt **differenzierbar im Punkt x_0**, wenn es ein Intervall [a; b] gibt, das ganz im Definitionsbereich D von f(x) liegt und x_0 im Innern enthält, d.h. $x_0 \in (a; b)$, so daß der Grenzwert des **Differenzenquotienten** existiert.

$$c = \lim_{x \to x_0} \frac{f(x) - f(x_0)}{x - x_0} = \lim_{\Delta x \to 0} \frac{f(x_0 + \Delta x) - f(x_0)}{\Delta x}.$$

Falls dieser Grenzwert existiert, heißt er der **Differentialquotient** (die Ableitung) der Funktion f(x) an der Stelle x_0.
Die Funktion f(x) heißt **differenzierbar**, wenn sie in jedem Punkt ihres Definitionsbereiches differenzierbar ist.

3.1.6. Schreibweise. Als Abkürzung für den in 3.1.5. dargestellten Differentialquotienten werden auch die folgenden Schreibweisen verwendet:

$$c = f'(x_0) = \frac{d\,f(x_0)}{dx}\,^{*}.$$

Mit Hilfe der Definition 3.1.5. reduziert sich das Problem, die Steigung einer Funktion in einem Punkt zu berechnen, auf die Aufgabe, Grenzwerte zu bestimmen. Wie den folgenden Beispielen zu entnehmen ist, führt die formale Berechnung des Differentialquotienten nach 3.1.5. tatsächlich zu Lösungen.

3.1.7. Beispiele.

1. Gegeben sei die Funktion $f(x) = x^2$. Es gilt für alle $x \in \mathbb{R}$

$$\frac{d\,f(x)}{dx} = \lim_{\Delta x \to 0} \frac{f(x + \Delta x) - f(x)}{\Delta x} = \lim_{\Delta x \to 0} \frac{(x + \Delta x)^2 - x^2}{\Delta x}$$
$$= \lim_{\Delta x \to 0} \frac{x^2 + 2x\Delta x + (\Delta x)^2 - x^2}{\Delta x} = \lim_{\Delta x \to 0} \left(\frac{2x\,\Delta x}{\Delta x} + \frac{(\Delta x)^2}{\Delta x} \right)$$
$$= \lim_{\Delta x \to 0} (2x + \Delta x) = 2x.$$

* Es sei ausdrücklich noch einmal darauf hingewiesen, daß es sich bei dem Differentialquotienten um keinen Bruch, sondern um einen Grenzwert handelt, mit dem man allerdings manchmal – in Übereinstimmung mit den Rechenregeln für Grenzwerte – formal arbeiten kann wie mit Brüchen.

2. Gegeben sei die Funktion $f(x) = x^n$ mit $n \in \mathbb{N}$. Weiter gilt für alle $x \in \mathbb{R}$

$$\frac{d\, f(x)}{dx} = \lim_{\Delta x \to 0} \frac{f(x+\Delta x) - f(x)}{\Delta x} = \lim_{\Delta x \to 0} \frac{(x+\Delta x)^n - x^n}{\Delta x}.$$

Mit Hilfe des Binomischen Lehrsatzes 1.4.6. ergibt sich weiter

$$\frac{d\, f(x)}{dx} = \lim_{\Delta x \to 0} \frac{1}{\Delta x} \left(\left[x^n + n x^{n-1} \Delta x + \binom{n}{2} x^{n-2} (\Delta x)^2 + \ldots + \binom{n}{n} (\Delta x)^n \right] - x^n \right).$$

Auflösen der eckigen Klammer und Kürzen ergibt

$$\frac{d\, f(x)}{dx} = \lim_{\Delta x \to 0} \left[n\, x^{n-1} + \binom{n}{2} x^{n-2} \Delta x + \binom{n}{3} x^{n-3} (\Delta x)^2 + \ldots + \binom{n}{n} (\Delta x)^{n-1} \right]$$

Mit Hilfe des Satzes 1.5.5. über Grenzwerte folgt schließlich das Ergebnis

$$\frac{d\, f(x)}{dx} = \lim_{\Delta x \to 0} n\, x^{n-1} + \lim_{\Delta x \to 0} \binom{n}{2} x^{n-1} \Delta x + \ldots + \lim_{\Delta x \to 0} \binom{n}{n} (\Delta x)^{n-1}$$

$$\Downarrow \quad \frac{d\, f(x)}{dx} = n \cdot x^{n-1}.$$

Wie in 1.4.11. gezeigt wurde, gilt der allgemeine Binomische Lehrsatz für jeden Exponent $q \in \mathbb{Q}$, so daß man auch hier verallgemeinern kann

$$\frac{d\, x^q}{dx} = q \cdot x^{q-1} \qquad \forall q \in \mathbb{Q}.$$

3. Gegeben sei die Funktion $f(x) = \sin x$. Weiter sei unbewiesen als Folgerung aus den Additionstheoremen die Beziehung

$$\sin x_1 - \sin x_2 = 2 \sin \frac{x_1 - x_2}{2} \cdot \cos \frac{x_1 + x_2}{2}$$

gegeben. Damit ergibt sich für alle $x \in \mathbb{R}$

$$\frac{d\, f(x)}{dx} = \lim_{\Delta x \to 0} \frac{f(x+\Delta x) - f(x)}{\Delta x} = \lim_{\Delta x \to 0} \frac{\sin(x+\Delta x) - \sin x}{\Delta x}$$

$$= \lim_{\Delta x \to 0} \frac{2 \sin \frac{(x+\Delta x) - x}{2} \cdot \cos \frac{(x+\Delta x) + x}{2}}{\Delta x}$$

$$= \lim_{\Delta x \to 0} \left[\frac{\sin \frac{(x+\Delta x) - x}{2}}{\frac{\Delta x}{2}} \cdot \cos \frac{(x+\Delta x) + x}{2} \right]$$

Mit 1.5.6. folgt weiter

$$\frac{d\, f(x)}{dx} = \lim_{\Delta x \to 0} \frac{\sin \frac{\Delta x}{2}}{\frac{\Delta x}{2}} \cdot \lim_{\Delta x \to 0} \cos \frac{2x + \Delta x}{2}.$$

In 3.2.19.3. wird noch gezeigt, daß für den ersten Grenzwert gilt

$$\lim_{\Delta x \to 0} \frac{\sin \frac{\Delta x}{2}}{\frac{\Delta x}{2}} = 1$$

für den zweiten Grenzwert ergibt sich schließlich mit 2.2.8.

$$\lim_{\Delta x \to 0} \cos \frac{2x + \Delta x}{2} = \cos \lim_{\Delta x \to 0} \left(x + \frac{\Delta x}{2}\right) = \cos x.$$

Damit erhält man als Lösung der Aufgabe

$$\frac{d \sin x}{dx} = \cos x \qquad \forall x \in \mathbb{R}.$$

4. Gegeben sei die Funktion $f(x) = e^x$. Dann gilt für alle $x \in \mathbb{R}$

$$\frac{d\,f(x)}{dx} = \lim_{\Delta x \to 0} \frac{f(x + \Delta x) - f(x)}{\Delta x} = \lim_{\Delta x \to 0} \frac{e^{x+\Delta x} - e^x}{\Delta x}$$

$$= \lim_{\Delta x \to 0} \frac{e^x (e^{\Delta x} - 1)}{\Delta x}$$

Mit Hilfe des Satzes 1.5.5. und der Reihenentwicklung 2.3.6. folgt weiter

$$\frac{d\,e^x}{dx} = e^x \cdot \lim_{\Delta x \to 0} \frac{e^{\Delta x} - 1}{\Delta x}$$

$$= e^x \cdot \lim_{\Delta x \to 0} \frac{1}{\Delta x} \left[\left(1 + \frac{\Delta x}{1!} + \frac{(\Delta x)^2}{2!} + \frac{(\Delta x)^3}{3!} + \ldots\right) - 1\right]$$

$$= e^x \cdot \lim_{\Delta x \to 0} \left(\frac{\Delta x}{1!\Delta x} + \frac{(\Delta x)^2}{2!\Delta x} + \frac{(\Delta x)^3}{3!\Delta x} + \ldots\right)$$

$$= e^x \cdot 1 = e^x.$$

Wie an diesen Beispielen deutlich wird, können zu allen Funktionen prinzipiell die Ableitungen nach dem Schema der Grenzwertbildung des Differenzenquotienten berechnet werden. Die Hauptaufgabe liegt also stets in verschiedenen Umformungen des Differenzenquotienten und in der anschließenden Grenzwertberechnung nach den Regeln des Kapitels über Grenzwerte, insbesondere nach 1.5.5. und 1.5.6. Nach diesem Schema sind grundsätzlich auch die folgenden Grunddifferentiale zu berechnen.

3.1.8. Grunddifferentiale.

	$y = x^n$	$y' = n\, x^{n-1}$	$n \in \mathbb{Q}$
$y = \sin x$	$y' = \cos x$	$y = \cos x$	$y' = -\sin x$
$y = \tan x$	$y' = \dfrac{1}{\cos^2 x}$	$y = \cot x$	$y' = -\dfrac{1}{\sin^2 x}$
$y = {}_a\log x$	$y' = {}_a\log e \cdot \dfrac{1}{x}$	$y = \ln x$	$y' = \dfrac{1}{x}$
$y = a^x$	$y' = \ln a \cdot a^x$	$y = e^x$	$y' = e^x$
$y = \operatorname{arc} \sin x$	$y' = \dfrac{1}{\sqrt{1-x^2}}$	$y = \operatorname{arc} \cos x$	$y' = -\dfrac{1}{\sqrt{1-x^2}}$
$y = \operatorname{arc} \tan x$	$y' = \dfrac{1}{1+x^2}$	$y = \operatorname{arc} \cot x$	$y' = -\dfrac{1}{1+x^2}$
$y = \sin h\, x$	$y' = \cos h\, x$	$y = \cos h\, x$	$y' = \sin h\, x$
$y = \tan h\, x$	$y' = \dfrac{1}{\cos h^2 x}$	$y = \cot h\, x$	$y' = \dfrac{1}{\sin h^2\, x}$
$y = \operatorname{ar} \sin h\, x$	$y' = \dfrac{1}{\sqrt{1+x^2}}$	$y = \operatorname{ar} \cos h\, x$	$y' = \dfrac{1}{\sqrt{x^2-1}}$
$y = \operatorname{ar} \tan h\, x$	$y' = \dfrac{1}{1-x^2}$	$y = \operatorname{ar} \cot h\, x$	$y' = \dfrac{1}{1-x^2}$.

Betrachtet man die anschauliche Herleitung des Begriffs der Ableitung anhand der Abb. 3.3., dann erkennt man, daß eine Voraussetzung für die Differenzierbarkeit einer Funktion f(x) sicherlich deren Stetigkeit ist, da andernfalls an der Unstetigkeitsstelle ein kontinuierlicher Übergang von der Sekante s(x) zur Tangente t(x) nicht sichergestellt ist. Ist die Unstetigkeitsstelle hebbar, dann kann man nach dem Vorbild des Beispiels auf S. 40 die Ableitung an der Stelle der hebbaren Unstetigkeit definieren.

Betrachtet man dagegen z.B. die Unstetigkeitsstelle $x_0 = 1$ der in Abb. 2.8. dargestellten Funktion $y = \dfrac{x^2+3x+2}{x^2-1}$, die nicht hebbar ist, so zeigt sich, daß man für diesen Punkt sicherlich keinen Differentialquotienten bilden kann. Dagegen ist es möglich, von rechts kommend – ebenso wie von links – eine **rechtsseitige** bzw. **linksseitige Ableitung** zu bestimmen, analog zum Vorbild des rechts- und linksseitigen Grenzwertes. Im speziellen Fall der in Abb. 2.8. dargestellten Funktion kann man der Abbildung direkt entnehmen, daß die linksseitige Steigung, also der linksseitige Grenzwert des Differenzenquotienten, $-\infty$ ist. Die rechtsseitige Steigung ist dagegen $+\infty$.
Eine weitere Voraussetzung für die Differenzierbarkeit einer Funktion f(x) ist, daß f(x) „**glatt**" ist, d.h. daß im Verlauf der Funktion keine „Knicke" auftreten. Das soll an einem einfachen Beispiel erläutert werden.

3.1.9. Beispiel. Gegeben sei die Funktion $y = f(x) = \begin{cases} x & \text{für } x < 0 \\ -x & \text{für } x \geqslant 0 \end{cases}$

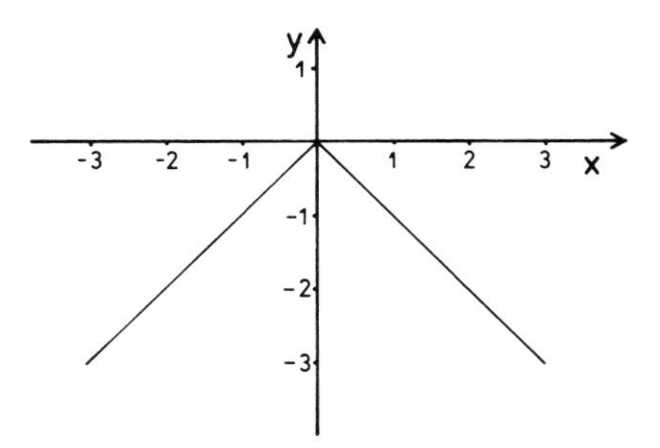

Abb. 3.4: Graphische Darstellung der Funktion $y = \begin{cases} x & \text{für } x < 0 \\ -x & \text{für } x \geqslant 0 \end{cases}$

Im Punkt $x = 0$ weist das Schaubild der Funktion einen „Knick" auf. Berechnet man nun im Punkt $x = 0$ die rechtsseitige Ableitung, so ergibt sich aus 3.1.7.2.

$$\frac{d\,f(0)}{dx^+} = -1.$$

Für die linksseitige Ableitung ergibt sich entsprechend

$$\frac{d\,f(0)}{dx^-} = +1.$$

In diesem Fall sind rechtsseitige und linksseitige Ableitung also ungleich. Damit existiert keine Tangent zur Funktion $f(x)$ an der Stelle $x = 0$.

Damit ergibt sich als Voraussetzung für die Differenzierbarkeit einer Funktion $f(x)$ neben der Stetigkeit auch, daß die Funktion „glatt" sein muß *.

Bisher wurde gezeigt, wann eine Funktion sicherlich nicht differenzierbar ist, nämlich wenn sie unstetig oder nicht glatt ist. Weiter wurde gezeigt, daß man nach der Definition 3.1.5. prinzipiell die Ableitung berechnen kann. Tatsächlich ist der Weg des Differenzierens nach 3.1.5. aber relativ umständlich, insbesondere bei zusammengesetzten Funktionen. Daher sollen noch einige Regeln bearbeitet werden, die die Aufgabe des Differenzierens vereinfachen können.

3.1.10. Satz. Die Funktion $y = f(x)$ sei in einem offenen Intervall I stetig, streng monoton und in $x_0 \in I$ differenzierbar mit $f'(x_0) \neq 0$. Dann ist die Umkehrfunktion $x = f^{-1}(y)$ an der Stelle $x_0 = f^{-1}(y_0)$ differenzierbar mit der Ableitung

$$\frac{d\,f^{-1}(y_0)}{dy} = \frac{1}{\frac{d\,f(x_0)}{dx}} = \frac{1}{\frac{d\,f(f^{-1}(y_0))}{dy}}$$

Die Forderung dieses Satzes nach Stetigkeit und strenger Monotonie der Funktion $f(x)$ bezieht sich, in Übereinstimmung mit Satz 2.2.15., auf die Voraussetzung zur

* Tatsächlich spricht der Mathematiker in diesem Zusammenhang von „glatten Funktionen".

Existenz der Umkehrfunktion $f^{-1}(y)$. Damit hat dieser Teil des Satzes direkt keine Bedeutung im Hinblick auf die Ableitung der Umkehrfunktion. Weiter ist zu beachten, daß der Begriff „Umkehrfunktion" in diesem Zusammenhang streng nach 2.2.10. zu verstehen ist.

3.1.11. Beispiele.

1. Gegeben sei die Funktion $f(x) = x^3$. Unter 2.2.11. wurde bereits die Umkehrfunktion zu $x = f^{-1}(y) = \sqrt[3]{y}$ berechnet. Weiter gilt für alle $x \neq 0$ nach 3.1.7.2.

$$\frac{d\,f(x)}{dx} = 3x^2 \neq 0.$$

Damit ergibt sich für die Umkehrfunktion

$$\frac{d\,f^{-1}(y)}{dy} = \frac{1}{\frac{d\,f(x)}{dx}} = \frac{1}{3x^2} = \frac{1}{3 \cdot (\sqrt[3]{y})^2} = \frac{1}{3} \cdot y^{-\frac{2}{3}}.$$

Differenziert man die Umkehrfunktion direkt nach 3.1.7.2., so ergibt sich Übereinstimmung.

$$\frac{d\,\sqrt[3]{y}}{dy} = \frac{d\,y^{\frac{1}{3}}}{dy} = \frac{1}{3} \cdot y^{\frac{1}{3}-1} = \frac{1}{3} \cdot y^{-\frac{2}{3}}.$$

2. Es wurde bereits unter 2.3.13. der Zusammenhang zwischen Exponential- und Logarithmusfunktion gezeigt.

$$y = f(x) = e^x \qquad \Rightarrow \qquad x = f^{-1}(y) = \ln y.$$

Nach 3.1.10. ergibt sich mit 3.1.7.4.

$$\frac{d\,e^x}{dx} = e^x \quad \Rightarrow \quad \frac{d\,\ln y}{dy} = \frac{1}{\frac{d\,e^x}{dx}} = \frac{1}{e^x} = \frac{1}{e^{\ln y}} = \frac{1}{y}.$$

In vielen Fällen liegt eine Funktion als eine Summe aus zwei Funktionen $g(x)$ und $h(x)$ vor. Differenziert man eine solche Funktion, so ergibt sich nach 3.1.5. unter Verwendung von Satz 1.5.5.

$$\begin{aligned}\frac{d\,f(x)}{dx} &= \lim_{\Delta x \to 0} \frac{f(x+\Delta x) - f(x)}{\Delta x} = \\ &= \lim_{\Delta x \to 0} \frac{(a \cdot g(x+\Delta x) + b \cdot h(x+\Delta x)) - (a \cdot g(x) + b \cdot h(x))}{\Delta x} \\ &= a \cdot \lim_{\Delta x \to 0} \frac{g(x+\Delta y) - g(x)}{dx} + b \cdot \lim_{\Delta x \to 0} \frac{h(x+\Delta x) - h(x)}{\Delta x} \\ &= a \cdot \frac{d\,g(x)}{dx} + b \cdot \frac{d\,h(x)}{dx}.\end{aligned}$$

Bei der Berechnung von Ableitungen können also Summen aufgespalten und konstante Faktoren ausgeklammert werden.

3.1.12. Satz (Summenregel). Gegeben sei die Funktion $f(x) = a \cdot g(x) + b \cdot h(x)$ mit $a, b \in \mathbb{R}$. Sind $g(x)$ und $h(x)$ beide in $x_0 \in D$ differenzierbar, dann gilt

$$\frac{d\,(a \cdot g(x_0) + b \cdot h(x_0))}{dx} = a \cdot \frac{d\, g^{(x_0)}}{dx} + b \cdot \frac{d\, h(x_0)}{dx}.$$

Sind $g(x)$ und $h(x)$ für alle x ihres Definitionsbereiches D differenzierbar, dann gilt allgemein

$$\frac{d\,(a \cdot g(x) + b \cdot h(x))}{dx} = a \cdot \frac{d\, g(x)}{dx} + b \cdot \frac{d\, h(x)}{dx}.$$

Mit Hilfe dieses Satzes 3.1.12. kann nun z.B. jedes Polynom sofort differenziert werden.

3.1.13. Beispiele.

1. $$\frac{d\,(x^3 - 6x^2 + 5x - 3)}{dx} = \frac{d\,x^3}{dx} - 6 \cdot \frac{d\,x^2}{dx} + 5 \cdot \frac{d\,x^1}{dx} - 3 \cdot \frac{d\,x^0}{dx}$$
$$= 3x^2 - 12x + 5.$$

2. $$\frac{d\,(3 \ln x - \sin x)}{dx} = 3 \cdot \frac{d \ln x}{dx} - \frac{d \sin x}{dx}$$
$$= \frac{3}{x} - \cos x.$$

3.1.14. Satz (Produktregel). Gegeben sei die Funktion $f(x) = g(x) \cdot h(x)$. Sind die Funktionen $g(x)$ und $h(x)$ an der Stelle $x_0 \in D$ differenzierbar, so gilt

$$\frac{d\, f(x_0)}{dx} = \frac{d\,(g(x_0) \cdot h(x_0))}{dx} = g(x_0)\, \frac{d\, h(x_0)}{dx} + h(x_0)\, \frac{d\, g(x_0)}{dx}.$$

Sind $g(x)$ und $h(x)$ für alle $x \in D$ differenzierbar, dann gilt allgemein

$$\frac{d\, f(x)}{dx} = \frac{d\,(g(x) \cdot h(x))}{dx} = g(x) \cdot \frac{d\, h(x)}{dx} + h(x) \cdot \frac{d\, g(x)}{dx}.$$

Mit Hilfe dieses Satzes ist es also möglich, jede Produktfunktion zu differenzieren.

3.1.15. Beispiele.

1. $$\frac{d\,(g(x) \cdot h(x))}{dx} = \frac{d\,(x \cdot \cos x)}{dx} = x \cdot \frac{d \cos x}{dx} + \cos x \cdot \frac{d\,x}{dx}$$
$$= x \cdot (-\sin x) + \cos x \cdot 1$$
$$= \cos x - x \sin x \qquad \forall x \in \mathbb{R}$$

2. $$\frac{d\,(g(x) \cdot h(x))}{dx} = \frac{d\,(e^x \cdot \arcsin x)}{dx} = e^x \cdot \frac{d \arcsin x}{dx} + \arcsin x \cdot \frac{d\,e^x}{dx}$$
$$= \frac{e^x}{\sqrt{1 - x^2}} + e^x \cdot \arcsin x \qquad \forall x \in \mathbb{R}$$

3. $$\frac{d\,(g(x)\cdot(h(x)\cdot i(x)))}{dx} = \frac{d\,(x\cdot(e^x\cdot \sin x))}{dx} =$$

$$= x\cdot\frac{d\,(e^x\cdot\sin x)}{dx} + e^x\cdot\sin x\cdot\frac{d\,x}{dx}$$

$$= x\cdot\left[e^x\cdot\frac{d\sin x}{dx} + \sin x\cdot\frac{d\,e^x}{dx}\right] + e^x\cdot\sin x$$

$$= x\cdot[e^x\cdot\cos x + \sin x\; e^x] + e^x \sin x$$

$$= e^x\,(x\cos x + x\sin x + \sin x) \qquad \forall x\in\mathbb{R}.$$

3.1.16. Satz (Quotientenregel). Gegeben sei die Funktion $f(x) = \frac{g(x)}{h(x)}$. Sind die Funktionen $g(x)$ und $h(x) \neq 0$ an der Stelle $x_0 \in D$ differenzierbar, so gilt

$$\frac{d\,f(x_0)}{dx} = \frac{d\,\frac{g(x_0)}{h(x_0)}}{dx} = \frac{h(x_0)\cdot\frac{d\,g(x_0)}{dx} - g(x_0)\cdot\frac{d\,h(x_0)}{dx}}{(h(x_0))^2}.$$

Sind $g(x)$ und $h(x)$ für alle $x \in D$ differenzierbar, so gilt allgemein

$$\frac{d\,f(x)}{dx} = \frac{d\,\frac{g(x)}{h(x)}}{dx} = \frac{h(x)\cdot\frac{d\,g(x)}{dx} - g(x)\cdot\frac{d\,h(x_0)}{dx}}{(h(x))^2}.$$

Dieser Satz erleichtert das Differenzieren von Funktionen, die als Quotient zweier Funktionen $g(x)$ und $h(x)$ dargestellt werden können.

3.1.17. Beispiele.

1. $$\frac{d\,\frac{x^2+3x+2}{x^2-1}}{dx} = \frac{(x^2-1)\cdot\frac{d\,(x^2+3x+2)}{dx} - (x^2+3x+2)\frac{d\,(x^2-1)}{dx}}{(x^2-1)^2} \qquad \forall_{\substack{x\in\mathbb{R}\\ x\neq\pm1}}$$

$$= \frac{(x^2-1)(2x+3) - (x^2+3x+2)\cdot 2x}{(x^2-1)^2}$$

$$= \frac{2x^3+3x^2-2x-3-(x^3+6x^2+4x)}{(x^2-1)^2}$$

$$= \frac{-3x^2-6x-3}{x^4-2x^2+1} = -\frac{3x+3}{x^3-x^2-x+1}$$

2. $$\frac{d\,\frac{x}{\cos x}}{dx} = \frac{\cos x\cdot\frac{d\,x}{dx} - x\cdot\frac{d\cos x}{dx}}{\cos^2 x} = \frac{\cos x + x\sin x}{\cos^2 x} \qquad \forall_{\substack{x\in\mathbb{R}\\ \cos x\neq 0}}$$

3. $$\frac{d \tan x}{dx} = \frac{d \frac{\sin x}{\cos x}}{dx} = \frac{\cos x \cdot \frac{d \sin x}{dx} - \sin x \cdot \frac{d \cos x}{dx}}{\cos^2 x}$$

$$= \frac{\cos^2 x + \sin^2 x}{\cos^2 x} = \frac{1}{\cos^2 x} \qquad \forall_{\substack{x \in \mathbb{R} \\ \cos x \neq 0}}$$

Da in den Naturwissenschaften überwiegend Funktionen in Form geschachtelter Beziehungen vorliegen, kommt einer Ableitungsregel, nämlich der Kettenregel, besondere Bedeutung zu.

3.1.18. Satz (Kettenregel). Gegeben sei die geschachtelte Funktion $f(x) = g(h(x))$. Sind die Funktionen g und h an der Stelle $x_0 \in D$ differenzierbar, so gilt

$$\frac{d f(x_0)}{dx} = \frac{d g(h(x_0))}{d h(x_0)} \cdot \frac{d h(x_0)}{dx}.$$

Sind g und h für alle $x \in D$ differenzierbar, so gilt allgemein

$$\frac{d f(x)}{dx} = \frac{d g(h(x_0))}{d h(x)} \cdot \frac{d h(x)}{dx}.$$

Die Ableitung einer geschachtelten Funktion ist also gleich dem Produkt aus innerer (d.h. der Ableitung der inneren Funktion h(x)) und äußerer Ableitung (d.h. der Ableitung der äußeren Funktion g).

3.1.19. Beispiele.

1. Es sei die Funktion $f(x) = g(y) = g(h(x)) = \sin 2x$ mit $y = h(x) = 2x$ und $g(y) = \sin y$ gegeben. Nach der Kettenregel errechnet sich die Ableitung nach

$$y' = \frac{d h(x)}{dx} = 2 \qquad \frac{d g(y)}{dy} = \frac{d g(h(x))}{dx} = \cos y = \cos h(x)$$

$$\Rightarrow \frac{d f(x)}{dx} = 2 \cdot \cos h(x) = 2 \cdot \cos 2x.$$

2. $f(x) = e^{x^2}$ $\qquad g(y) = e^y \qquad y = h(x) = x^2$

$$\frac{d g(y)}{dy} = e^y \qquad \frac{dy}{dx} = \frac{d h(x)}{dx} = 2x$$

$$\Rightarrow \frac{d f(x)}{dx} = \frac{d g(y)}{dy} \cdot \frac{dy}{dx} = e^y \cdot 2x = 2x \cdot e^{x^2}.$$

3. $f(x) = \sin(\ln x)$ $\qquad g(y) = \sin y \qquad y = h(x) = \ln x$

$$\frac{d g(y)}{dy} = \cos y \qquad \frac{dy}{dx} = \frac{d h(x)}{dx} = \frac{1}{x}$$

$$\Rightarrow \frac{d f(x)}{dx} = \frac{d g(y)}{dy} \cdot \frac{dy}{dx} = \sin y \cdot \frac{1}{x} = \frac{\sin(\ln x)}{x}.$$

4. $f(x) = \arctan e^{2x}$ $\quad g(y) = \arctan y \quad y = h(z) = e^z \quad z = 2x$

$$\frac{d\,g(y)}{dy} = \frac{1}{1+y^2} \qquad \frac{dy}{dz} = e^z \qquad \frac{dz}{dx} = 2$$

$$\Rightarrow \frac{d\,f(x)}{dx} = \frac{d\,g(y)}{dy} \cdot \frac{dy}{dz} \cdot \frac{dz}{dx} = \frac{1}{1+y^2} \cdot e^z \cdot 2 = \frac{1}{1+(e^{2x})^2} \cdot e^{2x} \cdot 2$$

$$= \frac{2\,e^{2x}}{1+e^{4x}}$$

5. In 2.3.12.1. wurde die Gleichung für den radioaktiven Zerfall gegeben

$$N(t) = N_0 \cdot e^{-\lambda t}.$$

Hierbei handelt es sich um eine geschachtelte Funktion, so daß zur Berechnung der Ableitung die Kettenregel angewandt werden muß

$$g(y) = e^y \qquad y = h(t) = -\lambda t$$

$$\frac{d\,g(y)}{dy} = e^y \qquad \frac{dy}{dt} = -\lambda$$

$$\Rightarrow \frac{d\,N(t)}{dt} = \frac{d\,g(y)}{dy} \cdot \frac{dy}{dt} = N_0 \cdot e^y \cdot (-\lambda)$$

$$= -\lambda\,N_0\,e^{-\lambda t}.$$

Betrachtet man alle Beispiele zu den Ableitungsregeln dieses Kapitels, so stellt man fest, daß Ableitungen selbst wieder Funktionen darstellen. So wurde z.B. in 3.1.19.2. die Ableitung zur Funktion $f(x) = e^{x^2}$ mit $\frac{d\,f(x)}{dx} = 2xe^{x^2}$ für alle $x \in \mathbb{R}$ berechnet. Diese Ableitung stellt, für sich betrachtet, wieder eine Funktion dar, die man auf Stetigkeit, Monotonie und auch auf Differenzierbarkeit untersuchen kann. So kann man zu einer zweiten und anschließend auch zu höheren Ableitungen kommen.

3.1.20. Definition. Stellt die (erste) Ableitung $g(x) = \frac{d\,f(x)}{dx}$ einer Funktion $y = f(x)$ eine Funktion dar, die in $x_0 \in D$ differenzierbar ist, so heißt der Ausdruck

$$\frac{d\,g(x_0)}{dx} = \frac{d}{dx}\left(\frac{d\,f(x_0)}{dx}\right) = \frac{d^2\,f(x_0)}{dx^2} = y''(x_0)$$

die **zweite Ableitung der Funktion f(x) an der Stelle $x_0 \in D$.**
Ist die Funktion $y = f(x)$ für alle $x \in D$ zweimal differenzierbar, so ist

$$\frac{d\,g(x)}{dx} = \frac{d}{dx}\left(\frac{d\,f(x)}{dx}\right) = \frac{d^2\,f(x)}{dx} = y''(x)$$

die **zweite Ableitung** der Funktion f(x).

Ist auch die zweite Ableitung differenzierbar, so heißt $\frac{d^3\,f(x)}{dx^3}$ die **dritte Ableitung.** Kann man schließlich die Funktion f(x) n-mal differenzieren, so heißt

$$\frac{d^n\,f(x)}{dx^n} = y^{(n)}(x)$$

die **n-te Ableitung** (Ableitung n-ter Ordnung) der Funktion f(x).

3.1.21. Beispiel. Gegeben sei die Funktion

$$y = f(x) = x^3 - 4x^2 + 4x - 5.$$

Aus diesem Polynom ergibt sich als Ableitung für alle $x \in \mathbb{R}$

$$y' = \frac{d\,f(x)}{dx} = 3x^2 - 8x + 4$$

$$\curvearrowright\; y'' = \frac{d^2\,f(x)}{dx^2} = 6x - 8$$

$$\curvearrowright\; y''' = \frac{d^3\,f(x)}{dx^3} = 6$$

$$\curvearrowright\; y^{(4)} = \frac{d^4\,f(x)}{dx^4} = 0.$$

Alle Ableitungen höherer Ordnung als $n = 3$ sind also gleich Null.

3.2 Anwendungen der Differentialrechnung

Im letzten Kapitel wurde der Begriff der Ableitung zunächst anschaulich über die „Steigung" einer Funktion hergeleitet. Anschließend wurde verallgemeinert und auf allgemeingültige Regeln zur Berechnung von Ableitungen geschlossen. Im Rahmen dieses Kapitels sollen nun einige besonders wichtige Aufgaben besprochen werden, zu deren Lösung man die Differentialrechnung benötigt.
Zunächst muß dafür der bisher erarbeitete Stoff noch einmal zusammengefaßt werden.

3.2.1. Definition. Unter der **Steigung** einer Funktion $f(x)$ im Punkt $x_0 \in D$ versteht man den Tangens des Winkels α, den die Tangente in x_0 an $f(x)$ mit der positiven Richtung der x-Achse bildet.

3.2.2. Satz. Ist die Funktion $f(x)$ im Punkt $x_0 \in D$ differenzierbar, so entspricht der Wert der ersten Ableitung an der Stelle x_0, $\frac{d\,f(x_0)}{dx}$, der Steigung der Funktion in x_0.

Damit kann man also die Ableitung einer Funktion benutzen, um deren Steigung in einem beliebigen Punkt zu berechnen.

3.2.3. Beispiel. Gegeben sei die Funktion $f(x) = x^3 - 4x^2 + 4x - 5$ mit ihrer ersten Ableitung $\frac{d\,f(x)}{dx} = 3x^2 - 8x + 4$.

a) Wie lautet die Gleichung der Tangente an $f(x)$ in $x_0 = 1$?

Im Punkt $x_0 = 1$ hat die Funktion die Steigung

$$\frac{d\,f(x_0)}{dx} = \frac{d\,f(1)}{dx} = \tan\alpha = 3 - 8 + 4 = -1.$$

Damit ergibt sich für den Winkel α

$$\alpha = \frac{3\pi}{4} \triangleq 135°.$$

Aus diesen Werten berechnet sich die Funktionsgleichung der Tangente in x_0 zu

$$y - y_0 = \tan\alpha \cdot (x - x_0) = -(x - x_0)$$

Die Koordinaten von P_0 mit $(x_0; y_0) = (1; -4)$ eingesetzt, ergibt sich

$$y = -x + 5.$$

b) Wie lauten die Koordinaten des Punktes $P(x; y)$, in dem die Funktion $f(x)$ die Steigung $\frac{d\,f(x)}{dx} = \tan\alpha = 7$ hat?

Eingesetzt in die erste Ableitung ergibt sich

$$\frac{d\,f(x)}{dx} = 3x^2 - 8x + 4 = 7$$

$$\Rightarrow \quad x_1 = 3 \qquad y_1 = -2$$

$$x_2 = -\frac{1}{3} \qquad y_2 = -6\frac{22}{27}.$$

Es gibt also zwei Punkt $P_1(3; -2)$ und $P_2(-\frac{1}{3}; -6\frac{22}{27})$, in denen die Funktion $f(x)$ die Steigung 7 hat.

Mit der näherungsweisen Berechnung von Nullstellen von Funktionen ergibt sich eine weitere Anwendungsmöglichkeit der Differentialrechnung für die Untersuchung charakteristischer Größen von Funktionen. Daher sollen die Näherungsverfahren jetzt hergeleitet werden.

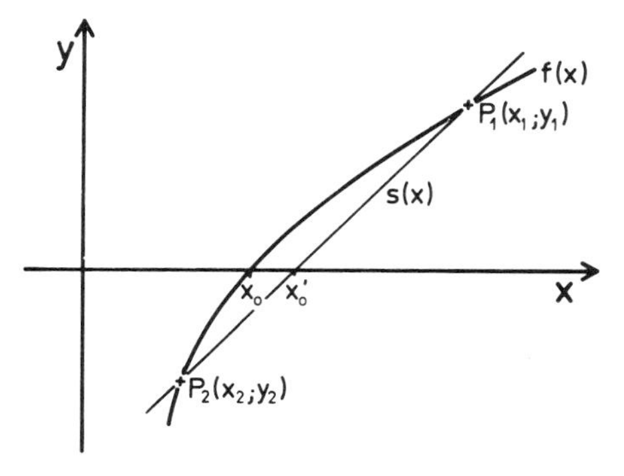

Abb. 3.5: Graphische Darstellung zur Berechnung von Nullstellen nach der regula falsi

Gegeben sei eine stetige und monotone Funktion $f(x)$, deren Nullstellen man nicht durch Lösen der Funktionsgleichung berechnen kann. Aus der Wertetabelle ergeben sich zwei Punkte $P_1(x_1; y_1)$ mit $y_1 > 0$ und $P_2(x_2; y_2)$ mit $y_2 < 0$, für die gesuchte Nullstelle x_0 gilt also $x_2 < x_0 < x_1$ und $y_2 < 0 < y_1$. Verbindet man die

Punkte P_1 und P_2 durch eine Sekante s(x), so erhält man aus den Koordinaten der beiden Punkte die Sekantengleichung zu

$$s(x) = \frac{y_2 - y_1}{x_2 - x_1} (x - x_1) + y_1.$$

Die Nullstelle x_0' der Sekante ergibt schließlich eine Näherung für die gesuchte Nullstelle x_0 der Funktion f(x).

$$x_0 \approx x_0' = x_1 - \frac{x_2 - x_1}{y_2 - y_1} \cdot y_1.$$

Dabei ist diese Näherung umso genauer, je dichter die Punkte P_1 und P_2 an der gesuchten Nullstelle liegen.

3.2.4. Satz (Regula falsi). Gegeben sei eine stetige und monotone Funktion f(x), deren Nullstelle nicht durch Auflösen der Funktionsgleichung bestimmt werden kann. Weiter seien zwei Punkte x_1 mit $f(x_1) > 0$ und x_2 mit $f(x_2) < 0$ gegeben. Dann stellt der Wert

$$x_0' = x_1 - \frac{x_2 - x_1}{f(x_2) - f(x_1)} \cdot f(x_1)$$

eine Näherung für die gesuchte Nullstelle von f(x) dar.

3.2.5. Beispiel. Gegeben sei die Funktion $f(x) = x^3 + 3x - 3$

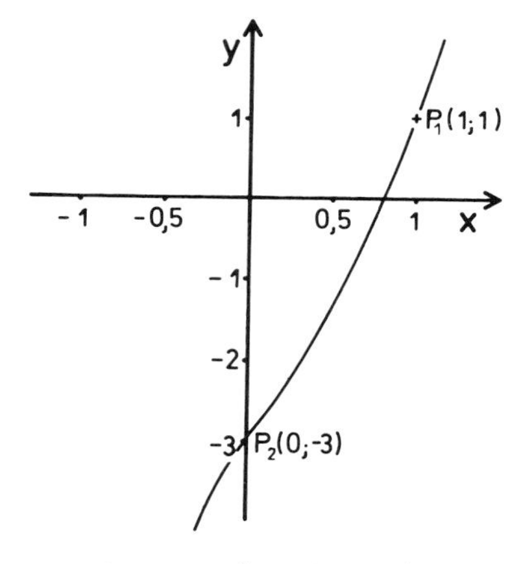

Abb. 3.6: Darstellung der Funktion $y = x^3 + 3x - 3$

Aus der Wertetabelle ergeben sich zwei Punkte $P_1(1;1)$ und $P_2(0;-3)$, die in die Näherungsgleichung der regula falsi eingesetzt werden. Damit ergibt sich als Näherung für die Nullstellen x_0 von f(x)

$$x_0 \approx x_0' = 1 - \frac{0-1}{-3-1} \cdot 1 = 1 - \frac{1}{4} = 0{,}75.$$

Setzt man diesen Wert in die Funktion ein, so erhält man mit $f(0{,}75) = -0{,}33$ einen zwar genaueren, aber dennoch vom exakten Ergebnis abweichenden Wert. Reicht die Genauigkeit noch nicht aus, kann man einen zweiten, dritten usw. Näherungswert berechnen.

Wurde bei der regula falsi als Verfahren zur Berechnung von Nullstellen der Differenzenquotient benutzt, so gibt es noch ein zweites Näherungsverfahren, das vom Differentialquotienten ausgeht.

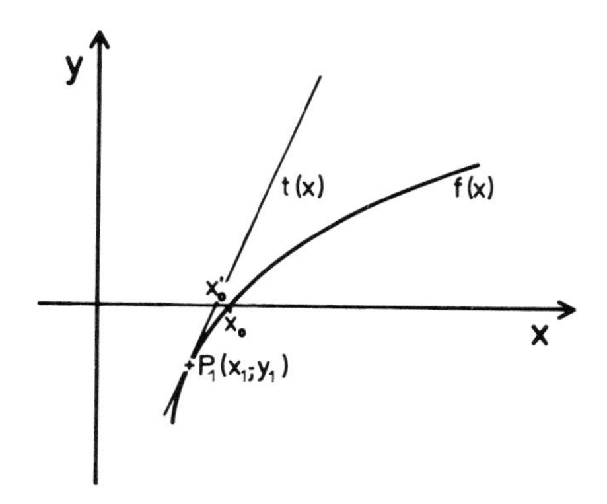

Abb. 3.7: Graphische Darstellung zur Berechnung von Nullstellen nach dem Newtonschen Verfahren.

Wieder muß die Funktion f(x) als stetig und monoton vorausgesetzt werden, da bei Unstetigkeit oder Änderung des Monotonieverhaltens auch dieses Verfahren zu falschen Ergebnissen führt. Wie man aus Abb. 3.7. entnehmen kann, stellt die Tangente t(x) an f(x) in einem Punkt P_1 in der Nähe der gesuchten Nullstelle eine Näherung für die Funktion im Bereich der Nullstelle dar. Daher muß man die Tangentengleichung aus den Koordinaten von P_1 und der Steigung von f(x) in P_1 bestimmen, um anschließend die Nullstelle der Tangente als Näherung für die Nullstelle der Funktion f(x) zu berechnen. Die Tangentengleichung ergibt sich zu

$$t(x) = \frac{d\,f(x_1)}{dx}(x - x_1) + y_1,$$

und damit lautet der gesuchte Näherungswert

$$x_0 \approx x_0' = x_1 - \frac{y_1}{\frac{d\,f(x_1)}{dx}}.$$

3.2.6. Satz (Newtonsches Verfahren). Gegeben sei eine stetige, monotone und differenzierbare Funktion f(x), deren Nullstelle x_0 nicht durch Auflösen der Funktionsgleichung bestimmt werden kann. Weiter sei ein Punkt $P_1(x_1; y_1)$ in der Nähe der gesuchten Nullstelle gegeben. Dann stellt der Wert

$$x_0' = x_1 - \frac{f(x_1)}{\frac{d\,f(x_1)}{dx}}$$

eine Näherung für die gesuchte Nullstelle x_0 dar.

3.2.7. Beispiel. In 3.2.5. wurde zur Funktion $y = f(x) = x^3 + 3x - 3$ ein Punkt $P_1(0{,}75; -0{,}33)$ in der Nähe der Nullstelle x_0 bestimmt. Mit den Koordinaten dieses Punktes ergibt sich

$$x_1 = 0{,}75; \quad f(x_1) = -0{,}33; \quad \frac{d\,f(x_1)}{dx} = 3x_1^2 + 3 = 4{,}69.$$

Nach 3.2.6. bestimmt sich der Näherungswert der gesuchten Nullstelle x_0 zu

$$x_0 \approx x_0' = 0{,}75 - \frac{-0{,}33}{4{,}69} = 0{,}8204 \quad \curvearrowright \quad f(x_0') = 0{,}0134.$$

Wie man den Funktionswerten $f(x_1)$ und $f(x_0')$ entnehmen kann, ist tatsächlich eine Steigerung der Genauigkeit erreicht worden. Reicht die Genauigkeit noch nicht aus, dann kann man auch abwechselnd das Newtonsche Verfahren und die regula falsi anwenden.

Auch die weiteren charakteristischen Eigenschaften von Funktionen, insbesondere charakteristische Punkte, sollen anschaulich hergeleitet werden. Dazu sind jedoch zunächst einige Begriffe zu klären.

3.2.8. Definition. Gegeben sei eine Funktion f(x) mit dem Definitionsbereich D. Der Punkt $x_1' \in D$ heißt **absolutes Maximum** der Funktion f(x), wenn $f(x_1') \geqslant f(x)$ gilt für alle $x \in D$. Entsprechend ist $x_2' \in D$ ein **absolutes Minimum**, wenn $f(x_2') \leqslant f(x)$ ist für alle $x \in D$.
Der Punkt $x_1 \in D$ heißt **relatives Maximum**, wenn ein $\epsilon > 0$ existiert, so daß $f(x_1) \geqslant f(x)$ ist für $|x - x_1| < \epsilon$, d.h. wenn $f(x_1)$ der größte Funktionswert innerhalb einer ϵ-Umgebung um den Punkt x_1 ist. Entsprechend ist $x_2 \in D$ ein **relatives Minimum**, wenn ein $\delta > 0$ existiert, so daß $f(x_2) \leqslant f(x)$ ist für alle $|x - x_2| < \delta$.
Maxima und Minima zusammen heißen **Extrema** (Extremwerte).

Den Unterschied zwischen absoluten und relativen Extrema kann man leicht aus einer Skizze verstehen.

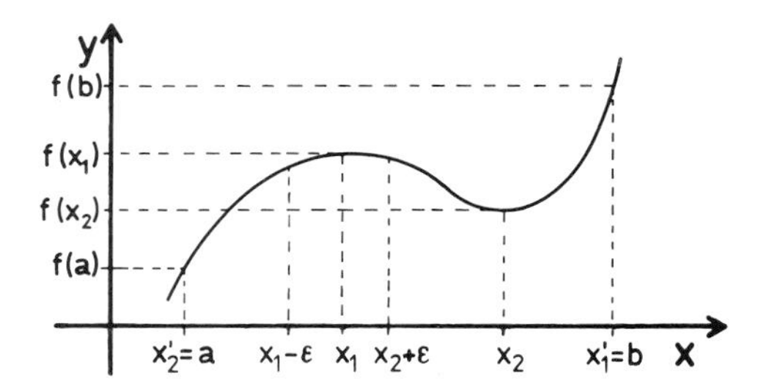

Abb. 3.8: Skizze zu absoluten und relativen Extremwerten

Wie man Abb. 3.8. entnehmen kann, stellt der Punkt $x_1' = b$ ein absolutes Maximum der Funktion f(x) innerhalb des Intervalls [a; b] dar, denn der Wert f(b) ist größer als alle anderen Funktionswerte innerhalb des betrachteten Intervalls. Entsprechend stellt der Punkt $x_2' = a$ ein absolutes Minimum dar. Dagegen bildet der Punkt x_1 ein relatives Maximum. Zwar kann man, wie gezeigt, leicht eine ϵ-Umgebung finden, innerhalb derer der Wert $f(x_1)$ am größten ist, doch ist absolut im Intervall [a; b] der Wert f(b) am größten, so daß x_1 nur ein relatives Maximum sein kann. Entsprechend stellt x_2 ein relatives Minimum dar.

Auch eine weitere, charakteristische Eigenschaft von relativen Extremwerten kann man der Abb. 3.8. entnehmen. Während man bei einem absoluten Extremwert keine Aussage über die Steigung der Funktion in diesem Punkt machen kann, sieht man an der Zeichnung bereits, daß die Tangenten zu f(x) in den relativen Extrema parallel zur x-Achse verlaufen, daß die Funktion in den Extremwerten also die Steigung 0 hat. Auf diese Besonderheit, die man verallgemeinern kann, soll später noch eingegangen werden.

3.2.9. Definition. Die für alle $x \in D$ stetige Funktion $f(x)$ heißt **konvex** im Intervall $[a; b] \subset D$, wenn die Sekante $s(x)$ durch die Punkte $P_1(a; f(a))$ und $P_2(b; f(b))$ unterhalb der Funktion $f(x)$ verläuft, d.h. wenn gilt

$$s(x_i) \leqslant f(x_i) \qquad \forall x_i \in [a; b].$$

Entsprechend heißt $f(x)$ **konkav**, wenn gilt

$$s(x_i) \geqslant f(x_i) \qquad \forall x_i \in [a; b].$$

3.2.10. Satz. Ist die Funktion $f(x)$ im offenen Intervall I differenzierbar, so ist sie genau dann konkav, wenn die erste Ableitung $\frac{d\,f(x)}{dx}$ monoton steigt, d.h. wenn gilt

$$\frac{d^2\,f(x)}{dx^2} \geqslant 0 \qquad \forall x \in I.$$

Die Funktion $f(x)$ ist genau dann konvex, wenn die erste Ableitung $\frac{d\,f(x)}{dx}$ monoton fällt, d.h. wenn gilt

$$\frac{d^2\,f(x)}{dx^2} \leqslant 0 \qquad \forall x \in I$$

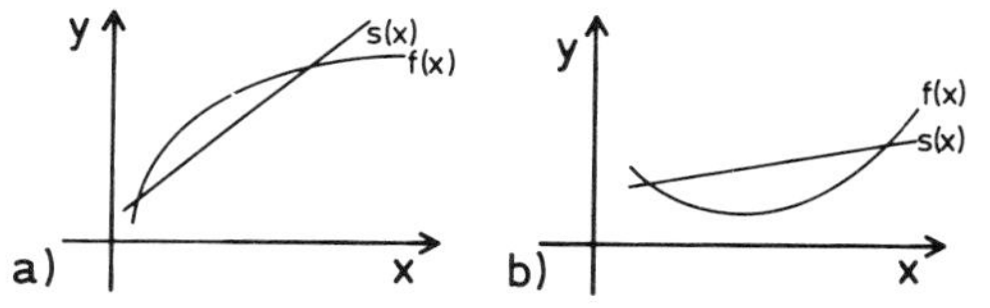

Abb. 3.9: Darstellung einer a) konvexen b) konkaven Funktion f(x)

3.2.11. Definition. Der Punkt $x_W \in D$ heißt **Wendepunkt** einer Funktion $f(x)$, wenn sich in x_W ein konvexer an einen konkaven Kurventeil anschließt (oder umgekehrt konkav an konvex).

3.2.12. Definition. Der Punkt $x_S \in D$ heißt **Sattelpunkt** einer Funktion $f(x)$, wenn er Wendepunkt ist und die Tangente in x_S an $f(x)$ parallel zur x-Achse verläuft.

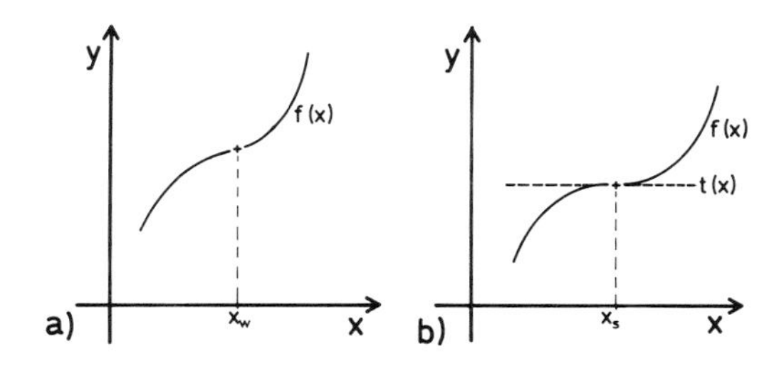

Abb. 3.10: Darstellung eines a) Wendepunktes, b) Sattelpunktes einer Funktion f(x)

All diese Punkte, Extremwerte, Sattel- und Wendepunkte, kann man mit Hilfe der Differentialrechnung berechnen, was im folgenden Teil anschaulich gezeigt werden soll.

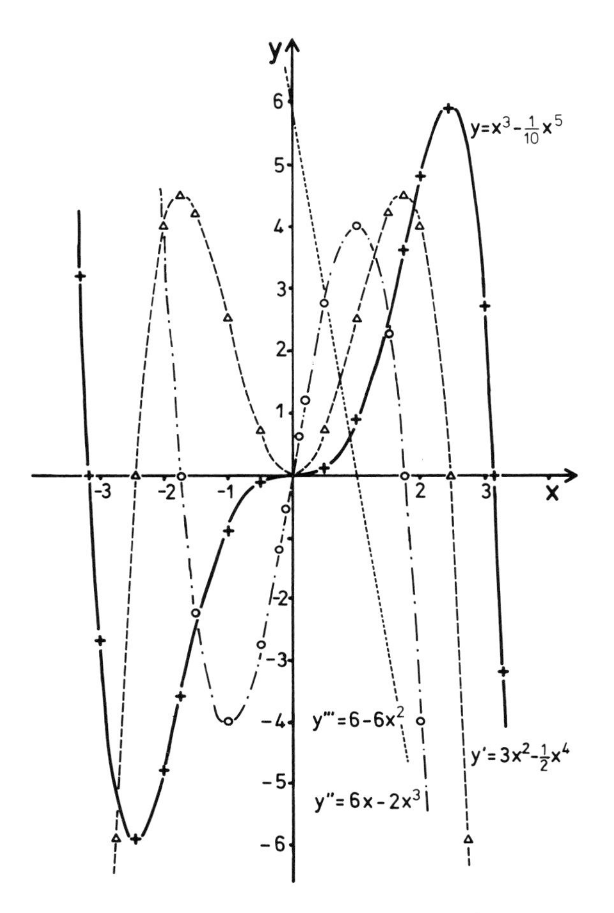

Abb. 3.11: Darstellung der Funktion $y = x^3 - \frac{1}{10} x^5$ und ihrer Ableitungen y′, y″ und y′″

Betrachtet man die in Abb. 3.11. dargestellte Funktion $f(x) = x^3 - \frac{1}{10} x^5$, so fallen einige Besonderheiten auf:

1. Extremwerte der Stammfunktion $f(x) = x^3 - \frac{1}{10} x^5$.

   a) Die Stammfunktion f(x) weist in $E_1 (-\sqrt{6}; -5{,}88)$ ein relatives Minimum auf. Gleichzeitig besitzt die erste Ableitung $\frac{d\, f(x)}{dx}$ in diesem Punkt eine Nullstelle. Diese Beobachtung stimmt mit der Beobachtung auf Seite 88 überein, wonach die Tangente in einem relativen Extremwert stets parallel zur x-Achse verläuft, also die Steigung Null hat.

   Für die zweite Ableitung in E_1 gilt $\frac{d^2\, f(-\sqrt{6})}{dx^2} \approx 14{,}7 > 0$.

b) Die Stammfunktion weist in E_2 $(+\sqrt{6};\ 5{,}88)$ ein relatives Maximum auf. Auch für diesen Wert hat die erste Ableitung, $\frac{d\ f(\sqrt{6})}{dx} = 0$, eine Nullstelle entsprechend der Forderung bezüglich der Tangentensteigung in Extremwerten. Für die zweite Ableitung gilt $\frac{d^2\ f(\sqrt{6})}{dx^2} \approx -\ 14{,}7 < 0$.

2. Wendepunkte der Stammfunktion $f(x) = x^3 - \frac{1}{10}\,x^5$.

Die Stammfunktion besitzt in $W_1(-\sqrt{3};\ -3{,}64)$, $W_2(+\sqrt{3};\ 3{,}64)$ und $W_3\ (0;0)$ drei Wendepunkte. Für die x-Koordinaten dieser drei Wendepunkte gilt jeweils, daß die erste Ableitung einen Extremwert hat, d.h. daß die zweite Ableitung eine Nullstelle besitzt

$$\frac{d^2\ f(-\sqrt{3})}{dx^2} = \frac{d^2\ f(+\sqrt{3})}{dx^2} = \frac{d^2\ f(0)}{dx^2} = 0.$$

Für die dritte Ableitung gilt in allen drei Punkten

$$\frac{d^3\ f(-\sqrt{3})}{dx^3} \approx 16{,}39 \neq 0 \qquad \frac{d^3\ f(\sqrt{3})}{dx^3} \approx -\ 16{,}39 \neq 0 \qquad \frac{d^3\ f(0)}{dx^3} = 6 \neq 0.$$

3. Sattelpunkt der Stammfunktion $f(x) = x^3 - \frac{1}{10}\,x^5$.

Die Stammfunktion $f(x)$ besitzt in $W_3\ (0;0)$ einen Wendepunkt mit der Steigung Null. Für diesen Punkt gilt weiter

$$\frac{d\ f(0)}{dx} = 0 \qquad \frac{d^2\ f(0)}{dx^2} = 0 \qquad \frac{d^3\ f(0)}{dx^3} = 6 \neq 0.$$

Diese Beobachtungen lassen sich verallgemeinern zu folgenden Sätzen.

3.2.13. Satz. Die Funktion $f(x)$ sei an der Stelle $x_E \in D$ differenzierbar. Hat die Funktion $f(x)$ in $x_E \in D$ einen relativen Extremwert, so gilt

$$\frac{d\ f(x_E)}{dx} = 0.$$

Dieser Extremwert ist

a) ein Maximum, wenn außerdem gilt $\frac{d^2\ f(x_E)}{dx^2} < 0$

b) ein Minimum, wenn außerdem gilt $\frac{d^2\ f(x_E)}{dx^2} > 0$.

3.2.14. Satz. Die Funktion $f(x)$ sei an der Stelle $x_W \in D$ differenzierbar. Hat $f(x)$ in $x_W \in D$ einen Wendepunkt, so gilt

$$\frac{d^2\ f(x_W)}{dx^2} = 0 \qquad \text{und} \qquad \frac{d^3\ f(x_W)}{dx^3} \neq 0.$$

Sind sowohl die zweite als auch die dritte Ableitung in x_W gleich Null, so liegt ein Wendepunkt genau dann vor, wenn die nächsthöhere, nichtverschwindende Ableitung ungradzahliger Ordnung ist.

Der zweite Teil dieses Satzes ist ebenfalls von Bedeutung, obwohl in den obigen Beobachtungen dazu nichts gesagt wurde. Betrachtet man z.B. die Funktion $f(x) = x^5$, so gilt

$$\frac{d^2 f(0)}{dx^2} = \frac{d^3 f(0)}{dx^3} = \frac{d^4 f(0)}{dx^4} = 0, \quad \text{aber} \quad \frac{d^5 f(0)}{dx^5} = 5! \neq 0.$$

Die fünfte Ableitung ist also die erste, die an der Stelle $x = 0$ nicht verschwindet. Sie ist ungradzahliger Ordnung, so daß die Funktion $f(x) = x^5$ an der Stelle $x_W = 0$ wirklich einen Wendepunkt besitzt in Übereinstimmung mit 3.2.14.

3.2.15. Satz. Die Funktion $f(x)$ sei differenzierbar im Punkt $x_S \in D$. Hat $f(x)$ in $x_S \in D$ einen Sattelpunkt, so gilt

$$\frac{d\,f(x_S)}{dx} = \frac{d^2 f(x_S)}{dx^2} = 0 \quad \text{und} \quad \frac{d^3 f(x_S)}{dx^3} \neq 0.$$

Verschwindet auch die dritte Ableitung im Punkt x_S, so liegt ein Sattelpunkt genau dann vor, wenn die nächsthöhere, nichtverschwindende Ableitung ungradzahliger Ordnung ist.

Bei den Sattelpunkten, die nach 3.2.12. Wendepunkte mit waagerechter Tangente sind, muß also sowohl die Bedingung für den Wendepunkt nach 3.2.14. als auch die Bedingung für die waagerechte Tangente, also $\frac{d\,f(x_S)}{dx} = 0$, erfüllt sein, was zu den insgesamt drei Bindungen in 3.2.15. führt.

Mit den bisherigen Sätzen dieses Kapitels ergeben sich konkrete Anleitungen, wie einige charakteristische Punkte im Verlauf einer Funktion $f(x)$ ermittelt werden können. Eine solche **Kurvendiskussion** soll nun an einigen Beispielen erläutert werden.

3.2.16. Beispiele zu Kurvendiskussionen.

1. Diskutieren Sie die Funktion $f(x) = x^3 - \frac{1}{10}x^5$.

   a) Stetigkeit:

   Bei der Funktion $f(x) = x^3 - \frac{1}{10}x^5$ handelt es sich um ein Polynom, das für alle $x \in \mathbb{R}$ definiert ist. Nach 2.2.4. sind Polynome für alle Werte x ihres Definitionsbereiches stetig, so daß $f(x)$ für alle $x \in \mathbb{R}$ stetig ist.
   Für $x \to +\infty$ gilt $f(x) \to -\infty$ und für $x \to -\infty$ gilt $f(x) \to +\infty$, so daß der Bildbereich B die Menge aller reellen Zahlen ist.

   b) Nullstellen:
   Durch einfaches Ausklammern ergibt sich aus der Funktionsgleichung

$$f(x) = x^3\,(1 - \frac{1}{10}x^2) \quad \Lsh \quad x_{N_1} = 0$$
$$x_{N_{2,3}} = \pm\sqrt{10}$$

Die Funktion f(x) hat also in $x_{N_1} = 0$ eine dreifache und in $x_{N_2} = \sqrt{10}$ und $x_{N_3} = -\sqrt{10}$ je eine einfache Nullstelle.

c) Extremwerte:
Nach 3.2.13. wird zunächst die erste Ableitung Null gesetzt

$$f(x) = x^3 - \frac{1}{10}x^5 \quad \Lsh \quad \frac{d\,f(x)}{dx} = 3x^2 - \frac{1}{2}x^4$$

$$\frac{d\,f(x_E)}{dx} = 0 \quad \Lsh \quad x_E^2\,(3 - \frac{1}{2}x_E^2) = 0$$
$$x_{E_1} = 0 \qquad f(x_{E_1}) = 0$$
$$x_{E_2} = +\sqrt{6} \qquad f(x_{E_2}) = 5{,}88$$
$$x_{E_3} = -\sqrt{6} \qquad f(x_{E_3}) = -5{,}88.$$

Nach 3.2.13. ist nun die zweite Ableitung in bezug auf die soeben bestimmten x-Werte zu untersuchen

$$\frac{d^2\,f(x)}{dx^2} = 6x - 2x^3 \quad \Lsh \quad \frac{d^2\,f(x_{E_1})}{dx^2} = 0$$
$$\frac{d^2\,f(x_{E_2})}{dx^2} = -\,14{,}7 < 0$$
$$\frac{d^2\,f(x_{E_3})}{dx^3} = +\,14{,}7 > 0.$$

Damit stellt nach 3.2.13. der Punkt $E_2\,(\sqrt{6}\,;\,5{,}88)$ ein Maximum und der Punkt $E_2\,(-\sqrt{6}\,;\,-5{,}88)$ ein Minimum dar, während der Punkt $E_1(0;0)$ kein Extremwert ist.

d) Wendepunkte:
Nach 3.2.14. ist die zweite Ableitung zunächst gleich Null zu setzen

$$\frac{d^2\,f(x)}{dx^2} = 6x - 2x^3$$
$$\Lsh \quad 6x_W - 2x_W^3 = 0 \quad \Lsh \quad x_{W_1} = 0 \qquad f(x_{W_1}) = 0$$
$$x_{W_2} = \sqrt{3} \qquad f(x_{W_2}) = 3{,}64$$
$$x_{W_3} = -\sqrt{3} \qquad f(x_{W_3}) = -\,3{,}64.$$

Nach 3.2.14. muß als zweite Bedingung die dritte Ableitung in diesen Punkten ungleich Null sein

$$\frac{d^3\ f(x)}{dx^3} = 6 - 6x^2 \quad \Rightarrow \quad \frac{d^3\ f(x_{W_1})}{dx^3} = 6 \neq 0$$

$$\frac{d^3\ f(x_{W_2})}{dx^3} = -12 \neq 0$$

$$\frac{d^3\ f(x_{W_3})}{dx^3} = -12 \neq 0.$$

Für alle drei x_W-Werte ist die dritte Ableitung ungleich Null. Damit besitzt die Funktion f(x) mit $W_1(0;0)$, $W_2(+\sqrt{3};3{,}64)$ und $W_3(-\sqrt{3};-3{,}64)$ drei Wendepunkte.

e) Sattelpunkte:

Nach 3.2.15. müssen für einen Sattelpunkt S sowohl die Bedingungen für einen Wendepunkt, also $\frac{d^2\ f(x_S)}{dx^2} = 0$ und $\frac{d^3\ d(x_S)}{dx^3} \neq 0$, als auch die für eine waagerechte Tangente, also $\frac{d\ f(x_S)}{dx} = 0$, erfüllt sein. Ein Vergleich der Ergebnisse in Teil c) und d) zeigt, daß diese Bedingungen nur durch den Wert $x_S = x_{E_1} = x_{W_1} = 0$ erfüllt werden, so daß der Punkt S(0; 0) ein Sattelpunkt der Funktion f(x) ist.

f) Graphische Darstellung:

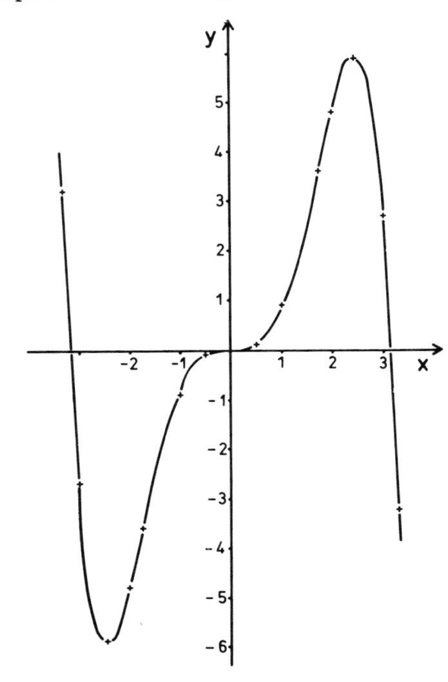

Abb. 3.12: Graphische Darstellung der Funktion $y = x^3 - \frac{1}{10}x^5$

2. Berechnen Sie den kritischen Punkt für reale Gase!
Für den Zusammenhang zwischen dem Druck p, dem Volumen V und der (absoluten) Temperatur T eines realen Gases gilt die van der Waals-Gleichung für reale Gase

$$\left(p + \frac{a}{V^2}\right)(V - b) = RT \qquad a, b = \text{const.}$$

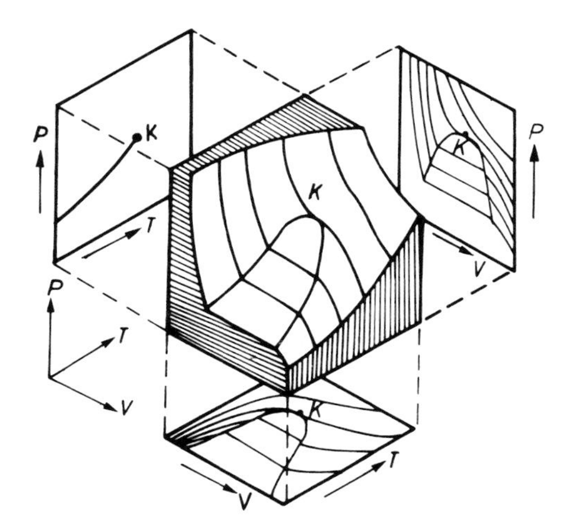

Abb. 3.13: Darstellung der realen Gasgleichung als räumliches Modell sowie in der Form $p = p(T)_V$, $p = p(V)_T$ und $V = V(T)_p$

Wie man Abb. 3.13. entnehmen kann, stellt der kritische Punkt eines realen Gases einen Sattelpunkt der Isotherme $p = p(V)_T$ dar. Löst man die reale Gasgleichung nach p auf, so ergibt sich

$$p = \frac{RT}{V-b} - \frac{a}{V^2}.$$

Aus dieser Gleichung berechnen sich die Ableitungen zu

$$\frac{dp}{dV} = -\frac{RT}{(V-b)^2} + \frac{2a}{V^3} \tag{1}$$

$$\frac{d^2p}{dV^2} = \frac{2RT}{(V-b)^3} - \frac{6a}{V^4} \tag{2}$$

$$\frac{d^3p}{dV^3} = -\frac{6RT}{(V-b)^4} + \frac{24a}{V^5}. \tag{3}$$

Nach 3.2.15. ergeben sich als Forderungen für den Sattelpunkt die beiden Gleichungen

$$-\frac{RT_S}{(V_S - b)^2} + \frac{2a}{V_S^3} = 0 \tag{4}$$

$$\frac{2RT_S}{(V_S - b)^3} - \frac{6a}{V_S^4} = 0. \tag{5}$$

Division von (4) durch (5) ergibt

$$V_S - b = \frac{2}{3} V_S \quad \Rightarrow \quad V_S = 3b. \tag{6}$$

Setzt man das Ergebnis (6) in (4) ein, so erhält man für die kritische Temperatur

$$\frac{RT_S}{4b^2} = \frac{2a}{27b^3} \quad \Rightarrow \quad T_S = \frac{8a}{27\,Rb}. \tag{7}$$

Setzt man die Ergebnisse (6) und (7) wegen 3.2.15. zur Kontrolle in die dritte Ableitung ein, so ergibt sich

$$\frac{d^3p}{dV^3} = \frac{6RT_S}{(V_S - b)^4} + \frac{24a}{V_S^5}$$

$$= -\frac{6R\,\frac{8a}{27Rb}}{(3b-b)^4} + \frac{24a}{(3b)^5} = -\frac{10a}{b^5} \neq 0.$$

Schließlich berechnet sich aus den Ergebnissen (6) und (7) und der realen Gasgleichung der kritische Druck zu

$$p_S = \frac{R \cdot 8a}{27Rb \cdot 2b} - \frac{a}{9b^2} = \frac{a}{27b^2},$$

so daß sich zusammenfassend als Daten für den kritischen Punkt errechnen

$$p_S = \frac{a}{27b^2} \qquad T_S = \frac{8a}{27Rb} \qquad V_S = 3b.$$

3. Bei 0° C habe eine Wassermenge das Volumen V_0. Weiter gilt im Intervall $0 \leqslant T \leqslant 25°$ C

$$V = V(T) = V_0\,(1 - 1{,}608 \cdot 10^{-4}\,T + 2{,}07 \cdot 10^{-5}\,T^2 - 10^{-7}\,T^3).$$

Berechnen Sie, bei welcher Temperatur die Dichte ρ des Wassers maximal wird.

Wegen $\rho = \frac{m}{V}$ wird die Dichte maximal, wenn V ein Minimum hat, so daß das Minimum der gegebenen Gleichung zu berechnen ist. Die Ableitungen berechnen sich zu

$$\frac{dV(T)}{dT} = V_0\,(-1{,}608 \cdot 10^{-4} + 2 \cdot 2{,}07 \cdot 10^{-5}\,T - 3 \cdot 10^{-7}\,T^2)$$

$$\frac{d^2V(T)}{dT^2} = V_0\,(4{,}14 \cdot 10^{-5} - 6 \cdot 10^{-7}\,T).$$

Aus $\frac{dV}{dT} = 0$ folgt

$$T_E^2 - \frac{4{,}14 \cdot 10^{-5}}{3 \cdot 10^{-7}}\,T_E = -\frac{1{,}608 \cdot 10^{-4}}{3 \cdot 10^{-7}}$$

$$T_E^2 - 138\,T_E = -536$$

$$\Rightarrow \quad T_{E_1} = 4°\text{ C} \qquad T_{E_2} = 134°\text{ C}.$$

Wegen $\frac{d^2 V(4)}{dT^2} = 3{,}9 \cdot 10^{-5} V_0 > 0$ stellt der Wert $T_{E_1} = 4°$ C das Minimum der Volumenfunktion dar, so daß die Dichte des Wassers bei 4° C maximal wird.

4. Unter praktisch irreversiblen Bedingungen wird die Reaktionsgeschwindigkeit der chemischen Reaktion

$$2\,NO + O_2 \rightarrow 2\,NO_2$$

durch die Gleichung

$$v = k \cdot [NO]^2 \cdot [O_2]$$

bestimmt. Gibt man die Konzentration in Volumenprozent an, so gilt unter konstantem Gesamtdruck

$$[O_2] = 100 - [NO].$$

Setzt man zur Vereinfachung $[NO] = x$, so ergibt sich

$$v = v(x) = 100\,kx^2 - kx^3.$$

Sucht man das Maximum der Reaktionsgeschwindigkeit, so muß man die ersten beiden Ableitungen bilden.

$$\frac{d\,v(x)}{dx} = 200\,kx - 3kx^2$$

$$\frac{d^2\,v(x)}{dx^2} = 200\,k - 6kx.$$

Aus $\frac{d\,v(x)}{dx} = 0$ folgt

$$200\,k\,x_E - 3\,kx_E^2 = 0$$

$$\Downarrow \quad x_{E_1} = 0 \qquad x_{E_2} = \frac{200}{3} \approx 66{,}67 \text{ [Vol \% NO]}.$$

Wegen $\frac{d^2 v(0)}{dx^2} = 200\,k > 0$ und $\frac{d^2\,V(\frac{200}{3})}{dx^2} = -\,200\,k < 0$ ist die Reaktionsgeschwindigkeit maximal bei einer Konzentration von $x_{E_2} = 66{,}67$ Vol % NO.

Mit der Monotonie gibt es schließlich noch eine weitere charakteristische Eigenschaft von Funktionen, die man mit Hilfe der Differentialrechnung untersuchen kann.

3.2.17. Satz. Die Funktion $f(x)$ sei im Intervall $[a\,;b]$ differenzierbar. Sie ist über $[a;b]$ monoton steigend, wenn $\frac{d\,f(x)}{dx} \geqslant 0$ ist für alle $x \in [a\,;b]$.

Ist dagegen $\frac{d\,f(x)}{dx} \leqslant 0$ für alle $x \in [a;b]$, so ist $f(x)$ über $[a;b]$ monoton fallend.

Gilt dagegen die strenge Beziehung $\frac{d\,f(x)}{dx} > 0$ bzw. $\frac{d\,f(x)}{dx} < 0$, so ist f(x) über [a; b] streng monoton steigend bzw. fallend.

Die Richtigkeit dieses Satzes läßt sich besonders anschaulich am Beispiel der in Abb. 3.11. dargestellten Funktionen und Ableitungen überprüfen. Desweiteren ist zu bemerken, daß dieser Satz bereits als Teil des Satzes 3.2.10. vorkam, ohne daß dort allerdings weiter darauf eingegangen wurde.

Neben diesen Möglichkeiten, mit Hilfe der Mittel der Differentialrechnung einen Funktionsverlauf zu diskutieren, ergibt sich abschließend aus den Regeln der Differentialrechnung noch ein Weg, Grenzwerte zu berechnen.

3.2.18. Satz. Regel von Bernoulli-l'Hospital. Die Funktionen f(x) und g(x) seien differenzierbar. Gilt weiter für $a \in D$

$$f(a) = g(a) = 0 \quad \text{oder} \quad f(x) \to \infty;\ g(x) \to \infty \qquad \text{für } x \to a$$

und $\frac{d\,g(a)}{dx} \neq 0$ und existiert der Grenzwert $\lim\limits_{x \to a} \frac{f'(x)}{g'(x)}$, so existiert der Grenzwert $\lim\limits_{x \to a} \frac{f(x)}{g(x)}$, und es gilt

$$\lim_{x \to a} \frac{f(x)}{g(x)} = \lim_{x \to a} \frac{f'(x)}{g'(x)} = \lim_{x \to a} \frac{\frac{d\,f(x)}{dx}}{\frac{d\,g(x)}{dx}}$$

Stellt der Quotient $\frac{f'(a)}{g'(a)}$ wieder einen unbestimmten Ausdruck der Form $\frac{\infty}{\infty}$ oder $\frac{0}{0}$ dar, so ist die Regel ein zweites Mal anzuwenden.

Diese Regel erweitert die bisher behandelten Möglichkeiten, Grenzwerte zu berechnen (nach 1.5.8. und S. 40), sehr stark, denn jetzt wird es möglich, die Grenzwerte zu berechnen, die – normal eingesetzt – unbestimmte Ausdrücke $\frac{0}{0}$ oder $\frac{\infty}{\infty}$ ergeben würden.

3.2.19. Beispiele.

1. In 1.5.8. wurde der Grenzwert $\lim\limits_{x \to \infty} \frac{3x^2 - 6x + 4}{6x^2 + x - 12}$ gesucht. Setzt man direkt ein, so erhält man einen unbestimmten Ausdruck der Form $\frac{\infty}{\infty}$. Daher kann man die Regel von Bernoulli-l'Hospital anwenden.

$$f(x) = 3x^2 - 6x + 4 \quad \curvearrowright \quad \frac{d\,f(x)}{dx} = 6x - 6$$

$$g(x) = 6x^2 + x - 12 \quad \curvearrowright \quad \frac{d\,g(x)}{dx} = 12x + 1$$

$$\curvearrowright \quad \lim_{x \to \infty} \frac{3x^2 - 6x + 4}{6x^2 + x - 12} = \lim_{x \to \infty} \frac{6x - 6}{12x + 1}$$

Setzt man wieder ein, so erhält man mit $\frac{\infty}{\infty}$ einen unbestimmten Ausdruck, so daß man die Regel ein zweites Mal anwenden muß

$$\left.\begin{aligned}\frac{d^2 f(x)}{dx^2} &= 6\\ \frac{d^2 g(x)}{dx^2} &= 12\end{aligned}\right\} \curvearrowright \lim_{x\to\infty} \frac{3x^2 - 6x + 4}{6x^2 + x - 12} = \lim_{x\to\infty} \frac{6x - 6}{12x + 1} = \lim_{x\to\infty} \frac{6}{12} = \frac{1}{2}.$$

Somit ergibt sich nach 3.2.18. in Übereinstimmung mit 1.5.8.

$$\lim_{x\to\infty} \frac{3x^2 - 6x + 4}{6x^2 + x - 12} = \frac{1}{2}.$$

2. Gesucht wird der Grenzwert $\lim_{x\to\infty} \frac{x}{e^x}$. Einsetzen ergibt $\frac{\infty}{\infty}$, so daß man die Regel 3.2.18. anwenden kann

$$\left.\begin{aligned}f(x) = x &\curvearrowright \frac{d\,f(x)}{dx} = 1\\ g(x) = e^x &\curvearrowright \frac{d\,g(x)}{dx} = e^x\end{aligned}\right\} \curvearrowright \lim_{x\to\infty} \frac{x}{e^x} = \lim_{x\to\infty} \frac{1}{e^x} = 0.$$

Damit errechnet sich der gesuchte Grenzwert zu $\lim_{x\to\infty} \frac{x}{e^x} = 0$.

3. In 3.1.7.3. wurde der Grenzwert $\lim_{x\to 0} \frac{\sin x}{x}$ benötigt. Einsetzen ergibt den unbestimmten Ausdruck $\frac{0}{0}$.

$$f(x) = \sin x \curvearrowright \frac{d\,f(x)}{dx} = \cos x$$

$$g(x) = x \curvearrowright \frac{d\,g(x)}{dx} = 1.$$

Damit folgt das Ergebnis zu

$$\lim_{x\to 0} \frac{\sin x}{x} = \lim_{x\to 0} \frac{\cos x}{1} = \frac{1}{1} = 1.$$

4. Bei vielen physikalisch-chemischen Problemstellungen (Absorption, Extraktion, Destillation usw.) tritt mit $h(x) = \frac{x^{n-1} - x}{x^{n+1} - 1}$ eine Funktion auf, die für $x = 1$ eine hebbare Unstetigkeit besitzt.

Eine Überprüfung durch Einsetzen ergibt $h(1) = \frac{0}{0}$, so daß 3.2.18. angewandt werden kann

$$f(x) = x^{n-1} - x \quad \curvearrowright \quad \frac{d\,f(x)}{dx} = (n-1)\,x^{n-2} - 1$$

$$g(x) = x^{n+1} - x \quad \curvearrowright \quad \frac{d\,g(x)}{dx} = (n+1)\,x^{n}$$

$$\curvearrowright \lim_{x\to 1} h(x) = \lim_{x\to 1} \frac{(n-1)\,x^{n-2} - 1}{(n+1)\,x^{n}} = \frac{n-2}{n+1}.$$

Nun könnte man glauben, daß auch die Umkehrung des Satzes 3.2.18. gilt, d.h. daß der Grenzwert nicht existiert, sofern der Grenzwert der Ableitungen nicht existiert. Diese Annahme ist falsch, wie man durch ein Gegenbeispiel zeigen kann.

3.2.20. Beispiel. Wegen $\sin x \leqslant 1$ und $\cos x \leqslant 1$ kann man diese Funktionen gegen sehr große Werte x vernachlässigen, so daß sich der folgende Grenzwert sofort ergibt

$$\lim_{x\to\infty} \frac{x + \sin x}{x + \cos x} = 1.$$

Andererseits ergibt Einsetzen den unbestimmten Ausdruck $\frac{\infty}{\infty}$, so daß man 3.2.18. anwenden kann. Dabei zeigt sich jedoch, daß der Grenzwert der Ableitungen

$$\lim_{x\to\infty} \frac{2 + \cos x}{2 - \sin x}$$

nicht existiert, da hier die oben aufgezeigte Abschätzung nicht zulässig ist. Die neue Funktion $f(x) = \frac{2 + \cos x}{2 - \sin x}$ ist periodisch zwischen den Werten $f(1{,}15) = 2{,}22$ und $f(3{,}566) = -0{,}38$ und daher sicherlich divergent.

3.3 Differentiation von mehrdimensionalen Funktionen

Bei der Einführung in die Problematik der Differentialrechnung wurde von der anschaulichen Fragestellung ausgegangen, wie man bei einer gegebenen Funktion f(x) die Steigung in einem festen Punkt x_0 bestimmen könne. Es ergab sich dann, daß der Wert der ersten Ableitung $\frac{d\,f(x_0)}{dx}$ in diesem Punkt x_0 ein Maß für die gesuchte Steigung darstellt. Ausgehend von derselben anschaulichen Fragestellung sollen nun Möglichkeiten erarbeitet werden, wie man die Steigung von mehrdimensionalen Funktionen in einem Punkt $P_0\,(x_0; y_0; z_0; ...)$ berechnen kann. Wegen der besseren Anschaulichkeit soll dazu nur von dreidimensionalen Beispielen ausgegangen werden, eine Verallgemeinerung aller Sätze und Definitionen auf den n-dimensionalen Fall ist immer möglich.

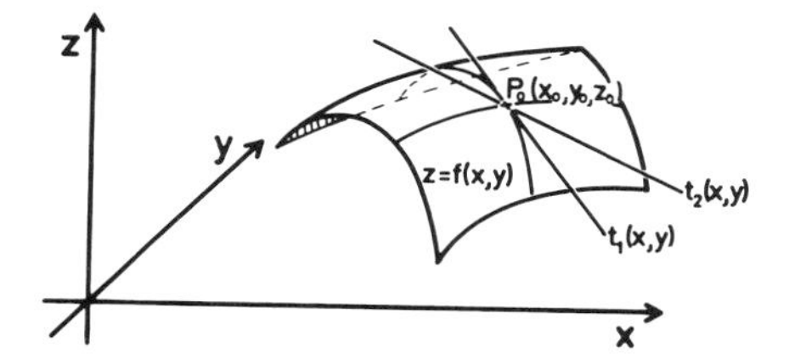

Abb. 3.14: Graphische Darstellung von Tangenten an einer mehrdimensionalen Funktion

Wie man aus Abb. 3.14. entnehmen kann, sind die Verhältnisse bei mehrdimensionalen Funktionen nicht so übersichtlich wie bei zweidimensionalen. Im fest vorgegebenen Punkt $P_0(x_0; y_0; z_0)$ ist es möglich, neben den zwei eingezeichneten Tangenten $t_1(x, y)$ und $t_2(x, y)$ noch beliebig viele weitere Tangenten zu zeichnen, die alle unterschiedliche Steigungen haben. Daran wird bereits verständlich, daß man bei mehrdimensionalen Funktionen nicht von „Steigung" schlechthin sprechen kann, da diese nicht eindeutig bestimmbar ist.
Legt man dagegen in diesem Punkt P_0 eine Ebene an die Funktion $z = f(x, y)$, so ist diese eindeutig festgelegt. D.h. man kann in einen Punkt $P_0(x_0; y_0; z_0)$ nur eine einzige Ebene an die Funktion legen. Anschaulich erkennt man das daran, daß man z.B. in einem vorgegebenen Punkt P einer Kugel nur ein einziges Brett anlegen kann, dessen Neigung durch die Koordinaten von P festgelegt ist.
In Abb. 3.15. wurde eine solche Ebene an eine Funktion $z = f(x, y)$ im Punkt P angelegt.

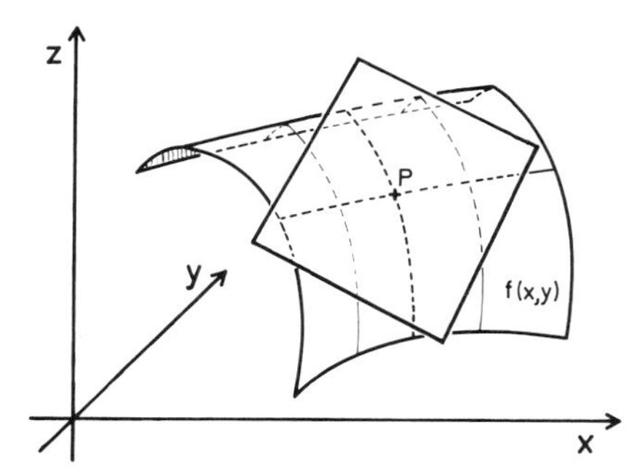

Abb. 3.15: Darstellung der Tangentialebene in einem Punkt P an eine Funktion $z = f(x,y)$

Da eine solche Ebene die gegebene Funktion in einem Punkt berührt, also tangential verläuft, heißt sie **Tangentialebene.** Weiter ist eine solche Tangentialebene eindeutig bestimmt, so daß man den Verlauf der dreidimensionalen Funktion $z = f(x, y)$ im Punkt $P_0(x_0; y_0; z_0)$ durch die Koordinaten des Punktes und durch die Lage der Tangentialebene ausreichend beschreiben kann.

3.3.1. Satz. Der Verlauf einer n-dimensionalen Funktion $f(x_1, \ldots, x_n) = 0$ in einem Punkt $P_1(x_{1_1}, \ldots, x_{n_1})$ läßt sich eindeutig durch die Koordinaten des Punktes sowie durch die Lage einer (n−1)-dimensionalen Tangentialebene beschreiben.

Nun kann man eine zweidimensionale Ebene eindeutig durch zwei unterschiedliche Richtungen festlegen. So „spannen" * z.B. die x- und die y-Richtung eindeutig die Zeichenebene des x,y-Koordinatensystems auf. Entsprechend reichen also auch zwei unterschiedliche Richtungen aus, um die Tangentialebene einer dreidimensionalen Funktion zu beschreiben. Legt man nun diese Richtungen parallel zu den Achsen des Koordinatensystems fest, so reicht also die Steigung der Tangentialebene, also der Funktion, in x-Richtung sowie in y-Richtung zur Bestimmung der Tangentialebene vollständig aus.

Durch diese Betrachtungen wurde das Problem der Beschreibung einer mehrdimensionalen Funktion auf die Aufgabe reduziert, in einem festgehaltenen Punkt dieser Funktion „Steigungen" in Richtung der Koordinatenachsen anzugeben. Dieses kann man machen, indem man analog zum zweidimensionalen Fall die Steigungen berechnet und dabei alle anderen als die betrachtete Richtung als konstant ansetzt. D.h. will man die Steigung einer Funktion f(x, y) in x-Richtung berechnen, so braucht man nur die Ableitung in x-Richtung zu bestimmen, und das geschieht, indem man die y-Werte als konstant ansetzt.

3.3.2. Definition. Die Funktion f(x, y) heißt **an der Stelle $x_0 \in D$ partiell differenzierbar**, wenn es ein Intervall [a; b] gibt mit $x_0 \in (a; b)$ und $[a; b] \subset D$, so daß der Grenzwert des Differenzenquotienten

$$\frac{\partial f(x_0, y)}{\partial x} = \left(\frac{\partial f(x_0, y)}{\partial x}\right)_y = f'_y(x_0, y) = \lim_{\Delta x \to 0} \frac{f(x_0 + \Delta x; y) - f(x_0; y)}{\Delta x}$$

existiert. Dabei wird die Veränderliche y als konstant gehalten.
Falls dieser Grenzwert existiert, heißt er die **partielle Ableitung** von f(x, y) nach x in x_0.
Die Funktion f(x, y) heißt **partiell differenzierbar**, wenn sie in jedem Punkt ihres Definitionsbereiches D partiell differenzierbar ist.

Vergleicht man diese Definition 3.3.2. für dreidimensionale Funktionen mit der Definition 3.1.5. für die Ableitung von zweidimensionalen Funktionen, so fällt die fast wörtliche Übereinstimmung auf. In der symbolischen Schreibweise, $\frac{df}{dx}$ bzw. $\frac{\partial f}{\partial x}$, wird lediglich unterschieden, um deutlich zu machen, daß bei der partiellen Ableitung alle Funktionsargumente konstant angesetzt werden mit Ausnahme des Arguments, nach dem abgeleitet werden soll. Da sonst keine weiteren Unterschiede gelten, kann man auch die Voraussetzungen für die einfache Differenzierbarkeit (vgl. S. 78) direkt übertragen. Partielle Ableitungen existieren also nur, wenn die abzuleitende Funktion in der betrachteten Richtung stetig und glatt ist.

3.3.3. Beispiele.

1. Die Funktion $f(x, y) = 3x^3y^2 + 6xy^4 - 3x^2 + 4y$ soll partiell nach x und nach y abgeleitet werden.

---

* Vgl. „Aufspannen" eines Vektorraumes durch linear unabhängige Basisvektoren (Kap. 7.3.).

$$\frac{\partial f(x,y)}{\partial x} = 3y^2 \frac{\partial x^3}{\partial x} + 6y^4 \frac{\partial x}{\partial x} - 3\frac{\partial x^2}{\partial x} + 4y\frac{\partial x^0}{\partial x} = 9y^2x^2 + 6y^4 - 6x$$

$$\frac{\partial f(x,y)}{\partial y} = 3x^3 \frac{\partial y^2}{\partial y} + 6x \frac{\partial y^4}{\partial y} - 3x^2 \frac{\partial y^0}{\partial y} + 4\frac{\partial y}{\partial y} = 6x^3y + 24y^3 + 4.$$

2. Die Funktion $f(x,y) = x \cdot \sin y \cdot \ln xy$ ist partiell nach x und nach y abzuleiten. Für die Berechnung der Ableitungen ist zu beachten, daß Produkt- und Kettenregel angewandt werden müssen.

$$\frac{\partial f(x,y)}{\partial x} = \sin y \cdot \frac{\partial x \cdot \ln xy}{\partial x} = \sin y \cdot \left(x \frac{\partial \ln xy}{\partial x} + \ln xy \cdot \frac{\partial x}{\partial x}\right)$$

$$= \sin y \cdot \left(x \cdot y \cdot \frac{1}{x \cdot y} + \ln xy\right)$$

$$= \sin y\,(1 + \ln xy)$$

$$\frac{\partial f(x,y)}{\partial y} = x \cdot \frac{\partial \sin y \cdot \ln xy}{\partial y} = x\left(\sin y \frac{\partial \ln xy}{\partial y} + \ln xy \frac{\partial \sin y}{\partial y}\right)$$

$$= x\left(\sin y \cdot x \cdot \frac{1}{xy} + \ln xy \cdot \cos y\right)$$

$$= \frac{x}{y} \cdot \sin y + x \cos y \cdot \ln xy.$$

3. Für die Abhängigkeit der inneren Energie U eines Gases vom Volumen $\overline{V}$ gilt bei konstanter Temperatur T

$$\left(\frac{\partial U}{\partial \overline{V}}\right)_T = T \cdot \left(\frac{\partial p}{\partial T}\right)_{\overline{V}} - p.$$

a) Für ein ideales Gas gilt

$$p\overline{V} = RT \;\curvearrowright\; p = \frac{RT}{\overline{V}} \;\curvearrowright\; \left(\frac{\partial p}{\partial T}\right)_{\overline{V}} = \frac{R}{\overline{V}}$$

$$\curvearrowright\; \left(\frac{\partial U}{\partial \overline{V}}\right)_T = T \cdot \frac{R}{\overline{V}} - \frac{RT}{\overline{V}} = 0.$$

Die innere Energie eines idealen Gases ist also nicht vom Volumen abhängig.

b) Für ein reales Gas gilt

$$\left(p + \frac{a}{\overline{V}^2}\right)(\overline{V} - b) = RT \;\curvearrowright\; p = \frac{RT}{\overline{V}-b} - \frac{a}{\overline{V}^2} \;\curvearrowright\; \left(\frac{\partial P}{\partial T}\right)_{\overline{V}} = \frac{R}{\overline{V}-b}$$

$$\curvearrowright\; \left(\frac{\partial U}{\partial \overline{V}}\right)_T = T \cdot \frac{R}{\overline{V}-b} - \left(\frac{RT}{\overline{V}-b} - \frac{a}{\overline{V}^2}\right) = \frac{a}{\overline{V}^2}.$$

4. Für die Temperaturänderung beim Joule-Thomson-Effekt gilt

$$\Delta T = \frac{T \cdot \left(\frac{\partial V}{\partial T}\right)_p - \overline{V}}{C_p} \cdot p.$$

Für ein ideales Gas ergibt sich weiter

$$p\,\overline{V} = RT \quad \Rightarrow \quad \overline{V} = \frac{RT}{p} \quad \Rightarrow \quad \left(\frac{\partial \overline{V}}{\partial T}\right)_p = \frac{R}{p}$$

$$\Rightarrow \quad \Delta T = \frac{T \cdot \frac{R}{p} - \frac{RT}{p}}{C_p} \cdot \Delta p = 0.$$

Bei der Herleitung der partiellen Ableitungen war, wie auch im Kapitel über Differentiation von zweidimensionalen Funktionen, von der grundsätzlichen Fragestellung ausgegangen worden, wie man die Steigungsverhältnisse an Funktionen beschreiben kann. Dabei hatte sich ergeben, daß die Tangentialebene bzw. die Tangente an der Funktion eine solche Möglichkeit bietet, sofern überhaupt eine Möglichkeit besteht.

3.3.4. Satz. Ist die Funktion $z = f(x, y)$ im Punkt $P_0(x_0; y_0; z_0)$ partiell differenzierbar, so ergibt

a) die partielle Ableitung nach x, $\frac{\partial f(x_0, y_0)}{\partial x}$, ein Maß für die Steigung der Funktion in x-Richtung,

b) die partielle Ableitung nach y, $\frac{\partial f(x_0, y_0)}{\partial y}$, ein Maß für die Steigung der Funktion in y-Richtung.

Die mit Hilfe der partiellen Ableitungen bestimmbaren partiellen Tangenten spannen eindeutig eine Tangentialebene an $f(x, y)$ in $P_0(x_0; y_0; z_0)$ auf.

In diesem Satz ist alles das noch einmal zusammengefaßt, was bisher anschaulich erarbeitet wurde. Dabei ist jedoch zu beachten, daß nicht grundsätzlich jede Funktion partielle Ableitungen besitzen muß – auf die Einschränkungen bezüglich der Stetigkeit und Glattheit war bereits hingewiesen worden. Es ist aber sogar möglich, daß eine Funktion zwar in bezug auf alle Variablen partiell abgeleitet werden kann, daß dennoch aber keine Tangentialebene existiert. Da diese Spezialfälle jedoch nur für den Mathematiker interessant sind, soll hier auf eine weitere Behandlung verzichtet werden.
Es bleibt festzuhalten, daß die Eigenschaft, sowohl partielle Ableitungen als auch Tangentialebenen zu besitzen, für jede einzelne Funktion prinzipiell erst nachgewiesen werden muß. Allerdings haben die meisten in den Naturwissenschaften auftretenden Funktionen diese Eigenschaften.
Betrachtet man nun die in 3.3.3. als Beispiel berechneten Ableitungen, so stellt man fest, daß diese wiederum mehrdimensionale Funktionen darstellen, die man wieder partiell ableiten kann. Somit kommt man also auch bei mehrdimensionalen Funktionen zu zweiten und dann zu höheren partiellen Ableitungen in Analogie zu 3.1.20.

3.3.5. Definition. Gegeben sei die Funktion f(x, y). Stellen die partiellen Ableitungen $g(x, y) = \frac{\partial f(x,y)}{\partial x}$ und $h(x, y) = \frac{\partial f(x,y)}{\partial y}$ wieder Funktionen der Veränderlichen x und y dar, die partiell abgeleitet werden können, so heißt der Ausdruck

a) $\frac{\partial g(x,y)}{\partial x} = \frac{\partial}{\partial x}\left(\frac{\partial f(x,y)}{\partial x}\right) = \frac{\partial^2 f(x,y)}{\partial x^2}$ die **zweite partielle Ableitung der Funktion f(x, y) nach x,**

b) $\frac{\partial h(x,y)}{\partial y} = \frac{\partial}{\partial y}\left(\frac{\partial f(x,y)}{\partial y}\right) = \frac{\partial^2 f(x,y)}{\partial y^2}$ die **zweite partielle Ableitung der Funktion f(x, y) nach y,**

c) $\frac{\partial g(x,y)}{\partial y} = \frac{\partial}{\partial y}\left(\frac{\partial f(x,y)}{\partial x}\right) = \frac{\partial^2 f(x,y)}{\partial y\, \partial x}$ die **zweite gemischte partielle Ableitung** der Funktion f(x, y) **nach** x **und** y und

d) $\frac{\partial h(x,y)}{\partial x} = \frac{\partial}{\partial x}\left(\frac{\partial f(x,y)}{\partial y}\right) = \frac{\partial^2 f(x,y)}{\partial x\, \partial y}$ die **zweite gemischte partielle Ableitung** der Funktion f(x, y) **nach** y **und** x.

Ist auch eine der zweiten partiellen Ableitungen partiell differenzierbar, so erhält man **partielle Ableitungen dritter** und schließlich höherer **Ordnung.**

3.3.6. Beispiele.

1. In 3.3.3.1. wurden die ersten partiellen Ableitungen des Polynoms $f(x,y) = 3x^3y^2 + 6xy^4 - 3x^2 + 4y$ berechnet zu

$$\frac{\partial f(x,y)}{\partial x} = 9x^2y^2 + 6y^4 - 6x \quad \text{und} \quad \frac{\partial f(x,y)}{\partial y} = 6x^3y + 24xy^3 + 4.$$

Diese Ableitungen sind wiederum partiell differenzierbar, so daß sich die zweiten partiellen Ableitungen berechnen zu

$$\frac{\partial^2 f(x,y)}{\partial x^2} = 18xy^2 - 6 \qquad \frac{\partial^2 f(x,y)}{\partial y^2} = 6x^3 + 72xy^2$$

$$\frac{\partial^2 f(x,y)}{\partial y\, \partial x} = \frac{\partial}{\partial y}(9x^2y^2 + 6y^4 - 6x) = 18x^2y + 24y^3 \qquad \frac{\partial^2 f(x,y)}{\partial x\, \partial y} = \frac{\partial}{\partial x}(6x^3y + 24xy^3 + 4) = 18x^2y + 24y^3.$$

2. In 3.3.3.2. wurden die folgenden partiellen Ableitungen berechnet:

$$f(x, y) = x \cdot \sin y \cdot \ln xy$$

$$\frac{\partial f(x,y)}{\partial x} = \sin y + \sin y \ln xy \qquad \frac{\partial f(x,y)}{\partial y} = \frac{x}{y} \cdot \sin y + x \cdot \cos y \cdot \ln xy.$$

Damit ergeben sich die zweiten partiellen Ableitungen zu

$$\frac{\partial^2 f(x,y)}{\partial x^2} = \frac{\partial (\sin y + \sin y \ln xy)}{\partial x} = y \cdot \sin y \cdot \frac{1}{xy} = \frac{\sin y}{x}$$

$$\frac{\partial^2 f(x,y)}{\partial y^2} = \frac{\partial (\frac{x}{y} \sin y + x \cos y \ln xy)}{\partial y} = x \frac{y \cos y - \sin y}{y^2} + \frac{x}{xy} \cos y - \sin y \ln xy = \frac{x}{y^2}(2y \cos y - \sin y\ (1 - y^2 \ln xy))$$

$$\frac{\partial^2 f(x,y)}{\partial y\, \partial x} = \frac{\partial (\sin y + \sin y \ln xy)}{\partial y} = \frac{\sin y}{y} + \cos y\,(1 + \ln xy)$$

$$\frac{\partial^2 f(x,y)}{\partial x\, \partial y} = \frac{\partial (\frac{x}{y} \sin y + x \cos y \ln xy)}{\partial x} = \frac{\sin y}{y} + \cos y\,(1 + \ln xy).$$

Vergleicht man nun in beiden Beispielen jeweils die zweiten gemischten Ableitungen, so fällt auf, daß diese in beiden Fällen gleich sind. Diese Beobachtung hat allgemeine Gültigkeit und wird durch den besonders wichtigen Satz von Schwarz beschrieben.

3.3.7. Satz (Satz von Schwarz). Existieren zu einer Funktion $f(x,y)$ stetige zweite gemischte partielle Ableitungen, so sind diese unabhängig von der Reihenfolge der Differentiation, d.h. es gilt die Beziehung

$$\frac{\partial^2 f(x,y)}{\partial x\, \partial y} = \frac{\partial^2 f(x,y)}{\partial y\, \partial x}.$$

Dieser Satz erübrigt also eine Unterscheidung der zweiten gemischten partiellen Ableitungen nach dem Rechenvorgang, so daß man nur von einer gemischten partiellen Ableitung zu sprechen braucht, will man das Problem eindeutig beschreiben.

Dieser Satz von Schwarz stellt für viele Rechenregeln den theoretischen Hintergrund dar, so daß in den folgenden Kapiteln noch mehrfach darauf zurückgegriffen werden muß. Ebenso stellt der Begriff des **totalen Differentials** eine besonders wichtige Größe – auch in der Anwendung – innerhalb der Differentialrechnung von mehrdimensionalen Funktionen dar. Deshalb soll dieser Begriff jetzt formal hergeleitet werden.

Es sei eine Funktion $z = f(x,y)$ gegeben, die in Parameterdarstellung vorliegen möge

$$z = z(t) = f(x(t), y(t)).$$

Diese Funktion kann formal nach dem Parameter t abgeleitet werden.

$$\frac{dz}{dt} = \lim_{h\to 0} \frac{z(t+h) - z(t)}{h} = \lim_{h\to 0} \frac{f(x(t+h); y(t+h)) - f(x(t), y(t))}{h}$$

$$= \lim_{h\to 0} \frac{f(x(t+h), y(t+h)) - f(x(t+h), y(t)) + f(x(t+h), y(t)) - f(x(t), y(t))}{h}$$

$$= \lim_{h\to 0} \frac{f(x(t+h), y(t+h)) - f(x(t+h), y(t))}{h} + \lim_{h\to 0} \frac{f(x(t+h), y(t)) - f(x(t), y(t))}{h}$$

$$= \lim_{h\to 0} \frac{f(x(t+h), y(t+h)) - f(x(t+h), y(t))}{y(t+h) - y(t)} \cdot \frac{y(t+h) - y(t)}{h} +$$

$$+ \lim_{h\to 0} \frac{f(x(t+h), y(t)) - f(x(t), y(t))}{x(t+h) - x(t)} \cdot \frac{x(t+h) - x(t)}{h}.$$

Vergleicht man nun die letzte Zeile dieser Rechnung mit der Definition 3.3.2., so erkennt man

$$\lim_{h\to 0} \frac{f(x(t+h), y(t+h)) - f(x(t+h), y(t))}{y(t+h) - y(t)} = \frac{\partial f(x, y)}{\partial y}$$

$$\lim_{h\to 0} \frac{f(x(t+h), y(t)) - f(x(t), y(t))}{x(t+h) - x(t)} = \frac{\partial f(x(t), y(t))}{\partial x} = \frac{\partial f(x, y)}{\partial x}.$$

Außerdem liefert ein Vergleich mit 3.1.5.

$$\lim_{h\to 0} \frac{x(t+h) - x(t)}{h} = \frac{d\, x(t)}{dt}$$

$$\lim_{h\to 0} \frac{y(t+h) - y(t)}{h} = \frac{d\, y(t)}{dt}.$$

Damit kann man aber auch schreiben

$$\frac{dz}{dt} = \frac{d\, f(x, y)}{dt} = \frac{\partial f}{\partial x} \cdot \frac{dx}{dt} + \frac{\partial f}{\partial y} \cdot \frac{dy}{dt}.$$

3.3.8. Definition. Gegeben sei die dreidimensionale Funktion $f(x, y)$ in Parameterdarstellung

$$z = f(x(t), y(t)),$$

die partiell differenzierbar sei. Der Ausdruck

$$\frac{dz}{dt} = \frac{\partial f}{\partial x} \cdot \frac{dx}{dt} + \frac{\partial f}{\partial y} \cdot \frac{dy}{dt}$$

heißt dann der **totale Differentialquotient** (vollständige Ableitung) der Funktion $z = f(x, y)$ nach dem Parameter t.

3.3.9. Beispiel. Gegeben sei die Funktion $z = x^2 y^3$ in der Parameterdarstellung $x = \sin t$ und $y = \ln t$. Dann ergibt sich weiter

$$\frac{\partial z}{\partial x} = 2xy^3 \qquad \frac{\partial z}{\partial y} = 3x^2y^2$$

$$\frac{dx}{dt} = \cos t \qquad \frac{dy}{dt} = \frac{1}{t}.$$

Der totale Differentialquotient errechnet sich damit zu

$$\frac{dz}{dt} = \frac{\partial z}{\partial x} \cdot \frac{dx}{dt} + \frac{\partial z}{\partial y} \cdot \frac{dy}{dt}$$

$$= 2xy^3 \cdot \cos t + 3x^2y^2 \cdot \frac{1}{t}$$

$$= 2 \sin t (\ln t)^3 \cdot \cos t + 3 \sin^2 t (\ln t)^2 \cdot \frac{1}{t}.$$

Dasselbe Ergebnis erhält man auch, wenn man die Parameterfunktionen direkt in die Ausgangsgleichung einsetzt und dann unter Anwendung der Produkt- und Kettenregel nach dem Parameter t differenziert:

$$z = x^2y^3 = (\ln t)^3 \sin^2 t$$

$$\Rightarrow \frac{dz}{dt} = 3 (\ln t)^2 \sin^2 t \cdot \frac{1}{t} + (\ln t)^3 \cdot 2 \sin t \cos t.$$

Obwohl Ableitungen Grenzwerte und keine Brüche darstellen, sei unbewiesen vorausgesetzt, daß die folgende Umformung des totalen Differentialquotienten zulässig ist:

$$\frac{dz}{dt} = \frac{\partial f}{\partial x} \cdot \frac{dx}{dt} + \frac{\partial f}{\partial y} \cdot \frac{dy}{dt}$$

$$\Rightarrow dz = \left(\frac{\partial f}{\partial x} \cdot \frac{dx}{dt}\right) dt + \left(\frac{\partial f}{\partial y} \cdot \frac{dy}{dt}\right) dt$$

$$= \frac{\partial f}{\partial x} \cdot dx + \frac{\partial f}{\partial y} \cdot dy.$$

3.3.10. Definition. Gegeben sei die dreidimensionale Funktion $z = f(x, y)$, die partiell differenzierbar sei. Der Ausdruck

$$dz = \frac{\partial f}{\partial x} dx + \frac{\partial f}{\partial y} dy$$

heißt dann das **totale** (exakte) **Differential** der Funktion $f(x, y)$.
Allgemein: Der Ausdruck

$$dz = \frac{\partial f}{\partial x_1} dx_1 + \frac{\partial f}{\partial x_2} dx_2 + \ldots + \frac{\partial f}{\partial x_n} dx_n$$

heißt das totale Differential der Funktion $z = f(x_1, \ldots, x_n)$.

Für die Anwendung stellt das totale Differential einer Funktion einen sehr wichtigen Ausdruck dar. So treten z.B. in der Thermodynamik immer wieder Beziehungen auf, die ein totales Differential im mathematischen Sinne ergeben. Deshalb soll zunächst an einigen Beispielen die Berechnung von totalen Differentialen gezeigt werden.

3.3.11. Beispiele.

1. Gesucht ist das totale Differential der Funktion f(x, y) aus 3.3.3.1.

$$z = f(x, y) = 3x^3y^2 + 6xy^4 - 3x^2 + 4y.$$

Aus der Funktion lassen sich die partiellen Ableitungen und damit das totale Differential berechnen:

$$\frac{\partial f(x,y)}{\partial x} = 9x^2y^2 + 6y^4 - 6x \qquad \frac{\partial f(x,y)}{\partial y} = 6x^3y + 24xy^3 + 4$$

$$\Lsh \quad dz = \frac{\partial f(x,y)}{\partial x}dx + \frac{\partial f(x,y)}{\partial y}dy$$

$$= (9x^2y^2 + 6y^4 - 6x)dx + (6x^3y + 24xy^3 + 4)\,dy.$$

2. Gesucht ist das totale Differential dp aus der van der Waals-Gleichung für reale Gase 3.3.3.1. b).

$$\left(p + \frac{a}{\overline{V}^2}\right)(\overline{V} - b) = RT \qquad \Lsh \qquad p = p(\overline{V}, T) = \frac{RT}{\overline{V} - b} - \frac{a}{\overline{V}^2}$$

$$\Lsh \left(\frac{\partial p}{\partial T}\right)_{\overline{V}} = \frac{R}{\overline{V} - b} \qquad \left(\frac{\partial p}{\partial \overline{V}}\right)_T = -\frac{RT}{(\overline{V} - b)^2} + \frac{2a}{\overline{V}^3}.$$

Damit ergibt sich weiter

$$dp = \left(\frac{\partial p}{\partial T}\right)_{\overline{V}} dT + \left(\frac{\partial p}{\partial \overline{V}}\right)_T d\overline{V}$$

$$= \frac{R}{\overline{V} - b}dT + \left(\frac{2a}{\overline{V}^3} - \frac{RT}{(\overline{V} - b)^2}\right)d\overline{V}.$$

3. Gesucht ist das totale Differential dS der Entropie S=S(T, V) eines idealen Gases

$$S = S(T, V) = c_V \cdot \ln T + R \cdot \ln V + S_0.$$

$$\Lsh \left(\frac{\partial S}{\partial T}\right)_V = \frac{c_V}{T} \qquad \left(\frac{\partial S}{\partial V}\right)_T = \frac{R}{V}.$$

Damit ergibt sich weiter

$$dS = \left(\frac{\partial S}{\partial T}\right)_V dT + \left(\frac{\partial S}{\partial V}\right)_T dV$$

$$= \frac{c_V}{T}dT + \frac{R}{V}dV.$$

Da hier lediglich die mathematische Betrachtung der Fragestellungen von Interesse ist, nicht aber eine Interpretation der Ergebnisse, soll auf die Bedeutung der Ergebnisse nicht weiter eingegangen werden. Stattdessen soll das totale Differential aus Beispiel 3.3.11.1. noch einmal zu weiteren Betrachtungen herangezogen werden. Dafür kann man auch schreiben

$$\begin{aligned} dz &= (9x^2y^2 + 6y^4 - 6)dx + (6x^3y + 24xy^3 + 4)\,dy \\ &= P(x, y)dx \qquad\qquad\quad + Q(x, y)dy \end{aligned}$$

mit $P(x, y) = 9x^2y^2 + 6y^4 - 6$ und $Q(x, y) = 6x^3y + 24xy^3 + 4$. Damit erhält man jedoch eine neue Schreibweise für die vorliegende Differentialform.

3.3.12. Definition. Eine Differentialform der Art

$$dz = P(x, y)\,dx + Q(x, y)\,dy$$

allgemeiner

$$dz = \sum_{i=1}^{n} f_i(x_1, \ldots, x_n)\,dx_i$$

heißt eine **Pfaffsche Differentialform.**

Das obige Beispiel stellt also eine Pfaffsche Differentialform dar, wie jedes totale Differential dafür ein Beispiel ergibt. Andererseits gibt es aber auch Pfaffsche Differentialformen, die kein totales Differential darstellen, so daß die namentliche Trennung sinnvoll ist. Damit ergibt sich aber auch sofort die Frage, woran man erkennen kann, wann eine Pfaffsche Differentialform ein totales Differential ist. Zur Beantwortung dieser Frage muß auf die Herleitung des totalen Differentials zurückgegriffen werden. Danach gilt

$$\begin{aligned} d\,f(x,y) &= \frac{\partial f(x, y)}{\partial x}\,dx + \frac{\partial f(x,y)}{\partial y}\,dy \\ &= P(x, y)\,dx \quad + Q(x, y)\,dy. \end{aligned}$$

Danach ergibt sich beim totalen Differential für die Funktionen P und Q die Beziehung

$$P(x,y) = \frac{\partial f(x, y)}{\partial x} \quad \text{und} \quad Q(x, y) = \frac{\partial f(x, y)}{\partial y}.$$

Beide Funktionen stellen also partielle Ableitungen der Funktion f(x, y) dar. Bildet man nun die zweiten gemischten Ableitungen, so muß nach dem Schwarzschen Satz gelten

$$\frac{\partial^2 f(x, y)}{\partial x \partial y} = \frac{\partial^2 f(x, y)}{\partial y\, \partial x}$$

$$\frac{\partial}{\partial x}\left(\frac{\partial f(x,y)}{\partial y}\right) = \frac{\partial Q(x, y)}{\partial x} = \frac{\partial P(x, y)}{\partial y} = \frac{\partial}{\partial y}\left(\frac{\partial f(x, y)}{\partial x}\right).$$

Damit ergibt sich sofort der folgende Satz.

3.3.13. Satz. Die Pfaffsche Differentialform

$$d\,f(x, y) = P(x, y)\,dx + Q(x, y)\,dy$$

stellt genau dann das totale Differential einer Funktion f(x, y) dar, wenn die Funktionen P(x, y) und Q(x, y) die **Integrabilitätsbedingung**

$$\frac{\partial P(x,y)}{\partial y} = \frac{\partial Q(x,y)}{\partial x}$$

erfüllen.

3.3.14. Beispiele.

1. In 3.3.11.1. wurde das Differential

$$\begin{aligned} dz &= (9x^2y^2 + 6y^4 - 6)\,dx + (6x^3y + 24xy^3 + 4)\,dy \\ &= P(x, y)\,dx \qquad\qquad\quad + Q(x, y)\,dy \end{aligned}$$

hergeleitet. Überprüft man die Funktionen P(x, y) und Q(x, y) im Hinblick auf die Integrabilitätsbedingung, so ergibt sich

$$\frac{\partial P(x, y)}{\partial y} = 18x^2y + 24x^3 \qquad \frac{\partial Q(x, y)}{\partial x} = 18x^2y + 24y^3$$

$$\Rightarrow \quad \frac{\partial P}{\partial y} = \frac{\partial Q}{\partial x}.$$

Wie aus dem Beispiel nicht anders zu erwarten war, erfüllen die Funktionen P und Q die Integrabilitätsbedingungen, das Differential dz stellt also ein totales Differential dar.

2. Gegeben sei die Pfaffsche Differentialform

$$\begin{aligned} dz &= (-y^2 \sin xy)\,dx + (\cos xy - xy \sin xy)\,dy \\ &= P(x, y)\,dx \qquad\quad + Q(x, y)\,dy. \end{aligned}$$

Überprüfung der Integrabilitätsbedingung ergibt

$$\frac{\partial P(x, y)}{\partial y} = -2y \sin xy - xy^2 \cos xy \qquad \frac{\partial Q(x, y)}{\partial x} = -2y \sin xy - xy^2 \cos xy$$

$$\Rightarrow \quad \frac{\partial P}{\partial y} = \frac{\partial Q}{\partial x}.$$

Die Differentialform stellt also ein totales Differential dar.

3. Gegeben sei die Pfaffsche Differentialform

$$\begin{aligned} dz &= \left(\tan y - \frac{y}{\cos^2 x}\right) dx + \left(\frac{x}{\cos^2 y} + \tan x - \sin y\right) dy \\ &= P(x, y)\,dx \qquad\qquad\quad + Q(x, y)\,dy. \end{aligned}$$

Überprüfung der Integrabilitätsbedingung ergibt

$$\frac{\partial P(x, y)}{\partial y} = \frac{1}{\cos^2 y} - \frac{1}{\cos^2 x} \qquad \frac{\partial Q(x, y)}{\partial x} = \frac{1}{\cos^2 y} + \frac{1}{\cos^2 x}$$

$$\Rightarrow \quad \frac{\partial P}{\partial y} \neq \frac{\partial Q}{\partial x}.$$

Die Differentialform ist also kein totales Differential.

Bisher wurden die Begriffe der totalen Ableitung und anschließend des totalen Differentials formal aus den Grundregeln der Differentialrechnung hergeleitet, ohne daß der Versuch einer geometrischen Deutung wie z.B. beim Zusammenhang Steigung/Ableitung gemacht wurde. Eine solche geometrische Deutung soll jetzt nachgeholt werden. Wegen der besonderen Anschaulichkeit sollen die grundlegenden Verhältnisse zunächst an zweidimensionalen Funktionen erarbeitet werden, ehe der Analogieschluß auf drei- und höherdimensionale Funktionen erfolgt.

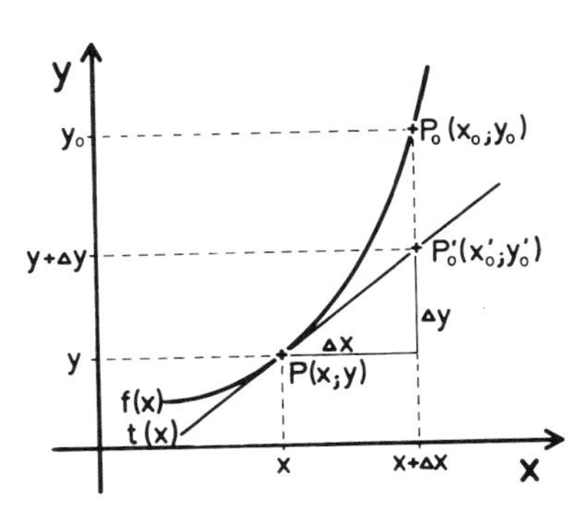

Abb. 3.16: Darstellung einer Funktion f(x) und ihrer Tangente t(x) zur anschaulichen Bedeutung des totalen Differentials

In Abb. 3.16. ist eine Funktion $y = f(x)$ mit ihrer Tangente $t(x)$ im Punkt $P(x,y)$ dargestellt. Aus den Regeln der Differentialrechnung ergibt sich für die Tangente $t(x)$

$$\frac{\Delta y}{\Delta x} = \frac{d\,t(x)}{dx} = \frac{d\,f(x)}{dx} \quad \Rightarrow \quad \Delta y = \frac{d\,f(x)}{dx}\,\Delta x.$$

Eine Grenzwertbetrachtung $\Delta x \to 0$ führt zu der Differentialform

$$\Delta y = \frac{d\,f(x)}{dx}\,\Delta x \quad \to \quad dy = \frac{d\,f(x)}{dx}\,dx.$$

Dabei wurde, wie schon bei früheren Gelegenheiten auch, der Grenzübergang durch die Schreibweise $\Delta x \to dx$ gekennzeichnet.
Somit ist es also möglich, aus der Ableitung der Funktion $f(x)$ im Punkt P und dem differentiellen Wegstück dx die y-Koordinate des Punktes $P_0'(x_0', y_0')$ als differentielle Änderung der y-Koordinate zu P zu berechnen. Weiterhin stellt der Punkt P_0' auf der Tangente $t(x)$ bei sehr kleinem Δx, d.h. bei $\Delta x \to dx$, eine sehr gute Näherung für den Punkt $P_0(x_0, y_0)$ auf der Funktion $f(x)$ dar. Das heißt aber, daß man mit Hilfe der Differentialform

$$dy = \left(\frac{df}{dx}\right) dx$$

den Punkt P_0 in guter Näherung durch P_0' beschreiben kann, daß man also mit Hilfe der Differentialform den Verlauf der Funktion $f(x)$ durch den Verlauf der Tangente $t(x)$ in unmittelbarer Umgebung des Tangentenberührpunktes angenähert beschreiben kann.
Nun sollen diese Überlegungen auf den dreidimensionalen Fall übertragen werden.

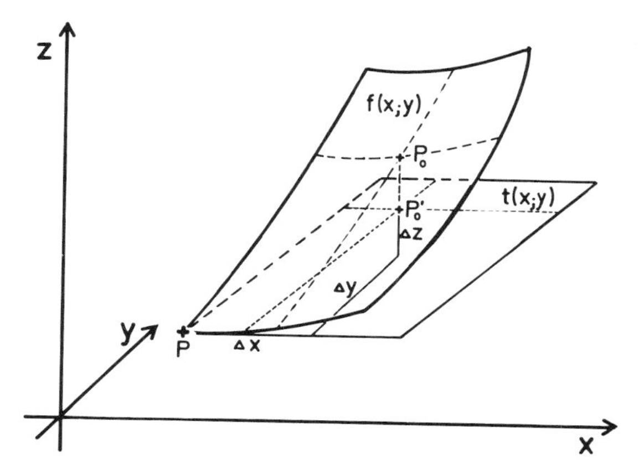

Abb. 3.17: Darstellung einer Funktion f(x, y) und ihrer Tangentialebene t(x, y) zur anschaulichen Deutung des totalen Differentials

In dem in Abb. 3.17. dargestellten dreidimensionalen Fall kann man den direkten Weg vom Punkt P(x, y, z) nach $P_0'(x_0', y_0', z_0')$ aufspalten in drei Einzelschritte parallel zur x-Achse, zur y-Achse und zur z-Achse. Dabei hängt der Teilschritt in z-Richtung infolge des funktionalen Zusammenhangs von den Teilschritten in x-Richtung und in y-Richtung ab. In Analogie zum zweidimensionalen Fall kann man den Teilschritt in x-Richtung durch das Produkt aus der Strecke Δx und der – in diesem Fall partiellen – Ableitung, also der Steigung in x-Richtung, beschreiben. Da für die y-Richtung entsprechendes gilt, ergibt sich

$$\frac{\Delta z_x}{\Delta x} = \frac{\partial f(x, y)}{\partial x} \qquad \frac{\Delta z_y}{\Delta y} = \frac{\partial f(x, y)}{\partial y}$$

$$\Rightarrow \quad \Delta z = \Delta z_x + \Delta z_y = \left(\frac{\partial f(x, y)}{\partial x}\right) \Delta x + \left(\frac{\partial f(x, y)}{\partial y}\right) \Delta y.$$

Die Grenzbetrachtung $\Delta z \to dz$ führt zum totalen Differential der Funktion z = f(x, y).

$$dz = d f(x, y) = \left(\frac{\partial f(x, y)}{\partial x}\right) dx + \left(\frac{\partial f(x, y)}{\partial y}\right) dy.$$

Da der Punkt P_0' im dreidimensionalen Fall nicht auf der Tangente, sondern auf der Tangentialebene zu f(x, y) in P liegt, beschreibt das totale Differential also eine differentielle Verschiebung von P nach P_0' auf der Tangentialebene. Die Tangentialebene wiederum stellt in differentieller Nähe des Punktes P eine gute Näherung für den Verlauf der Funktion selbst dar, so daß man anschaulich in guter Näherung den Punkt P_0' als Punkt der Funktion selbst ansetzen kann und daher durch das totale Differential eine näherungsweise Beschreibung für den Verlauf der Funktion selbst erhält.

Eine besonders einsichtige Darstellung dieser Problematik liefert die Fehlerrechnung und da speziell die Fehlerfortpflanzung. Dazu ein einfaches Beispiel.

3.3.14. Beispiel.

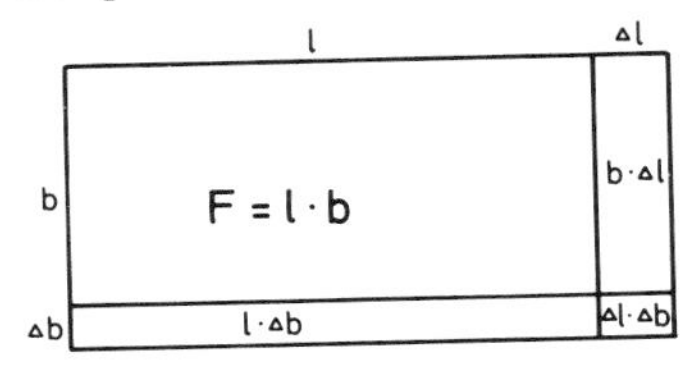

Abb. 3.18: Zur Fehlerrechnung bei der Flächenberechnung eines Rechtecks

Gesucht ist der Fehler, der bei einer Flächenberechnung aus Längenmessungen und Breitenmessungen gemacht wird. Die Länge ℓ des Rechtecks sei mit einem Fehler $\Delta\ell$ und die Breite b mit Δb behaftet. Für die gesuchte Fläche gilt also

$$F = \ell \cdot b$$

$$F + \Delta F = (\ell + \Delta\ell)(b + \Delta b) = \ell \cdot b + \Delta\ell \cdot b + \Delta b \cdot \ell + \Delta\ell \cdot \Delta b.$$

Dann ergibt sich für den Fehler ΔF

$$\Delta F = \Delta b \cdot \ell + \Delta\ell \cdot b + \Delta\ell \cdot \Delta b.$$

Da man das Produkt $\Delta\ell \cdot \Delta b$ wegen der sehr geringen Größen von $\Delta\ell$ und Δb gegen die Werte $\Delta\ell \cdot b$ und $\Delta b \cdot \ell$ vernachlässigen kann, folgt für den Fehler weiter

$$\Delta F \approx \ell \cdot \Delta b + b \cdot \Delta\ell.$$

Bildet man nun die partiellen Ableitungen

$$\frac{\partial F}{\partial b} = \ell \quad \text{und} \quad \frac{\partial F}{\partial \ell} = b$$

so erhält man mit

$$\Delta F = \frac{\partial F}{\partial b}\Delta b + \frac{\partial F}{\partial l}\Delta\ell$$

einen Term, der mit dem totalen Differential der Funktion $F = F(\ell, b)$ übereinstimmt, sofern man vom Unterschied zwischen Differenzen und Differentialen absieht. Dieser Unterschied ist aber nur bei der mathematischen, nicht aber bei der experimentellen Bearbeitung des Problems von Bedeutung.

4 Integralrechnung

4.1 Das unbestimmte Integral

In diesem Kapitel soll zunächst der Begriff der Integralrechnung geklärt werden, ehe Regeln erläutert werden, nach denen vorliegende Funktionen integriert werden können.

Betrachtet man die Aufgabe, eine Funktion zu differenzieren, als Abbildungsvorschrift, d.h. definiert man eine Abbildung $f = \frac{d}{dx}$: „gegebene Funktion differenzieren", so ist eine Umkehrabbildung denkbar, d.h. eine Rechenoperation, die den Schritt des Differenzierens rückgängig macht. Diese Umkehrabbildung $f^{-1} = \int dx$ nennt man „Integration", d.h. Aufgabe der Integration ist es, eine Funktion F(x) zu finden, deren Ableitung $\frac{dF(x)}{dx} = f(x)$ gegeben ist. Dabei ergeben sich jedoch Probleme, wie an einem Beispiel gezeigt werden soll.

4.1.1. Beispiel. Gegeben seien die Funktionen

$$F_1(x) = 3x^2 + 6x + 5$$
$$F_2(x) = 3x^2 + 6x$$
$$F_3(x) = 3x^2 + 6x - 3.$$

Diese drei Funktionen unterschieden sich deutlich und haben dennoch mit

$$f(x) = \frac{dF_1(x)}{dx} = \frac{dF_2(x)}{dx} = \frac{dF_3(x)}{dx} = 6x + 6$$

dieselbe Ableitung.

Will man nun den Schritt der Differentiation rückgängig machen, d.h. will man integrieren, so sind unter anderen auch die drei folgenden Lösungen möglich:

$$\int f(x)\,dx = \int (6x+6)\,dx = \begin{cases} 3x^2 + 6x + 5 = F_1(x) \\ 3x^2 + 6x = F_2(x) \\ 3x^2 + 6x - 3 = F_3(x). \end{cases}$$

An diesem Beispiel zeigt sich bereits, daß die Abbildung „Integration einer Funktion" nicht eindeutig ist. Betrachtet man jedoch die Lösungen der Integration in 4.1.1 genauer, so fällt auf, daß sich die Funktionen $F_i(x)$ nur im Wert des absoluten Gliedes unterscheiden. Für dieses Beispiel kann man also auch eindeutig schreiben

$$\int f(x)\,dx = \int (6x + 6)\,dx = 3x^2 + 6x + C,$$

wobei C eine Konstante, die „**Integrationskonstante**", darstellt und für das absolute Glied der Lösungsfunktion steht.
Damit ergibt sich der erste Satz.

4.1.2. Satz. Sind $F_1(x)$ und $F_2(x)$ in einem abgeschlossenen Intervall I differenzierbar und gilt

$$\frac{d\,F_1(x)}{dx} = \frac{d\,F_2(x)}{dx},$$

so unterscheiden sich die Funktionen F_1 und F_2 nur um eine additive Konstante, d.h. es gilt

$$F_1(x) = F_2(x) + C.$$

Abgesehen von der Integrationskonstanten ist die Integration also eindeutig, so daß die folgende Definition möglich wird.

4.1.3. Definition. Existiert in einem abgeschlossenen Intervall I zu einer Funktion f(x) eine zweite Funktion F(x) mit der Eigenschaft

$$\frac{d\,F(x)}{dx} = f(x),$$

so heißt die Funktion F(x) die **Stammfunktion** oder das **unbestimmte Integral von f(x),** und man schreibt

$$F(x) = \int f(x)\,dx.$$

Ebenso wie die Eigenschaft „differenzierbar" ist auch die Eigenschaft „integrierbar" für jede Funktion nicht selbstverständlich und daher stets neu zu überprüfen. Z.B. ist die Funktion

$$f(x) = \begin{cases} 1 & \text{für } x \geqslant 0 \\ -1 & \text{für } x < 0 \end{cases}$$

über dem Intervall $I = [-1; 1]$ nicht integrierbar. Es gibt zwar eine Funktion $F_1(x) = x + C_1$ mit $x \in [0; 1]$ und $\frac{d\,F_1(x)}{dx} = f(x)$ und eine weitere Funktion $F_2(x) = -x + C_2$ mit $x \in [-1; 0)$ und $\frac{d\,F_2(x)}{dx} = f(x)$, die man zusammenfassen kann zu $F(x) = |x| + C$ mit $x \in [-1; 1]$. Die Funktion F(x) kann jedoch nicht Stammfunktion zu f(x) sein, da F(x) in $x = 0$ nicht differenzierbar ist.

An diesem Beispiel wird deutlich, daß man im Prinzip jede Funktion zunächst auf ihre Integrierbarkeit untersuchen muß. Dabei spielt selbstverständlich auch das betrachtete Integrationsintervall eine Rolle, wie man ebenfalls am obigen Beispiel erkennen kann, denn $F(x) = |x| + C$ ist zwar Stammfunktion zu f(x) bezüglich $I_1 = (0; 1)$, nicht aber bezüglich $I_2 = [0; 1]$. Andererseits sind in den experimentellen Naturwissenschaften die meisten Funktionen integrierbar, so daß sich die Frage der Integrierbarkeit in den meisten Fällen mit der Wahl der richtigen Integrationsregel bereits beantwortet. Damit erübrigen sich jedoch gesonderte Betrachtungen in den meisten Fällen.

Normalerweise stellt sich die Aufgabe so, daß zu einer gegebenen Funktion f(x) die Stammfunktion F(x) gesucht werden muß. Wie man Beispiel 4.1.1. gezeigt wurde, ist dieses bis auf die unbestimmte Integrationskonstante – daher „unbestimmte Integration" – eindeutig möglich. Betrachtet man weiter die Integralrechnung als Umkehrung der Differentialrechnung, so kann man aus 3.1.8. direkt die Stammfunktionen zu einigen gegebenen Beziehungen entnehmen. So gilt z.B. in Übereinstimmung mit 3.1.8.

$$\int \cos x \, dx = \sin x + C.$$

Darüberhinaus seien noch einige weitere „Grundintegrale" aufgelistet:

4.1.4. Grundintegrale (über die Umkehrung von 3.1.8. hinaus)

$$\int e^x dx = e^x + C$$

$$\int \ln x \, dx = x(\ln x - 1) + C$$

$$\int \tan x \, dx = -\ln|\cos x| + C$$

$$\int \cot x \, dx = \ln|\sin x| + C$$

$$\int \operatorname{arc} \sin x \, dx = x \cdot \operatorname{arc} \sin x + \sqrt{1-x^2} + C$$

$$\int \operatorname{arc} \cos x \, dx = x \cdot \operatorname{arc} \cos x - \sqrt{1-x^2} + C$$

$$\int \operatorname{arc} \tan x \, dx = x \cdot \operatorname{arc} \tan x - \frac{1}{2} \cdot \ln(1+x^2) + C$$

$$\int \operatorname{arc} \cot x \, dx = x \cdot \operatorname{arc} \cot x + \frac{1}{2} \cdot \ln(1+x^2) + C$$

$$\int \tan h \, x \, dx = \ln(\cos h \, x) + C$$

$$\int \cot h \, x \, dx = \ln|\sin h \, x| + C$$

$$\int \operatorname{ar} \sin h \, x \, dx = x \cdot \operatorname{ar} \sin h \, x - \sqrt{1+x^2} + C$$

$$\int \operatorname{ar} \cos h \, x \, dx = x \cdot \operatorname{ar} \cos h \, x - \sqrt{x^2-1} + C$$

$$\int \operatorname{ar} \tan h \, x \, dx = x \cdot \operatorname{ar} \tan h \, x + \frac{1}{2} \ln|1-x^2| + C$$

$$\int \operatorname{ar} \cot h \, x \, dx = x \cdot \operatorname{ar} \cot h \, x - \frac{1}{2} \ln|1-x^2| + C.$$

Für die folgenden Untersuchungen bleibt weiter festzuhalten, daß das unbestimmte Integral stets eine Funktion darstellt, wobei die Integrationskonstante ein wesentlicher Bestandteil ist.

In bezug auf die Integrationskonstante ist schließlich eine weitere Bemerkung notwendig. Es besteht kein Unterschied im möglichen Wert der Integrationskonstanten, ob man diese direkt als Zahlenwert oder in Form eines Logarithmus, eines Quadrates oder vielleicht auch einer Wurzel darstellt, immer ist eine konstante Zahl gegeben. So kann man z.B. schreiben

$$\begin{aligned} 4 &= C \\ &= \ln C_1 \quad \text{mit } C_1 = 54{,}60 \\ &= \sqrt{C_2} \quad \text{mit } C_2 = 16 \\ &= C_3^2 \quad \text{mit } C_3 = 2 \\ &= -C_4 \quad \text{mit } C_4 = -4 \end{aligned}$$

usw.

Man kann also die Integrationskonstante in verschiedenen Formen darstellen und damit erhebliche Vereinfachungen erreichen. Dieses wird insbesondere in der logarithmischen Darstellung sehr oft praktiziert. So ergibt sich z.B. aus 3.1.8.

$$\int \frac{1}{x} dx = \ln x + C_1.$$

Setzt man $C_1 = \ln C$, so ergibt sich weiter

$$\int \frac{1}{x} dx = \ln x + \ln C$$
$$= \ln C \cdot x.$$

Da Rechnungen dieser Art einen sehr wichtigen Weg zur Vereinfachung von Lösungsgleichungen bilden, werden sie im folgenden Teil noch oft benutzt, ohne daß ausdrücklich darauf hingewiesen wird. Weiter sollen die Integratkonskonstanten aus einzelnen Integrationsschritten sofort zusammengefaßt werden, ohne daß diese Zwischenschritte aufgeführt werden.

Anders als bei der Differentialrechnung ist es bei der Integralrechnung besonders schwierig, allgemeingültige Integrationsregeln aufzustellen, nach denen man stets vorgehen kann, wenn es darum geht, eine vorliegende Funktion zu integrieren. Vielmehr muß man durch Probieren oder durch Erfahrung für jeden Fall die richtige Regel finden, was mitunter ziemlich umständlich werden kann und manchmal gar nicht zum erwünschten Ziel führt. Die einzige Regel, die grundsätzlich in jedem Fall schnell erkannt und leicht angewandt werden kann, bezieht sich auf die Integration von Summen.

4.1.5. Satz (Summenregel). Gegeben sei die Funktion $f(x) = a \cdot g(x) + b \cdot h(x)$ mit $a, b \in \mathbb{R}$. Sind die Funktionen $g(x)$ und $h(x)$ über einem Intervall I unbestimmt integrierbar, so gilt

$$\int f(x)\, dx = \int (a \cdot g(x) + b \cdot h(x))\, dx = a \int g(x)\, dx + b \int h(x)\, dx.$$

Diese Regel ermöglicht insbesondere die Integration von Polynomen.

4.1.6. Beispiel.

$$\int \left(5x^2 - 6x + 4 - \frac{1}{x^2} + \sqrt{x}\right) dx = 5 \cdot \int x^2\, dx - 6 \cdot \int x dx + 4 \cdot \int dx - \int \frac{dx}{x^2} + \int x^{1/2}\, dx$$
$$= 5 \cdot \frac{1}{3}x^3 - 6 \cdot \frac{1}{2}x^2 + 4x - \left(-\frac{1}{x}\right) + \frac{2}{3}x^{3/2} + C$$
$$= \frac{5}{3}x^3 - 3x^2 + 4x + \frac{1}{x} + \frac{2}{3}\sqrt{x^3} + C.$$

Stellt die Regel 4.1.5. eine stets brauchbare Umkehrung der Summenregel 3.1.12. dar, so ist die Umkehrung der Produktregel 3.1.14. nur in Spezialfällen für die Integration verwendbar. Die Produktregel der Differentialrechnung lautet nach 3.1.14.

$$\frac{d(g(x) \cdot h(x))}{dx} = g(x) \cdot \frac{d\,h(x)}{dx} + h(x) \cdot \frac{d\,g(x)}{dx}.$$

Umformung und Anwendung von 4.1.5. ergibt die entsprechende Regel für die Integralrechnung

$$g(x) \cdot \frac{d\,h(x)}{dx} = \frac{d(g(x) \cdot h(x))}{dx} - h(x) \cdot \frac{d\,g(x)}{dx}$$

$$\curvearrowright \int g(x) \cdot \frac{d\,h(x)}{dx}\,dx = \int \left[\frac{d(g(x) \cdot h(x))}{dx} - h(x) \cdot \frac{d\,g(x)}{dx}\right] dx$$

$$= \int \frac{d(g(x) \cdot h(x))}{dx}\,dx - \int h(x) \cdot \frac{d\,g(x)}{dx}\,dx$$

$$= g(x) \cdot h(x) - \int h(x) \cdot \frac{d\,g(x)}{dx}\,dx.$$

4.1.7. Satz (Produktintegration). Sind die Funktionen $g(x)$ und $h(x)$ im Intervall I differenzierbar, besitzt dort $h(x) \cdot \frac{d\,g(x)}{dx}$ eine Stammfunktion, so besitzt auch $g(x) \cdot \frac{d\,h(x)}{dx}$ eine Stammfunktion, und es gilt

$$\int f(x)\,dx = \int g(x) \cdot \frac{d\,h(x)}{dx}\,dx = g(x) \cdot h(x) - \int h(x) \cdot \frac{d\,g(x)}{dx}\,dx.$$

Dabei ist zu beachten, daß die Produktintegration nicht bei jeder Produktfunktion zum gewünschten Ziel führt. So beziehen sich z.B. die Regeln 4.1.9., 4.1.11. und 4.1.13. ebenfalls auf spezielle Produktfunktionen, ohne daß man generell sagen kann, wann welche Regel anzuwenden ist. Schließlich kann noch eine weitere Erschwerung auftreten: bei manchen Funktionen hängt die erfolgreiche Anwendung der Regel 4.1.7. auch noch davon ab, welchen der beiden Faktoren man mit $g(x)$ und welchen man mit $\frac{d\,h(x)}{dx}$ bezeichnet. Das soll im ersten Beispiel besonders gezeigt werden.

4.1.8. Beispiele.

1. Gesucht wird die Stammfunktion zu $f(x) = x \cdot \sin x$.

   a) Setzt man $g(x) = x$ mit $\frac{d\,g(x)}{dx} = 1$ und $\frac{d\,h(x)}{dx} = \sin x$ mit $h(x) = -\cos x$, so ergibt sich nach 4.1.7.

$$\int f(x)\,dx = \int x \cdot \sin x\,dx = g(x) \cdot h(x) - \int h(x) \cdot \frac{d\,g(x)}{dx}\,dx$$

$$= x \cdot (-\cos x) - \int 1 \cdot (-\cos x)\,dx$$

$$= -x \cdot \cos x + \int \cos x\,dx$$

$$= -x \cdot \cos x + \sin x + C.$$

b) Setzt man dagegen $g(x) = \sin x$ mit $\frac{d\,g(x)}{dx} = \cos x$ und $\frac{d\,h(x)}{dx} = x$ mit $h(x) = \frac{1}{2}x^2$, so erhält man nach 4.1.7.

$$\int x \cdot \sin x \; dx = \frac{1}{2}x^2 \cdot \sin x - \frac{1}{2}\int x^2 \cos x \; dx.$$

Die „Lösung" bildet also ein neues Integral, das wiederum nach 4.1.7. bearbeitet werden muß. Benennt man analog, so wächst die Potenz von x weiter an, so daß man nie zu einer Lösung kommt.

An diesem Beispiel erkennt man, daß mitunter die Benennung der Terme $g(x)$ und $\frac{d\,h(x)}{dx}$ von großem Einfluß auf die Lösbarkeit eines Integrals sein kann.

2. Am Beispiel der Funktion $f(x) = x^2 \sin x$ soll nun gezeigt werden, daß man manchmal die Regel 4.1.7. auch mehrfach anwenden muß, um schließlich die Stammfunktion zu finden.

$$\int x^2 \cdot \sin x \; dx = -x^2 \cos x - 2\int x \cdot (-\cos x)\, dx$$

$$\text{mit } g_1(x) = x^2 \text{ und } \frac{d\,h_1(x)}{dx} = \sin x$$

$$= -x^2 \cos x + 2(x \sin x - \int 1 \cdot \sin x \; dx)$$

$$\text{mit } g_2(x) = x \text{ und } \frac{d\,h_2(x)}{dx} = \cos x$$

$$= -x^2 \cos x + 2x \sin x + 2 \cos x + C.$$

3. Gesucht ist die Stammfunktion zu $f(x) = \ln x$ mit $x > 0$. Setzt man $g(x) = \ln x$ mit $\frac{d\,g(x)}{dx} = \frac{1}{x}$ und $\frac{d\,h(x)}{dx} = 1$ mit $h(x) = x$, so ergibt sich nach 4.1.7.

$$\int f(x)\, dx = \int \ln x \; dx = \int 1 \cdot \ln x \; dx$$

$$= x \cdot \ln x - \int \frac{1}{x} \cdot x\, dx$$

$$= x \cdot \ln x - x + C.$$

4. Gesucht ist die Stammfunktion zu $f(x) = \frac{\ln x}{x^2}$ mit $x > 0$. Setzt man $g(x) = \ln x$ mit $\frac{d\,g(x)}{dx} = \frac{1}{x}$ und $\frac{d\,h(x)}{dx} = \frac{1}{x^2}$ mit $h(x) = -\frac{1}{x}$, so ergibt sich nach 4.1.7.

$$\int f(x)\, dx = \int \frac{\ln x}{x^2}\, dx = -\frac{1}{x} \cdot \ln x - \int \frac{1}{x} \cdot (-\frac{1}{x})\, dx$$

$$= -\frac{1}{x}\ln x + \int \frac{1}{x^2}\, dx$$

$$= -\frac{1}{x}\ln x - \frac{1}{x} + C.$$

5. Gesucht wird die Stammfunktion zu $f(x) = \sin^2 x$. Setzt man $g(x) = \sin x$ und $\frac{d\,h(x)}{dx} = \sin x$, so ergibt sich nach 4.1.7.

$$\begin{aligned}\int f(x)\,dx = \int \sin^2 x\,dx &= -\sin x \cos x - \int \cos x\,(-\cos x)\,dx \\ &= -\sin x \cos x + \int \cos^2 x\,dx \\ &= -\sin x \cos x + \int (1 - \sin^2 x)\,dx \\ &= -\sin x \cos x + x - \int \sin^2 x\,dx.\end{aligned}$$

Bringt man nun $\int \sin^2 x\,dx$ auf die linke Seite der Gleichung, so erhält man das gesuchte Ergebnis

$$2\int \sin^2 x\,dx = -\sin x \cos x + x + C$$

$$\Leftrightarrow \quad \int \sin^2 x\,dx = \frac{1}{2}(-\sin x \cos x + x + C).$$

6. Gesucht wird die Stammfunktion zu $f(x) = \operatorname{arc\,sin} x$. Setzt man $g(x) = \operatorname{arc\,sin} x$ mit $\frac{d\,g(x)}{dx} = \frac{1}{\sqrt{1-x^2}}$ und $\frac{d\,h(x)}{dx} = 1$ mit $h(x) = x$, so erhält man nach 4.1.7. die Gleichung

$$\int f(x)\,dx = \int \operatorname{arc\,sin} x\,dx = x \cdot \operatorname{arc\,sin} x - \int \frac{x}{\sqrt{1-x^2}}\,dx.$$

Das in dieser Gleichung noch enthaltene Integral wird nach Regel 4.1.9. im Vorgriff gelöst.

$$\int f(x) = x \cdot \operatorname{arc\,sin} x + \sqrt{1-x^2} + C.$$

Betracht man diese Beispiele etwas genauer, so fällt auf, daß bei der Integration von $\frac{d\,h(x)}{dx}$ nach $h(x)$ jeweils die Integrationskonstante weggelassen wurde. Diese gebräuchliche „Unkorrektheit" ist zulässig, da diese Integrationskonstante im Verlauf des gesamten Rechenweges herausfallen würde, wie man anhand der Beispiele schnell nachprüfen kann.

Stellt die Produktintegration eine Umkehrung der Produktregel der Differentialrechnung dar, so gehen auf die Kettenregel gleich mehrere Integrationsregeln zurück, indem sie Spezialfälle aufgreifen. Die am meisten gebrauchte dieser Regel ist die Substitutionsmethode.

4.1.9. Satz (Substitutionsregel). Sei mit $F(g) = \int f(g)\,dg$ eine Stammfunktion zu $f(g)$, sowie weiter eine reellwertige Funktion $g = g(x)$ gegeben, dann ist $F(g(x))$ Stammfunktion von $f(g(x)) \cdot \frac{d\,g(x)}{dx}$, und es gilt

$$\int f(g(x)) \cdot \frac{d\,g(x)}{dx}\,dx = \int f(g)\,dg = F(g) + C = F(g(x)) + C.$$

Diese Regel besagt, daß man in der zu integrierenden Funktion die Variable sowie deren Differential ersetzen kann, um den Weg der Integration zu erleichtern. Dabei wird im allgemeinen die innere Funktion substituiert, wie in den folgenden Beispielen gezeigt wird. In einigen Sonderfällen wird jedoch eine Substitution gewählt, deren Sinn zunächst nicht einsehbar erscheint. Grundprinzip bleibt jedoch stets, daß man die Substitution so zu wählen hat, daß die zu integrierende Funktion in ein Grundintegral überführt wird.

4.1.10. Beispiele.

1. Gesucht wird die Stammfunktion zu $f(x) = \sin 2x$. Substituiert man $g = g(x) = 2x$ mit $\frac{dg}{dx} = 2$ und daraus folgend $dx = \frac{1}{2}\,dg$, so erhält man durch Einsetzen

$$\begin{aligned}\int f(x)\,dx = \int \sin 2x\,dx &= \int \sin g\,dx\\ &= \int \sin g \cdot \frac{1}{2}\,dg\\ &= \frac{1}{2}\int \sin g\,dg\\ &= -\frac{1}{2}\cos g + C \text{ (Rücksubstitution)}\\ &= -\frac{1}{2}\cos 2x + C.\end{aligned}$$

2. Gesucht wird die Stammfunktion zu $f(x) = x \cdot e^{x^2}$. Man substituiert $g = g(x) = x^2$ und erhält damit $\frac{dg}{dx} = 2x$ und $dx = \frac{dg}{2x}$. Setzt man ein, so ergibt sich die Lösung

$$\begin{aligned}\int f(x)\,dx = \int x \cdot e^{x^2}\,dx &= \int x \cdot e^{g}\,dx\\ &= \int x \cdot e^{g} \cdot \frac{dg}{2x}\\ &= \frac{1}{2}\int e^{g}\,dg\\ &= \frac{1}{2}e^{g} + C \text{ (Rücksubstitution)}\\ &= \frac{1}{2}e^{x^2} + C.\end{aligned}$$

3. Gesucht wird die Stammfunktion zu $f(x) = \frac{1}{\sqrt{a^2 + b^2 x^2}}$ mit $a, b \in \mathbb{R}$. Man substituiert $g = g(x) = \frac{b}{a} \cdot x$ und erhält damit $\frac{dg}{dx} = \frac{b}{a}$ und $dx = \frac{a}{b}\,dg$. Eingesetzt ergibt sich die Lösung.

$$\int f(x)\,dx = \int \frac{dx}{\sqrt{a^2 + b^2 x^2}} = \int \frac{dx}{\sqrt{a^2 + a^2 g^2}}$$

$$= \int \frac{\frac{a}{b}\,dg}{a\sqrt{1 + g^2}}$$

$$= \frac{1}{b} \int \frac{dg}{\sqrt{1 + g^2}}$$

$$= \frac{1}{b}\,\text{ar sin h}\; g + C \text{ (Rücksubstitution)}$$

$$= \frac{1}{b}\,\text{ar sin h}\; \frac{b}{a}\,x + C.$$

4. Gesucht wird die Stammfunktion zu $f(x) = \sqrt{1 - x^2}$.
Dieses Integral stellt einen Spezialfall innerhalb der Substitutionen dar. Hat das quadratische Glied des zu integrierenden Wurzelausdrucks ein **negatives** Vorzeichen (positives Vorzeichen vgl. Beispiel 5.), so wird stets die Substitution $g = g(x) = \text{arc sin}\, x$ mit der Umkehrfunktion $x = \sin g$ und damit folgend $\frac{dx}{dg} = \cos g$ und $dx = \cos g\; dg$ gewählt. Damit ergibt sich dann

$$\int f(x)\,dx = \int \sqrt{1 - x^2}\,dx = \int \sqrt{1 - \sin^2 g}\,dx = \int \sqrt{1 - \sin^2 g} \cdot \cos g\,dg.$$

Nach dem trigonometrischen Pythagoras (2.3.33.) folgt

$$\int f(x)\,dx = \int \sqrt{\cos^2 g} \cdot \cos g\,dx = \int \cos^2 g\,dg.$$

Analog zu Beispiel 4.1.8.5. folgt schließlich das Ergebnis

$$\int f(x)\,dx = \frac{1}{2}(g + \sin g \cdot \cos g) + C \text{ (Rücksubstitution)}$$

$$= \frac{1}{2}(\text{arc sin}\, x + x\sqrt{1 - x^2}) + C.$$

5. Gesucht wird die Stammfunktion zu $f(x) = \sqrt{x^2 + 8x + 17}$. Zunächst wird die Funktion umgeformt:

$$f(x) = \sqrt{x^2 + 8x + 17} = \sqrt{x^2 + 8x + 16 + 1} = \sqrt{(x + 4)^2 + 1}.$$

Die zu integrierende Funktion unterscheidet sich von der in Beispiel 4.1.10.4. prinzipiell nur im Vorzeichen des quadratischen Terms, so daß der Lösungsweg ähnlich verläuft. Als erste Substitution wählt man $g = g(x) = x + 4$ und erhält damit $dg = dx$

$$\int f(x)\,dx = \int \sqrt{(x + 4)^2 + 1}\,dx = \int \sqrt{1 + g^2}\,dg.$$

Hier hat das quadratische Glied ein **positives** Vorzeichen, entsprechend wählt man die zweite Substitution zu $i = i(g) = \text{ar sin h}\; g$ und $g = g(i) = \sin h\; i$, so daß man weiter erhält $\frac{dg}{di} = \cos h\, i$ und $dg = \cos h\, i\; di$.

$$\curvearrowright \int f(x)\,dx = \int \sqrt{1 + \sin h^2 i}\; dg = \int \sqrt{1 + \sin h^2 i} \cdot \cos h\, i\; di.$$

Nach dem hyperbolischen Pythagoras (2.3.49.) ergibt sich die Umformung zu

$$\int f(x)\,dx = \int \sqrt{\cos h^2 i} \cdot \cos h\, i\, d\, i = \int \cos h^2\, i\; d\, i.$$

Die Lösung der Aufgabe berechnet sich nun analog zu Beispiel 4.1.8.4. zu

$$\int f(x)\,dx = \frac{1}{2}(i + \sin h\, i \cdot \cos h\, i) + C \qquad \text{(1. Rücksubstitution)}$$

$$= \frac{1}{2}(\text{ar}\sin h\; g + g\sqrt{1 + g^2}) + C \qquad \text{(2. Rücksubstitution)}$$

$$= \frac{1}{2}(\text{ar}\sin h\,(x + 4) + (x + 4)\sqrt{1 + (x + 4)^2}) + C.$$

Wie man an diesen Beispielen erkennen kann, liegt das Grundprinzip der Substitutionsmethode in der Aufgabe, durch eine Substitution das vorliegende Integral in ein Grundintegral zu überführen, das man dann berechnen kann. Im allgemeinen ist leicht zu erkennen, welche Substitution dazu benötigt wird. Doch gibt es auch weniger übersichtliche Fälle, deren häufigste in den Beispielen ebenfalls durchgerechnet wurden.

Eine weitere, vielleicht ebenso wichtige Integrationsregel ist die logarithmische Integration. Diese Regel stellt die Umkehrung der Kettenregel für den speziellen Fall dar, daß die äußere einer geschachtelten Funktion logarithmisch ist.

4.1.11. Satz (logarithmische Integration). Stellt die zu integrierende Funktion f(x) einen Bruch dar, bei dem die Zählerfunktion die Ableitung der Nennerfunktion bildet, so ist die gesuchte Stammfunktion gleich dem natürlichen Logarithmus des Betrages der Nennerfunktion

$$\int f(x)\,dx = \int \frac{g'(x)}{g(x)}\,dx = \int \frac{\frac{dg(x)}{dx}}{g(x)}\,dx = \ln|g(x)| + C.$$

Diese Regel ist in der Ausführung eine der einfachsten Integrationsanleitungen, da es lediglich darauf ankommt, die Anwendbarkeit der Regel zu erkennen. Dazu sind mitunter einige einfache Umformungen notwendig, was anhand der Beispiele noch gezeigt werden soll. Desweiteren finden hier die Bemerkungen eine erste Anwendung, die auf Seite 117 in bezug auf die Darstellung der Integrationskonstante gemacht wurden. Auch das wird an den Beispielen ausführlich gezeigt.

4.1.12. Beispiele.

1. Gesucht wird die Stammfunktion zu $f(x) = \frac{x}{1 + x^2}$. Formt man die Funktion um zu $f(x) = \frac{1}{2} \cdot \frac{2x}{1 + x^2}$, so entsteht im Nenner die Funktion $g(x) = 1 + x^2$

und im Zähler deren Ableitung $\frac{d\,g(x)}{dx} = 2x$. Damit kann Regel 4.1.11. angewandt werden.

$$\int f(x)\,dx = \frac{1}{2}\int \frac{2x}{1+x^2}\,dx = \frac{1}{2}(\ln|1+x^2| + C_1) \qquad (1+x^2>0)$$

$$= \frac{1}{2}\ln(1+x^2) + \ln C \quad \text{mit } C_1 = 2\ln C$$

$$= \ln C \cdot \sqrt{1+x^2}.$$

2. Gesucht wird die Stammfunktion zu $f(x) = \tan x$. Ersetzt man den Tangens nach Definition $\tan x = \frac{\sin x}{\cos x}$, so steht im Nenner die Funktion $g(x) = \cos x$ und im Zähler – bis auf das Vorzeichen – deren Ableitung. Nach 4.1.11. folgt folgt.

$$\int f(x)\,dx = \int \tan x\,dx = -\int \frac{-\sin x}{\cos x}\,dx$$

$$= -\ln|\cos x| + \ln C$$

$$= \ln\left|\frac{C}{\cos x}\right|.$$

3. Gesucht wird die Stammfunktion zu $f(x) = \frac{1}{(1+x^2)\,\text{arc cot}\,x}$. Eine einfache Umformung führt sofort zum gesuchten Ergebnis

$$\int f(x)\,dx = \int \frac{dx}{(1+x^2)\,\text{arc cot}\,x} = -\int \frac{-\frac{1}{1+x^2}}{\text{arc cot}\,xx}\,dx$$

$$= -\ln|\text{arc cot}\,x| + \ln C \quad \text{arc cot} > 0$$

$$= \ln \frac{C}{\text{arc cot}\,x}.$$

Schließlich ist noch eine dritte Integrationsregel auf eine Umkehrung eines Spezialfalls der Kettenregel zurückzuführen. Allerdings wird diese Regel erheblich seltener benötigt als die Substitutionsregel und die logarithmische Integration.

4.1.13. Satz. Stellt die zu integrierende Funktion $f(x)$ ein Produkt dar, bei dem der eine Faktor eine Potenz n einer Funktion $g(x)$ und der andere Faktor die Ableitung $\frac{d\,g(x)}{dx}$ bildet, so ist $f(x)$ integrierbar, und es gilt

$$\int f(x)\,dx = \int \frac{d\,g(x)}{dx} \cdot (g(x))^n\,dx = \frac{1}{n+1}(g(x))^{n+1} + C.$$

4.1.14. Beispiele.

1. $$\int f(x)\,dx = \int \cos x \cdot \sin^3 x\,dx = \int \frac{d \sin x}{dx} \cdot \sin^3 x\,dx$$
$$= \frac{1}{4} \sin^4 x + C.$$

2. $$\int f(x)\,dx = \int x\sqrt{1+x^2}\,dx = \frac{1}{2} \cdot \int 2x\,(1+x^2)^{1/2}\,dx$$
$$= \frac{1}{2} \cdot \int \frac{d\,(1+x^2)}{dx} \cdot (1+x^2)^{1/2}\,dx$$
$$= \frac{1}{2} \cdot \frac{2}{3} \cdot (1+x^2)^{3/2} + C$$
$$= \frac{1}{3} (1+x^2) \sqrt{1+x^2} + C.$$

3. $$\int f(x)\,dx = \int \frac{x\,dx}{x^4 - 4x^2 + 4} = \frac{1}{2} \int \frac{2x}{(x^2-2)^2}\,dx$$
$$= \frac{1}{2} \int \frac{d\,(x^2-2)}{dx} \cdot (x^2-2)^{-2}\,dx$$
$$= \frac{1}{2} (-1)\,(x^2-2)^{-1} + C$$
$$= -\frac{1}{2(x^2-2)} + C.$$

Die letzte der wichtigsten Integrationsregeln wurde bereits im Zusammenhang der Partialbruchzerlegung 2.1.23. bis 2.1.25. prinzipiell vorbereitet.

4.1.15. Satz (Integration durch Partialbruchzerlegung). Ist für eine rationale Funktion f(x) eine Zerlegung in Partialbrüche gemäß 2.1.23. oder 2.1.25. möglich, so ist die Stammfunktion von f(x) gleich der Summe der Stammfunktionen aller Partialbrüche.

Dieser Satz stellt einen Sonderfall innerhalb der Gesamtheit der Integrationsregeln dar, denn er kann nicht auf eine Differentiationsregel zurückgeführt werden. Exakt gibt dieser Satz auch lediglich eine Anleitung, wie man eine rationale Funktion vor der Integration umformen kann, um sie dann unter Verwendung der anderen Integrationsregeln – insbesondere der Summenregel – zu integrieren. Das soll an einigen Beispielen erläutert werden.

4.1.16. Beispiele.

1. In 2.1.22. wurde eine unecht gebrochene rationale Funktion, der man zunächst nicht ansieht, daß sie eine Stammfunktion besitzt, durch Polynomdivision umgeformt

$$f(x) = \frac{x^4 + 2x^3 - x - 1}{x^2 - 1} = x^2 + 2x + 1 + \frac{x}{x^2 - 1}.$$

Nach 4.1.5. und 4.1.11. ergibt sich nun die Stammfunktion

$$\int f(x)\,dx = \int \frac{x^4 + 2x^3 - x - 1}{x^2 - 1}\,dx = \int \left(x^2 + 2x + 1 + \frac{x}{x^2 - 1}\right) dx$$

$$= \frac{1}{3}x^3 + x^2 + x - \frac{1}{2}\int \frac{2x}{x^2 - 1}\,dx$$

$$= \frac{1}{3}x^3 + x^2 + x - \ln\sqrt{x^2 - 1} + C.$$

2. Gesucht sei die Stammfunktion zu Beispiel 2.1.24.

$$\int f(x)\,dx = \int \frac{2x^2 + 15x - 14}{x^3 - x^2 - 4x + 4}\,dx = \int \left(-\frac{1}{x-1} + \frac{6}{x-2} - \frac{3}{x+2}\right) dx$$

$$= -\int \frac{dx}{x-1} + 6\int \frac{dx}{x-2} - 3\int \frac{dx}{x+2}$$

$$= -\ln|x-1| + 6\ln|x-2|$$
$$- 3\ln|x+2| + \ln C$$

$$= \ln\left|\frac{C\,(x-2)^6}{(x-1)\,(x+2)^3}\right|.$$

4.2 Das bestimmte Integral

Bei der unbestimmten Integration lag die Aufgabe darin, eine Stammfunktion $F(x)$ zu finden, deren Ableitung mit einer gegebenen Funktion $f(x)$ identisch war. Nun kann man selbstverständlich zu dieser Stammfunktion $F(x)$ Funktionswerte und auch Differenzen von Funktionswerten berechnen. Speziell der Differenzbildung kommt eine besondere Bedeutung zu, so daß man dafür einen neuen Begriff prägte.

4.2.1. Definition. Sei $F(x)$ Stammfunktion zu $f(x)$, dann nennt man den Ausdruck

$$\int_a^b f(x)\,dx = [F(x)]_a^b = F(b) - F(a)$$

das **bestimmte Integral** von $f(x)$ **in den Grenzen von a und b.**

Das bestimmte Integral ergibt also stets einen Zahlenwert (Funktionswert) im Gegensatz zum unbestimmten Integral, das bekanntlich eine Funktion darstellt (vgl. S. 117). Weiter ist zu bemerken, daß die Integrationskonstante bei der Differenzbildung stets herausfällt, so daß man sie gar nicht erst mitschreibt. Das soll am ersten Beispiel gezeigt werden.

4.2.2. Beispiele.

1. $$\int_1^2 x^2\,dx = \left[\frac{1}{3}x^3 + C\right]_1^2 = \left(\frac{1}{3}\cdot 2^3 + C\right) - \left(\frac{1}{3}\cdot 1^3 + C\right)$$
$$= \frac{8}{3} - \frac{1}{3} = \frac{7}{3}.$$

2. $$\int_1^3 \ln x\,dx = [x(\ln x - 1)]_1^3 = 3(\ln 3 - 1) - 1(\ln 1 - 1)$$
$$= 0{,}295837 + 1 = 1{,}295837.$$

Da jeder Berechnung eines bestimmten Integrals stets eine unbestimmte Integration vorausgeht, gelten selbstverständlich für das bestimmte Integral alle Regeln der unbestimmten Integration. Darüberhinaus gibt es noch einige spezielle Regeln, die aber leicht zu verstehen sind und deshalb nur weniger zusätzlicher Bemerkungen bedürfen.

Die ersten Sätze ergeben sich sofort aus der Definition 4.2.1.

4.2.3. Satz. Sei $F(x)$ Stammfunktion zu $f(x)$, dann gilt stets

$$\int_a^a f(x)\,dx = F(a) - F(a) = 0.$$

4.2.4. Satz. Sei $F(x)$ Stammfunktion zu $f(x)$, dann gilt stets

$$\int_a^b f(x)\,dx = F(b) - F(a) = -(F(a) - F(b)) = -\int_b^a f(x)\,dx,$$

d.h. Vertauschung der Integrationsgrenzen führt zum Vorzeichenwechsel beim bestimmten Integral.

Auch der nächste Satz läßt sich sofort aus der Definition 4.2.1. herleiten, denn es gilt

$$\int_a^c f(x)\,dx + \int_c^b f(x)\,dx = (F(c) - F(a)) + (F(b) - F(c))$$
$$= F(b) - F(a)$$
$$= \int_a^b f(x)\,dx.$$

4.2.5. Satz. Sei $f(x)$ über $[a; b]$ bestimmt integrierbar, dann gilt

$$\int_a^b f(x)\,dx = \int_a^c f(x)\,dx + \int_c^b f(x)\,dx$$

für jedes $c \in [a; b]$.

4.2.6. Satz. Die Funktion f(x) und g(x) seien über [a; b] bestimmt integrierbar, sei weiter $f(x) \leqslant g(x)$ für alle $x \in [a; b]$, dann gilt

$$\int_a^b f(x)\,dx \leqslant \int_a^b g(x)\,dx.$$

In diesem Satz steckt zunächst die noch unbewiesene Behauptung, daß aus $f(x) \geqslant 0$ automatisch $\int_a^b f(x)\,dx \geqslant 0$ für alle x aus dem betrachteten Integrationsintervall I folgt, sofern f(x) nur integrierbar ist. Die Richtigkeit dieses Satzes wird im nächsten Kapitel anhand von Beispielen erläutert werden, so daß sie hier vorausgesetzt werden soll. Damit ergibt sich jedoch 4.2.6. sofort, denn aus $f(x) \leqslant g(x)$ folgt $g(x) - f(x) \geqslant 0$ und damit

$$\int_a^b (g(x) - f(x))\,dx = \int_a^b g(x)\,dx - \int_a^b f(x)\,dx \geqslant 0.$$

Neben Beispiel 4.2.2. soll nun alles bisher Gesagte noch einmal an angewandten Beispielen gezeigt werden.

4.2.7. Beispiele.

1. Um einen Körper der Masse m und der spezifischen Wärme c_V von der Temperatur T_1 nach T_2 zu erwärmen, wird die Wärmemenge

   $$Q = m \int_{T_2}^{T_1} c_V\,dT$$

   benötigt. Nach dem Debyeschen T^3-Gesetz verläuft die spezifische Wärme eines Körpers bei sehr tiefen Tempeaturen proportional zu T^3. Für Kupfer gilt speziell

   $$c_V = 8{,}876 \cdot 10^{-7}\, T^3 \frac{J}{g \cdot grd}.$$

   Für einen Kupferblock der Masse 10^3 g wird demnach bei Erwärmung von 1 K auf 10 K die Wärmemenge Q benötigt

   $$Q = 10^3 \int_1^{10} 8{,}876 \cdot 10^{-7}\, T^3\,dT$$

   $$= 8{,}876 \cdot 10^{-4} \left[\frac{1}{4} T^4\right]_1^{10}$$

   $$= 2{,}2188 \text{ Joule.}$$

2. Dehnt sich ein Gas von V_1 nach V_2 aus, so wird dabei die Arbeit

   $$-A = \int_{V_1}^{V_2} p\,dV$$

verrichtet (daher negatives Vorzeichen). Will man speziell die **isotherme Ausdehnungsarbeit** eines idealen Gases untersuchen, so ergibt sich für n Mol Gas

$$A = \int_{V_2}^{V_1} p\, dV = n R T \int_{V_2}^{V_1} \frac{1}{V}\, dV$$

$$= n R T\, [\ln V]_{V_2}^{V_1}$$

$$= n R T\, (\ln V_1 - \ln V_2)$$

$$= n R T \ln \frac{V_1}{V_2}.$$

3. Für das **Trägheitsmoment** eines rotierenden Körpers gilt die Beziehung

$$\Theta = \int r^2\, dm. \quad *$$

a) Ein Stab der Länge l und der Masse M habe die Rotationsachse im Schwerpunkt.

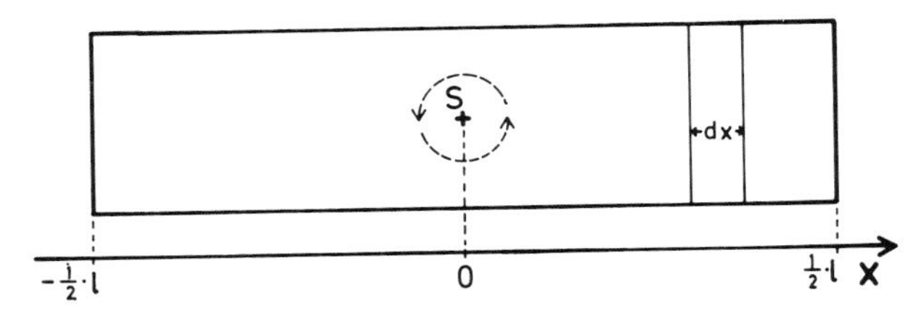

Abb. 4.1: Rotation eines Stabes der Länge ℓ um den Schwerpunkt

Der Massenanteil des Stabes pro Längenelement ist dann $\frac{M}{\ell}$, somit gilt für das differentielle Längenstück die Beziehung

$$dm = \frac{M}{\ell}\, dx.$$

Diese Beziehung wird in Gleichung * eingesetzt, und man erhält für Rotation um den Schwerpunkt

$$\Theta_S = \int_{-\frac{\ell}{2}}^{\frac{\ell}{2}} x^2\, dm = \frac{M}{\ell} \int_{-\frac{\ell}{2}}^{\frac{\ell}{2}} x^2\, dx$$

$$= \frac{M}{\ell} \left[\frac{1}{3} x^3 \right]_{-\frac{\ell}{2}}^{\frac{\ell}{2}}$$

$$= \frac{1}{12}\, M \ell^2.$$

b) Bei Rotation um den Endpunkt des Stabes ergibt sich entsprechend aus Abb. 4.2.

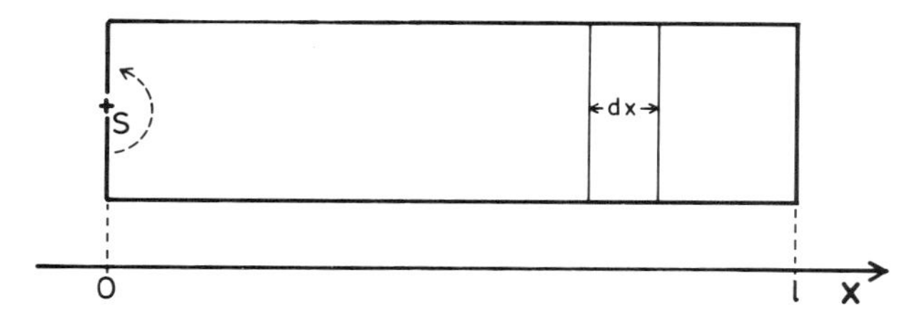

Abb. 4.2: Rotation eines Stabes der Länge ℓ um den Endpunkt

$$\Theta_E = \int_0^\ell x^2\,dm = \frac{M}{\ell}\int_0^\ell x^2\,dx$$

$$= \frac{M}{\ell}\left[\frac{x^3}{3}\right]_0^\ell$$

$$= \frac{1}{3}M\,\ell^2$$

$$= \frac{1}{12}M\,\ell^2 + M\left(\frac{\ell}{2}\right)^2 = \Theta_s + M\left(\frac{\ell}{2}\right)^2.$$

Die letzte dieser Gleichungen ist in der Physik als **„Steinerscher Satz"** bekannt. Auf die physikalische Bedeutung dieser Beziehung soll hier jedoch nicht eingegangen werden.

4.3 Anwendungen des bestimmten Integrals

Bisher wurde das bestimmte Integral einer Funktion f(x) lediglich als abstrakte Größe neben dem unbestimmten Integral hergeleitet, ohne daß auf Verwendungsmöglichkeiten eingegangen wurde. Das soll in diesem Abschnitt nachgeholt werden. Dazu wird zunächst eine spezielle Problemstellung bearbeitet, ehe auf allgemeingültige Gesetzmäßigkeiten geschlossen wird.

4.3.1. Problemstellung. Gegeben sei eine stetige und integrierbare Funktion f(x) in einem abgeschlossenen Intervall I = [a; b]. Gesucht wird die Fläche, die von der Funktion f(x), der x-Achse des Koordinatensystems und den Geraden $x_1 = a$ und $x_2 = b$, also dem Bereich

$$B = \{(x, y) \mid a \leqslant x \leqslant b ; 0 \leqslant y \leqslant f(x)\}$$

gebildet wird (vgl. Abb. 4.3.).

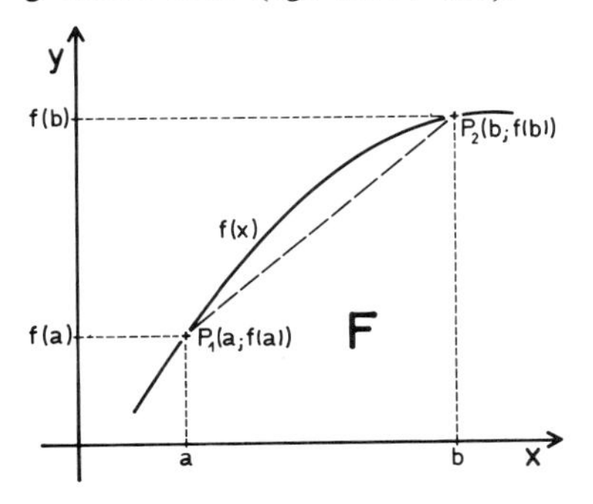

Abb. 4.3: Darstellung der Fläche des Bereiches $B = \{(x; y) \mid a \leqslant x \leqslant b; 0 \leqslant y \leqslant f(x)\}$

Eine erste, allerdings sehr ungenaue, Näherung für die gesuchte Fläche erhält man, wenn man die Punkte P_1 und P_2 aus Abb. 4.3. verbindet und die Fläche F_T des so erhaltenen Trapezes berechnet zu

$$F \approx F_T = \frac{1}{2} (b - a) (f(b) + f(a)).$$

Eine genauere Berechnung der gesuchten Fläche wird möglich, wenn man das Intervall [a; b] in n Teilintervalle der Länge Δx aufteilt. In jedem dieser Teilintervalle kann man den Verlauf der Funktion f(x) durch eine Parallele zur x-Achse annähern, wie in Abb. 4.4. dargestellt.

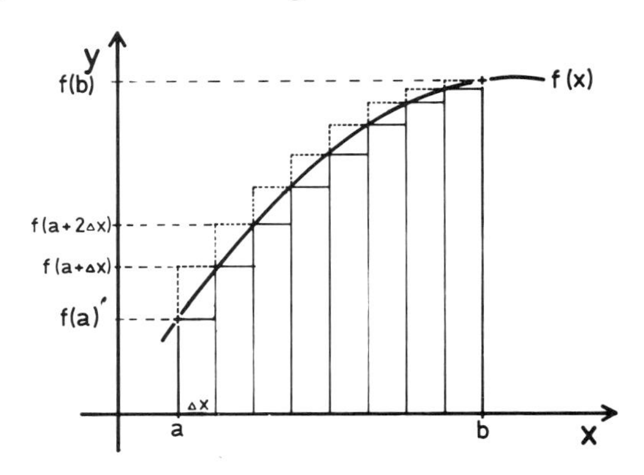

Abb. 4.4: Näherungsweise Darstellung der Funktion f(x) durch eine obere und eine untere Treppenfunktion

Man erhält somit einen treppenförmigen Verlauf der Näherungen, wobei eine „**Treppenfunktion**" oberhalb von f(x) (gestrichelt) und eine unterhalb (dünn gezeichnet) liegt. Bezeichnet man die untere Treppenfunktion mit $f^u(x)$ und die obere mit $f^o(x)$, so ist die Folge der einzelnen Funktionswerte gegeben durch

$$\begin{aligned} f_1^u &= f(a) & f_1^o &= f(a + \Delta x) \\ f_2^u &= f(a + \Delta x) & f_2^o &= f(a + 2 \cdot \Delta x) \\ f_3^u &= f(a + 2 \cdot \Delta x) & f_3^o &= f(a + 3 \cdot \Delta x) \\ &\vdots & &\vdots \\ f_i^u &= f(a + (i-1) \cdot \Delta x) & f_i^o &= f(a + i \cdot \Delta x). \end{aligned}$$

Die Fläche der unteren Treppenfunktion ist gegeben durch die Summe der unteren Rechtecke

$$F^u = \sum_{i=1}^{n} f(a + (i-1)\Delta x) \cdot \Delta x.$$

Entsprechend gilt für die Fläche der oberen Treppenfunktion

$$F^o = \sum_{i=1}^{n} f(a + i\Delta x) \cdot \Delta x.$$

Vergleicht man die Flächen der Treppenfunktionen mit der gesuchten Fläche, so ergibt sich

Dabei wird die Näherung der gesuchten Fläche durch die Flächen der Treppenfunktionen umso genauer, je kleiner die Strecken Δx werden, d.h. bildet man den Grenzwerte $\Delta x \to 0$, so nähern sich die Treppenfunktionen der Funktion f(x) an.

$$\lim_{\substack{n\to\infty \\ \Delta x\to 0}} f_i^u(x) = \lim_{\substack{n\to\infty \\ \Delta x\to 0}} f_i^o(x) = f(x).$$

Entsprechend nähern sich die Flächen an, so daß man schreiben kann

$$\lim_{\substack{n\to\infty \\ \Delta x\to 0}} \sum_{i=1}^{n} f(a + (i-1)\Delta x)\,\Delta x = \lim_{\substack{n\to\infty \\ \Delta x\to 0}} \sum_{i=1}^{n} f(a + i\Delta x)\,\Delta x = F.$$

Ersetzt man nun, wie in der Differentialrechnung bereits geschehen (vgl. 3.1.6.), den Ausdruck $\lim\limits_{\Delta x\to 0} \Delta x$ durch das Differential dx, schreibt man weiter statt

$\lim\limits_{n\to\infty} \sum\limits_{i=1}^{n}$ das Integralzeichen und macht schließlich die flächenbegrenzenden Intervallpunkte a und b als Integrationsgrenzen kenntlich, so erhält man die gesuchte Fläche aus der bestimmten Integration der gegebenen Funktion f(x)

$$F = \int_a^b f(x)\,dx.$$

Durch diese formale Umschreibung ergibt sich ein Zusammenhang zwischen Flächenberechnungen und der bestimmten Integration, ohne daß die Richtigkeit dieses Zusammenhanges bisher bewiesen wurde. Allerdings soll hier auf einen mathematisch exakten Beweis verzichtet werden. Stattdessen soll anhand eines besonders einfachen Beispiels die Richtigkeit des Zusammenhanges gezeigt werden.

4.3.2. Beispiel. Gesucht wird die Fläche des Dreiecks, das von der x-Achse und der Geraden $y = f(x) = x$ im Intervall [0; 5] gebildet wird.

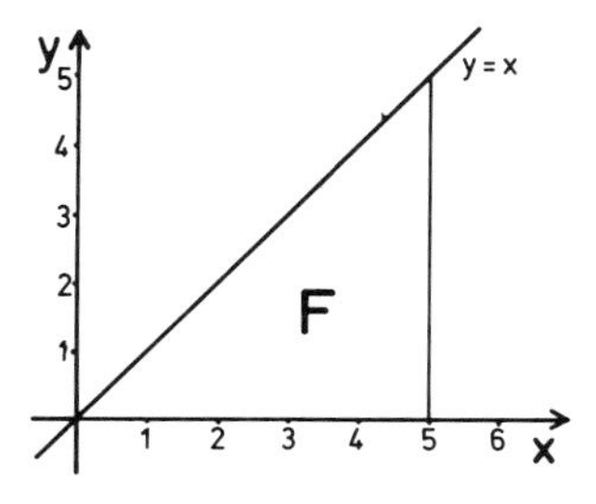

Abb. 4.5: Darstellung der von den Geraden y = x und x = 5 und der x-Achse umschlossenen Fläche F

Zur Berechnung der gesuchten Fläche gibt es zwei Wege:

a) Das Dreieck hat den halben Flächeninhalt des Quadrates mit der Kantenlänge 5

$$F = \frac{1}{2} \cdot x \cdot y$$

$$= \frac{25}{2} \text{ (Flächeneinheiten)}$$

b) Berechung des Flächeninhalts über bestimmte Integration ergibt

$$F = \int_0^5 f(x)\,dx = \int_0^5 x\,dx$$

$$= \left[\frac{1}{2}x^2\right]_0^5$$

$$= \frac{25}{2} \text{ (Flächeneinheiten)}$$

Beide Rechnungen führen also zu demselben Ergebnis.

An einem weiteren Beispiel soll nun gezeigt werden, daß Flächenberechnung und bestimmte Integration aber nicht in jedem Fall gleichzusetzen sind. Dazu sollen Fläche und bestimmtes Integral gegenübergestellt werden.

4.3.3. Beispiel. Gegeben sei die Funktion $f(x) = \sin x$.

Fläche F	bestimmtes Integral I
1. Die Fläche F_1 zwischen $f(x)$ mit $x \in [0; \pi]$ und der x-Achse kann über das bestimmte Integral berechnet werden $F_1 = \int_0^\pi \sin x\,dx$ $= [-\cos x]_0^\pi$ $= 2$ Flächeneinheiten.	$I_1 = \int_0^\pi \sin x\,dx$ $= 2$
2. Die Fläche F_2 zwischen $f(x)$ mit $x \in [\pi; 2\pi]$ und der x-Achse ist wegen der Symmetrie von $f(x)$ gleich F_1 $F_2 = F_1 = 2$ Flächeneinheiten	$I_2 = \int_\pi^{2\pi} \sin x\,dx$ $= [-\cos x]_\pi^{2\pi}$ $= -2$
3. Die Fläche F_3 zwischen $f(x)$ mit $x \in [0; 2\pi]$ und der x-Achse ist gleich der Summe aus F_1 und F_2 $F_3 = F_1 + F_2$ $= 4$ Flächeneinheiten	$I_3 = \int_0^{2\pi} \sin x\,dx$ $= [-\cos x]_0^{2\pi}$ $= 0.$

Vergleicht man das Ergebnis dieser Gegenüberstellung von Flächenberechnung und bestimmter Integration mit dem Verlauf der Sinusfunktion, so fällt auf, daß in dem Intervall, wo die Sinusfunktion unterhalb der x-Achse verläuft, das bestimmte Integral einen negativen Wert annimmt.

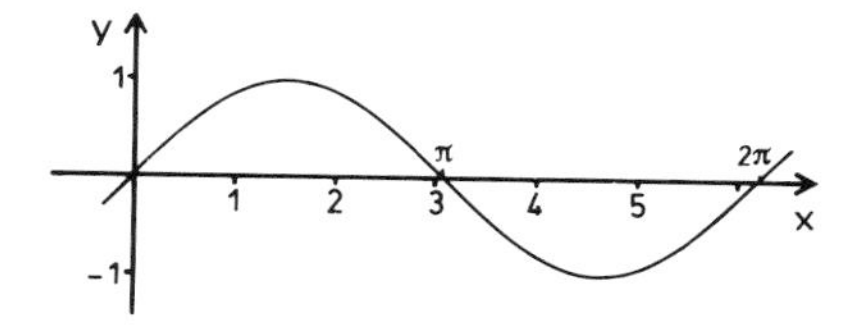

Abb. 4.6: Verlauf der Sinusfunktion

Die Beobachtungen aus den Beispielen 4.3.2. und 4.3.3. kann man verallgemeinern, so daß man den folgenden Satz formulieren kann.

4.3.4. Satz. Die Funktion f(x) sei in einem Intervall [a; b] integrierbar. Ist $f(x) \geqslant 0$ über [a; b], so ist der Flächeninhalt des ebenen Bereiches

$$B_1 = \{(x, y) \mid a \leqslant x \leqslant b;\ 0 \leqslant y \leqslant f(x)\}$$

durch das bestimmte Integral $\int_a^b f(x)\,dx$ gegeben.

Ist $f(x) \leqslant 0$ über [a; b], so ist der Flächeninhalt des ebenen Bereiches

$$B_2 = \{(x; y) \mid a \leqslant x \leqslant b;\ f(x) \leqslant y \leqslant 0\}$$

durch den Betrag des bestimmten Integrals $\left| \int_a^b f(x)\,dx \right|$ gegeben.

Im zweiten Teil dieses Satzes steckt eine Bedingung, die im Zusammenhang mit Satz 4.2.6. bereits benutzt wurde, nämlich, daß aus $f(x) < 0$ stets folgt

$$\int_a^b f(x)\,dx < 0.$$

Weiter ergibt sich als Konsequenz des zweiten Teiles dieses Satzes, daß man bei Flächenberechnungen über die bestimmte Integration stets zunächst die Nullstellen der gegebenen Funktion bestimmen muß, um dann gegebenenfalls das Integrationsintervall in bezug auf die Nullstellen aufzuteilen, ehe man über jedes Einzelintervall getrennt integrieren kann. Das soll an einem weiteren Beispiel erläutert werden.

4.3.5. Beispiel. Gesucht wird die Fläche des Bereiches B, der von der Funktion $f(x) = x^3 - \frac{1}{10}x^5$ und der x-Achse im Intervall $[-2; \sqrt{10}]$ eingeschlossen wird.

Die Nullstellen von f(x) berechnen sich zu (vgl. 3.2.16.)

$$x_{N_1} = 0;\ x_{N_2} = \sqrt{10};\ x_{N_3} = -\sqrt{10}.$$

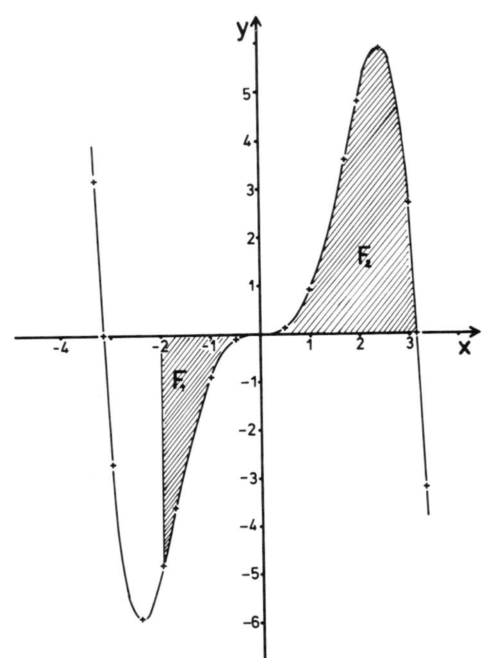

Abb. 4.7: Darstellung der Funktion
$y = x^3 - \frac{1}{10}x^5$ für $x \in [-2; \sqrt{10}]$

Wie man aus Abb. 4.7. weiter entnehmen kann, liegt eine Teilfläche F_1, nämlich für $x \in [-2; 0]$, unterhalb der x-Achse, für diesen Bereich ist also der Betrag des bestimmten Integrals zu berechnen, während die andere Teilfläche F_2 direkt durch das bestimmte Integral gegeben ist.

$$F = F_1 + F_2 = \left| \int_{-2}^{0} (x^3 - \frac{1}{10}x^5)\, dx \right| + \int_{0}^{\sqrt{10}} (x^3 - \frac{1}{10}x^5)\, dx$$

$$= \left| \left[\frac{1}{4}x^4 - \frac{1}{60}x^6 \right]_{-2}^{0} \right| + \left[\frac{1}{4}x^4 - \frac{1}{60}x^6 \right]_{0}^{\sqrt{10}}$$

$$= \left| 0 - \left(\frac{16}{4} - \frac{64}{60} \right) \right| + \left(\frac{10^2}{4} - \frac{10^3}{60} \right)$$

$$= 11{,}2667 \text{ (Flächeneinheiten).}$$

4.3.6. Satz. Die Funktionen f(x) und g(x) seien reellwertig und über [a; b] integrierbar. Sei ferner $f(x) \leqslant g(x)$ für alle $x \in [a; b]$, so hat der Bereich

$$B = \{ (x; y) \mid a \leqslant x \leqslant b;\ f(x) \leqslant y \leqslant g(x) \}$$

den Flächeninhalt

$$F = \int_{a}^{b} (g(x) - f(x))\, dx.$$

Dieser Satz stellt eine Verallgemeinerung des Satzes 4.3.4. dar, denn die Funktion $f(x) = 0$ für alle $x \in [a; b]$ stellt die x-Achse dar. Damit ergibt sich aber 4.3.4. als Spezialfall von 4.3.6. Nach 4.1.5. kann man auch schreiben

$$\int_a^b (g(x) - f(x))\,dx = \int_a^b g(x)\,dx - \int_a^b f(x)\,dx,$$

so daß man den in 4.3.6. beschriebenen Bereich B auch als Differenz aus zwei getrennten Flächen auffassen kann.

4.3.7. Beispiele. Gesucht wird die Fläche, die von den Funktionen $g(x) = e^x$ und $f(x) = -2x$ für $x \in [0; 2]$ gebildet wird, also des Bereiches

$$B = \{(x; y) \mid 0 \leqslant x \leqslant 2; -2x \leqslant y \leqslant e^x\}.$$

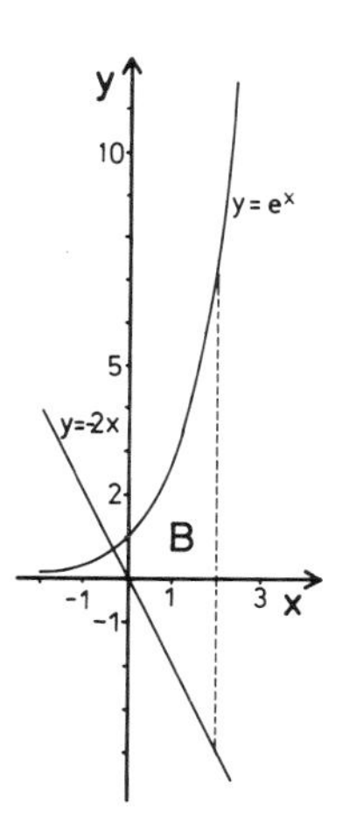

Abb. 4.8: Darstellung des Bereiches $B = \{(x; y) \mid 0 \leqslant x \leqslant 2; -2x \leqslant y \leqslant e^x\}$

Nach 4.3.6. berechnet sich die gesuchte Fläche zu

$$F = \int_0^2 (e^x - (-2x))\,dx = \int_0^2 (e^x + 2x)\,dx$$
$$= \left[e^x + x^2\right]_0^2$$
$$= 10{,}39 \text{ (Flächeneinheiten).}$$

Neben Flächenberechnungen gibt es einige weitere Anwendungsmöglichkeiten des bestimmten Integrals für geometrische Probleme, die allerdings für den Naturwissenschaftler nicht so wichtig sind und deshalb hier auch weniger ausführlich behandelt werden sollen.

4.3.8. Aufgabenstellung. Gesucht wird die Bogenlänge einer Funktion $y = f(x)$ in einem vorgegebenen Intervall $[a; b]$.

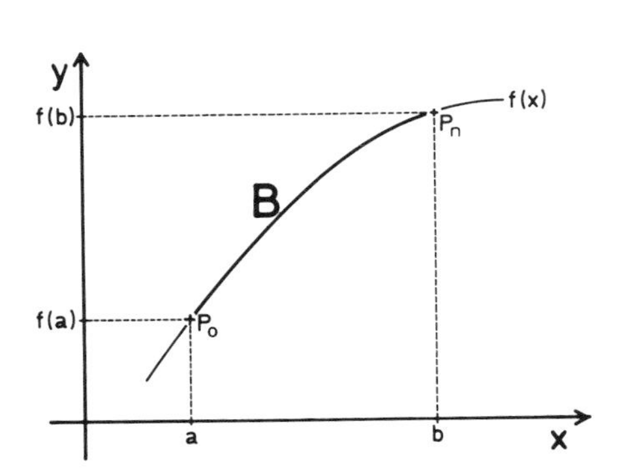

Abb. 4.9: Darstellung des Bogens B einer Funktion f(x).

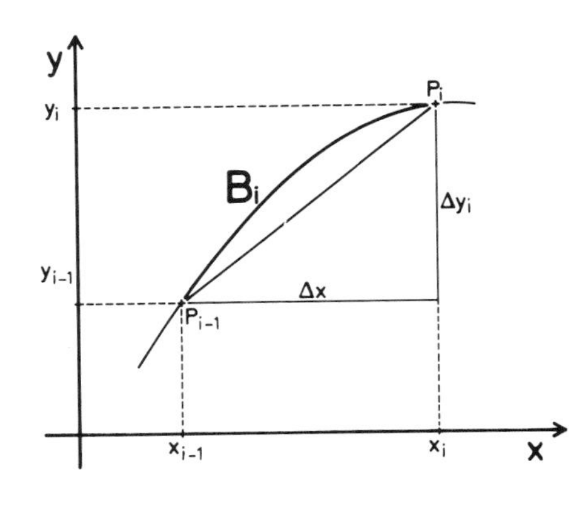

Abb. 4.10: Teilstück des Bogens B einer Funktion f(x).

Teilt man das Intervall [a; b] auf in n Teilintervalle der Länge Δx, so kann man den in Abb. 4.9. dargestellten Bogen $\overset{\frown}{AB}$ aus n Teilbogen $\overset{\frown}{AP_1}$, $\overset{\frown}{P_1P_2}$, $\overset{\frown}{P_2P_3}$, ... zusammenstellen:

$$\overset{\frown}{AB} = \overset{\frown}{AP_1} + \overset{\frown}{P_1P_2} + \overset{\frown}{P_2P_3} + \ldots + \overset{\frown}{P_{n-1}B}.$$

Wie man Abb. 4.10. entnehmen kann, ist eine näherungsweise Darstellung jedes dieser Teilbogen durch eine Sekante $\overline{P_{i-1}P_i}$ zwischen den jeweiligen Endpunkten möglich. Wie man weiter Abb. 4.10. entnehmen kann, gilt für das i-te Teilintervall

$$(\Delta s_i)^2 = (\Delta x)^2 + (\Delta y_i)^2$$

$$\Leftrightarrow \frac{\Delta s_i}{\Delta x} = \sqrt{1 + \left(\frac{\Delta y_i}{\Delta x}\right)^2}.$$

Summation über alle Teilintervalle ergibt als Näherung für die gesuchte Bogenlänge

$$\overset{\frown}{AB} \approx \sum_{i=1}^{n} \Delta s_i = \sum_{i=1}^{n} \sqrt{1 + \left(\frac{\Delta y_i}{\Delta x}\right)^2} \cdot \Delta x.$$

Wie bei der Aufgabenstellung 4.3.1. wird auch hier die Näherung umso besser, je kleiner Δx wird, d.h. eine Grenzwertbetrachtung führt schließlich zum exakten Ergebnis. Übernimmt man weiter die formalen Umschreibungen aus 4.3.1. bezüglich der Grenzwertbildung und beachtet weiter 3.1.5., so erhält man ein bestimmtes Integral als Lösungsgleichung

$$\overset{\frown}{AB} = \lim_{\substack{n \to \infty \\ \Delta x \to 0}} \sum_{i=1}^{n} \sqrt{1 + \left(\frac{\Delta y_i}{\Delta x}\right)^2} \cdot \Delta x = \int_a^b \sqrt{1 + \left(\frac{d\, f(x)}{dx}\right)^2} \cdot dx.$$

4.3.9. Satz. Die Funktion f(x) sei über [a;b] differenzierbar. Die Länge s des zu f(x) über [a;b] gehörigen Kurvenbogens (Bogenlänge) ist gegeben durch das bestimmte Integral

$$s = \int_a^b \sqrt{1 + \left(\frac{d\, f(x)}{dx}\right)^2}\, dx,$$

sofern dieses existiert.

Die Anwendbarkeit dieses Satzes wird besonders durch die geringe Möglichkeit eingeschränkt, eine geschlossene Lösung des bestimmten Integrals zu erhalten, so daß dieser Weg zur Berechnung von Bogenlängen nur in vergleichsweise wenigen Fällen zum gewünschten Ziel führt.

4.3.10. Beispiel. Gesucht wird die Länge des Kurvenbogens der Funktion $f(x) = \cos h\, x$ im Bereich $[0; 2]$.

Setzt man in 4.3.9. ein, so ergibt sich

$$s = \int_0^2 \sqrt{1 + \left(\frac{d \cos h\, x}{dx}\right)^2}\, dx = \int_0^2 \sqrt{1 + \sin h^2 x}\, dx$$

$$= \int_0^2 \sqrt{\cos h^2 x}\, dx = \int_0^2 \cos h\, x\, dx$$

$$= [\sin h\, x]_0^2$$

$$= 3{,}6269 \text{ (Längeneinheiten).}$$

Analog zur Bestimmung des Flächeninhalts und der Bogenlänge einer Funktion $f(x)$ mit Hilfe des bestimmten Integrals ist es auch möglich, für Rotationskörper Volumen und Mantelfläche zu berechnen. Der Weg zur Herleitung der entsprechenden Regeln verläuft ähnlich wie der für Fläche und Bogenlänge, nämlich über Summation und Grenzwertbildung. Allerdings soll dieser Weg hier wegen der geringen Bedeutung für die Naturwissenschaften nicht in den Einzelheiten vorgeführt, sondern nur die Regel in Form eines Satzes formuliert werden.

4.3.11. Satz.

a) Gegeben sei eine Funktion $f(x)$, die über $[a; b]$ differenzierbar sei. Existieren die Integrale

$$V_x = \pi \int_a^b (f(x))^2\, dx \quad \text{oder} \quad M_x = 2\pi \int_a^b f(x) \sqrt{1 + \left(\frac{d\, f(x)}{dx}\right)^2}\, dx,$$

so entspricht V_x dem Volumen bzw. M_x der Mantelfläche des Körpers, der bei Rotation von $f(x)$ um die x-Achse entsteht.

b) Gegeben sei eine Funktion $g(y)$, die über $[c; d]$ differenzierbar sei. Existieren die Integrale

$$V_y = \pi \int_c^d (g(y))^2\, dy \quad \text{oder} \quad M_y = 2\pi \int_c^d g(y) \sqrt{1 + \left(\frac{d\, g(y)}{dy}\right)^2}\, dy,$$

so entspricht V_y dem Volumen bzw. M_y der Mantelfläche des Körpers, der bei Rotation von $g(y)$ um die y-Achse entsteht.

4.4 Das uneigentliche Integral

Bisher wurde bei der bestimmten Integration stets davon ausgegangen, daß die zu integrierende Funktion f(x) beschränkt ist und daß die Integrationsgrenzen endliche Zahlen sind. Anschaulich im Sinne des Kapitels 4.3. bedeutet das, daß die dem bestimmten Integral zuzuordnende Fläche stets beschränkt war. In diesem Kapitel sollen diese Bedingungen nun nicht mehr vorausgesetzt werden, so daß man zu einer neuen Art von bestimmtem Integral gelangt.

4.4.1. Definition. Die Funktion f(x) sei stetig und integrierbar. Man nennt die folgenden Grenzwerte

$$\int_a^{\infty} f(x)\,dx = \lim_{c\to\infty} \int_a^{c} f(x)\,dx$$

bzw. $$\int_{\infty}^{b} f(x)\,dx = \lim_{d\to\infty} \int_d^{b} f(x)\,dx$$

(an der oberen bzw. unteren Grenze) **uneigentliche Integrale 1. Art.**

Existieren die zugehörigen Grenzwerte, so heißen die uneigentlichen Integrale konvergent.

Ein uneigentliches Integral 1. Art wird also dadurch gekennzeichnet, daß eine der beiden Integrationsgrenzen keine endliche Zahl ist. Die Definition ist ausreichend, da sie auch den Fall enthält, daß ein Integral an beiden Grenzen uneigentlich ist. Nach 4.2.5. kann man nämlich schreiben.

4.2.2. $$\int_{-\infty}^{\infty} f(x)\,dx = \int_{-\infty}^{a} f(x)\,dx + \int_a^{\infty} f(x)\,dx$$

und damit ein an beiden Grenzen uneigentliches Integral aufspalten in zwei Einzelintegrale, die jeweils nur an einer Grenze uneigentlich sind. Damit ist zunächst die mathematische Begriffsbestimmung erfolgt, so daß die Definition nun an Beispielen erläutert werden kann.

4.4.3. Beispiele.

1. Gesucht wird das uneigentliche Integral $\int_0^{\infty} e^{-x}\,dx$. Nach 4.4.1. kann man folgendermaßen rechnen:

$$\int_0^{\infty} e^{-x}\,dx = \lim_{c\to\infty} \int_0^{c} e^{-x}\,dx = \lim_{c\to\infty} \left[-e^{-x}\right]_0^c$$

$$= \lim_{c\to\infty} (1 - e^{-c})$$

$$= 1.$$

Das uneigentliche Integral konvergiert also.

Anschaulich kann man dieses uneigentliche Integral gleichsetzen mit der für alle $x \in \mathbb{R}^+$ von der x-Achse und der Funktion $f(x) = e^{-x}$ umhüllten Fläche.

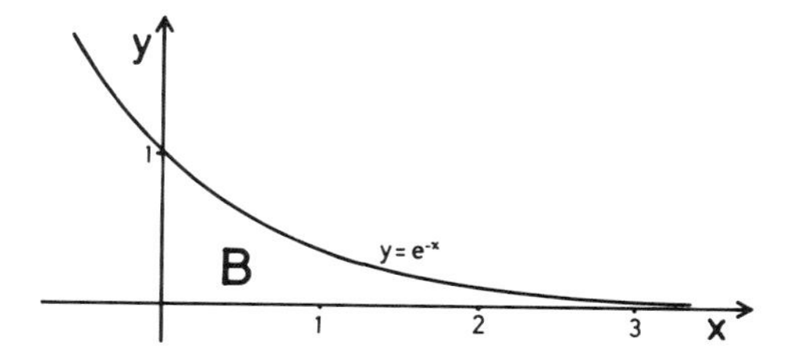

Abb. 4.11.: Darstellung des Bereichs $B = \{(x;y) | x \in \mathbb{R}^+; 0 \leqslant y \leqslant e^{-x}\}$

Da die Funktion f(x) keine Nullstelle hat, ist der Bereich B aus Abb. 4.11. unbegrenzt. Dennoch ist durch die Grenzwertbildung eine Flächenberechnung möglich.

2. Gesucht wird das uneigentliche Integral $\int\limits_{-\infty}^{\infty} \frac{dx}{1+x^2}$. Nach 4.4.2. kann man umformen und rechnen

$$\begin{aligned}
\int\limits_{-\infty}^{\infty} \frac{dx}{1+x^2} &= \int\limits_{-\infty}^{a} \frac{dx}{1+x^2} + \int\limits_{a}^{\infty} \frac{dx}{1+x^2} \\
&= \lim_{c \to -\infty} \int\limits_{c}^{a} \frac{dx}{1+x^2} + \lim_{d \to \infty} \int\limits_{a}^{d} \frac{dx}{1+x^2} \\
&= \lim_{c \to -\infty} [\arctan x]_c^a + \lim_{d \to \infty} [\arctan x]_a^d \\
&= -\lim_{c \to -\infty} \arctan c + \lim_{d \to \infty} \arctan d \\
&= -\left(-\frac{\pi}{2}\right) + \frac{\pi}{2} = \pi.
\end{aligned}$$

Auch dieses uneigentliche Integral ist konvergent.

Neben diesen uneigentlichen Integralen 1. Art, die durch unbeschränkte Integrationsgrenzen charakterisiert sind, ist der Fall denkbar, daß die zu integrierende Funktion f(x) innerhalb oder an den Grenzen des Integrationsintervalls Unstetigkeiten besitzt. Auch ein solcher Fall widerspricht den Voraussetzungen, die bisher für die bestimmte Integration gemacht wurden. Daher ist auch dieser Fall zunächst neu zu definieren.

4.4.4. Definition. Die Funktion f(x) sei integrierbar und habe an der Stelle x = b eine Polstelle. Man nennt die Grenzwerte

$$\int_a^b f(x)\,dx = \lim_{c\to b} \int_a^c f(x)\,dx$$

bzw.

$$\int_b^d f(x)\,dx = \lim_{c\to b} \int_c^d f(x)\,dx$$

(an der oberen bzw. unteren Grenze) **uneigentliche Integrale 2. Art.**

Existieren die zugehörigen Grenzwerte, so heißen die uneigentlichen Integrale konvergent.

Die beiden Typen von uneigentlichen Integralen unterscheiden sich also dadurch, daß bei der 1. Art die Funktion f(x) zwar stetig ist, die Integrationsgrenzen jedoch unbeschränkt sind, während umgekehrt bei der 2. Art die Integrationsgrenzen endlich sind, die Funktion f(x) aber unstetig ist.

Selbstverständlich enthält die Definition 4.4.4. auch den Fall, daß die Unstetigkeitsstelle der Funktion f(x) innerhalb des Integrationsintervalls liegt, daß f(x) also unstetig ist für ein x = b beliebig aus [a; c], denn nach 4.2.5. kann man auch hier umformen

4.4.5. $$\int_a^c f(x)\,dx = \int_a^b f(x)\,dx + \int_b^c f(x)\,dx.$$

Man erhält also durch diese Aufspaltung zwei uneigentliche Integrale 2. Art, sofern die Unstetigkeitsstelle innerhalb des Integrationsintervalls liegt.

4.4.6. Beispiele.

1. Gesucht wird $\int_0^1 \frac{dx}{\sqrt{x}}$.

   Hierbei handelt es sich offensichtlich um ein uneigentliches Integral 2. Art, denn die Funktion $f(x) = \frac{1}{\sqrt{x}}$ hat in x = 0 eine Polstelle. Damit ergibt sich nach 4.4.4.

$$\int_0^1 \frac{dx}{\sqrt{x}} = \lim_{b\to 0} \int_b^1 \frac{dx}{\sqrt{x}} = \lim_{b\to 0} \left[2\sqrt{x}\,\right]_b^1$$

$$= \lim_{b\to 0} (2 - 2\sqrt{b})$$

$$= 2.$$

   Das uneigentliche Integral konvergiert also.

2. Gesucht wird $\int\limits_{-1}^{1} \frac{dx}{\sqrt{1-x^2}}$.

Hierbei handelt es sich um ein Integral, das an der oberen und an der unteren Grenze uneigentlich 2. Art ist, denn die Funktion $f(x) = \frac{1}{\sqrt{1-x^2}}$ ist für $x_1 = 1$ und für $x_2 = -1$ unstetig. Nach 4.4.2. und 4.4.4. ergibt sich

$$\int\limits_{-1}^{1} \frac{dx}{\sqrt{1-x^2}} = \lim_{\substack{a \to -1 \\ b \to 1}} \int\limits_{a}^{b} \frac{dx}{\sqrt{1-x^2}} = \lim_{a \to -1} \int\limits_{a}^{c} \frac{dx}{\sqrt{1-x^2}} + \lim_{b \to 1} \int\limits_{c}^{b} \frac{dx}{\sqrt{1-x^2}}$$

$$= \lim_{a \to -1} [\text{arc sin } x]_a^c + \lim_{b \to 1} [\text{arc sin } x]_c^b$$

$$= -\lim_{a \to -1} \text{arc sin } a + \lim_{b \to 1} \text{arc sin } b$$

$$= -\left(-\frac{\pi}{2}\right) + \frac{\pi}{2} = \pi.$$

Das Integral ist also konvergent.

3. Gesucht wird $\int\limits_{0}^{\infty} \frac{dx}{x}$.

Dieses Integral stellt einen besonderen Fall dar, denn es ist an der oberen Grenze uneigentlich 1. Art und an der unteren Grenze uneigentlich 2. Art. Nach den bisherigen Sätzen und Definitionen kann man schreiben.

$$\int\limits_{0}^{\infty} \frac{dx}{x} = \lim_{a \to 0} \int\limits_{a}^{c} \frac{dx}{x} + \lim_{b \to \infty} \int\limits_{c}^{b} \frac{dx}{x}$$

$$= \lim_{a \to 0} [\ln x]_a^c + \lim_{b \to \infty} [\ln x]_c^b$$

$$= -\lim_{a \to 0} \ln a + \lim_{b \to \infty} \ln b.$$

Da beide Grenzwerte nicht existieren, ist das uneigentliche Integral sowohl an der oberen als auch an der unteren Grenze divergent.

Wie man den bisherigen Beispielen bereits entnehmen kann, reduziert sich die Frage nach der Konvergenz von uneigentlichen Integralen immer wieder auf die Aufgabe, Grenzwerte zu berechnen. Zwar gibt es auch in diesem Fall – wie bei den Zahlenfolgen und Reihen – mathematische Konvergenzkriterien, diese tragen jedoch zur praktischen Berechnung von uneigentlichen Integralen nichts bei, sie erlauben lediglich eine Aussage über Konvergenz oder Divergenz eines uneigentlichen Integrals. Da sich diese Frage jedoch zwangsläufig bei der konkreten Berechnung der Grenzwerte von selbst beantwortet, sei hier lediglich an die Gesetzmäßigkeiten zur Berechnung von Grenzwerten aus Kapitel 1.5. und an Satz 3.2.18. erinnert.

Zusätzlich sei noch auf Satz 2.2.8. hingewiesen, der sich insbesondere auf die Berechnung von Grenzwerten geschachtelter Funktionen bezieht.

Dieser Zusammenhang zwischen den Regeln für die Berechnung von Grenzwerten und der Konvergenz von uneigentlichen Integralen sei an einem weiteren Beispiel gezeigt.

4.4.7. Beispiel. Gesucht wird $\int\limits_0^\infty \frac{x}{e^x}\,dx$.

Dieses Integral ist an der oberen Grenze uneigentlich 1. Art, so daß man nach 4.4.1. rechnet.

$$\int\limits_0^\infty \frac{x}{e^x}\,dx = \lim_{c\to\infty} \int\limits_0^c \frac{x}{e^x}\,dx = \lim_{c\to\infty}\left[-\frac{x+1}{e^x}\right]_0^c$$

$$= \lim_{c\to\infty}\left(-\frac{c+1}{e^c}+1\right) \qquad 1.5.5.$$

$$= 1 - \lim_{c\to\infty}\frac{c+1}{e^c}.$$

Überprüfung des Grenzwertes nach der Regel von Bernoulli-l'Hospital (3.2.18.) durch Einsetzen ergibt den unbestimmten Ausdruck $\frac{\infty}{\infty}$, so daß man 3.2.18. anwenden kann. Damit ergibt sich der gesuchte Wert zu

$$\int\limits_0^\infty \frac{x}{e^x}\,dx = 1 - \lim_{c\to\infty}\frac{c+1}{e^c}$$

$$= 0 + 1 = 1.$$

Das uneigentliche Integral ist also konvergent.

Neben diesen rein mathematischen Beispielen für das uneigentliche Integral gibt es angewandte Fälle aus den Naturwissenschaften, die mathematisch nach den Regeln der uneigentlichen Integration gelöst werden.

4.4.8. Beispiel. Die wohl wichtigste Anwendung des uneigentlichen Integrals in den Naturwissenschaften liegt in den verschiedenen Fällen, wo zwei sich anziehende Körper getrennt werden sollen. Ändert man den Abstand r zweier sich anziehender Körper auf R, so muß man die **Trennarbeit**

$$A_T = \int\limits_r^R F\,dr \quad \text{mit} \quad F = \text{Kraft}$$

verrichten.

a) Nach dem Coulombschen Gesetz wirkt zwischen zwei Ladungen q_1 und q_2 im Abstand r und im Dielektrikum ϵ die Kraft

$$F = \frac{q_1 \cdot q_2}{4\pi\epsilon \cdot \epsilon_0 \cdot r^2}.$$

Berechnet man nun die **Dissoziationsarbeit** A_D eines Moleküls, so erhält man $R \to \infty$, $q_1 = q_2 = e$ ein uneigentliches Integral

$$A_D = \int_r^\infty F\,dr = \lim_{R\to\infty} \int_r^R \frac{e^2}{4\pi\epsilon_0 \cdot \epsilon r^2}\,dr$$

$$= \lim_{R\to\infty} \frac{e^2}{4\pi\epsilon_0\epsilon}\left(\frac{1}{r} - \frac{1}{R}\right)$$

$$= \frac{e^2}{4\pi\epsilon_0\,\epsilon r}.$$

Setzt man speziell für die Elementarladung $e = 1{,}602 \cdot 10^{-19}$ As, die Dielektrizitätskonstante $\epsilon_0 = 8{,}8543 \cdot 10^{-10} \frac{As}{Vm}$, die relative Dielektrizitätskonstante $\epsilon = 1$ und den Ionenabstand $r = 2{,}813 \cdot 10^{-10}$ m, so erhält man für die Dissoziation eines NaCl-Moleküls im Vakuum

$$A_D = \frac{(1{,}602 \cdot 10^{-19})^2}{4\pi \cdot 8{,}8543 \cdot 10^{-10} \cdot 2{,}813 \cdot 10^{-10}} = 8{,}1996 \cdot 10^{-21}\ \text{J}.$$

b) Will man einen Körper der Masse m in eine Erdumlaufbahn schießen, so gilt nach dem Gravitationsgesetz für die Kraft

$$F = g \cdot \frac{m_E \cdot m}{r^2}$$

mit den Zahlenwerten für die Gravitationskonstante $g = 6{,}67 \cdot 10^{-11}\ \text{Nm}^2\text{kg}^{-2}$, die Erdmasse $m_E = 5{,}977 \cdot 10^{24}$ kg und den Erdradius $r = 6{,}37 \cdot 10^6$ m. Für die Arbeit, die aufgewendet werden muß, um einen Körper der Masse 1 kg aus dem Anziehungsbereich der Erde zu schießen, erhält man ein uneigentliches Integral

$$A = g m_E m \int_r^\infty \frac{dr}{r^2} = g \cdot m_E \cdot m \lim_{R\to\infty} \int_r^R \frac{dr}{r^2} = \frac{g \cdot m_E \cdot m}{r}$$

$$= 6{,}26 \cdot 10^7\ \text{Nm}.$$

4.5 Integration von mehrdimensionalen Funktionen

In Kapitel 3.3. wurde die Differentialrechnung für Funktionen mit mehreren Veränderlichen eingeführt. Danach hatte sich ergeben, daß man eine Funktion $f(x,y)$ partiell differenziert, indem man eine der beiden Veränderlichen x oder y als konstant ansetzt und nach der anderen ableitet. Auf diese Weise erhielt man mit $\frac{\partial f(x,y)}{\partial x}$ und $\frac{\partial f(x,y)}{\partial y}$ zwei verschiedene Ableitungen, eine nach x und die andere nach y. Faßt man, wie in Kapitel 4.1. für zweidimensionale Funktionen geschehen, die Integration als Umkehrung der Differentialrechnung auf, so liegt eine „partielle

Integration"* als Umkehrung der partiellen Differentiation nahe. Aufgabe dieses Kapitels soll nun sein, Regeln und Anwendungen einer Integration von mehrdimensionalen Funktionen auszuarbeiten. Um die Anschaulichkeit möglichst zu wahren, soll dazu im allgemeinen mit dreidimensionalen Funktion $z = f(x, y)$ gearbeitet werden, wobei eine Übertragung auf den n-dimensionalen Fall stets leicht möglich ist.

Bei der (partiellen) Integration von mehrdimensionalen Funktionen gibt es keine grundsätzlichen Unterschiede zur Integration von zweidimensionalen Funktionen. Lediglich bei der Integrationskonstanten tritt eine Abweichung auf, was an einem Beispiel erläutert werden soll.

4.5.1. Beispiel. Gegeben seien die Funktionen

$$F_1(x, y) = 3x^2y + xy^2 + \cos x + \sin y + 4$$
$$F_2(x, y) = 3x^2y + xy^2 + \cos x$$
$$F_3(x, y) = 3x^2y + xy^2 + \cos x - \ln y.$$

Diese drei Funktionen unterscheiden sich deutlich und haben doch dieselben partiellen Ableitungen nach x mit

$$f(x, y) = \frac{\partial F_1(x, y)}{\partial x} = \frac{\partial F_2(x, y)}{\partial x} = \frac{\partial F_3(x, y)}{\partial x} = 6xy + y^2 - \sin x.$$

Bei Umkehrung der Differentiation, also bei Integration über der Veränderlichen x, sind u.a. drei Lösungen möglich, nämlich

$$\begin{aligned}\int f(x, y)\,dx &= F_1(x,y) = 3x^2y + xy^2 + \cos x + \sin y + 4 = \\ &\qquad = 3x^2y + xy^2 + \cos x + g_1(y) \\ &= F_2(x,y) = 3x^2y + xy^2 + \cos x = 3x^2y + xy^2 + \cos x \\ &= F_3(x,y) = 3x^2y + xy^2 + \cos x - \ln y = \\ &\qquad = 3x^2y + xy^2 + \cos x + g_3(y).\end{aligned}$$

Bei diesem Beispiel fällt die Analogie zu Beispiel 4.1.1. auf, wo bei der Integration von zweidimensionalen Funktionen die Lösung bis auf die Integrationskonstante eindeutig bestimmt war. Bedenkt man weiter, daß bei der partiellen Differentiation einer Funktion $f(x, y)$ nach x die Variable y als konstant angesetzt wird, dann muß bei der „partiellen Integration" die (konstant angesetzte) Variable y in der Integrationskonstanten enthalten sein. Die „Integrationskonstante" kann also in diesem Fall, wie bei $g_1(y)$ und $g_2(y)$ aus 4.5.1. gezeigt wurde, eine Funktion von y darstellen. Entsprechend kann man verallgemeinern und den folgenden Satz formulieren:

4.5.2. Satz. Sind zwei Funktionen $F_1(x, y)$ und $F_2(x, y)$ in einem abgeschlossenen Bereich B partiell differenzierbar und gilt

---

* Es sei darauf hingewiesen, daß viele Autoren mit „partielle Integration" die Produktintegration 4.1.7. meinen.

$$\frac{\partial F_1(x, y)}{\partial x} = \frac{\partial F_2(x, y)}{\partial x},$$

so unterscheiden sich die Funktionen F_1 und F_2 nur um einen von y abhängigen Term g(y), d.h. es gilt

$$F_1(x, y) = F_2(x, y) + g(y).$$

Allgemeiner:
Sind die Funktionen $F_1(x_1, \dots, x_n)$ und $F_2(x_1, \dots, x_n)$ in einem abgeschlossenen Bereich B partiell differenzierbar und gilt

$$\frac{\partial F_1(x_1, \dots, x_n)}{\partial x_i} = \frac{\partial F_2(x_1, \dots, x_n)}{\partial x_i},$$

so unterscheiden sich die Funktionen F_1 und F_2 um eine Funktion G, die mit Ausnahme von x_i alle anderen Veränderlichen enthalten kann, d.h. es gilt

$$F_1(x_1, \dots, x_n) = F_2(x_1, \dots, x_n) + G(x_1, \dots, x_{i-1}, x_{i+1}, \dots, x_n).$$

Mit diesem Satz sind bereits alle Voraussetzungen gegeben, so daß auch für mehrdimensionale Funktionen eine unbestimmte Integration möglich wird.

4.5.3. Definition. Existiert in einem abgeschlossenen Bereich B zu einer Funktion f(x, y) eine Funktion F(x, y) mit der Eigenschaft

$$\frac{\partial F(x, y)}{\partial x} = f(x, y) \quad \text{oder} \quad \frac{\partial F(x, y)}{\partial y} = f(x, y),$$

so heißt F(x, y) die **mehrdimensionale Stammfunktion von f(x, y)** nach x bzw. y, und man schreibt

$$F(x, y) = \int f(x, y)\,dx \quad \text{bzw.} \quad F(x, y) = \int f(x, y)\,dy.$$

Schließlich bleibt festzustellen, daß für die mehrdimensionale Integration sinngemäß die Einschränkungen und Regeln gelten wie für die zweidimensionale Integration.

4.5.4. Beispiel. Gesucht sind die Stammfunktionen von $f(x,y) = \frac{2x}{y} - y^2x \cdot \ln x$ $(x > 0;\ y \neq 0)$ nach x und y.

a) Bei der Integration nach x muß beim zweiten Summanden die Produktintegration (4.1.7.) angewandt werden.

$$\int f(x, y)\,dx = \int\left(\frac{2x}{y} - y^2x \cdot \ln x\right)dx = \frac{1}{y}\int 2x\,dx - y^2\int x \cdot \ln x\,dx$$

$$= \frac{x^2}{y} - \frac{y^2x^2}{2}\left(\ln x - \frac{1}{2}\right) + g(y).$$

b) $$\int f(x, y)\,dy = \int\left(\frac{2x}{y} - y^2x \cdot \ln x\right)dy = 2x\int\frac{dy}{y} - x \cdot \ln x\int y^2\,dy$$

$$= 2x\ln y - \frac{xy^3}{3}\ln x + h(x).$$

Wurde in Kapitel 4.2. das bestimmte Integral einer Funktion f(x) als Differenz von zwei Werten der Stammfunktion definiert, so kann man diese Definition sinngemäß auch auf die mehrdimensionalen Funktionen übertragen. Damit wird die folgende Definition möglich.

4.5.5. Definition. Sei F (x, y) eine mehrdimensionale Stammfunktion zu f(x, y) nach x, so heißt der Ausdruck

$$\int_a^b f(x,y)\,dx = [F(x,y)]_{x=a}^{x=b} = F(x=b;y) - F(x=a,y) = f(y)$$

das **mehrdimensionale bestimmte Integral** von f(x, y) nach x in den Grenzen von a bis b.

Entsprechend ist

$$\int_c^d f(x,y)\,dy = [G(x,y)]_{y=c}^{y=d} = G(x,y=d) - G(x,y=c) = g(x)$$

das mehrdimensionale bestimmte Integral von f(x, y) nach y in den Grenzen von c bis d.

Diese Definition entspricht inhaltlich der Definition 4.2.1. für den zweidimensionalen Fall. Da jedoch bei der bestimmten Integration mehrdimensionaler Funktionen für lediglich eine der Veränderlichen die Integrationsgrenzen eingesetzt werden, reduziert sich die Dimension der Lösung bei der bestimmten Integration einer n-dimensionalen Funktion auf (n − 1). Dementsprechend ist die Lösung bei der bestimmten Integration einer zweidimensionalen Funktion in Übereinstimmung mit 4.2.1. eindimensional, also eine konstante Zahl. Bei der bestimmten Integration einer dreidimensionalen Funktion ist die Lösung zweidimensional, hängt also in Übereinstimmung mit 4.5.5. von der konstant gehaltenen Veränderlichen ab. An zwei Beispielen soll nun die Richtigkeit dieser Bemerkungen gezeigt werden.

4.5.6. Beispiele.

1. a)
$$\int_0^2 f(x,y)\,dx = \int_0^2 (x^2y + 4x)\,dx = \left[\frac{1}{3}x^3y + 2x^2\right]_{x=0}^{x=2} = \frac{8}{3}y + 8 = f(y).$$

b)
$$\int_0^2 f(x,y)\,dy = \int_0^2 (x^2y + 4x)\,dy = \left[\frac{x^2y^2}{2} + 4xy\right]_{y=0}^{y=2} = 2x^2 + 8x = g(x).$$

2. $$\int_0^2 f(x, y, z)\, dx = \int_0^2 (xy^2z^3 + x^2y + z)\, dx = \left[\frac{x^2y^2z^3}{2} + \frac{x^3y}{3} + zx\right]_{x=0}^{x=2}$$

$$= 2y^2z^3 + \frac{8}{3}y + 2z$$

$$= h(y, z).$$

Nun besitzt die Lösungsfunktion einer solchen bestimmten Integration von mehrdimensionalen Funktionen einige Eigenschaften, die für die praktische Berechnung wichtig sind und deshalb besprochen werden sollen.

4.5.7. Satz. Ist $f(x, y)$ im Bereich B mit $a \leqslant x \leqslant b$ und $c \leqslant y \leqslant d$ eine stetige Funktion von x und y, so sind

$$g(x) = \int_c^d f(x, y)\, dy \quad \text{und} \quad f(y) = \int_a^b f(x, y)\, dy$$

stetige Funktionen von x bzw. y.

Die nächsten beiden Sätze sind noch wichtiger, denn sie beziehen sich darauf, daß die Lösungsfunktionen einer mehrdimensional bestimmten Integration differenziert und integriert werden können.

4.5.8. Satz. Sind die Funktionen $f(x, y)$ und $\dfrac{\partial f(x, y)}{\partial x}$ im Bereich B mit $a \leqslant x \leqslant b$ und $c \leqslant y \leqslant d$ stetig, so ist die Funktion

$$g(x) = \int_c^d f(x, y)\, dy$$

über $[c; d]$ nach x differenzierbar, und es gilt

$$\frac{d\, g(x)}{dx} = \frac{d}{dx} \int_c^d f(x, y)\, dy = \int_c^d \frac{\partial f(x, y)}{\partial x}\, dy.$$

d.h., die Lösung ist unabhängig von der Reihenfolge der Differentiation und Integration.

4.5.9. Beispiel. Gegeben sei die Funktion $f(x, y) = xy^2 + 4x^2$ mit $y \in [0; 2]$.

a) Integriert man zunächst bestimmt, so ergibt sich

$$g(x) = \int_0^2 f(x, y)\, dy = \int_0^2 (xy^2 + 4x^2)\, dy = \left[\frac{1}{3}xy^3 + 4x^2y\right]_{y=0}^{y=2}$$

$$= \frac{8}{3}x + 8x^2.$$

Differenziert man sodann, so erhält man

$$\frac{d\,g(x)}{dx} = \frac{d}{dx}\left(\frac{8}{3}x + 8x^2\right) = \frac{8}{3} + 16x.$$

b) Differenziert man zuerst partiell, so erhält man

$$\frac{\partial\, f(x,y)}{\partial x} = \frac{\partial}{\partial x}(xy^2 + 4x^2) = y^2 + 8x.$$

Die nun folgende Integration ergibt

$$\int\limits_0^2 \frac{\partial\, f(x,y)}{\partial x}\,dy = \int\limits_0^2 (y^2 + 8x)\,dy = \left[\frac{y^3}{3} + 8xy\right]_{y=0}^{y=2} = \frac{8}{3} + 16x.$$

Wie nach Satz 4.5.8. zu erwarten war, stimmen die Ergebnisse der Rechenwege a) und b) überein.

Ebenso wie man ein mehrdimensionales Integral differenzieren kann, ist es prinzipiell auch möglich, die Lösungsfunktion einer mehrdimensionalen Integration zu integrieren. Man erhält damit eine zweifache Integration, also ein doppeltes Integral, wobei bei der bestimmten Integration lediglich die Konvention zu beachten ist, wie man Integrationsgrenzen und Integrationsvariable in bezug setzt.

4.5.10. Definition. Die Funktion g(x) sei über [c; d] integrierbar. Ferner gelte für eine Funktion f(x, y)

$$g(x) = \int\limits_a^b f(x,y)\,dy.$$

Dann stellt der Ausdruck

$$\int\limits_c^d g(x)\,dx = \int\limits_c^d \left[\int\limits_a^b f(x,y)\,dy\right] dx = \int\limits_c^d dx \int\limits_a^b f(x,y)\,dy$$

$$= \int\limits_c^d \int\limits_a^b f(x,y)\,dy\,dx = \iint\limits_B f(x,y)\,dy\,dx.$$

(in den üblichen Schreibweisen) **ein Doppelintegral (Bereichsintegral) der Funktion f(x, y) über dem Bereich B** mit $a \leqslant y \leqslant b$ und $c \leqslant x \leqslant d$ dar.

Ist die Definition selbst noch sehr leicht zu verstehen, so ergeben sich mitunter Schwierigkeiten, welche Integrationsgrenzen zu welcher Integrationsvariablen gehören. Dazu sei angemerkt, daß meistens von innen nach außen integriert wird, daß sich bei Mehrfachintegralen also die inneren Integrationsgrenzen auf die innere Integrationsvariable beziehen. *

* Manche Autoren stellen auch einen anderen Bezug her, indem sie von rechts nach links integrieren, d.h. sie beziehen die rechts außen stehenden Integrationsgrenzen auf das rechts außen stehende Differential.

4.5.11. Beispiel.

1.
$$\int_0^2 \int_0^4 (x^2 + xy - y^2)\, dx\, dy = \int_0^2 dy \int_0^4 (x^2 + xy - y^2)\, dx$$

$$= \int_0^2 dy \left[\frac{1}{3}x^3 + \frac{1}{2}x^2 y - xy^2\right]_{x=0}^{x=4}$$

$$= \int_0^2 \left(\frac{64}{3} + 8y - 4y^2\right) dy$$

$$= \left[\frac{64}{3}y + 4y^2 - \frac{4}{3}y^3\right]_{y=0}^{y=2}$$

$$= \frac{128}{3} + 16 - \frac{32}{3} = 48.$$

2. In 4.2.7.3. wurden Trägheitsmomente für den zweidimensionalen Fall berechnet. Das Beispiel soll nun erweitert werden auf einen dreidimensionalen Körper. War in 4.2.7.3. mit x der Abstand des Massenelements dm von der Drehachse und dieses durch $\frac{M}{\ell}\,dx$ gegeben, so gilt bei einem Quader mit den Kantenlängen a, b und c für das Massenelement $dm = \rho\, dV$, wobei ρ das spezifische Gewicht und $dV = dx \cdot dy \cdot dz$ das Volumenelement ist.

Geht die Rotationsachse parallel zur z-Achse des Koordinatensystems durch den Schwerpunkt des Körpers, so gilt weiterhin $r^2 = x^2 + y^2$. Damit ergibt sich für das Trägheitsmoment Θ:

$$\Theta_z = \int r^2\, dm = \int_{-\frac{a}{2}}^{\frac{a}{2}} \int_{-\frac{b}{2}}^{\frac{b}{2}} \int_{-\frac{c}{2}}^{\frac{c}{2}} \rho (x^2 + y^2)\, dz\, dy\, dx = \rho c \int_{-\frac{a}{2}}^{\frac{a}{2}} \int_{-\frac{b}{2}}^{\frac{b}{2}} (x^2 + y^2)\, dy\, dx$$

$$= \rho c \int_{-\frac{a}{2}}^{\frac{a}{2}} dx \left[x^2 y + \frac{1}{3}y^3\right]_{y=-\frac{b}{2}}^{y=\frac{b}{2}} = \rho \cdot c \cdot b \int_{-\frac{a}{2}}^{\frac{a}{2}} \left(x^2 + \frac{b^2}{12}\right) dx$$

$$= \rho \cdot b \cdot c \left[\frac{1}{3}x^3 + \frac{b^2}{12}x\right]_{x=-\frac{a}{2}}^{x=\frac{a}{2}}$$

$$= \rho \cdot a \cdot b \cdot c \left(\frac{a^2}{12} + \frac{b^2}{12}\right) \quad \text{mit } \rho \cdot a \cdot b \cdot c = M$$

$$= \frac{M}{12} \cdot (a^2 + b^2).$$

Bei den partiellen Ableitungen gibt es mit dem Satz von Schwarz (3.3.7.) eine Regel, die aussagt, daß gemischte Ableitungen höherer Ordnung unabhängig von der Reihenfolge der partiellen Differentiation sind. Bei der Integralrechnung von Funktionen mit mehreren Veränderlichen gibt es nun eine entsprechende Regel:

4.5.12. Satz. Das Doppelintegral der für den Bereich B mit $c \leqslant x \leqslant d$ und $a \leqslant y \leqslant b$ stetigen Funktion $f(x, y)$ ist unabhängig von der Reihenfolge der Integrationen, d.h. es gilt

$$\int_c^d \int_a^b f(x, y)\, dy\, dx = \int_a^b \int_c^d f(x, y)\, dx\, dy.$$

4.5.13. Beispiel. Gegeben sei die Funktion $f(x, y) = x^2 - 2xy + y^2$ mit $x \in [0; 4]$ und $y \in [0; 2]$.

a)
$$\int_0^4 \int_0^2 f(x, y)\, dy\, dx = \int_0^4 dx \int_0^2 (x^2 - 2xy + y^2)\, dy$$
$$= \int_0^4 dx \left[x^2 y - xy^2 + \frac{1}{3} y^3\right]_{y=0}^{y=2}$$
$$= \int_0^4 \left(2x^2 - 4x + \frac{8}{3}\right) dx$$
$$= \left[\frac{2}{3} x^3 - 2x^2 + \frac{8}{3} x\right]_{x=0}^{x=4} = 21\frac{1}{3}.$$

b)
$$\int_0^2 \int_0^4 f(x, y)\, dx\, dy = \int_0^2 dy \int_0^4 (x^2 - 2xy + y^2)\, dx$$
$$= \int_0^2 dy \left[\frac{1}{3} x^3 - x^2 y + y^2 x\right]_{x=0}^{x=4}$$
$$= \int_0^2 \left(\frac{64}{3} - 16y + 4y^2\right) dy$$
$$= \int_0^2 \left(\frac{64}{3} - 16y + 4y^2\right) dy$$
$$= \left[\frac{64}{3} y - 8y^2 + \frac{4}{3} y^3\right]_{y=0}^{y=2} = 21\frac{1}{3}.$$

Bei den bisherigen Beispielen wurde stets angenommen, daß der Bereich B, auf den das Doppelintegral bezogen war, durch eine rechteckige Form, also durch die

Grenzen $a \leqslant y \leqslant b$ und $c \leqslant x \leqslant d$, gekennzeichnet war, was eine erhebliche Einschränkung aller Möglichkeiten bedeutete. Tatsächlich kann man den Bereich B auch durch sein Intervall in x und eine Funktion y(x) zur Beschränkung der y-Werte beschreiben. Damit ergibt sich eine verallgemeinerte Form der Definition 4.5.10.

4.5.14. Definition. Gegeben seien eine Funktion f(x, y), eine Funktion y(x) und ein Bereich B mit

$$B = \{(x, y) \mid a \leqslant x \leqslant b;\ 0 \leqslant y \leqslant y(x)\}.$$

Man nennt dann das Integral

$$\iint_B f(x, y)\, dx\, dy = \int_a^b \int_0^{y(x)} f(x, y)\, dy\, dx$$

ein **Bereichsintegral von f(x, y) über B.**

4.5.15. Beispiel. Gegeben sei die Funktion $f(x, y) = xy + y^3$ sowie der Bereich B mit $0 \leqslant x \leqslant 2$ und $0 \leqslant y \leqslant y(x) = \sqrt{4 - x^2}$.

Der Bereich B stellt ein Kreisviertel dar, wie Abb. 4.12. zu entnehmen ist. Berechnet man das Bereichsintegral von f(x, y) über dem Bereich B, so ergibt sich

$$\iint_B f(x, y)\, dx\, dy = \int_0^2 dx \int_0^{\sqrt{4-x^2}} (xy + y^3)\, dy$$

$$= \int_0^2 dx \left[\frac{1}{2} xy^2 + \frac{1}{4} y^4\right]_{y=0}^{y=\sqrt{4-x^2}}$$

$$= \int_0^2 \left(\frac{x^4}{4} - \frac{x^3}{2} - 2x^2 + 2x + 4\right) dx$$

$$= \left[\frac{x^5}{20} - \frac{x^4}{8} - \frac{2x^3}{3} + x^2 + 4x\right]_{x=0}^{x=2}$$

$$= 6\frac{4}{15}.$$

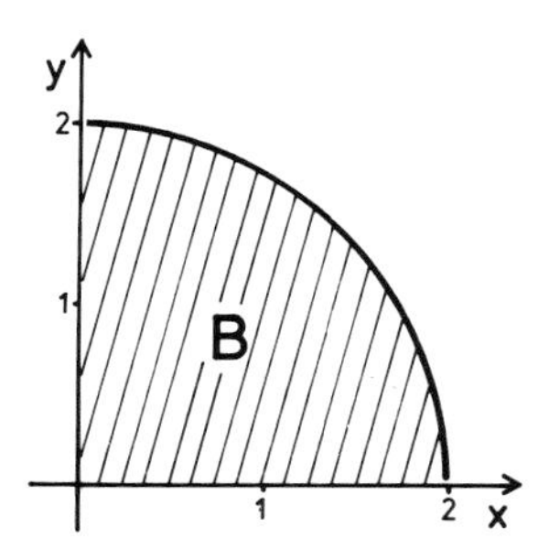

Abb. 4.12: Darstellung des Bereichs B mit $x \in [0; 2]$ und $y = y(x) = \sqrt{4-x^2}$

Konnte in Kapitel 4.3. dem bestimmten Integral einer zweidimensionalen Funktion f(x) eine (zweidimensionale) Fläche zugeordnet werden, so gibt es bei den mehrdimensionalen Funktionen ein Analogon. Wie jetzt gezeigt werden soll, kann man einer dreidimensionalen Funktion f(x, y) mit Hilfe eines Doppelintegrals ein (dreidimensionales) Volumen zuordnen.

Es sei eine Funktion z = f(x, y) gegeben, deren Doppelintegral über einem Bereich B in der x, y-Ebene existiere. In Abb. 4.13. sei eine solche Funktion dargestellt. Nun gibt es für den Bereich B jeweils eine obere und eine untere Grenze bezüglich der x-Werte wie auch der y-Werte, der Bereich B wird also durch die Intervalle $[x_0 ; x_n]$ und $[y_0 ; y_m]$ begrenzt. Spaltet man die Strecke $x_0 x_n$ in n Teilstrecken der Länge Δx und die Strecke $y_0 y_m$ in m Teilstrecken der Länge Δy auf, so erhält man $m \cdot n$ kleine Flächenstücke mit dem Flächeninhalt $\Delta x \cdot \Delta y$. Multipliziert man jedes dieser Flächenstücke mit dem jeweils zugehörigen Funktionswert $f(x_i, y_j)$, so erhält man die Volumina von kleinen Säulen

$$V_{ij} = f(x_i, y_j) \cdot \Delta x \cdot \Delta y.$$

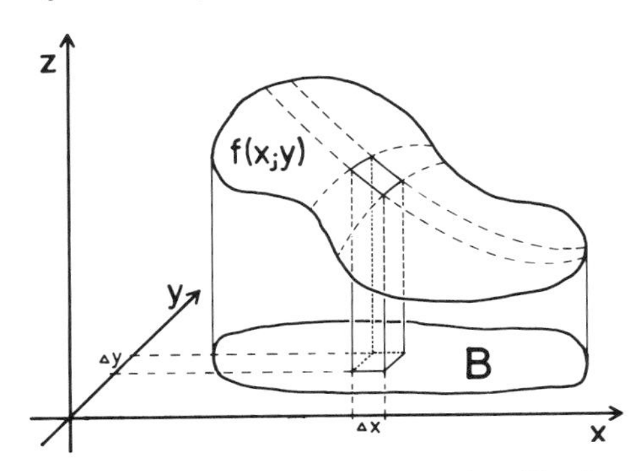

Abb. 4.13: Darstellung einer Funktion f(x, y) mit einem Bereich B

Nun kann man über alle Säulen summieren und erhält damit eine Näherung für das Volumen, das vom Bereich B und der Funktion f(x, y) eingeschlossen wird. Der schon mehrfach beschriebene Grenzwert für $n \to \infty$ und $m \to \infty$ bzw. $\Delta x \to 0$ und $\Delta y \to 0$ führt zum Doppelintegral analog zu den Betrachtungen unter 4.3.1.

$$V = \lim_{\substack{n \to \infty \\ \Delta x \to 0}} \lim_{\substack{m \to \infty \\ \Delta y \to 0}} \sum_{i=1}^{n} \sum_{j=1}^{m} f(x_i, y_j) \Delta x \Delta y = \iint_B f(x, y) \, dx \, dy$$

4.5.16. Satz. Zu einer Funktion f(x, y) existiere das Bereichsintegral für einen Bereich B.
Ist $f(x, y) \geqslant 0$ bezüglich $x, y \in B$, so ist das Volumen zwischen der Funktion f(x, y) und dem Bereich B

$$V_1 = \{(x, y, z) \mid a \leqslant x \leqslant b;\ 0 \leqslant y \leqslant y(x);\ 0 \leqslant z \leqslant f(x, y)\}$$

gegeben durch das Bereichsintegral

$$\iint_B f(x, y) \, dx \, dy.$$

Ist $f(x, y) \leqslant 0$ für $x, y \in B$, so ist das Volumen

$$V_2 = \{(x, y, z) \mid a \leqslant x \leqslant b;\ 0 \leqslant y \leqslant y(x);\ f(x, y) \leqslant z \leqslant 0\}$$

durch den Betrag des Bereichsintegrals gegeben.

Neben dem Bereichsintegral mit Volumenberechnungen als geometrische Anwendung gibt es eine weitere Möglichkeit der Integration von mehrdimensionalen ~~Funk~~ Funktionen. Dazu soll zunächst noch einmal an den Ausgangspunkt des Bereichsintegrals erinnert werden. Beim Bereichsintegral werden die Integrationsgrenzen auf einen in den x- und den y-Werten beschränkten Bereich B bezogen, der Bereich hat also eine geometrische Ausdehnung. Nun kann man sich vorstellen, daß der Bereich B „zusammengeschrumpft" auf eine einfache Linie C, über die nun formal ebenso integriert werden kann, wie es beim Bereichsintegral geschah. Erinnert man sich weiter an die Vorbetrachtungen zu 4.5.16., so erhält man in Analogie einen Grenzwert

$$L = \lim_{\substack{n \to \infty \\ \Delta x \to 0}} \sum_{i=1}^{n} f(x_i, y_i)\,\Delta x = \int_C f(x, y)\,dx,$$

wobei Δx die Einzelabschnitte der mit $y = y(x)$ gegebenen Kurve C darstellen. Man erhält somit ein neues Integral, dessen Grenzen durch den Verlauf der Kurve C vorgegeben sind.

4.5.17. Definition. Gegeben sei eine Funktion $f(x, y)$ sowie eine Kurve C mit $y = y(x)$ und $x \in [a; b]$.

Teilt man die Kurve C in n Teilstücke der Länge Δx auf, sucht zu den Koordinaten der Endpunkte $P_i(x_i, y_i = f(x_i))$ dieser Teilstücke die Funktionswerte $z_i = f(x_i, y_i)$, multipliziert diese Funktionswerte mit der Intervallänge Δx und berechnet den Grenzwert für $\Delta x \to 0$, so erhält man mit

$$K = \lim_{\substack{n \to \infty \\ \Delta x \to 0}} \sum_{i=1}^{n} f(x_i, y_i)\,\Delta x = \int_C f(x, y)\,dx$$

das **Kurvenintegral (Linienintegral) der Funktion f(x,y) zur Kurve C** (in der Ebene).

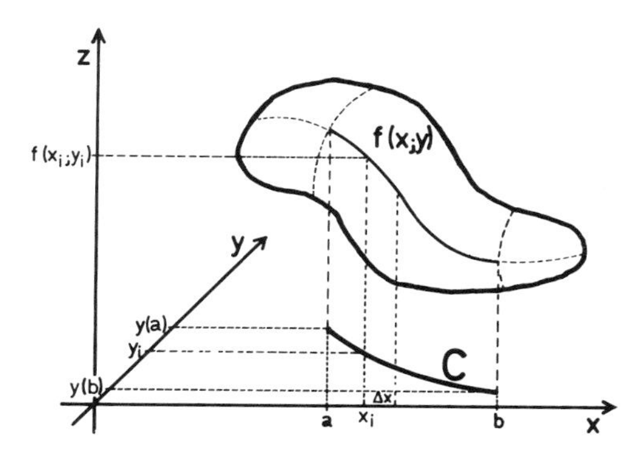

Abb. 4.14: Zur Definition des Kurvenintegrals

Vergleicht man die Abb. 4.14. für das Kurvenintegral mit Abb. 4.13. für das Bereichsintegral, so werden die Vorbemerkungen verständlich, daß man das Kurvenintegral als Spezialfall eines Bereichsintegrals mit „geschrumpftem" Bereich auffassen kann. Entsprechend schrumpft auch der geometrisch anschauliche Inhalt vom Volumen beim Bereichsintegral zu einer Fläche beim Kurvenintegral, was man Abb. 4.14. sofort entnehmen kann, denn das Produkt $f(x_i, y_i) \cdot \Delta x$ stellt gerade eine Fläche dar.

4.5.18. Satz. Zu einer Funktion $f(x, y)$ existiere das Kurvenintegral zu einer ebenen Kurve C: $y = y(x)$, $x \in [a; b]$.

Ist $f(x, y) \geqslant 0$ bezüglich $x, y \in C$, so ist die Fläche, die von den Loten von $f(x, y)$ auf C überstrichen wird, durch das Kurvenintegral $\int_C f(x, y)\, dx$ gegeben.

Ist $f(x, y) \leqslant 0$ bezüglich $x, y \in C$, so ist die Fläche durch den Betrag des Kurvenintegrals gegeben.

Die Berechnung von Kurvenintegralen erleichtert sich im Vergleich zu den Bereichsintegralen dadurch erheblich, daß durch die Kurve C bei der Funktion $f(x, y)$ nur bestimmte y-Werte zugelassen werden. Daher kann man die Gleichung $y = y(x)$ in $F(x, y)$ vor der Integration einsetzen, so daß sich das Kurvenintegral auf ein einfaches Integral reduziert.

4.5.19. Satz. Man berechnet das Kurvenintegral der Funktion $f(x, y)$ über der Kurve C mit $y = y(x)$ und $x \in [a; b]$, indem man dieses in ein gewöhnliches Integral überführt. Das geschieht durch Einsetzen der Kurvengleichung $y(x)$ in die Funktionsgleichung $f(x, y)$ und anschließende bestimmte Integration in den durch das Intervall $[a; b]$ vorgegebenen Grenzen.

$$\int_C f(x, y)\, dx = \int_a^b f(x, y = f(x))\, dx.$$

4.5.20. Beispiele.

1. Gesucht wird das Kurvenintegral zur Funktion $f(x, y) = x^2 y^2$ längs der Kurve C mit $y = y(x) = \sqrt{6 - x^2}$ und $x \in [0; 2]$.

$$\int_C f(x, y)\, dx = \int_C x^2 y^2\, dx = \int_0^2 x^2 (\sqrt{6 - x^2})^2\, dx$$

$$= \int_0^2 (6x^2 - x^4)\, dx$$

$$= \left[2x^3 - \frac{x^5}{5}\right]_0^2 = 9\frac{3}{5}.$$

2. Gesucht wird das Kurvenintegral zur Funktion $f(x, y) = x^2 - 2xy + y^2$ längs der Kurve C mit $y = y(x) = \sqrt{4 - x^2}$ und $x \in [-2; +2]$, also längs des Halbkreises mit dem Radius $r = 2$.

$$\int_C f(x, y)\, dx = \int_C (x^2 - 2xy + y^2)\, dx = \int_{-2}^{2} (x^2 - 2x\sqrt{4 - x^2} + (4 - x^2))\, dx$$

$$= \int_{-2}^{2} (4 - 2x\sqrt{4 - x^2})\, dx$$

$$= \left[4x + \frac{2}{3}\sqrt{(4 - x^2)^3}\right]_{-2}^{2}$$

$$= 16.$$

Wie man den Beispielen entnehmen kann, bilden die Kurvenintegrale einfach Integrale von mehrdimensionalen Funktionen mit speziellen Voraussetzungen für die Integrationsgrenzen. Daher wird auch verständlich, daß man auf Kurvenintegrale alle Regeln der bestimmten Integration übertragen kann. So gelten z.B. auch die beiden folgenden Sätze.

4.5.21. Satz. Kehrt man die Zählrichtung der einzelnen Punkte P_i um, so ändert das Kurvenintegral $\int_C f(x, y)\, dx$ sein Vorzeichen.

4.5.22. Satz. Zerlegt man die Kurve C in zwei Teilkurven C_1 und C_2, so gilt für das Kurvenintegral

$$\int_C f(x, y)\, dx = \int_{C_1} f(x, y)\, dx + \int_{C_2} f(x, y)\, dx.$$

Bisher wurde bei allen Betrachtungen zum Kurvenintegral stets davon ausgegangen, daß x die Integrationsvariable ist, was jedoch eine unzulässige Einschränkung ist. Tatsächlich kann man auch ein Kurvenintegral bezüglich der Integrationsvariablen y definieren. Man erhält dann den folgenden Satz.

4.5.23. Satz. Neben dem Kurvenintegral der Funktion $f(x, y)$ zur Kurve C: $y = y(x)$ mit $x \in [a; b]$

$$\int_C f(x, y)\, dx = \int_a^b f(x, y(x))\, dx$$

existiert mit

$$\int_{C'} f(x, y)\, dy = \int_c^d f(x(y), y)\, dy$$

ein zweites Kurvenintegral der Funktion $f(x, y)$ zur Kurve C': $x = x(y)$ mit $y \in [c; d]$.

Wenn aber ein Kurvenintegral zur Variablen x und eines zur Variablen y existiert, dann kann man allgemein zusammenfassen zu einem Kurvenintegral, das beide Variablen umfaßt.

4.5.24. Definition. Die Funktionen $P(x, y)$ und $Q(x, y)$ seien stetig im Verlauf der Kurve C.

Das **allgemeine Kurvenintegral** (in der Ebene) dieser Funktionen ist dann gegeben durch den Ausdruck

$$\int_C [P(x, y)\,dx + Q(x, y)\,dy].$$

Die praktische Berechnung erfolgt analog zu Satz 4.5.19.

Das allgemeine Kurvenintegral ist also ein Integral über eine Pfaffsche Differentialform (vgl. 3.3.12.). Bei der praktischen Berechnung ist zu beachten, daß man nicht nur – wie in 4.5.19. – die Kurvengleichung $y = y(x)$ ersetzen, sondern auch deren Differential dy berechnen und einsetzen muß.

4.5.25. Beispiele.

1. Gegeben seien die Funktionen $P(x, y) = 2xy^2$ und $Q(x, y) = \frac{1}{2}xy^2$, die Kurve C mit $y = y(x) = x^3$ und $x \in [0; 2]$. Gesucht ist das allgemeine Kurvenintegral.

   Aus der Kurvengleichung folgt $\frac{dy}{dx} = 3x^2$ und $dy = 3x^2\,dx$. Setzt man ein, so ergibt sich

$$K = \int_C [P(x, y)\,dx + Q(x, y)\,dy] = \int_C [2x^2y\,dx + \frac{1}{2}xy^2\,dy]$$

$$= \int_0^2 [2x \cdot x^3\,dx + \frac{1}{2}x \cdot (x^3)^2 \cdot 3x^2\,dx]$$

$$= \int_0^2 (2x^4 + \frac{3}{2}x^9)\,dx$$

$$= \left[\frac{2}{5}x^5 + \frac{3}{20}x^{10}\right]_0^2$$

$$= 166\,\frac{2}{5}.$$

2. Führt man einem Gas eine Wärmemenge Q zu, so ändern sich sein Volumen V und sein Druck p. Erfolgt diese Wärmezufuhr im differentiellen Bereich für ein ideales Gas mit der spezifischen Wärme c, so ergibt sich die Pfaffsche Differentialform

$$dQ = c\,dT + p\,dV.$$

Diese Zustandsänderung möge nun in zwei Schritten erfolgen, zunächst bei konstantem Volumen V = const. längs des Weges von T_1 nach T_2 und anschließend bei konstanter Temperatur längs des Weges V_1 nach V_2. Für das erste Teilstück gilt dementsprechend dV = 0 und für das zweite Teilstück dT = 0. Jetzt kann man einsetzen und erhält für die beiden Schritte

$$\begin{aligned} Q = Q_1 + Q_2 &= \int_{C_1} dQ + \int_{C_2} dQ \\ &= \int_{C_1} [cdT + pdV] + \int_{C_2} [cdT + pdV] \\ &= \int_{T_1}^{T_2} cdT + \int_{V_1}^{V_2} pdV \quad \text{mit } p = \frac{R}{V} \cdot T \\ &= c(T_2 - T_1) + \int_{V_1}^{V_2} \frac{R}{V} \cdot T_2 \, dV \\ &= c(T_2 - T_1) + R T_2 \ln \frac{V_2}{V_1}. \end{aligned}$$

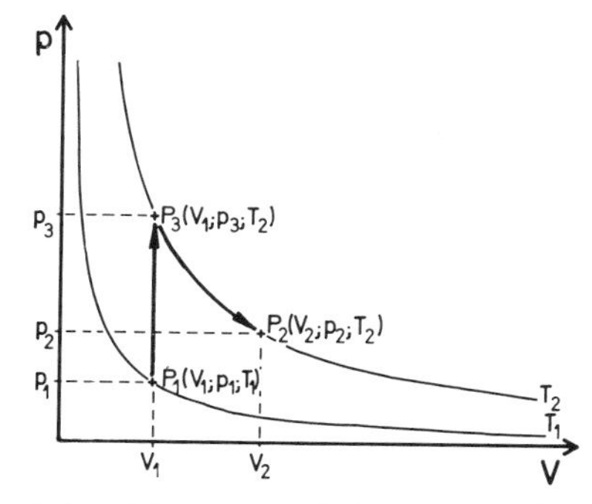

Abb. 4.15: Zustandsänderung eines idealen Gases längs der Wege C_1 und C_2

Wie man den Beispielen 4.5.25. entnehmen kann, reduziert sich das Kurvenintegral bei der Berechnung auf ein einfaches Integral, sofern die zu integrierende Funktion als Pfaffsche Differentialform vorliegt.

Für die weiteren Betrachtungen sei ein Spezialfall herausgegriffen. Es sei angenommen, daß die Pfaffsche Differentialform ein totales Differential darstellt (vgl. 3.3.13.), d.h. daß die Funktionen P(x, y) und Q(x, y) partielle Ableitungen derselben Funktion F(x, y) bilden.

$$P(x, y) = \frac{\partial F(x, y)}{\partial x} \quad \text{und} \quad Q(x, y) = \frac{\partial F(x, y)}{\partial y}.$$

Betrachtet man weiterhin, daß für die Kurve y = y(x)

$$\frac{d\,y(x)}{dx} = y'(x) \quad \text{und damit} \quad dy = y'(x)\,dx$$

gilt und daß weiterhin als Spezialfall der allgemeinen, mehrdimensionalen Kettenregel folgt

$$\frac{\partial F(x, y)}{\partial x} = \frac{\partial F(x, y(x))}{\partial y} \cdot \frac{d y(x)}{dx} = Q(x, y) \cdot y'(x),$$

dann kann man das Kurvenintegral 4.5.24. längs der Kurve C mit $y = y(x)$ und $x \in [a; b]$ folgendermaßen berechnen:

$$\begin{aligned}\int_C [P(x, y)\,dx + Q(x, y)\,dy] &= \int_C [P(x, y(x))\,dx + Q(x, y(x) \cdot y'(x)\,dx] \\ &= \int_a^b (P(x, y) + Q(x, y) \cdot y')\,dx \\ &= \int_a^b \frac{\partial F(x, y)}{\partial x}\,dx = [F(x, y)]_{x=1}^{x=b} \\ &= F(b, y(b)) - F(a, y(a)).\end{aligned}$$

Diese Rechnungen kann man zum folgenden Satz zusammenfassen.

4.5.26. Satz. Stellt der Ausdruck

$$[P(x, y)\,dx + Q(x, y)\,dy]$$

das totale Differential einer Funktion $F(x, y)$ dar, so hängt das allgemeine Kurvenintegral

$$\int_C [P(x, y)\,dx + Q(x, y)\,dy]$$

nicht vom Verlauf der Kurve C, sondern nur von den Funktionswerten von $F(x, y)$ am Anfangspunkt $A(x_a, y_a)$ und am Endpunkt $B(x_b; y_b)$ des Integrationsweges ab, und es gilt

$$\int_C [P(x, y)\,dx + Q(x, y)\,dy] = F(x_b; y_b) - F(x_a, y_a).$$

Faßt man nun noch die Erkenntnisse aus dem Satz 3.3.25. mit denen von 4.5.26. zusammen, so ergibt sich der folgende Satz.

4.5.27. Satz. Das allgemeine Kurvenintegral

$$\int_C [P(x, y)\,dx + Q(x,y)\,dy]$$

über einer Kurve im geschlossenen Bereich D zwischen dem Anfangspunkt $A(x_a, y_a)$ und dem Endpunkt $B(x_b, y_b)$ ist genau dann vom Integrationsweg unabhängig, wenn die Funktionen $P(x, y)$ und $Q(x, y)$ im ganzen Bereich D die **Integrabilitätsbedingung**

$$\frac{\partial P(x, y)}{\partial y} = \frac{\partial Q(x, y)}{\partial x}$$

erfüllen, und wenn B ein einfach zusammenhängender Bereich ist.

An einem weiteren Beispiel soll nun gezeigt werden, daß das Kurvenintegral tatsächlich bei verschiedenen Integrationswegen gleich ist, wenn nur die Bedingungen von 4.5.27. erfüllt sind.

4.5.28. Beispiel. Gegeben seien die Funktionen $P(x, y) = 2x - 2y$ und $Q(x, y) = 2y - 2x$. Gesucht ist das allgemeine Kurvenintegral zwischen den Punkten $A(0; 0)$ und $B(2; 4)$.

Zunächst werden die Funktionen $P(x, y)$ und $Q(x, y)$ im Hinblick auf die Integrabilitätsbedingung überprüft.

$$\frac{\partial P(x, y)}{\partial y} = -2 ; \frac{\partial Q(x, y)}{\partial x} = -2$$

$$\Downarrow \quad \frac{\partial P(x, y)}{\partial y} = \frac{\partial Q(x, y)}{\partial x} .$$

Die Funktionen $P(x, y)$ und $Q(x, y)$ erfüllen also die Integrabilitätsbedingung, das gesuchte Kurvenintegral ist also wegunabhängig. Daher kann man sich einen beliebigen Integrationsweg wählen.

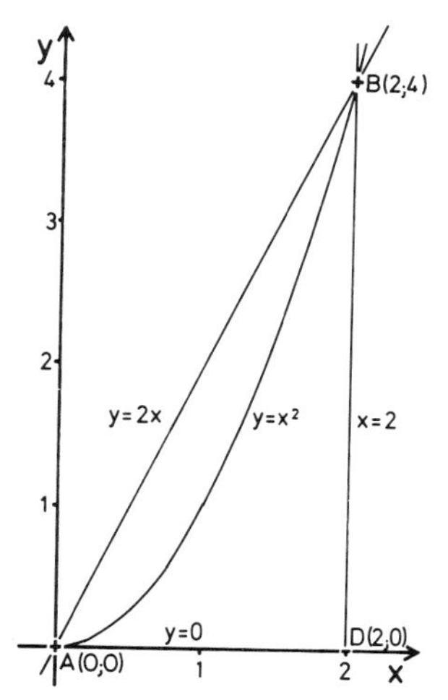

Abb. 4.16: Mögliche Integrationswege zwischen den Punkten A und B

1. Wählt man die Gerade $y = 2x$ als Integrationsweg, so ergibt sich mit $y = 2x$ $dy = 2dx$. Setzt man ein, so folgt

$$K = \int_C [(2x - 2y)\,dx + (2y - 2x)\,dy] = \int_A^B [(2x - 4x)\,dx + (4x - 2x) \cdot 2\,dx]$$

$$= \int_0^2 2x\,dx = [x^2]_0^2$$

$$= 4.$$

2. Wählt man die Parabel $y = x^2$ als Integrationsweg, so ergibt sich mit $y = x^2$ $dy = 2x \cdot dx$. Setzt man ein, so folgt

$$K = \int_C [(2x - 2y)\,dx + (2y - 2x)\,dy] = \int_A^B [(2x - 2x^2)\,dx + (2x^2 - 2x) \cdot 2x\,dx]$$
$$= \int_0^2 (4x^3 - 6x^2 + 2x)\,dx$$
$$= [x^4 - 2x^3 + x^2]_0^2 = 4.$$

3. Spaltet man den Integrationsweg auf in einen ersten Schritt von $A(0;0)$ nach $D(2;0)$, so gilt $y = 0$ und $dy = 0$. Für den zweiten Schritt von $D(2;0)$ nach $B(2;4)$ gilt entsprechend $x = 2$ und $dx = 0$. Setzt man diese Werte ein, so erhält man für die Integration von A nach B über D:

$$K = \int_C [(2x - 2y)\,dx + (2y - 2x)\,dy] = \int_A^D [2x\,dx + 2x \cdot 0] +$$
$$+ \int_D^B [4 - 2y) \cdot 0 + (2y - 4)\,dy]$$
$$= \int_0^2 2x\,dx + \int_0^4 (2y - 4)\,dy$$
$$= [x^2]_{x=0}^{x=2} + [y^2 - 4y]_{y=0}^{y=4}$$
$$= 4.$$

4. Wie man durch partielle Differentiation leicht nachprüfen kann, stellt die Pfaffsche Differentialform

$$dF = (2x - 2y)\,dx + (2y - 2x)\,dy$$

das totale Differential der Funktion

$$F(x, y) = x^2 - 2xy + y^2$$

dar. Damit kann man aber 4.5.26. direkt anwenden und die Differenz der Funktionswerte berechnen

$$K = F(x_b, y_b) - F(x_a, y_a) = F(2;4) - F(0;0)$$
$$= (4 - 16 + 16) - 0$$
$$= 4.$$

Vergleicht man in diesem Beispiel die vier Lösungswege, so wird 4.5.26. bestätigt, denn unabhängig vom Integrationsweg ist die Lösung stets dieselbe. Damit kann man sich aber auch einen beliebigen Integrationsweg wählen, der möglichst leicht zum Ziel führt. In den meisten Fällen geschieht das nach dem Vorbild von 4.5.28.3., oder aber man sucht sich die zur gegebenen totalen Differentialform gehörende Funktion $F(x, y)$ und löst das Kurvenintegral nach dem Vorbild des vierten Lösungsweges. Die Bestimmung der Funktion $F(x, y)$ erfolgt dabei in drei Einzelschritten.

4.5.29. Bestimmung der Funktion F (x, y) aus ihrem totalen Differential

1. Schritt. Wie bereits mehrfach festgestellt wurde, gilt

$$\frac{\partial F(x, y)}{\partial x} = P(x, y);$$

durch unbestimmte Integration nach 4.5.2. ergibt sich

$$F(x, y) = \int \frac{\partial F(x, y)}{\partial x} dx = \int P(x, y)\, dx + g(y).$$

2. Schritt. Analog zum ersten Schritt gilt ebenfalls

$$\frac{\partial F(x, y)}{\partial y} = Q(x, y);$$

durch unbestimmte Integration nach 4.5.2. folgt weiter

$$F(x, y) = \int \frac{\partial F(x, y)}{\partial y} dy = \int Q(x, y)\, dy + h(x).$$

3. Schritt. Ein Vergleich der Lösungen aus dem ersten und zweiten Schritt läßt eine Bestimmung der Funktionen $g(y)$ und $h(x)$ zu, so daß man die Gesamtlösung erhält.

4.5.30. Beispiele.

1. Gegeben sei das Differential aus 4.5.28.

$$dF = (2x - 2y)\, dx + (2y - 2x)\, dy.$$

Die Überprüfung nach der Integrabilitätsbedingung ergab in 4.5.28., daß diese Differentialform ein totales Differential bildet. Daher wird nun die Funktion $F(x, y)$ gesucht, die diesem totalen Differential zugrunde liegt.

1. Schritt.

$$F(x, y) = \int (2x - 2y)\, dx = x^2 - 2xy + g(y) + C_1.$$

2. Schritt.

$$F(x, y) = \int (2y - 2x)\, dy = y^2 - 2xy + h(x) + C_2.$$

3. Schritt. Ein Vergleich der Lösungen aus den beiden ersten Schritten ergibt

$$g(y) = y^2 + C_1 \quad \text{und} \quad h(x) = x^2 + C_2.$$

Damit folgt für die gesuchte Lösung

$$F(x, y) = x^2 - 2xy + y^2 + C.$$

2. Gegeben sei das Differential

$$dF = P(x, y)\,dx + Q(x, y)\,dy$$

$$= (y \cdot \cos x + \ln y - 3)\,dx + (\sin x + \frac{x}{y})\,dy.$$

Überprüfung durch die Integrabilitätsbedingung ergibt

$$\frac{\partial P(x, y)}{\partial y} = \cos x + \frac{1}{y} \qquad \frac{\partial Q(x, y)}{\partial x} = \cos x + \frac{1}{y}$$

$$\frac{\partial P(x, y)}{\partial y} = \frac{\partial Q(x, y)}{\partial x}.$$

Mit $dF(x, y)$ liegt also ein totales Differential vor. Die Funktion $F(x, y)$ wird gesucht.

1. Schritt.

$$F(x, y) = \int P(x, y)\,dx = \int (y \cdot \cos x + \ln y - 3)\,dx$$
$$= y \cdot \sin x + x \cdot \ln y - 3x + g(y) + C_1.$$

2. Schritt.

$$F(x, y) = \int Q(x, y)\,dy = \int (\sin x + \frac{x}{y})\,dy = y \cdot \sin x + x \cdot \ln y + h(x) + C_2.$$

3. Schritt. Ein Vergleich der Lösungen aus den beiden ersten Schritten ergibt

$$g(y) = 0 + C_1 \quad \text{und} \quad h(x) = -3x + C_2.$$

Damit lautet die gesuchte Lösung

$$F(x, y) = y \cdot \sin x + x \cdot \ln y - 3x + C.$$

Nach dem Vorbild der Beispiele 4.5.30. ist es also stets möglich, eine Funktion $F(x, y)$ zu bestimmen, deren totales Differential gegeben ist. Die einzige Voraussetzung ist nur, daß die Funktionen $P(x, y)$ und $Q(x, y)$ unbestimmt integriert werden können. Hat man aber die Funktion $F(x, y)$ bestimmt, so kann man auch direkt ein allgemeines Kurvenintegral nach 4.5.26. bestimmen, wenn nur die gegebene Differentialform total ist.

Nach allen Vorbemerkungen, die bisher über Kurvenintegrale gemacht wurden, ist es prinzipiell jederzeit möglich, ein vorliegendes Kurvenintegral zu berechnen. Dabei es gleichgültig, ob die zugrundeliegende Differentialform total ist (nach 4.5.26.) oder nicht (nach 4.5.24.). Kann man jedoch ein einzelnes Kurvenintegral berechnen, so ist es weiterhin möglich, eine Folge von Kurvenintegralen zu berechnen, die durch Aneinanderreihung von einzelnen Wegstücken entsteht. Insbesondere kann man **Integrale über einen geschlossenen Weg** berechnen, wenn Anfangs- und Endpunkt des Integrationsweges identisch sind. Solche Integrale über einen geschlossenen Weg werden gekennzeichnet durch die Schreibweisen

$$\oint f(x, y)\,dx \quad \text{bzw.} \quad \oint [P(x, y)\,dx + Q(x, y)\,dy].$$

Unter anderem in der Thermodynamik treten oft solche Kurvenintegrale über einen geschlossenen Weg auf; im allgemeinen müssen sie schrittweise berechnet werden, sofern das zu integrierende Differential nicht total, das Kurvenintegral also wegabhängig ist. Liegt dagegen Wegunabhängigkeit vor, so muß, da Anfangs- und Endpunkt der Integration identisch sind, aus der Kombination von 4.5.22. und 4.5.26. folgen, daß das Kurvenintegral verschwindet.

4.5.31. Satz. Stellt die Pfaffsche Differentialform

$$P(x, y)\,dx + Q(x, y)\,dy$$

das totale Differential einer Funktion $F(x, y)$ dar, so verschwindet das Kurvenintegral über eine geschlossene Kurve, d.h.

$$\oint [P(x, y)\,dx + Q(x, y)\,dy] = 0.$$

4.5.32. Beispiele.

1. Gegeben sei die Pfaffsche Differentialform

$$P(x, y)\,dx + Q(x, y)\,dy = (2xy^2)\,dx + (x^2 + y^2)\,dy.$$

Gesucht wird das allgemeine Kurvenintegral mit den Eckpunkten eines Dreiecks $P_1\,(0;0)$, $P_2\,(2;4)$ und $P_3\,(-1;-5)$ als geschlossenen Integrationsweg.

Eine Überprüfung der gegebenen Differentialform nach der Integrabilitätsbedingung ergibt

$$\frac{\partial P(x, y)}{\partial y} = 4xy \qquad \frac{\partial Q(x, y)}{\partial x} = 2x$$

$$\Downarrow \quad \frac{\partial P(x, y)}{\partial y} \neq \frac{\partial Q(x, y)}{\partial x}.$$

Das Kurvenintegral ist also wegabhängig.

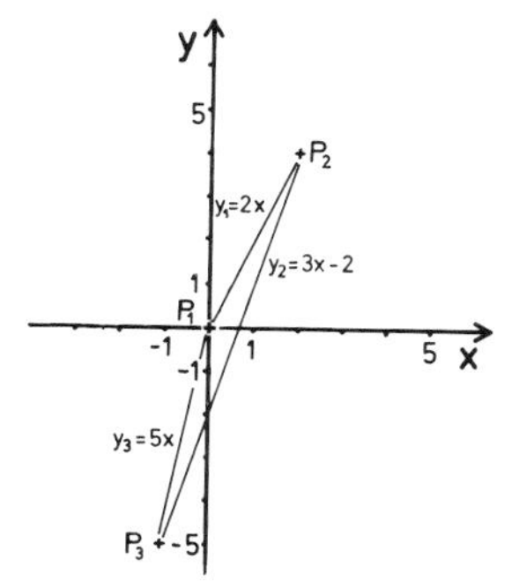

Abb. 4.17: Integrationsweg längs der Punkte von P_1 über P_2, P_3 nach P_1 zurück

Die drei Dreiecksseiten haben die Funktionsgleichungen

$y_1 = 2x$ für die Integration von P_1 nach P_2,

$y_2 = 3x - 2$ für die Integration von P_2 nach P_3 und

$y_3 = 5x$ für die Integration von P_3 nach P_1 zurück.

Damit ergibt sich für die Integration über den geschlossenen Weg $P_1P_2P_3P_1$.

$$\oint [2xy^2\,dx + (x^2+y^2)\,dy] = \int_{P_1}^{P_2} [2xy^2\,dx + (x^2+y^2)\,dy] + \int_{P_2}^{P_3} [2xy^2\,dx + (x^2+y^2)\,dy] + \int_{P_3}^{P_1} [2xy^2\,dx + (x^2+y^2)\,dy]$$

$$= \int_{P_1}^{P_2} [2x(2x)^2\,dx + (x^2+(2x)^2)\cdot 2\,dx + \int_{P_2}^{P_3} [2x(3x-2)^2\,dx + (x^2+(3x-2)^2)\cdot 3dx] + \int_{P_3}^{P_1} [2x(5x)^2\,dx + (x^2+(5x)^2)\cdot 5\,dx]$$

$$= \int_0^2 (8x^3 + 10x^2)\,dx + \int_2^{-1} (18x^3 + 6x^2 - 28x + 12)\,dx + \int_{-1}^{0} (50x^3 + 130x^2)\,dx$$

$$= \left[2x^4 + \frac{10}{3}x^3\right]_0^2 + \left[\frac{a}{2}x^3 + 2x^3 - 14x^2 + 12x\right]_2^{-1} + \left[\frac{25}{2}x^4 + \frac{130}{3}x^3\right]_{-1}^{0}$$

$$= 58\frac{2}{3} - 79\frac{1}{2} + 30\frac{5}{6}$$

$$= 10.$$

2. Gegeben sei die Differentialform aus Beispiel 4.5.28., von der bereits festgestellt wurde, daß sie total ist.

$$P(x,y)\,dx + Q(x,y)\,dy = (2x - 2y)\,dx + (2y - 2x)\,dy.$$

Gesucht ist das Kurvenintegral über die geschlossene Kurve von $A(0;0)$ nach $B(2;4)$ längs der Parabel $y = x^2$ und zurück längs der Geraden $y = 2x$.

Unter 4.5.28.2. wurde das allgemeine Kurvenintegral für das gegebene Differential längs der Parabel $y = x^2$ berechnet zu

$$K_1 = 4.$$

Für den Rückweg längs der Geraden $y = 2x$ wurde bei vertauschten Integrationsgrenzen unter 4.5.28.1. bereits das Kurvenintegral berechnet zu

$$K_2' = \int_A^B [P(x, y)\,dx + Q(x, y)\,dy] = 4.$$

Nach 4.5.21. ergibt sich weiter

$$K_2 = \int_B^A [P(x, y)\,dx + Q(x, y)\,dy] = -4.$$

Für das gesuchte Kurvenintegral folgt schließlich aus 4.5.22. in Übereinstimmung mit 4.5.31.

$$K = K_1 + K_2 = 4 + (-4) = 0.$$

5 Differentialgleichungen

In diesem Abschnitt sollen die wichtigsten Methoden zur Bearbeitung von Differentialgleichungen behandelt werden. Dabei werden auch einige seltenere Typen von Differentialgleichungen bearbeitet, die allerdings besonders leicht zu lösen sind. Dadurch soll der Leser einige Sicherheit für das Grundprinzip aller Lösungswege erhalten, so daß er in die Lage versetzt wird, sich selbständig andere Typen zu erschließen. Wie im Laufe dieses Abschnitts zu sehen sein wird, liegt das größte Problem bei der Lösung von Differentialgleichungen darin, den richtigen Typ zu erkennen, um dann das dafür vorgeschriebene Lösungsverfahren anzuwenden. Diese Schwierigkeit ist mit dem Problem zu vergleichen, das sich bei der unbestimmten Integration durch die Frage ergeben hatte, welches der gegebenen Lösungsverfahren man anwenden muß. Tatsächlich lösen sich Differentialgleichungen auch durch Integration, so daß dieser Vergleich sicherlich zulässig ist.

5.1 Grundbegriffe

In den bisherigen Abschnitten über Differential- und Integralrechnung wurde stets davon ausgegangen, daß eine Gleichung vorgegeben war, in der eine Funktion $y(x)$, ihre Ableitung $y' = \frac{d\,y(x)}{dx}$ oder aber ihr Integral $\int y(x)\,dx$ als Funktion nur des Funktionsargumentes x auftraten. Nun sind aber durchaus Abhängigkeiten denkbar, in denen die Funktion $y(x)$, ihre Ableitungen und das Argument x auftreten. Das soll an zwei Beispielen erläutert werden.

5.1.1. Beispiele.

1. Beim schon mehrfach behandelten radioaktiven Zerfall hängt die Anzahl der bereits zerfallenen Teilchen von der Ausgangszahl N_0 und von der Dauer t des Experiments ab. Diesen Zusammenhang kann man in Form einer Gleichung erfassen

$$\frac{d\,N(t)}{dt} = -k \cdot N = f(N, t).$$

2. Bei einem Fadenpendel der Länge ℓ und der Masse m stehen zwei gegengerichtete Kräfte im Gleichgewicht, die Erdanziehung $K_1 = m \cdot g \cdot \sin\varphi$ und die Winkelbeschleunigung $K_2 = m \cdot \ell \cdot \frac{d^2\varphi}{dt^2}$.

$$K_1 = -K_2$$

$$m\ell \frac{d^2\varphi}{dt^2} = -mg\sin\varphi$$

$$\curvearrowright \frac{d^2\varphi}{dt^2} = -\frac{g}{\ell}\cdot\sin\varphi = f(\varphi, t).$$

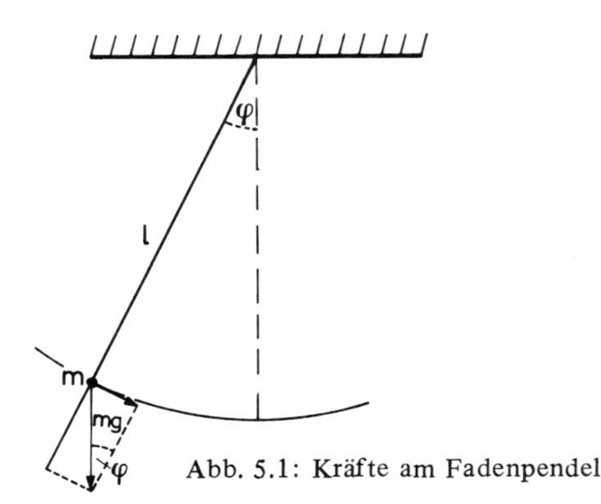

Abb. 5.1: Kräfte am Fadenpendel

Beide Beispiele haben gemeinsam, daß auf der linken Seite der Gleichung jeweils die Ableitung einer Funktion und auf der rechten Seite die Funktion selbst steht. Verallgemeinert liegt also im ersten Beispiel eine Gleichung der Art

$$y' = \frac{dy}{dx} = f(x, y)$$

und im zweiten Beispiel

$$y'' = \frac{d^2 y}{dx^2} = f(x, y, y')$$

vor. Da derartige Gleichungen, auch in den Anwendungen, besonders wichtige Beziehungen darstellen, hat man ihnen einen eigenen Namen gegeben:

5.1.2. Definition. Gegeben sei eine differenzierbare Funktion $y = y(x)$. Gleichungen, in denen die Funktion $y(x)$ und ihre Ableitungen auftreten

$$F(x, y, y', y'', \ldots, y^{(n)}) = 0$$

heißen **Differentialgleichungen (DG).**
Die Ordnung der höchsten auftretenden Ableitung wird die **Ordnung der DG** genannt.

Dieser Definition entsprechend erfüllt jedes unbestimmte Integral des Kapitels 4 eine DG, doch gibt es darüberhinaus eine Vielzahl von DG. So stellt das Beispiel 5.1.1.1. eine DG erster Ordnung und das zweite Beispiel eine DG zweiter Ordnung dar. Beiden Beispielen jedoch ist gemeinsam, daß die Veränderlichen x und y(x) sowie die Ableitungen nur in der ersten Potenz auftreten und keine Produkte bilden. Damit ergibt sich ein Spezialfall innerhalb der DG.

5.1.3. Definition. Eine DG heißt **linear**, wenn die Funktion $y(x)$ und ihre Ableitungen nur in der ersten Potenz auftreten und keine Produkte bilden.

Wie in 2.1.3. für Funktionen allgemein beschrieben, gibt es auch für DG verschiedene Darstellungsarten.

5.1.4. Darstellungsformen für DG. Man unterscheidet zwei verschiedene Möglichkeiten, eine DG darzustellen,

die **implizite Form** $F(x, y, y', y'', \ldots, y^{(n)}) = 0$
und die **explizite Form** $y^{(n)} = f(x, y, y', y'', \ldots, y^{(n-1)})$.

Für die weiteren Betrachtungen sei daran erinnert, daß weniger der Zusammenhang zwischen der Funktion $y(x)$ und ihren Ableitungen interessiert als die Funktion $y(x)$ selbst in Abhängigkeit des Arguments, d.h. die Lösung der DG. Daher muß stets das Augenmerk darauf gelegt werden, die Kenntnisse über diese Funktion $y(x)$ aus der gegebenen DG zu erweitern.

5.1.5. Definition. Funktionen $y(x)$, die eine gegebene DG

$$F(x, y, y', y''', \ldots, y^{(n)}) = 0$$

erfüllen, heißen **Lösungen** (Integrale) der DG.

Dieser Definition entsprechend liegt also die Aufgabe darin, möglichst umfassende Informationen über die Lösungen einer gegebenen DG zu erhalten.

Bei explizten DG erster Ordnung kann man bereits unmittelbar aus dem Zusammenhang der DG und der Steigung der Funktion $y(x)$ Kenntnisse über die Lösung entnehmen. Dazu sei an den Satz 3.2.2. erinnert, der aussagt, daß die erste Ableitung $y' = \frac{dy}{dx}$ der Steigung der Funktion $y(x)$ im Punkt x_0 entspricht. Gibt man nun Punkte $P(x, y)$ im Koordinatensystem vor, so kann man zu den Koordinaten dieser Punkte aus der gegebenen DG die Steigung berechnen und Tangenten in den so vorgegebenen Punkten in das Koordinatensystem einzeichnen. Damit erhält man zu jedem Punkt im Koordinatensystem eine bestimmte Richtung, entsprechend nennt man ein solches Diagramm das Richtungsfeld der DG.

5.1.6. Satz. Gegeben sei eine explizite DG 1. Ordnung $y' = f(x, y)$. Da sich zu jedem Punkt $P(x, y)$ aus der DG eine Richtung (Steigung) ergibt, gehört zu jeder expliziten DG 1. Ordnung ein bestimmtes **Richtungsfeld.**

In den Abbildungen 5.2 bis 5.5 sind einige Beispiele für derartige Richtungsfelder gezeigt.

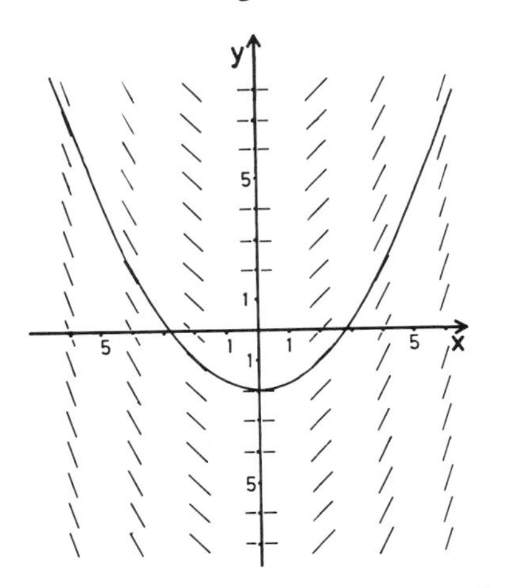

Abb. 5.2: Richtungsfeld der DG $y' = \frac{1}{2}x$

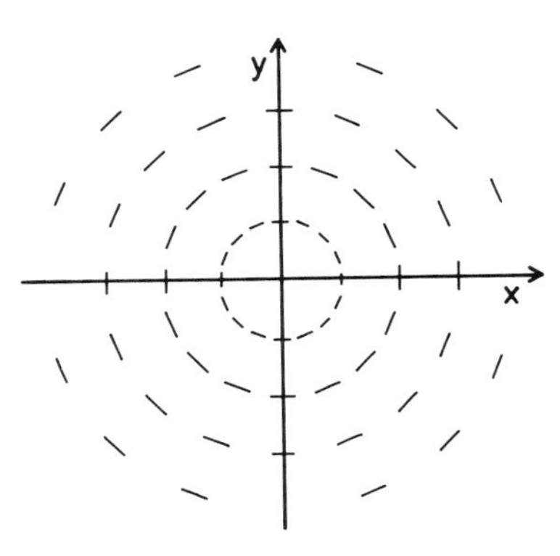

Abb. 5.3: Richtungsfeld der DG $y' = -\frac{x}{y}$

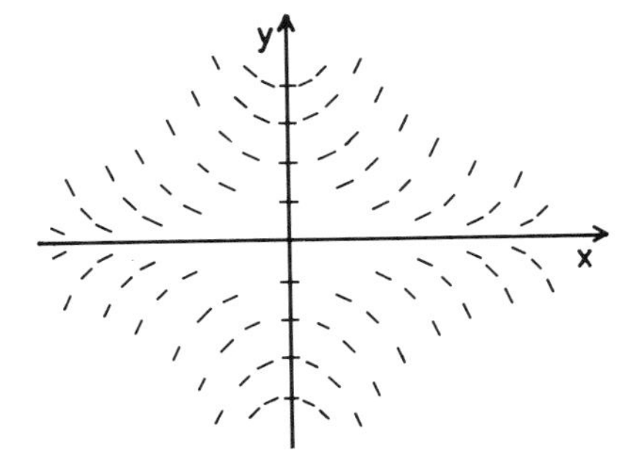

Abb. 5.4: Richtungsfeld der DG $y' = xy$

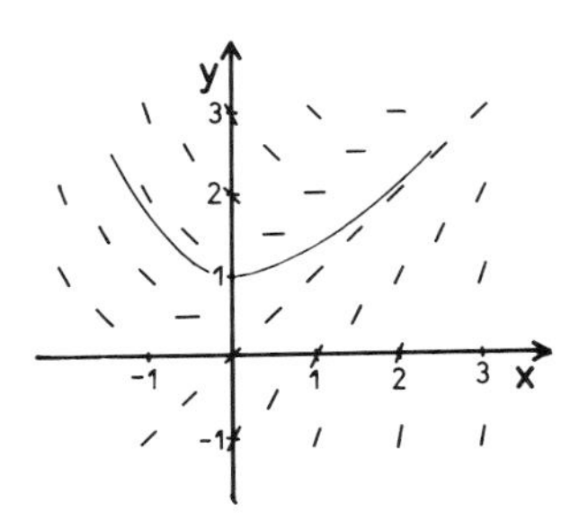

Abb. 5.5: Richtungsfeld der DG $y' = x - y + 1$

Wie man den in den Abbildungen dargestellten Beispielen entnehmen kann, ist es in vielen Fällen möglich, aus dem Richtungsfeld Aussagen über die Lösungen der jeweiligen DG zu machen. So ist zu erwarten, daß die Lösungsfunktionen zur DG aus Abb. 5.2. Parabeln, zur DG aus Abb. 5.3. Kreise um den Ursprung bilden. Dagegen sehen die Richtungsfelder der DG $y' = xy$ aus Abb. 5.4 und $y' = x - y + 1$ aus Abb. 5.5. so kompliziert aus, daß man den Verlauf der Lösungen nur raten kann.

Auch eine weitere Erkenntnis kann man den abgebildeten Richtungsfeldern entnehmen. Betrachtet man insbesondere Abb. 5.2., so fällt auf, daß man beliebig viele Parabeln als mögliche Lösungsfunktionen einzeichnen kann. Diese Parabeln unterscheiden sich lediglich im Schnittpunkt mit der y-Achse, die zugehörigen Funktionsgleichungen also nur im absoluten Glied. Danach ist zu erwarten, daß die Lösungsfunktion die Gleichung

$$y = y(x) = x^2 + C$$

besitzt (durch einfache Integration wird diese Vermutung bestätigt). Daß dabei eine Konstante C auftritt, wird leicht verständlich, wenn man daran denkt, daß man die Lösung einer DG sicherlich durch unbestimmte Integration erhält, und dabei ergibt sich stets die Integrationskonstante. Enthält die Lösung einer DG jedoch eine unbestimmte Integrationskonstante, so gibt es, streng genommen, nicht eine, sondern unendliche viele Lösungen für jedes $C \in \mathbb{R}$, die alle parallel gegeneinander verschoben sind.

Für die DG $y' = \frac{1}{2}x$, deren Richtungsfeld in Abb. 5.2. abgebildet ist, ergibt sich als Lösung also eine Schar von parallel verschobenen Parabeln, wie sie in Abb. 5.6. eingezeichnet sind. Andererseits ist durch das Richtungsfeld einer DG die Steigung der Lösungsfunktionen in jedem Punkt des Koordinatensystems festgelegt. Damit kann zu einem gegebenen Punkt jeweils nur eine Lösungsfunktion mit einem festgelegten C_1 existieren, die die geforderte Steigung in diesem Punkt hat.

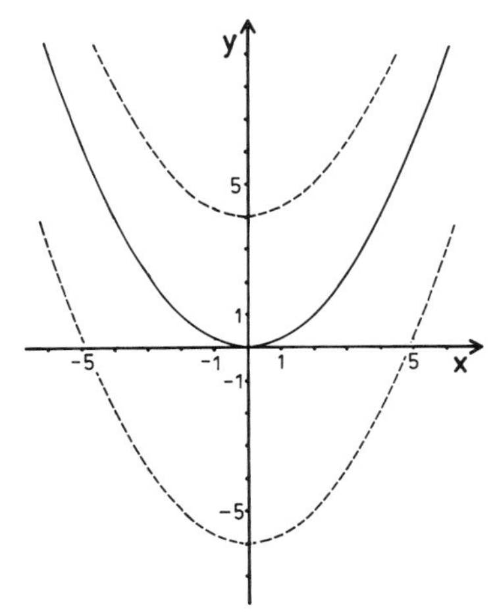

Abb. 5.6: Lösungen der DG $y' = \frac{1}{2}x$

5.1.7. Satz. Zu jedem Punkt $P(x, y)$ aus dem Definitionsbereich D der DG

$$F(x, y, y', \ldots, y^{(n)}) = 0$$

gibt es eine Lösungsfunktion der DG, wenn F stetig ist. Die Lösung ist eindeutig, wenn außerdem die **Lipschitz-Bedingung** erfüllt ist. d.h. wenn für ein $M > 0$ gilt

$$|F(x, y_1, y_1', \ldots, y_1^{(n)}) - F(x, y_2, y_2', \ldots, y_2^{(n)})| < M\,|(y_1, y_1', \ldots, y_1^{(n)}) - (y_2, y_2', \ldots, y_2^{(n)})|$$

für alle Punkte $((x, y_1, \ldots, y_1^{(n)}), (x, y_2, \ldots, y_2^{(n)}))$.

5.1.8. Beispiel. Gegeben seien die DG $y' = 2x$, ihre allgemeine Lösung $y = x^2 + C$ und der Punkt $P(2; -6)$. Gesucht wird die spezielle Lösung durch P.

Setzt man die Koordinaten von P ein, so erhält man direkt

$$C = -10.$$

Durch den Punkt P geht also die spezielle Lösung $y = x^2 - 10$.

Damit haben sich aber zwei verschiedene Arten von Lösungen ergeben, so daß eine sprachliche Unterscheidung notwendig wird.

5.1.9. Definition. Gegeben sei eine DG n-ter Ordnung

$$F(x, y, y', \ldots, y^{(n)}) = 0.$$

Zu dieser DG kann es drei Arten von Lösungen geben:

1. die **allgemeine Lösung** ergibt sich durch n-fache unbestimmte Integration der DG. Sie enthält daher n unabhängig wählbare Integrationskonstanten
   $$y = y(x, C_1, C_2, \ldots, C_n).$$
2. **Partikuläre** (spezielle) **Lösungen** ergeben sich durch spezielle Vorgabe der C_i aus der allgemeinen Lösung.
3. **Singuläre Lösungen** erfüllen zwar auch die DG, sind aber nicht in der allgemeinen Lösung enthalten.

Aus dem bisher gesagten, insbesondere aus Beispiel 5.1.8., wird der Unterschied zwischen allgemeiner und partikulärer Lösung bereits deutlich. So war die allgemeine Lösung in 5.1.8. die Funktion $y_a = x^2 + C$, während eine partikuläre Lösung zu $y_p = x^2 - 10$ berechnet wurde. Eine singuläre Lösung hatte sich in den bisherigen Beispielen noch nicht ergeben, so daß dazu eine neue DG herangezogen werden soll.

5.1.10. Beispiel. Gegeben sei die DG $(y')^2 - xy' + y = 0$, deren Lösungen gesucht sind.

1. Wie man durch Einsetzen in die DG zeigen kann, ist
   $$y_a = Cx - C^2$$
   die allgemeine Lösung der DG, denn es gilt
   $$y_a' = C \quad \Rightarrow \quad C^2 - Cx + (Cx - C^2) = 0.$$

2. Wählt man speziell C = 1, so erhält man aus der allgemeinen Lösung mit

$$y_p = x - 1$$

eine partikuläre Lösung.

3. Andererseits erfüllt aber auch die Funktion

$$y_s = \frac{1}{4} x^2 \; *$$

die DG, denn es gilt

$$y_s' = \frac{1}{2} x \quad \Rightarrow \left(\frac{1}{2} x\right)^2 - x \cdot \frac{1}{2} x + \frac{1}{4} x^2 = 0.$$

Da die Lösung y_s nicht durch Wahl eines speziellen C aus der allgemeinen Lösung hergeleitet werden kann, muß y_s eine singuläre Lösung der DG sein.

Graphisch kann man eine singuläre Lösung in einigen Fällen als Asymptote der partikulären Lösungen bereits dem Richtungsfeld entnehmen.

Im Beispiel 5.1.8. wurde aus der allgemeinen Lösung einer DG 1. Ordnung mit einer Integrationskonstanten mit Hilfe eines Punktes eine partikuläre Lösung hergeleitet. Durch Vorgabe eines Punktes wurde also die eine Integrationskonstante bestimmt. Verallgemeinert man, so benötigt man n Punkte, um die n Integrationskonstanten der allgemeinen Lösung einer DG n-ter Ordnung zu bestimmen.

5.1.11. Satz. Gegeben sei die allgemeine Lösung $y_a = y_a(x, C_1, \ldots, C_n)$ einer DG n-ter Ordnung

$$F(x, y, y', y'', \ldots, y^{(n)}) = 0.$$

Durch Vorgabe von **Randbedingungen,** d.h. durch Angabe von n Punkten $P_1, \ldots, P_n$, durch die die Lösung verlaufen soll, leitet sich aus der Gesamtheit der allgemeinen Lösungen eine partikuläre Lösung her.

5.1.12. Beispiel. Gegeben sei die DG 2. Ordnung

$$y'' + 6y' + 5y = 0.$$

Die allgemeine Lösung lautet

$$y_a = C_1 e^{-x} + C_2 e^{-5x},$$

was durch Einsetzen bewiesen werden kann:

$$y_a' = - C_1 e^{-x} - 5 C_2 e^{-5x}$$

$$y_a'' = C_1 e^{-x} + 25 C_2 e^{-5x}$$

$$\Rightarrow \; (C_1 e^{-x} + 25 C_2 e^{-5x}) + 6 (- C_1 e^{-x} - 5 C_2 e^{-5x}) + 5 (C_1 e^{-x} + C_2 e^{-5x}) = 0.$$

---

* Die singuläre Lösung stellt eine Umhüllende der allgemeinen Lösung dar, so daß es für alle Punkte der Umhüllenden zwei Lösungen existieren. Andererseits ist jedoch für diese Punkte die Lipschitz-Bedingung nicht erfüllt, so daß sich Übereinstimmung mit 5.1.7. ergibt.

Gibt man die Randbedingungen mit

$$y(0) = 2 \quad \text{und} \quad y(1) = 0{,}0135$$

vor, so erhält man durch Einsetzen in die allgemeine Lösung das Gleichungssystem

$$\left.\begin{aligned} 2 &= C_1 + C_2 \\ 0{,}0135 &= C_1\, e^{-1} + C_2\, e^{-5} \end{aligned}\right\} \Rightarrow \quad C_1 = 2;\ C_2 = 0.$$

Die partikuläre Lösung lautet also

$$y_p = 2\, e^{-x}.$$

Neben der in 5.1.11. beschriebenen Möglichkeit, durch Vorgabe von speziellen Randbedingungen eine partikuläre Lösung aus der allgemeinen Lösung einer DG zu bestimmen, gibt es eine weitere Möglichkeit, nämlich die Vorgabe eines Punktes und der Werte der Ableitungen in diesem Punkt. Dazu wird der nächste Satz formuliert.

5.1.13. Satz. Gegeben sei die allgemeine Lösung $y_a = y_a(x, C_1, \ldots, C_n)$ einer DG n-ter Ordnung

$$F(x, y, y', y'', \ldots, y^{(n)}) = 0.$$

Durch Vorgabe von **Anfangsbedingungen**, d.h. durch Angabe eines Punktes, durch den die Lösungsfunktion verlaufen soll, und durch Vorgabe der Ableitungen der Lösungsfunktion in diesem Punkt, also durch die Angaben

$$y_1 = y_a(x_1);\ y_1' = y_a'(x_1);\ \ldots\ ;\ y_a^{(n-1)} = y_a^{(n-1)}(x_1),$$

leitet sich aus der Gesamtheit der allgemeinen Lösungen der DG eine partikuläre Lösung her.

5.1.14. Beispiel. Es sei noch einmal die DG $y'' + 6y' + 5y = 0$ aus Beispiel 5.1.12. mit ihrer allgemeinen Lösung $y_a = C_1\, e^{-x} + C_2\, e^{-5x}$ aufgegriffen. Durch die Anfangsbedingungen

$$y(0) = 2 \quad \text{und} \quad y'(0) = -2$$

ergibt sich das Gleichungssystem

$$\left.\begin{aligned} C_1 + C_2 &= 2 \\ -C_1 - 5\,C_2 &= -2 \end{aligned}\right\} \quad C_2 = 0;\ C_1 = 2.$$

Die partikuläre Lösung ergibt sich auch hier zu

$$y_p = 2\, e^{-x}.$$

Selbstverständlich ist es möglich, bei DG höherer Ordnung eine Kombination ans Rand- und Anfangsbedingungen vorzugeben, indem man i Punkte $(i < n)$ und die Werte von $(n-i)$ Ableitungen vorschreibt. Allerdings ist dieser Weg wenig gebräuchlich.

Abschließend sei noch auf zwei weitere Klassen von DG hingewiesen.

Wie man Gleichungssysteme mit vielen Unbekannten kennt, so gibt es auch **Systeme von DG.** Verbindet man z.B. drei Kugeln gleicher Masse m durch Federn mit den Federkonstanten k_{12} und k_{23} miteinander, so ergeben sich aus den Abweichungen x_1, x_2, x_3 aus den Ruhelagen die Schwingungsgleichungen

$$mx_1''(t) = -k_{12}(x_1 - x_2)$$
$$mx_2''(t) = -k_{12}(x_1 - x_2) - k_{23}(x_2 - x_3)$$
$$mx_3''(t) = -k_{23}(x_3 - x_2).$$

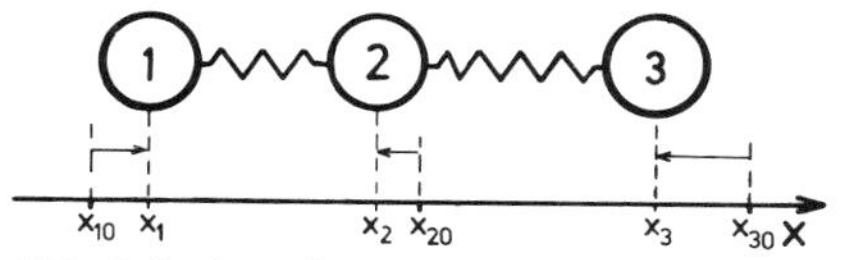

Abb. 5.7: Anordnung von drei linear durch Federn verbundenen Kugeln

Damit liegt hier ein System von drei DG vor, das z.B. auch zur Beschreibung der Schwingungen eines linearen dreiatomigen Moleküls genommen werden kann.

Auch die Existenz der nächsten Klasse von DG wird aus allem verständlich, was bisher in früheren Kapiteln gesagt wurde. Erinnert man sich daran, daß auch für mehrdimensionale Funktionen Zusammenhänge zwischen den Funktionen selbst und ihren Ableitungen erfaßt werden können, so kommt man zu einer neuen Klasse von DG, den **partiellen DG.** So stellt z.B. das 2. Ficksche Gesetz für die Diffusion

$$\frac{\partial c}{\partial t} = D \frac{\partial^2 c}{\partial x^2}$$

eine partielle DG dar, indem es den Zusammenhang zwischen der zeitlichen Änderung $\frac{\partial c}{\partial t}$ der Konzentration c und der örtlichen Änderung $\frac{\partial c}{\partial x}$ beschreibt.

Auf diese beiden Klassen von DG, Systeme von DG und partielle DG, soll hier nicht weiter eingegangen werden. Stattdessen sollen in den folgenden beiden Abschnitten Lösungswege für einfache DG erarbeitet werden.

5.2 Differentialgleichungen 1. Ordnung

In diesem Kapitel sollen einige Lösungsverfahren für DG 1. Ordnung vorgestellt werden. Dabei wird sich zeigen, daß das Lösungsprinzip stets dasselbe ist, nämlich Erkennen des Typs der DG, Wahl der richtigen Substitution bzw. des richtigen Ansatzes und abschließende Integration. Da sich dieses Prinzip bei allen Lösungsverfahren wiederholt, soll es abschließend auch an einem besonders übersichtlichen, dabei allerdings weniger wichtigen Typ von DG gezeigt werden, um so mehr Sicherheit für die prinzipielle Behandlung von DG zu vermitteln.

Der einfachste Typ einer DG 1. Ordnung ist der Typ

$$y' = f(x).$$

Dieser Typ und seine Lösungsmöglichkeiten wurde in Kapitel 4.1. ausführlich behandelt, so daß hier nicht weiter darauf eingegangen werden muß.

Der nächsteinfache Typ ist gleichzeitig der Typ, der in der Anwendung besonders oft vorkommt und auf den sich viele Lösungsverfahren anderer Typen reduzieren lassen. Dieser Typ von DG mit getrennten Variablen

$$y' = f_1(x) \cdot f_2(y)$$

ist dadurch gekennzeichnet, daß der Zusammenhang zwischen den Variablen in Form eines Produktes auftritt, das man trennen kann.

$$y' = \frac{dy}{dx} = f_1(x) \cdot f_2(y)$$

$$\Rightarrow \frac{dy}{f_2(y)} = f_1(x)\,dx.$$

Jetzt stehen auf der linken Seite der Gleichung ausschließlich Ausdrücke in y, so daß man nach y integrieren kann. Auf der rechten Seite der Gleichung tritt nur die Variable x auf, so daß man hier nach x integrieren kann.

$$\int \frac{dy}{f_2(y)} = \int f_1(x)\,dx.$$

Existieren nun die beiden Integrale, so ist die DG mit den getrennten Variablen lösbar.

5.2.1. Satz. Verfahren der Trennung der Variablen. Gegeben sei eine DG 1. Ordnung der Form

$$y' = f_1(x) \cdot f_2(y).$$

Trennt man die Variablen x und y, existieren weiter die Integrale

$$\int \frac{dy}{f_2(y)} = \int f_1(x)\,dx,$$

so ist die DG lösbar.

5.2.2. Beispiele.

1. Gesucht wird die Lösung der DG $y' = -\frac{x}{y}$, deren Richtungsfeld in Abb. 5.3. dargestellt ist.

   Hierbei handelt es sich um eine DG mit getrennten Variablen, denn aus der Trennung der Variablen ergibt sich das Integral

$$y' = \frac{dy}{dx} = -\frac{x}{y}$$

$$y\,dy = -x\,dx$$

$$\int y\,dy = -\int x\,dx$$

und damit die Lösung

$$\frac{1}{2}y^2 + \frac{1}{2}x^2 = C' \qquad \text{mit} \qquad C' = \frac{1}{2}C^2$$

$$y^2 + x^2 = C^2.$$

Die Lösung der DG entspricht also der Kreisgleichung, was aus dem Richtungsfeld der DG auf S. 171 bereits vermutet wurde.

2. Gesucht wird die Lösung der DG $y' = x \cdot y$, deren Richtungsfeld in Abb. 5.4. dargestellt ist.

   Trennung der Variablen und Integration ergibt die gesuchte Lösung:

$$y' = \frac{dy}{dx} = x \cdot y$$

$$\frac{dy}{y} = x\,dx$$

$$\int \frac{dy}{y} = \int x\,dx$$

$$\ln y = \frac{1}{2}x^2 + C' \quad \text{mit} \quad C = e^{C'}$$

$$y = e^{\frac{1}{2}x^2 + C'} = C\,e^{\frac{1}{2}x^2}.$$

3. Gesucht wird die Lösung der in Beispiel 5.1.1. gegebenen DG für den radioaktiven Zerfall. Diese DG steht gleichzeitig als Beispiel für die DG einer **chemischen Reaktion 1. Ordnung.**

$$\frac{dN}{dt} = -kN$$

$$\frac{dN}{N} = -k\,dt$$

$$\ln N = -kt + C'$$

$$N = e^{-kt+C'} = C\,e^{-kt}.$$

4. Gesucht wird die Lösung der DG $y' = 1 - y^2$

$$y' = \frac{dy}{dx} = 1 - y^2$$

$$\frac{dy}{1-y^2} = dx$$

$$\text{ar}\tanh y = x + C$$

$$y = \tanh(x + C).$$

5. Gesucht wird die Lösung der DG $y' = \sqrt{\frac{1-y^2}{1+x^2}}$

$$y' = \frac{dy}{dx} = \sqrt{\frac{1-y^2}{1+x^2}} = \frac{\sqrt{1-y^2}}{\sqrt{1+x^2}}$$

$$\frac{dy}{\sqrt{1-y^2}} = \frac{dx}{\sqrt{1+x^2}}$$

$$\text{arc sin } y = \text{ar sin h } x + C$$

$$y = \sin(\text{ar sin h } x + C).$$

6. Die chemische Reaktion 2 A→B bildet eine **Reaktion 2. Ordnung mit der zugehörigen DG**

$$\frac{d\,c_A}{dt} = -2kc_A^2$$

mit c_A = Konzentration A, t = Zeit,
k = Reaktionskonstante

$$\frac{d\,c_A}{c_A^2} = -2k\,dt$$

$$-\frac{1}{c_A} = -2kt - C$$

$$c_A = \frac{1}{2kt + C}.$$

7. Bei der adiabatischen Zustandsänderung eines idealen Gases ergibt sich aus dem Boyle-Mariotteschen Gesetz für die Änderung der inneren Energie U

$$dU = c_V dT = -\frac{RT}{V}\,dV$$

c_V = spez. Wärme

$$\Rightarrow c_V \frac{dT}{T} = -R\frac{dV}{V}$$

$$c_V \ln T = -R \ln V + C.$$

8. Beim freien Fall in Luft eines Körpers der Masse m gilt unter Berücksichtigung des Reibungskoeffizienten ρ für die Fallgeschwindigkeit $v = v(t)$ die DG

$$m\frac{dv}{dt} + \rho v^2 = mg$$

$$\Rightarrow \frac{dv}{dt} = -\frac{\rho}{m}v^2 + g$$

$$\frac{dv}{g - \frac{\rho}{m}v^2} = dt.$$

Mit der Substitution $f = f(v) = \sqrt{\frac{\rho}{mg}}\, v = \alpha v$ ergibt sich nach Regel 4.1.9.

Substitutionsregel

$$\sqrt{\frac{m}{\rho \cdot g}} \cdot \operatorname{ar\,tan\,h}(\alpha v) = t + C$$

$$\alpha v = \tan h\left(\sqrt{\frac{\rho \cdot g}{m}}\,(t + C)\right)$$

$$v = \sqrt{\frac{mg}{\rho}} \cdot \tan h\left(\sqrt{\frac{\rho \cdot g}{m}}\,(t + C)\right)$$

Mit der Randbedingung $v(0) = 0$ ergibt sich $C = 0$ und damit die partikuläre Lösung der DG für die Geschwindigkeit beim freien Fall in Luft.

$$v = \sqrt{\frac{m \cdot g}{\rho}} \cdot \tan h \sqrt{\frac{\rho \cdot g}{m}}\; t\,.$$

Für $t \to \infty$ erhält man schließlich durch Grenzwertbetrachtung die Endgeschwindigkeit beim freien Fall in Luft.

$$v_\infty = \sqrt{\frac{mg}{\rho}}\,.$$

Das Lösungsverfahren für den nächsten Typ von DG wurde prinzipiell bereits in früherem Zusammenhang behandelt. Dazu sei daran erinnert, daß man jede Pfaffsche Differentialform als DG auffassen kann, denn es gilt

$$P(x, y)\,dx + Q(x, y)\,dy = 0 \quad \Leftrightarrow \quad P(x, y) + Q(x, y) \cdot y' = 0.$$

Stellt jetzt die Pfaffsche Differentialform das totale Differential einer Funktion $F(x,y)$ dar, so kann man diese nach dem Vorbild der Vorschrift 4.5.29. bestimmen.

5.2.3. Definition. Stellt die Pfaffsche Differentialform

$$P(x, y)\,dx + Q(x, y)\,dy$$

das totale Differential einer Funktion $F(x, y)$ dar, so heißt die DG

$$P(x, y)\,dx + Q(x, y)\,dy = 0$$

exakt (total).

Liegt also eine DG vor, von der man glaubt, daß sie exakt sein könnte, so kann man diese Vermutung leicht mit Hilfe der Integrabilitätsbedingung nach 3.3.13. überprüfen. Dabei ist eine exakte DG besonders dann zu erwarten, wenn die Funktionen $P(x, y)$ und $Q(x, y)$ gewisse Symmetrien aufweisen (vgl. z.B. 4.5.28.). Das Lösungsverfahren für exakte DG verläuft genau nach dem Vorbild von 4.5.29., wobei lediglich noch ein vierter Schritt durchzuführen ist.

5.2.4. Lösungsschema für exakte DG. Mit Hilfe der Integrabilitätsbedingung wurde festgestellt, daß die DG

$$dF(x, y) = P(x, y)\,dx + q(x, y)\,dy \quad \text{mit} \quad dF(x, y) = 0$$

exakt ist. Die Lösung der DG erfolgt dann in vier Schritten:

1. Schritt:

$$F(x, y) = \int P(x, y)\,dx + g(y).$$

2. Schritt:

$$F(x, y) = \int Q(x, y)\,dy + h(x).$$

3. Schritt: Ein Vergleich der Lösungen aus den ersten beiden Schritten läßt eine Bestimmung der Funktionen g(y) und h(x) und damit der rechten Seite der Lösungsgleichung der DG zu.

4. Schritt: dF(x, y) = 0 heißt, daß sich die Funktion F(x, y) überhaupt nicht ändert, also konstant ist. Folglich ergibt sich die linke Seite der Lösungsgleichung zu

$$F(x, y) = \int dF(x, y) = C \quad [= \text{const.}].$$

5.2.5. Beispiele.

1. Gesucht wird die Lösung der DG

$$y' \cdot \sin y \cos x + \cos y \sin x = 0.$$

Aufgrund der Symmetrie beider Summanden wird eine exakte DG vermutet, was mit Hilfe der Integrabilitätsbedingung bestätigt wird.

$$\begin{aligned} 0 &= \sin y \cos x\,dy + \sin x \cos y\,dx \\ &= Q(x, y)\,dy \quad + P(x, y)\,dy \end{aligned}$$

$$\Rightarrow \frac{\partial P(x, y)}{\partial y} = -\sin x \sin y \qquad \frac{\partial Q(x, y)}{\partial x} = -\sin x \sin y$$

$$\Rightarrow \frac{\partial P(x, y)}{\partial y} = \frac{\partial Q(x, y)}{\partial x}.$$

Die DG ist exakt, kann also nach 5.2.4. gelöst werden.

1. Schritt:

$$F(x, y) = \int P(x, y)\,dx = \int \sin x \cos y\,dx = \cos x \cos y + g(y).$$

2. Schritt:

$$F(x, y) = \int Q(x, y)\,dy = \int \sin y \cos x\,dy = \cos x \cos y + h(x).$$

3. Schritt: Ein Vergleich der Lösungen aus dem 1. und 2. Schritt ergibt

$$g(y) = h(x) = 0.$$

4. Schritt:

$$F(x, y) = \int d\,F(x, y) = C.$$

Aus den vier Einzelschritten ergibt sich die allgemeine Lösung der DG zu

$$C = \cos x \cos y \quad \Leftrightarrow \quad y = \arccos\left(\frac{C}{\cos x}\right).$$

2. Gesucht wird die Lösung der DG

$$(e^x + xe^y - 1)y' + ye^x + e^y = 0$$

$$\Leftrightarrow (e^x + xe^y - 1)\,dy + (ye^x + e^y)\,dx = 0.$$

Überprüfung durch die Integrabilitätsbedingung ergibt

$$\frac{\partial P(x,y)}{\partial y} = e^x + e^y \qquad \frac{\partial Q(x,y)}{\partial x} = e^x + e^y$$

$$\Leftrightarrow \frac{\partial P(x,y)}{\partial y} = \frac{\partial Q(x,y)}{\partial x}.$$

Die DG ist also exakt und wird nach 5.2.4. gelöst.

1. Schritt:

$$F(x,y) = \int P(x,y)\,dx = \int (ye^x + e^y)\,dx = ye^x + x\,e^y + g(y).$$

2. Schritt:

$$F(x,y) = \int Q(x,y)\,dy = \int (e^x + xe^y - 1)\,dy = ye^x + xe^y - y + h(x).$$

3. Schritt: Ein Vergleich der Lösungen aus den ersten beiden Schritten ergibt

$$g(y) = -y \quad \text{und} \quad h(x) = 0.$$

4. Schritt:

$$F(x,y) = \int d\,F(x,y) = C.$$

Damit ergibt sich die allgemeine Lösung der DG zu

$$C = ye^x + xe^y - y.$$

Das nächste Lösungsschema einer DG soll an einem speziellen Typ erarbeitet werden. Dazu ist die folgende Definition notwendig.

5.2.6. Definition. Eine lineare DG 1. Ordnung hat die Gestalt

$$y' + f(x) \cdot y = g(x).$$

Sie heißt

a) **homogen**, wenn die **Störfunktion $g(x)$** identisch Null verschwindet, d.h. wenn gilt

$$g(x) = 0$$

b) **inhomogen**, wenn $g(x) \neq 0$ gilt.

Wie man sich leicht vorstellen kann, tritt die inhomogene DG am häufigsten auf. Dabei ist zu beachten, daß

1. der Begriff der homogenen und inhomogenen DG sinngemäß auch auf nichtlineare DG übertragen werden kann und daß
2. das Lösungsschema für inhomogene DG 1. Ordnung auch auf DG höherer Ordnung übertragen werden kann.

5.2.7. Lösungsschema für lineare inhomogene DG (Variation der Konstanten).

1. Schritt: Bestimmung der allgemeinen Lösung y_h der homogenen DG durch Trennung der Variablen

$$y' + f(x)\,y = g(x).$$

Mit $g(x) = 0$ ergibt sich

$$y_h' = -f(x)\,y_h$$

$$\curvearrowright\quad y_h = C \cdot e^{-\int f(x)dx}.$$

2. Schritt: Bestimmung einer partikulären Lösung y_p der inhomogenen DG durch Variation der Konstanten. Dabei wird ein Lösungsansatz gemacht, indem angenommen wird, daß die Integrationskonstante C der homogenen Lösung eine Funktion von x ist. Ansatz:

Ansatz: $C = C(x)$ $\quad\curvearrowright\quad y_p = C(x) \cdot e^{-\int f(x)dx}$

$$y_p' = C'(x)\,e^{-\int f(x)dx} - C(x) \cdot f(x)\,e^{-\int f(x)dx}$$

$$= C'(x)\,e^{-\int f(x)dx} - f(x) \cdot y_p.$$

Einsetzen in die inhomogene DG ergibt

$$(C'(x)\,e^{-\int f(x)dx} - f(x)\,y_p) + f(x)\,y_p = g(x) \qquad *$$

$$\curvearrowright\quad C(x) = \int g(x) \cdot e^{\int f(x)dx}\,dx.$$

Sind die Integrale lösbar, so kann man die Lösung für $C(x)$ im Lösungsansatz weiterverwenden. Dabei ist zu beachten, daß man bei der Integration von $C'(x)$ zu $C(x)$ für die dann erforderliche Integrationskonstante C_1 stets $C_1 = 0$ setzt, wodurch sich die partikuläre Lösung ergibt.

$$y_p = C(x) \cdot e^{-\int f(x)dx}$$

$$= e^{-\int f(x)dx} \cdot \int g(x)\,e^{\int f(x)dx}\,dx.$$

3. Schritt: Bestimmung der allgemeinen Lösung y_a der DG durch Addition der homogenen y_h und der partikulären Lösung y_p der inhomogenen DG

$$y_a = y_h + y_p.$$

5.2.8. Beispiele.

1. Gesucht wird die allgemeine Lösung der inhomogenen DG

   $$y' = x - y + 1,$$

   deren Richtungsfeld in Abb. 5.5. dargestellt ist.
   Nach einer Umformung ist leicht zu erkennen, daß es sich bei dieser DG tatsächlich um eine lineare, inhomogene DG handelt.

   $$y' + y = x + 1 \quad \text{mit } f(x) = 1 \quad \text{und} \quad g(x) = x + 1.$$

---

* Bei der Anwendung dieses Lösungsweges kann an dieser Stelle die Richtigkeit der bisherigen Rechnung leicht überprüft werden, denn der Term $f(x) \cdot y_p$ muß grundsätzlich herausfallen.

1. Schritt: Lösung der homogenen DG

$$y_h' + y_h = 0$$

$$\frac{d\,y_h}{y_h} = -\,dx$$

$$y_h = C\,e^{-x}.$$

2. Schritt: Berechnung der partikulären Lösung der inhomogenen DG durch Variation der Konstanten.

Ansatz: $y_p = C(x)\,e^{-x}$ ⤵ $y_p' = C'(x)\,e^{-x} - C(x)\,e^{-x}$.

Einsetzen ergibt schließlich die Lösung

$$(C'(x)\,e^{-x} - C(x)\,e^{-x}) + C(x)\,e^{-x} = x + 1$$

$$C'(x) = (x+1)\,e^{x}$$

$$C(x) = x\,e^{x}$$

⤵ $y_p = C(x)e^{-x} = x\,e^{x} \cdot e^{-x} = x.$

3. Schritt: Berechnung der allgemeinen Lösung der DG

$$y_a = y_h + y_p = C\,e^{-x} + x.$$

2. Gesucht wird die allgemeine Lösung der DG

$$y' + \frac{y}{x} = e^{x}.$$

1. Schritt: Lösung der homogenen DG

$$y_h' + \frac{y_h}{x} = 0$$

$$\frac{d\,y_h}{y_h} = -\frac{dx}{x}$$

$$y_h = \frac{C}{x}\,.$$

2. Schritt: Variation der Konstanten führt zum Ansatz

$y_p = \dfrac{C(x)}{x}$ ⤵ $y_p' = \dfrac{C'(x)}{x} - \dfrac{C(x)}{x^2}$

$$\left(\frac{C'(x)}{x} - \frac{C(x)}{x^2}\right) + \frac{C(x)}{x^2} = e^{x}$$

$$C'(x) = x\,e^{x}$$

$$C(x) = e^{x}(x-1).$$

Einsetzen ergibt die partikuläre Lösung y_p

$$y_p = \frac{e^{x}}{x}(x-1).$$

3. Schritt: Berechnung der allgemeinen Lösung der DG

$$y_a = y_h + y_p = \frac{C}{x} + \frac{e^x}{x}(x - 1).$$

Dieses Lösungsschema, das mit „Variation der Konstante" seinen Namen vom zweiten Lösungsschritt erhalten hat, ist sinngemäß übertragbar auch auf DG höherer Ordnung (vgl. 5.3.25.). Wenn es hier an linearen DG 1. Ordnung eingeführt wurde, dann geschah das, weil das Verfahren dann besonders übersichtlich wird. Außerdem gehört ein besonders großer Anteil der inhomogenen DG in der Anwendung zu den linearen DG 1. Ordnung.

Zum Abschluß dieses Kapitels soll noch ein seltenerer Typ von DG behandelt werden. Am Beispiel dieses Typs soll noch einmal das übliche Grundprinzip zur Lösung von DG gezeigt werden, nämlich Lösungsansatz durch eine geeignete Substitution, durch die die gegebene DG auf eine Grundform – z.B. Trennung der Variablen oder hier Variation der Konstanten – reduziert wird.

5.2.9. Definition. Eine DG 1. Ordnung der allgemeinen Form

$$y' + f(x) \cdot y = g(x) \cdot y^n \quad \text{mit } n \neq 0 \text{ und } n \neq 1$$

heißt eine **Bernoullische DG.**

5.2.10. Satz. Jede Bernoullische DG läßt sich durch die Substitution

$$y^{1-n}(x) = u(x)$$

auf eine lineare inhomogene DG zurückführen.

Dieser Satz ist besonders leicht zu verstehen, denn aus der Substitution folgt nach der Kettenregel

$$\frac{du}{dx} = u' = (1 - n)\, y^{-n}\, y'.$$

Setzt man in die DG ein und teilt durch y^n, so ergibt sich mit

$$y' + f(x)\, y = g(x)\, y^n \;\Rightarrow\; y^{-n}\, y' + f(x)\, y^{1-n} = \frac{1}{1-n}\, u' + f(x) \cdot u = g(x)$$

eine lineare inhomogene DG 1. Ordnung, die nach der Methode der Variation der Konstanten gelöst wird.

5.2.11. Beispiele.

1. Gesucht wird die allgemeine Lösung der Bernoullischen DG

$$y' - 2\frac{y}{x} = xy^2 \qquad \text{mit } n = 2.$$

Man formt um und wählt nach 5.2.10. die Substitution

$$y^{-2}\, y' - 2\,\frac{y^{-1}}{x} = x$$

$$u = u(x) = y^{-1} \qquad u' = -\, y^{-2}\, y'.$$

Einsetzen ergibt die inhomogene DG

$$-u' - 2\frac{u}{x} = x.$$

1. Schritt: Lösung der homogenen DG

$$\frac{du_h}{dx} = -\frac{2u_h}{x}$$

$$\frac{du_h}{u_h} = -2\frac{dx}{x}$$

$$u_h = \frac{C}{x^2}.$$

2. Schritt: Variation der Konstanten

$$u_p = \frac{C(x)}{x^2} \quad \curvearrowright \quad u_p' = \frac{C'(x)}{x^2} - 2\frac{C(x)}{x^3}$$

$$\curvearrowright \quad -\left(\frac{C'(x)}{x^2} - 2\frac{C(x)}{x^3}\right) - 2\frac{C(x)}{x^3} = x$$

$$C'(x) = -x^3$$

$$C(x) = -\frac{1}{4}x^4.$$

Einsetzen ergibt die partikuläre Lösung der inhomogenen DG

$$u_p = -\frac{1}{x^2} \cdot \frac{1}{4}x^4 = -\frac{1}{4}x^2.$$

3. Schritt: Berechnung der allgemeinen Lösung durch Rücksubstitution

$$u_a = u_h + u_p = \frac{C}{x^2} - \frac{1}{4}x^2 = y_a^{-1}$$

$$y_a = \frac{4x^2}{4C - x^4}.$$

2. Gesucht wird die allgemeine Lösung der Bernoullischen DG

$$y' - xy = xy^3 \quad \text{mit } n = 3.$$

Man formt um und wählt die Substitution.

$$y^{-3}y' - xy^{-2} = x$$

$$u = u(x) = y^{-2} \qquad \curvearrowright \quad \frac{du}{dx} = u' = -2y^{-3}y'.$$

Einsetzen in die inhomogene DG ergibt einen besonders einfachen Fall, der durch Trennung der Variablen gelöst werden kann.

$$-\frac{1}{2}u' - xu = x$$

$$\curvearrowright \quad -\frac{1}{2}u' - x(u+1) = 0$$

$$\frac{du}{1+u} = -2x\,dx$$

$$\ln(1+u) = -x^2 + C'$$

$$y^{-2} = u = C\,e^{-x^2} - 1 \qquad \text{(Rücksubstitution)}$$

$$y = \sqrt{\frac{1}{C\,e^{-x^2} - 1}}$$

5.3 Differentialgleichungen höherer Ordnung

In diesem Kapitel sollen Verfahren behandelt werden, nach denen die wichtigsten Typen von DG 2. Ordnung bearbeitet werden. Dabei wird sich herausstellen, daß das gesamte Spektrum von DG 2. Ordnung annäherend durch drei Klassen erfaßt wird, die jeweils einen speziellen Lösungsansatz erfordern. Abschließend wird dann noch ein Verfahren erläutert, nach dem unter bestimmten Voraussetzungen auch die restlichen, nicht durch diese drei Klassen erfaßten DG zweiter und teilweise auch höherer Ordnung gelöst werden können.

5.3.1. Definition. Die allgemeine DG 2. Ordnung hat die Gestalt

$$y'' = f(x, y, y').$$

Die einfachste spezielle DG zweiter Ordnung wird durch den Typ

$$y'' = f(x)$$

beschrieben. Dieser Typ und seine Lösungsverfahren wurden in Abschnitt 4.1. so ausführlich behandelt, daß hier nicht weiter darauf eingegangen werden muß.

Die erste große Klasse von DG 2. Ordnung, die hier behandelt werden soll, ist dadurch ausgezeichnet, daß in der DG die Variable x nur indirekt über die Abhängigkeit y(x) auftritt, d.h. in dieser Klasse sind DG vom Typ

$$y'' = f(y) \quad \text{und} \quad y'' = f(y, y')$$

zusammengefaßt. Der Lösungsweg ist für beide Typen identisch, so daß er nur am Beispiel des Typs $y'' = f(y)$ allgemein hergeleitet werden soll.

5.3.2. Allgemeiner Lösungsweg für DG vom Typ $y'' = f(y, y')$ und $y'' = f(y)$. Man macht den Lösungsansatz

$$y'(x) = p(x) \quad \text{und} \quad y''(x) = \frac{dp}{dy} \cdot \frac{dy}{dx} = p \cdot \frac{dp}{dy}.$$

Der Rechenweg soll am Beispiel des übersichtlicheren Typs $y'' = f(y)$ kurz erläutert werden.

$$p \cdot \frac{dp}{dy} = y'' = f(y)$$

$$p\,dp = f(y)\,dy$$

$$\frac{1}{2}p^2 = \int f(y)\,dy + C_1$$

$$p = y' = \frac{dy}{dx} = \sqrt{2\int f(y)\,dy + 2C_1}$$

$$\int \frac{dy}{\sqrt{2\int f(y)\,dy + 2C_1}} = \int dx = x + C_2.$$

Wie man sieht, ist die Lösungsmöglichkeit der DG dieser Typen durch die Lösbarkeit der beiden Integrale beschränkt.

Das Schema 5.3.2. kann entsprechend auch auf DG vom Typ $y'' = f(y, y')$ übertragen werden, so daß man zum folgenden Satz zusammenfassen kann.

5.3.3. Satz. Gegeben sei eine DG 2. Ordnung vom Typ

$$y'' = f(y) \quad \text{oder} \quad y'' = f(y, y').$$

Durch den Ansatz

$$y' = p \quad \text{und} \quad y'' = p \cdot \frac{dp}{dy}$$

ergibt sich eine DG 1. Ordnung, die durch Trennung der Variablen gelöst werden kann.

5.3.4. Beispiele.

1. Gesucht wird die Lösung der DG 2. Ordnung $y'' = f(y) = y$.

   Durch den Ansatz $y' = p$ und $y'' = p \cdot \frac{dp}{dy}$ ergibt sich eine DG 1. Ordnung, die durch Trennung der Variablen gelöst wird.

$$p \cdot \frac{dp}{dy} = y'' = y$$

$$\frac{1}{2}p^2 = \frac{1}{2}y^2 + \frac{1}{2}C_1^2$$

$$p = \frac{dy}{dx} = \sqrt{C_1^2 + y^2}$$

$$\frac{dy}{\sqrt{C_1^2 + y^2}} = dx \qquad \text{(nach Beispiel 4.1.10.3.)}$$

$$\operatorname{ar\,sin\,h} \frac{y}{C_1} = x + C_2$$

$$y = C_1 \sin h\,(x + C_2).$$

2. Gesucht wird die Lösung der DG $y'' = f(y, y') = \frac{2\,y\,(y')^2}{1 + y^2}$.

Durch den Ansatz $y' = p$ und $y'' = p \cdot \frac{dp}{dy}$ ergibt sich eine DG 1. Ordnung, die durch Trennung der Variablen gelöst wird.

$$y'' = p \cdot \frac{dp}{dy} = \frac{2y}{1 + y^2} \cdot p^2 \qquad p \neq 0$$

$$\frac{dp}{p} = \frac{2y}{1 + y^2}\,dy$$

$$\ln p = \ln C_1\,(1 + y^2)$$

$$p = \frac{dy}{dx} = C_1\,(1 + y^2)$$

$$\frac{dy}{1 + y^2} = C_1\,dx$$

$$\operatorname{arc\,tan} y = C_1\,x + C_2$$

$$y = \tan\,(C_1 x + C_2).$$

3. Gesucht wird die partikuläre Lösung der DG $y'' = f(y) = y - \frac{1}{y^3}$ mit den Anfangsbedingungen $y(0) = 1$ und $y'(0) = 2$.
Zunächst wird wieder der Ansatz nach 5.3.2. gemacht.

$$y' = p;\ y'' = p \cdot \frac{dp}{dy} \quad \Rightarrow \quad y'' = p \cdot \frac{dp}{dy} = y - \frac{1}{y^3}.$$

$$p\,dp = \left(y - \frac{1}{y^3}\right) dy$$

$$\frac{1}{2}\,p^2 = \frac{1}{2}\,y^2 + \frac{1}{2y^2} + C_1$$

$$p^2 = (y')^2 = y^2 + \frac{1}{y^2} + 2\,C_1.$$

Setzt man nun die erste Anfangsbedingung ein, so ergibt sich

$$y'(0) = 2 \quad \Rightarrow \quad 4 = 1 + 1 + 2C_1$$

$$\Rightarrow \quad C_1 = 1.$$

Damit vereinfacht sich das zweite Integral zu

$$(y_p')^2 = y_p^2 + \frac{1}{y_p^2} + 2 = (y_p + \frac{1}{y_p})^2$$

$$y_p' = y_p + \frac{1}{y_p} = \frac{y_p^2 + 1}{y_p}$$

$$\frac{y_p}{1 + y_p^2}\, dy = dx$$

$$\frac{1}{2} \ln (1 + y_p^2) = x + C_2'$$

$$y_p = \sqrt{C_2\, e^{2x} - 1}.$$

Die zweite Anfangsbedingung führt schließlich zu der gesuchten Lösung

$$y(0) = 1 \quad \Rightarrow \quad C_2 = 2$$

$$y_p = \sqrt{2\, e^{2x} - 1}\,.$$

Die zweite große Klasse von DG 2. Ordnung umfaßt solche Typen, in denen entweder nur die erste Ableitung $y'(x)$ oder die erste Ableitung und die Veränderliche x auftreten, zu der Klasse gehören also die Typen

$$y'' = f(y') \quad \text{und} \quad y'' = f(x, y').$$

Auch hier soll der Lösungsweg zunächst allgemein am besonders übersichtlichen Typ $y'' = f(y')$ gezeigt werden.

5.3.5. Allgemeiner Lösungsweg für DG vom Typ $y'' = f(y')$ und $y'' = f(x, y)$.

Der Lösungsansatz erfolgt über die Substitution

$$y' = p \quad \text{und } y'' = \frac{dp}{dx} = p'.$$

Damit ergibt sich die Möglichkeit, die DG durch Trennung der Variablen zu lösen.

$$y'' = \frac{dp}{dx} = f(y') = f(p)$$

$$\frac{dp}{f(p)} = dx$$

$$\int \frac{dp}{f(p)} = \int dx.$$

Ist dieses Integral lösbar, so kann man meistens $p = y'$ separieren und durch eine zweite Integration die gesuchte Lösung berechnen.

Das hier für den Typ $y'' = f(y')$ gezeigte Lösungsverfahren kann direkt auch auf den Typ $y'' = f(x, y')$ angewendet werden, wenn es hier auch nicht so anschaulich allgemein gezeigt werden kann. Damit kann man aber zum nächsten Satz zusammenfassen.

5.3.6. Satz. Gegeben sei eine DG 2. Ordnung vom Typ

$$y'' = f(y') \quad \text{oder} \quad y'' = f(x, y').$$

Durch den Ansatz

$$y'(x) = p(x) \quad \text{und} \quad y''(x) = \frac{dp}{dx}$$

kann eine solche DG auf eine DG 1. Ordnung zurückgeführt und häufig durch Trennung der Variablen gelöst werden.

5.3.7. Beispiele.

1. Gesucht wird die Lösung der DG $y'' = f(y') = (y')^2$.

   Durch den Ansatz $y' = p$ und $y'' = \frac{dp}{dx}$ ergibt sich eine DG 1. Ordnung, die durch Trennung der Variablen gelöst wird.

$$y'' = \frac{dp}{dx} = (y')^2 = p^2$$

$$\frac{dp}{p^2} = dx$$

$$-\frac{1}{p} = x + C_1$$

$$p = \frac{dy}{dx} = -\frac{1}{x + C_1}$$

$$y = -\ln|x + C_1| + \ln C_2$$

$$y = \ln\left|\frac{C_2}{x + C_1}\right|.$$

2. Gesucht wird die allgemeine Lösung der DG $y'' = f(x, y') = -y'.\tan x$. Man macht den Ansatz $y' = p$ und $y'' = \frac{dp}{dx}$ und rechnet weiter:

$$y'' = \frac{dp}{dx} = -y' \tan x = -p \tan x$$

$$\frac{dp}{p} = -\tan x \, dx$$

$$\ln p = \ln C_1 \cos x$$

$$p = \frac{dy}{dx} = C_1 \cos x$$

$$dy = C_1 \cos x \, dx$$

$$y = C_1 \sin x + C_2.$$

3. Gesucht wird die partikuläre Lösung der DG $y'y'' = 1$ mit den Anfangsbedingungen $y'(2) = 2$ und $y(2) = 3$.

   Man macht den üblichen Ansatz und rechnet folgendermaßen weiter

$$y' = p \quad \text{und} \quad y'' = \frac{dp}{dx}$$

$$y'y'' = p\,\frac{dp}{dx} = 1$$

$$\frac{1}{2}p^2 = x + C_1$$

$$p = \sqrt{2x + 2C_1}.$$

   Mit $y'(2) = p(2) = 2$ ergibt sich $C_1 = 0$, und damit

$$\frac{dy}{dx} = p = \sqrt{2x}$$

$$y = \int \sqrt{2x}\,dx = \frac{1}{3}\sqrt{(2x)^3} + C_2.$$

   Mit $y(2) = 3$ berechnet sich auch die zweite Integrationskonstante zu $C_2 = \frac{1}{3}$ und damit die gesuchte partikuläre Lösung zu

$$y_p = \frac{1}{3}\sqrt{(2x)^3} + \frac{1}{3}.$$

Bevor die nächste Klasse von DG 2. Ordnung behandelt werden kann, müssen noch einige Voraussetzungen zu deren Lösung geklärt werden.

Da ist zunächst einmal die Frage, welche die „richtige" ist, wenn man mehrere Lösungen einer DG erhalten kann. Daß dieses tatsächlich eintreffen kann, soll zunächst an einigen Beispielen gezeigt werden.

5.3.8. Beispiele.

1. Gegeben sei die DG $y'' + y = 0$. Durch Einsetzen soll überprüft werden, daß es mindestens drei Lösungen dieser DG gibt.

$$\begin{array}{lll} y_1 = A_1 \sin x & y_2 = A_2 \cos x & y_3 = A_1 \sin x + A_2 \cos x \\ y_1' = A_1 \cos x & y_2' = -A_2 \sin x & y_3' = A_1 \cos x - A_2 \sin x \\ y_1'' = -A_1 \sin x & y_2'' = -A_2 \cos x & y_2'' = -A_1 \sin x - A_2 \cos x \end{array}$$

$$\curvearrowright\; y_1'' + y_1 = -A_1 \sin x + A_1 \sin x = 0 \qquad y_2'' + y_2 = -A_2 \cos x + A_2 \cos x = 0$$

$$y_3'' + y_3 = -A_1 \sin x - A_2 \cos x + A_1 \sin x + A_2 \cos x = 0.$$

   Alle drei Funktionen erfüllen also die DG, wobei auffällt, daß die beiden ersten Lösungen Bestandteil der dritten sind.

2. Gegeben sei die DG $y'' - y' = 0$. Auch hier gibt es mindestens drei Lösungen, wie durch Einsetzen gezeigt wird.

$$\begin{array}{lll} y_1 = A_1 & y_2' = A_2 e^x & y_3 = A_1 + A_2 e^x \\ y_1' = 0 & y_2' = A_2 e^x & y_3' = A_2 e^x \\ y_1'' = 0 & y_2'' = A_2 e^x & y_3'' = A_2 e^x \end{array}$$

$$\Rightarrow \quad \begin{array}{lll} y_1'' - y_1' = 0 - 0 & y_2'' - y_2' = A_2 e^x - A_2 e^x & y_3'' - y_3' = A_2 e^x - A_2 e^x \\ \qquad = 0 & \qquad = 0 & \qquad = 0. \end{array}$$

Auch hier ergibt sich die dritte Lösung als Summe der beiden ersten.

3. Gegeben sei die DG $y'' - 4y = 0$. Durch Einsetzen soll auch hier gezeigt werden, daß es mindestens drei Lösungen dieser DG gibt.

$$\begin{array}{lll} y_1 = A_1 e^{2x} & y_2 = A_2 e^{2x+3} & y_3 = A_1 e^{2x} + A_2 e^{2x+3} \\ y_1' = 2 A_1 e^{2x} & y_2' = 2 A_2 e^{2x+3} & y_3' = 2 A_1 e^{2x} + 2A_2 e^{2x+3} \\ y_1'' = 4 A_1 e^{2x} & y_2'' = 4 A_2 e^{2x+3} & y_3'' = 4A_1 e^{2x} + 4A_2 e^{2x+3} \end{array}$$

$$\Rightarrow \quad \begin{array}{lll} y_1'' - 4y_1 = 4A_1 e^x - & y_2'' - 4y_2 = 4A_2 e^{2x+3} - & y_3'' - 4y_3 = 4A_1 e^{2x} + 4A_2 e^{2x+3} - \\ \quad - 4A_1 e^x & \quad - 4A_2 e^{2x+3} & \quad - 4(A_1 e^{2x} + A_2 e^{2x+3}) \\ \quad = 0 & \quad = 0 & \quad = 0. \end{array}$$

Auch hier stellt die dritte Lösung die Summe aus den beiden ersten dar. Dabei fällt jedoch auf, daß man folgendermaßen umformen kann

$$\begin{aligned} y_2 &= A_2 e^{2x+3} \\ &= A_2 e^3 e^{2x} \\ &= B_2 e^{2x}. \end{aligned}$$

Die zweite Lösung unterscheidet sich von der ersten also nur in der Konstanten. Da diese jedoch frei wählbar ist, gibt es keinen Unterschied zwischen den drei Lösungen.

Die Erkenntnisse der beiden ersten Beispiele sollen nun zu einem Satz zusammengefaßt werden.

5.3.9. Satz. Gegeben sei eine homogene DG 2. Ordnung. Sind die Funktionen $y_1(x)$ und $y_2(x)$ Lösungen der DG, so ist auch ihre Linearkombination

$$y(x) = A_1 \cdot y_1(x) + A_2 \cdot y_2(x)$$

eine Lösung der DG.

Allgemeiner. Gegeben sei eine homogene DG n-ter Ordnung. Sind die Funktionen $y_1(x), \ldots, y_n(x)$ Lösungen der DG, so ist auch ihre Linearkombination

$$y(x) = A_1 y_1(x) + \ldots + A_n y_n(x)$$

eine Lösung der DG.

Mit diesem Satz werden die beiden ersten Beispiele in 5.3.8. sofort verständlich, denn die dritte Lösung ist jeweils die Linearkombination der beiden ersten Lösungen. Nicht geklärt ist dagegen durch den Satz 5.3.9. die Frage, woran man erkenntn, ob eine Lösung nicht vielleicht Bestandteil einer anderen, bereits berechneten Lösung ist, wie es in 5.3.9.3. der Fall ist. Dazu wird zunächst die folgende Definition erforderlich.

5.3.10. Definition. Zwei Funktionen $y_1(x)$ und $y_2(x)$ heißen **linear unabhängig**, wenn für beliebige Argumente x die Gleichung

$$A_1 y_1(x) + A_2 y_2(x) = 0$$

nur mit $A_1 = A_2 = 0$ erfüllt werden kann.

Allgemeiner. Die Funktionen $y_1(x), \ldots, y_n(x)$ heißen **linear unabhängig**, wenn für beliebige Argumente x die Gleichung

$$A_1 y_1(x) + A_2 y_2(x) + \ldots + A_n y_n(x) = 0$$

nur mit $A_1 = \ldots = A_n = 0$ erfüllt werden kann.

Funktionen, die nicht linear unabhängig sind, heißen linear abhängig.

5.3.11. Beispiele.

1. Gegeben seien die Funktionen $y_1 = 1$ und $y_2 = e^x$ aus Beispiel 5.3.8.2. Die Gleichung

   $$A_1 y_1 + A_2 y_2 = A_1 + A_2 e^x = 0$$

   kann für beliebige x nur mit $A_1 = A_2 = 0$ erfüllt werden. Damit sind die Funktionen linear unabhängig. *

2. Gegeben seien die Funktionen $y_1 = e^{2x}$ und $y_2 = e^{2x+3}$ aus Beispiel 5.3.8.3. Die Gleichung

   $$\begin{aligned} 0 = A_1 y_1 + A_2 y_2 &= A_1 e^{2x} + A_2 e^{2x+3} \\ &= A_1 e^{2x} + A_2 e^3 e^{2x} \\ &= e^{2x} (A_1 + A_2 e^3) \end{aligned}$$

   ist wegen $e^{2x} \neq 0$ für $A_1 = -A_2 e^3 \neq 0$ für alle x zu erfüllen, so daß die Funktionen $y_1(x)$ und $y_2(x)$ linear abhängig sind.

5.3.12. Satz. Die differenzierbaren Lösungsfunktionen $y_1(x)$ und $y_2(x)$ einer linearen homogenen DG 2. Ordnung sind linear unabhängig, wenn für beliebige Argumente x für die **Wronskische Determinante** gilt

---

* In manchen Fällen kann die Gleichung für spezielle Argumente x, hier für $x = \ln\left(-\frac{A_1}{A_2}\right)$, auch erfüllt werden. Nach 5.3.10. ist die Erfüllung der Gleichung aber für beliebige Argumente x gefordert, so daß hier also lineare Unabhängigkeit vorliegt.

$$\begin{vmatrix} y_1(x) & y_2(x) \\ y_1'(x) & y_2'(x) \end{vmatrix} = y_1(x)\, y_2'(x) - y_1'(x) y_2(x) \neq 0.$$

Allgemeiner. Die differenzierbaren Lösungsfunktionen $y_1(x), \ldots, y_n(x)$ einer linearen homogenen DG n-ter Ordnung sind linear unabhängig, wenn für beliebige Argumente x für die allgemeine Wronskische Determinante gilt

$$\begin{vmatrix} y_1(x) & y_2(x) & \cdots\cdots & y_n(x) \\ y_1'(x) & y_2'(x) & \cdots\cdots & y_n'(x) \\ \cdot & \cdot & \cdots\cdots & \cdot \\ \cdot & \cdot & \cdots\cdots & \cdot \\ \cdot & \cdot & \cdots\cdots & \cdot \\ y_1^{(n-1)}(x) & y_2^{(n-1)}(x) & \cdots\cdots & y_n^{(n-1)}(x) \end{vmatrix} \neq 0.$$

Bezüglich der Verfahren zur Lösung der allgemeinen Wronskischen Determinante muß auf den später folgenden Abschnitt 8.1. verwiesen werden. Für den Fall, daß zwei Funktionen vorliegen, kann der Satz 5.3.12. aber leicht an Beispielen erläutert werden.

5.3.13. Beispiele.

1. Gegeben seien die Funktionen $y_1(x) = \sin x$ und $y_2(x) = \cos x$ aus Beispiel 5.3.8.1. Berechnet man zu diesen Funktionen die Wronskische Determinante, so ergibt sich

$$\begin{vmatrix} y_1(x) & y_2(x) \\ y_1'(x) & y_2'(x) \end{vmatrix} = \begin{vmatrix} \sin x & \cos x \\ \cos x & -\sin x \end{vmatrix} = -\sin^2 x - \cos^2 x = -1 \neq 0.$$

Die Funktionen $y_1(x)$ und $y_2(x)$ sind also linear unabhängig.

2. Gegeben seien die Funktionen $y_1(x) = e^x$, $y_2(x) = e^{2x}$ und $y_2(x) = e^{-3x}$. Für diese Funktionen lautet die Wronskische Determinante

$$\begin{vmatrix} y_1(x) & y_2(x) & y_3(x) \\ y_1'(x) & y_2'(x) & y_3'(x) \\ y_1''(x) & y_2''(x) & y_3''(x) \end{vmatrix} = \begin{vmatrix} e^x & e^{2x} & e^{-3x} \\ e^x & 2e^{2x} & -3e^{-3x} \\ e^x & 4e^{2x} & 9e^{-3x} \end{vmatrix}$$

$$= 18e^xe^{2x}e^{-3x} - 3e^xe^{2x}e^{-3x} + 4e^xe^{2x}e^{-3x} - e^xe^{2x}e^{-3x} + 12e^xe^{2x}e^{-3x} - 9e^xe^{2x}e^{-3x}$$

$$= e^{x+2x-3x}\,(18 - 3 + 4 - 1 + 12 - 9)$$

$$= 21 \neq 0.$$

Die drei Funktionen sind linear unabhängig.

Um nun wieder auf die Vielfältigkeit möglicher Lösungen von DG zurückzukommen, bleibt festzuhalten, daß man davon ausgehen muß, daß sich die einzelnen

Lösungen unterscheiden, daß sie also linear unabhängig sein müssen, will man durch Bildung der Linearkombination die allgemeine Lösung bestimmen. Diese Aussage wird im folgenden Satz noch einmal zusammengefaßt.

5.3.14. Satz. Sind $y_1(x), \ldots, y_n(x)$ linear unabhängige Lösungen einer linearen DG

$$F(x, y, y', \ldots, y^{(n)}) = 0,$$

so stellt die **Linearkombination**

$$y_a = A_1 y_1(x) + A_2 y_2(x) + \ldots + A_n y_n(x)$$

die allgemeine Lösung der DG dar.

Dieser Satz bedeutet eine Verschärfung von Satz 5.3.9., denn er faßt alle linear unabhängigen Lösungen einer DG n-ter Ordnung zur allgemeinen Lösung zusammen. Als Ergänzung sei noch angemerkt, daß die Linearkombination als allgemeine Lösung einer DG n-ter Ordnung maximal n Summanden haben kann, daß also maximal n linear unabhängige Einzellösungen möglich sind.

Für die weitere Bearbeitung von DG wird noch ein weiterer Hilfssatz benötigt, der jetzt behandelt werden soll.

5.3.15. Satz. Gegeben sei eine lineare homogene DG 2. Ordnung

$$y'' + f_1(x) y' + f_2(x) y = 0$$

sowie eine Lösung der DG mit $y_1 = y_1(x)$. Mit dem Ansatz

$$y = y(x) = u(x) \cdot y_1(x) = u \cdot y_1$$

reduziert sich die gegebene allgemeine DG auf eine solche vom Typ $y'' = f(x, y')$ und ist nach 5.3.6. lösbar.

5.3.16. Allgemeiner Rechengang zum Satz 5.3.15. Aus dem Ansatz ergibt sich nach der Produktregel

$$y = u \cdot y_1 \quad \curvearrowright \quad y' = u'y_1 + uy_1'$$

$$y'' = u''y_1 + 2u'y_1' + uy_1''.$$

Diese Gleichungen werden in die DG eingesetzt

$$\begin{aligned} 0 &= y'' + f_1(x) y' + f_2(x) y \\ &= (u''y_1 + 2u'y_1' + uy_1'') + f_1(x)(u'y_1 + uy_1') + f_2(x)\, uy_1 \quad \text{(umordnen!)} \\ &= u''y_1 + u'(2y_1' + f_1(x) y_1) + u(y_1'' + f_1(x) y_1' + f_2(x) y_1).\,^* \end{aligned}$$

Ist $y_1(x)$ Lösung der DG, so erfüllt es diese sicherlich, es gilt also

$$y_1'' + f_1(x) y_1' + f_2(x) y_1 = 0.$$

* Bei Anwendung dieses Rechenweges kann man sehr leicht die Richtigkeit des Rechenganges überprüfen, denn der dritte Summand mit der Funktion u(x) als Faktor muß grundsätzlich herausfallen, wie die allgemeine Rechnung zeigt.

Damit vereinfacht sich die obige Gleichung erheblich. Die neuentstandene DG kann nach 5.3.6. gelöst werden.

$$u''y_1 + u'(2y_1' + f_1(x)\,y_1) = 0.$$

5.3.17. Beispiele.

1. Zu der DG $xy'' + y' - \frac{y}{x} = 0$ stellt die Funktion $y_1(x) = \frac{1}{x}$ eine Lösung dar, denn es ergibt sich sofort

$$y_1 = \frac{1}{x} \qquad y_1' = -\frac{1}{x^2} \qquad y_1'' = \frac{2}{x^3}$$

$$\Rightarrow\ x \cdot \frac{2}{x^3} - \frac{1}{x^2} - \frac{1}{x} \cdot \frac{1}{x} = \frac{2}{x^2} - \frac{1}{x^2} - \frac{1}{x^2} = 0.$$

Mit dem Ansatz $y = u \cdot y_1 = \frac{u}{x}$ folgt weiter

$$y' = \frac{u'}{x} - \frac{u}{x^2} \quad \text{und} \quad y'' = \frac{u''}{x} - \frac{2u'}{x^2} + \frac{2u}{x^3},$$

so daß man einsetzen kann

$$0 = x\left(\frac{u''}{x} - \frac{2u'}{x^2} + \frac{2u}{x}\right) + \left(\frac{u'}{x} - \frac{u}{x^2}\right) - \frac{1}{x} \cdot \frac{u}{x} \quad \text{(umordnen!)}$$

$$= u'' + u'\left(-\frac{2}{x} + \frac{1}{x}\right) + u\left(\frac{2}{x^2} - \frac{1}{x^2} - \frac{1}{x^2}\right)$$

$$= u'' - \frac{u'}{x}.$$

Nach 5.3.6. wird der zweite Ansatz mit $u' = p$ und $u'' = \frac{dp}{dx}$ gemacht, so daß weiter folgt

$$u'' - \frac{u'}{x} = \frac{dp}{dx} - \frac{p}{x} = 0$$

$$\frac{dp}{p} = \frac{dx}{x}$$

$$p = \frac{du}{dx} = C_1 x$$

$$u = \frac{C_1}{2} x^2 + C_2.$$

Damit ergibt sich nach 5.3.16. die allgemeine Lösung der DG

$$y_a = \frac{u}{x} = \frac{C_1}{2} x + \frac{C_2}{x}.$$

2. Gegeben sei die lineare DG $x^2y'' - xy' + y = 0$ mit der Lösung $y_1 = 2x$. Setzt man in die DG ein, so zeigt sich sofort, daß y_1 tatsächlich eine Lösung ist, so daß man nach 5.3.16. weiterrechnen kann.

$$y_1(x) = 2x \qquad y_1'(x) = 2 \qquad y_1''(x) = 0$$

$$\curvearrowright \quad 0 \cdot x^2 - 2x + 2x = 0.$$

Mit dem Lösungsansatz $y = u(x)\, y_1(x)$ folgt weiter

$$y = 2xu \qquad y' = 2u + 2xu' \qquad y'' = 4u' + 2xu''$$

$$\begin{aligned} 0 &= x^2(4u' + 2xu'') - x(2u + 2xu') + 2xu \qquad \text{(umordnen!)} \\ &= 2x^3u'' + u'(4x^2 - 2x^2) + u(-2x + 2x) \\ &= 2x^3u'' + 2x^2u' \qquad (2x^2 \neq 0) \\ &= xu'' + u'. \end{aligned}$$

Der weitere Ansatz nach 5.3.6. führt schließlich zum gesuchten Ergebnis

$$u' = p \qquad u'' = \frac{dp}{dx}$$

$$\curvearrowright \quad x \cdot \frac{dp}{dx} = -p$$

$$\frac{dp}{p} = -\frac{dx}{x}$$

$$p = \frac{C_1}{x}$$

$$u = \int \frac{C_1}{x}\, dx = C_1 \ln x + \ln C_2$$

$$= \ln C_2\, x^{C_1}.$$

Die allgemeine Lösung lautet also

$$y_a = u(x)\, y_1(x) = 2x \ln C_2\, x^{C_1}.$$

Wie man an diesen beiden Beispielen bereits erkennen kann, ist es mit Hilfe des Satzes 5.3.16. möglich, auch die bisher noch nicht bearbeiteten linearen DG vom allgemeinen Typ

$$y'' = f(x, y, y')$$

zu lösen unter der Voraussetzung, daß man eine Lösung der DG kennt. Diese Voraussetzung ist jedoch in vielen Fällen durch Raten relativ leicht zu erfüllen, so daß der Satz 5.3.16. einen brauchbaren Lösungsweg aufzeigt.

Weiter sei hier schon angemerkt, daß der Satz 5.3.16. mit einer kleinen Abänderung auch auf DG höherer Ordnung übertragen werden kann. Doch darauf soll am Ende dieses Abschnitts noch eingegangen werden.

Nach diesen vorbereitenden Sätzen und Definitionen mit grundsätzlicher Gültigkeit ist es nun möglich, auch die dritte Klasse von DG 2. Ordnung zu behandeln. Dabei stellen diese DG die wohl wichtigste Klasse für die Anwendung in den Naturwissenschaften dar und sind gleichzeitig auch am leichtesten zu lösen.

5.3.18. Definition. Man nennt DG der Art

$$\sum_{i=0}^{n} a_i\, y^{(i)} = 0 \quad \text{mit } a_n = 1 \quad \text{und } a_i = \text{const.}$$

homogene DG n-ter Ordnung mit konstanten Koeffizienten.

5.3.19. Satz. Bei jeder homogenen DG mit konstanten Koeffizienten führt der Lösungsansatz

$$y = e^{\alpha x}$$

zur charakteristischen Gleichung dieser DG

$$\alpha^n + a_{n-1}\,\alpha^{n-1} + \ldots + a_1\alpha + a_0 = \sum_{i=0}^{n} a_i\alpha^i \quad \text{mit } a_n = 1,$$

deren Nullstellen α_{N_i} die Lösungen der DG charakterisieren.

Die Definition 5.3.18. und der Satz 5.3.19. sind für den ganz allgemeinen Fall formuliert, trotzdem sollen sie aber zunächst am speziellen Fall einer DG 2. Ordnung mit konstanten Koeffizienten erläutert werden.

5.3.20. Allgemeiner Lösungsweg einer DG 2. Ordnung mit konstanten Koeffizienten. Eine DG 2. Ordnung mit konstanten Koeffizienten lautet

$$y'' + a_1 y' + a_0 y = 0.$$

Mit dem Ansatz

$$y = e^{\alpha x} \qquad y' = \alpha\, e^{\alpha x} \qquad y'' = \alpha^2\, e^{\alpha x}$$

ergibt sich ein Polynom 2. Grades, die charakteristische Gleichung.

$$\alpha^2\, e^{\alpha x} + a_1\,\alpha e^{\alpha x} + a_0\, e^{\alpha x} = e^{\alpha x}(\alpha^2 + a_1\alpha + a_0) = 0 \qquad e^{\alpha x} \neq 0$$

$$\alpha^2 + a_1\,\alpha + a_0 = 0$$

$$\alpha_{N_{1,2}} = -\frac{a_1}{2} \pm \sqrt{\frac{a_1^2}{4} - a_0}\,.$$

Mit den Nullstellen dieses Polynoms ergeben sich zwei Lösungen für die DG

$$y_1 = e^{\alpha_1 x} \quad \text{und} \quad y_2 = e^{\alpha_2 x},$$

deren lineare Unabhängigkeit nach 5.3.12. sofort nachgewiesen werden kann, denn es gilt für $\alpha_1 \neq \alpha_2$

$$\begin{vmatrix} y_1 & y_2 \\ y_1' & y_2' \end{vmatrix} = \begin{vmatrix} e^{\alpha_1 x} & e^{\alpha_2 x} \\ \alpha_1\, e^{\alpha_1 x} & \alpha_2\, e^{\alpha_2 x} \end{vmatrix} = \alpha_2\, e^{\alpha_1 x} e^{\alpha_2 x} - \alpha_1\, e^{\alpha_1 x} e^{\alpha_2 x} =$$
$$= e^{(\alpha_1 + \alpha_2)x}\,(\alpha_2 - \alpha_1) \neq 0.$$

Nach 5.3.15. ergibt sich die allgemeine Lösung der DG aus der Linearkombination von $y_1(x)$ und $y_2(x)$ zu

$$y_a = A_1 e^{\alpha_1 x} + A_2 e^{\alpha_2 x}.$$

Diese allgemeine Lösung erhält man, wenn man **zwei** reelle oder komplexe Nullstellen der charakteristischen Gleichung hat.

Sei nun der spezielle Fall von komplexen Nullstellen der charakteristischen Gleichung herausgegriffen, d.h. der Fall $a_0 > \frac{a_1^2}{4}$, so gilt

$$\alpha_1 = a + bi = -\frac{a_1}{2} + \sqrt{a_0 - \frac{a_1^2}{4}}\,i \quad \text{und} \quad \alpha_2 = a - bi = -\frac{a_1}{2} - \sqrt{a_0 - \frac{a_1^2}{4}}\,i$$

Wie oben ergibt sich die Lösung der DG auch hier zu

5.3.21.
$$\begin{aligned} y_a &= A_1 e^{\alpha_1 x} + A_2 e^{\alpha_2 x} \\ &= A_1 e^{(a+bi)x} + A_2 e^{(a-bi)x} \\ &= e^{ax} (A_1 e^{bix} + A_2 e^{-bix}) \qquad (\Rightarrow \text{Eulersche Gleichung 2.3.28.}) \\ &= e^{ax} (A_1 (\cos bx + i \sin bx) + A_2 (\cos bx - i \sin bx)) \\ &= e^{ax} ((A_1 + A_2) \cos bx + (A_1 - A_2)\, i \sin bx) \\ &= e^{ax} ((C_1 \cos bx + C_2 i \sin bx). \end{aligned}$$

Man erhält also eine komplexwertige Funktion als allgemeine Lösung der DG. Nun gibt es einen Satz, der hier nicht weiter formuliert und bewiesen werden soll, nach dem Realteil und Imaginärteil einer solchen komplexen Lösung einer DG für sich auch Lösungen der DG sind, so daß sich die allgemeine Lösung folgendermaßen formulieren läßt:

$$y_a = e^{ax} (C_1 \cos bx + C_2 \sin bx).$$

Damit sind bisher die Fälle bearbeitet, daß man zwei verschiedene (reelle oder komplexwertige) Nullstellen der charakteristischen Gleichung erhält. Es ist aber noch der Fall $a_0 = \frac{a_1^2}{4}$, also $\alpha = -\frac{a_1}{2}$, denkbar. Nach der Zusatzbemerkung zu Satz 5.3.14. sind aber zwei Lösungen $y_1(x)$ und $y_2(x)$ als Lösungen der DG 2. Ordnung zu erwarten, während die charakteristische Gleichung nur eine doppelte Nullstelle hat, die nur zu einer Lösung der DG mit $y_1(x)$ führt. Wendet man auf diesen Fall nun den Satz 5.3.16. an, so ergibt sich aus der DG

5.3.22. $y'' + a_1 y' + a_0 y = 0$ mit der Lösung $y_1(x) = e^{\alpha x}$.

Ansatz: $y = u(x)\,y_1(x) = u\,e^{\alpha x}$; $y' = u\,\alpha e^{\alpha x} + u' e^{\alpha x}$; $y'' = u'' e^{\alpha x} + 2\alpha u' e^{\alpha x} + \alpha^2 u e^{\alpha x}$

$$\begin{aligned} 0 &= (u'' e^{\alpha x} + 2u'\alpha e^{\alpha x} + \alpha^2 u e^{\alpha x}) + a_1 (u\alpha e^{\alpha x} + u' e^{\alpha x}) + a_0\, u e^{\alpha x} \\ &= u'' e^{\alpha x} + u'(2\alpha e^{\alpha x} + a_1 e^{\alpha x}) + u\underbrace{(\alpha^2 e^{\alpha x} + a_1 \alpha e^{\alpha x} + a_0 e^{\alpha x})}_{= 0 \text{ da Lösung der DG}} \\ &= e^{\alpha x} (u'' + u'(2\alpha + a_1)) \\ &= u'' + u'(2\alpha + a_1). \end{aligned}$$

Nun gilt aber $\alpha = -\frac{a_1}{2}$, so daß sich sofort $u'' = 0$ ergibt und damit

$$u(x) = C_1 x + C_2.$$

Die allgemeine Lösung für den Fall, daß die charakteristische Gleichung nur eine doppelte Nullstelle hat, lautet also

$$y_a = e^{\alpha x} (C_1 x + C_2).$$

Die bisherigen Berechnungen kann man zusammenfassen zum folgenden Satz.

5.3.23. Satz. Gegeben sei eine DG 2. Ordnung mit konstanten Koeffizienten

$$y'' + a_1 y' + a_0 y = 0.$$

Seien die Nullstellen der charakteristischen Gleichung

$$\alpha^2 + a_1 \alpha + a_0 = 0 \quad \Rightarrow \quad \alpha_{1,2} = -\frac{a_1}{2} \pm \sqrt{\frac{a_1^2}{4} - a_0}.$$

gegeben durch

a) reelle Zahlen $\alpha_1 \neq \alpha_2$, so lautet die allgemeine Lösung der DG

$$y_a = C_1 e^{\alpha_1 x} + C_2 e^{\alpha_2 x}$$

b) konjugiert komplexe Zahlen $\alpha_1 = a + bi$ und $\alpha_2 = a - bi$, so lautet die allgemeine Lösung der DG

$$y_a = e^{ax} (C_1 \cos bx + C_2 \sin bx)$$

c) eine doppelte reelle Nullstelle mit $\alpha_1 = \alpha_2 = \alpha$, so lautet die allgemeine Lösung der DG

$$y_a = e^{\alpha x} (C_1 x + C_2).$$

Aus Satz 5.3.14. ergibt sich sofort, daß die in 5.3.23. aufgeführten Einzellösungen linear unabhängig sind.

5.3.24. Beispiele.

1. Gesucht wird die allgemeine Lösung der DG 2. Ordnung mit konstanten Koeffizienten

$$y'' + 4y' + 3y = 0.$$

Aus der DG ergibt sich die charakteristische Gleichung mit ihren Nullstellen zu

$$\alpha^2 + 4\alpha + 3 = 0$$
$$\alpha_1 = -3$$
$$\alpha_2 = -1.$$

Nach 5.3.23 a lautet die allgemeine Lösung der DG

$$y_a = C_1\, e^{-x} + C_2\, e^{-3x}.$$

2. Gesucht wird die allgemeine Lösung der DG

$$y'' - 4y' + 13y = 0.$$

Aus der DG ergibt sich die charakteristische Gleichung mit den Nullstellen

$$\alpha^2 - 4\alpha + 13 = 0$$
$$\alpha_1 = 2 + 3i$$
$$\alpha_2 = 2 - 3i.$$

Nach 5.3.23 b lautet die allgemeine Lösung der DG

$$y_a = e^{2x}\,(C_1 \cos 3x + C_2 \sin 3x).$$

3. Gesucht wird die allgemeine Lösung der DG

$$y'' - 2y' + y = 0.$$

Aus der DG ergibt sich die charakteristische Gleichung mit der doppelten Nullstelle

$$\alpha^2 - 2\alpha + 1 = (\alpha - 1)^2 = 0$$
$$\alpha = 1.$$

Damit lautet nach 5.3.23c die allgemeine Lösung der DG

$$y_a = e^x\,(C_1 x + C_2).$$

4. Die wichtigste Anwendung der DG mit konstanten Koeffizienten liegt in den verschiedenen Formen der **Schwingungsgleichungen**, die hier an zwei Beispielen behandelt werden sollen.

   a) Für die freie ungedämpfte Schwingung eines Federpendels gilt die DG mit konstanten Koeffizienten

   $$m\ddot{x} + Dx = 0\ ^* \qquad m = \text{Masse};\ D = \text{Federkonstante}$$

   $$\ddot{x} + \frac{D}{m}\,x = 0.$$

   Mit der Abkürzung $\sqrt{\frac{D}{m}} = \omega_0$ (= Schwingungsfrequenz) ergibt sich die charakteristische Gleichung der DG mit den konjugiert komplexen Nullstellen

---

* In der Physik werden Ableitungen nach der Zeit t oft durch Punkte über der Funktion gekennzeichnet, also $\frac{dx(t)}{dt} = \dot{x}(t)$ oder $\frac{d^2x(t)}{dt^2} = \ddot{x}(t)$ usw.

$$\alpha^2 + \omega_0^2 = 0 \quad \curvearrowright \quad \begin{aligned} \alpha_1 &= \omega_0 i \\ \alpha_2 &= -\omega_0 i. \end{aligned}$$

Nach 5.3.23. b lautet dann die allgemeine Lösung der DG

$$\begin{aligned} x_a(t) &= e^{0\cdot x}(C_1 \cos \omega_0 t + C_2 \sin \omega_0 t) \\ &= C_1 \cos \omega_0 t + C_2 \sin \omega_0 t. \end{aligned}$$

Mit den Anfangsbedingungen $x(0) = x_0$ und $\dot{x}(0) = 0$ ergibt sich die Cosinusfunktion als partikuläre Lösung der DG

$$x_p(t) = x_0 \cos \omega_0 t.$$

b) Für die freie gedämpfte Schwingung eines Federpendels lautet die DG

$$m\ddot{x} + \rho\dot{x} + Dx = 0 \qquad \rho = \text{Dämpfungskonstante.}$$

Mit der zusätzlichen Abkürzung $\frac{\rho}{m} = 2\delta$ ergibt sich die charakteristische Gleichung zu

$$\alpha^2 + 2\delta\alpha + \omega_0^2 = 0$$

$$\alpha_1 = -\delta + \sqrt{\delta^2 - \omega_0^2}$$

$$\alpha_2 = -\delta - \sqrt{\delta^2 - \omega_0^2}$$

Nach 5.3.23. ergeben sich drei Möglichkeiten für die allgemeine Lösung der DG, je nachdem, welcher der drei Fälle vorliegt:

1. starke Dämpfung, d.h. $\delta > \omega_0$. Dann lautet die allgemeine Lösung

$$x_a(t) = C_1 e^{\alpha_1 t} + C_2 e^{\alpha_2 t}.$$

2. schwache Dämpfung, d.h. $\delta < \omega_0$. Dann lautet die allgemeine Lösung mit $\sqrt{\omega_0^2 - \delta^2} = \overline{\omega_0}$

$$x_a(t) = e^{-\delta t}(C_1 \cos \overline{\omega_0} t + C_2 \sin \overline{\omega_0}\, t)$$

3. aperiodischer Grenzfall, d.h. $\delta = \omega_0$. Dann lautet die allgemeine Lösung

$$x_a(t) = (C_1 t + C_2)\, e^{-\delta t}.$$

Auf eine physikalische Interpretation dieser Lösungen soll hier ebenso verzichtet werden wie auf die Bestimmung von partikulären Lösungen durch Vorgabe von Anfangsbedingungen.

5. Als letztes Beispiel soll eine homogene DG 3. Ordnung mit konstanten Koeffizienten gelöst werden.

$$y''' - 6y'' + 11y' - 6y = 0.$$

Überträgt man den Lösungsansatz 5.3.20. auf diesen Fall, so ergibt sich auch hier eine charakteristische Gleichung.

$$y = e^{\alpha x} \quad y' = \alpha e^{\alpha x} \quad y'' = \alpha^2 e^{\alpha x} \quad y'' = \alpha^3 e^{\alpha x}$$

$$0 = \alpha^3 e^{\alpha x} - 6\alpha^2 e^{\alpha x} + 11\alpha e^{\alpha x} - 6 e^{\alpha x}$$

$$= e^{\alpha x} (\alpha^3 - 6\alpha^2 + 11\alpha - 6) \qquad e^{\alpha x} \neq 0$$

$$= \alpha^3 - 6\alpha^2 + 11\alpha - 6$$

$$= (\alpha - 1)(\alpha - 2)(\alpha - 3)$$

$$\Rightarrow \alpha_1 = 1; \quad \alpha_2 = 2; \quad \alpha_3 = 3.$$

In Übereinstimmung mit 5.3.23. ergibt sich als allgemeine Lösung eine dreigliedrige Summe, wobei man die lineare Unabhängigkeit der drei Summanden nach 5.3.13.2. zeigen kann.

$$y_a = C_1 e^x + C_2 e^{2x} + C_3 e^{3x}.$$

An früherer Stelle wurde bereits darauf hingewiesen, daß das Grundprinzip der Regel 5.2.7. für die Lösung von inhomogenen linearen DG 1. Ordnung auf DG höherer Ordnung übertragen werden kann, wenn auch der Einzelschritt der Variation der Konstanten keine Parallele hat. Das soll an zwei Beispielen erläutert werden, ohne daß jedoch ein allgemeines Lösungsschema besprochen wird.

5.3.25. Beispiele.

1. Gegeben sei die inhomogene DG 2. Ordnung mit konstanten Koeffizienten

$$y'' - 6y' + 5y = 20,$$

deren allgemeine Lösung berechnet werden soll.

1. Schritt. Lösung der homogenen DG.
Aus der homogenen DG ergibt sich die charakteristische Gleichung

$$\alpha^2 - 6\alpha + 5 = 0$$

$$\alpha_1 = 1$$

$$\alpha_2 = 5.$$

Die homogene Lösung lautet also

$$y_h = C_1 e^x + C_2 e^{5x}.$$

2. Schritt. Berechnung einer partikulären Lösung y_p der inhomogenen DG.
In dem hier vorliegenden Fall ergibt sich sofort eine partikuläre Lösung, denn mit $y_p = 4$ ist die DG zu erfüllen.

3. Schritt. Berechnung der allgemeinen Lösung y_a.
Aus der homogenen und der partikulären Lösung der inhomogenen DG ergibt sich die allgemeine Lösung zu

$$y_a = C_1 e^x + C_2 e^{5x} + 4.$$

2. Gesucht wird die allgemeine Lösung der inhomogenen DG 2. Ordnung mit konstanten Koeffizienten

$$y'' + 3y' - 4y = 2x - 6.$$

1. Schritt. Aus der homogenen DG ergibt sich die charakteristische Gleichung mit ihren Nullstellen zu

$$\alpha^2 + 3\alpha - 4 = 0$$

$$\alpha_1 = -4$$

$$\alpha_2 = 1$$

$$\Rightarrow \quad y_h = C_1\, e^x + C_2\, e^{-4x}.$$

2. Schritt. Die Störfunktion der inhomogenen DG lautet $g(x) = 2x - 6$. Sie bildet ein Polynom 1. Grades. Macht man den Lösungsansatz für die partikuläre Lösung der inhomogenen DG über ein allgemeines Polynom 1. Grades, so ergibt sich

$$y_p = b_1 x + b_0; \qquad y_p' = b_1; \qquad y_p'' = 0$$

$$\Rightarrow \quad 3b_1 - 4(b_1 x + b_0) = 2x - 6$$

$$-4b_1 x + (3b_1 - b_0) = 2x - 6.$$

Koeffizientenvergleich ergibt weiter

$$-4b_1 x = 2x \qquad\qquad 3b_1 - b_0 = -6$$

$$b_1 = -\frac{1}{2} \qquad\qquad b_0 = \frac{9}{2}.$$

Die partikuläre Lösung lautet also

$$y_p = -\frac{1}{2}x + \frac{9}{2}$$

3. Schritt. Die allgemeine Lösung der inhomogenen DG lautet

$$y_a = y_h + y_p$$

$$= C_1\, e^x + C_2\, e^{-4x} - \frac{1}{2}x + \frac{9}{2}.$$

Wie man an diesen Beispielen erkennen kann, unterscheidet sich das Grundprinzip der Lösung von inhomogenen DG 2. Ordnung nicht von dem der DG 1. Ordnung. Allerdings erfordert die Suche nach der partikulären Lösung der inhomogenen DG einen komplizierteren Ansatz.

Zum Abschluß dieses Kapitels über Differentialgleichungen soll noch ein Verfahren erläutert werden, nach dem mitunter DG höherer Ordnung gelöst werden können. Der zugehörige Satz scheint dem Satz 5.3.15. sehr ähnlich zu sein, die allgemeine Herleitung erfolgt tatsächlich fast ebenso.

Es sei eine homogene, lineare DG beliebiger Ordnung gegeben. Zum besseren Verständnis der Rechnung sei allerdings eine DG 2. Ordnung herausgegriffen.

$$y'' + f_1(x)\,y' + f_2(x)\,y = 0.$$

Kennt man mit $y_1(x)$ eine Lösung der DG, so macht man den Ansatz

5.3.26. $y = y_1 \int u(x)\,dx;\quad y' = y_1' \int u\,dx + y_1 u;\quad y'' = y_1'' \int u\,dx + 2y_1'u + y_1 u'$

$$0 = (y_1'' \int u\,dy + 2y_1'u + y_1u') + f_1(x)\,(y_1' \int u\,dx + y_1 u) + f_2(x)\,y_1 \int u\,dx$$
$$= u'y_1 + u\,(2y_1 + f_1(x)\,y_1) + \int u\,dx \cdot (y_1'' + f_1(x)\,y_1' + f_2(x)\,y_1).$$

Wegen $y_1'' + f_1(x)\,y_1' + f_2(x)\,y_1 = 0$ ergibt sich weiter

$$u'(x)\,y_1(x) + u(x)\,(2y_1(x) + f_1(x)\,y_1(x)) = 0.$$

Durch den Ansatz 5.3.26. wird also die Ordnung der gegebenen DG um 1 reduziert. Dieses Verfahren weist eine Analogie zu den in 2.1.17. beschriebenen Verfahren auf, wo nach Kenntnis einer Nullstelle eines Polynoms dessen Grad um 1 durch Polynomdivision reduziert werden konnte. Im vorliegenden Fall einer DG n-ter Ordnung kann also deren Ordnung auf (n – 1) reduziert werden, sofern man eine Lösung der DG bereits kennt.

5.3.27. Satz. Gegeben sei eine lineare homogene DG n-ter Ordnung

$$F(x, y, y', \ldots, y^{(n)}) = 0$$

sowie eine Lösung der DG mit $y_1 = y_1(x)$.

Mit dem Ansatz

$$y_a = y_a(x) = y_1(x) \int u(x)\,dx = y_1 \int u\,dx$$

wird die gegebene DG auf eine solche (n – 1)-ter Ordnung reduziert, die dann gelöst werden kann.

Der Unterschied zwischen den Sätzen 5.3.15. und 5.3.27. liegt darin, daß bei 5.3.15. die gegebene DG mit Hilfe der Substitution auf eine andere DG **gleicher** Ordnung umgeformt wird, die dann allerdings leichter gelöst werden kann. Bei 5.3.27. dagegen wird die Ordnung der gegebenen DG zunächst um 1 reduziert, die zweite Integration erfolgt erst nach der Rücksubstitution des Ansatzes. Damit ist der Ansatz aus 5.3.15. nur für DG 2. Ordnung verwendbar, während der Ansatz aus 5.3.27. auf jede DG beliebiger Ordnung angewandt werden kann, wenn man nur eine Lösung der DG kennt.

5.3.28. Beispiele.

1. In 5.3.17.2. wurde die DG $x^2y'' - xy' + y = 0$ mit der Lösung $y_1(x) = 2x$ nach 5.3.15. gelöst. Macht man den Ansatz nach 5.3.27., so ergibt sich

$$y_a = 2x \int u\,dx;\quad y_a' = 2\int u\,dx + 2xu;\quad y_a'' = 4u + 2xu'$$
$$0 = x^2\,(4u + 2xu') - x(2\int u\,dx + 2xu) + 2x \int u\,dx$$
$$= u' \cdot 2x^3 + u\,(4x^2 - 2x^2) + \int u\,dx\,(-2x + 2x)$$
$$= u'\,2x^3 + u\,2x^2 \qquad\qquad 2x^2 \neq 0$$
$$= xu' + u$$
$$\frac{du}{u} = -\frac{dx}{x}$$
$$u = \frac{C_1}{x}.$$

Damit berechnet sich die allgemeine Lösung der DG zu

$$y_a = 2x \int u\,dx = 2x \int \frac{C_1}{x}\,dx$$

$$= 2x(C_1 \ln x + \ln C_2)$$

$$= 2x \ln C_2 x^{C_1}$$

in Übereinstimmung mit 5.3.17.2.

2. Gegeben sei die DG 3. Ordnung $y''' - 6y'' + 11y' - 6y = 0$ aus 5.3.24.5., zu der mit $y_1 = e^x$ eine Lösung geraten worden sei. Mit dem Ansatz aus 5.3.27. ergibt sich

$$y = e^x \int u\,dx;\ y' = e^x \int u\,dx + e^x u;\ y'' = e^x \int u\,dx + 2e^x u + e^x u';$$

$$y''' = e^x \int u\,dx + 3e^x u + 3e^x u' + e^x u''$$

$$\curvearrowright\ 0 = (e^x \int u\,dx + 3e^x u + 3e^x u' + e^x u'') - 6\,(e^x \int u\,dx + 2e^x u + e^x u') +$$

$$+ 11(e^x \int u\,dx + e^x u) - 6e^x \int u\,dx$$

$$= u''e^x + u'(3e^x - 6e^x) + u\,(3e^x - 12e^x + 11e^x) +$$

$$+ \int u\,dx\,(e^x - 6e^x + 11e^x - 6e^x)$$

$$= e^x u'' - 3e^x u' + 2e^x u \qquad e^x \neq 0$$

$$= u'' - 3u' + 2u.$$

Man erhält also eine DG 2. Ordnung mit konstanten Koeffizienten mit der charakteristischen Gleichung

$$\alpha^2 - 3\alpha + 2 = (\alpha - 1)(\alpha - 2)$$

$$\alpha_1 = 2$$

$$\alpha_2 = 1$$

$$u_a = C_1 e^x + C_2 e^{2x}$$

$$\curvearrowright\ y_a = e^x \int u_a dx = e^x \int (C_1 e^x + C_2 e^{2x})\,dx$$

$$= e^x \int C_1 e^x + \frac{C_2}{2} e^{2x} + C_3$$

$$= C_3 e^x + C_1 e^{2x} + \frac{C_2}{2} e^{3x}.$$

Diese allgemeine Lösung stimmt mit 5.3.24.5. überein.

6 Unendliche Reihen

In diesem Abschnitt soll, aufbauend auf die Grundkenntnisse des Kapitels über Zahlenfolgen, zunächst der Begriff der „Konvergenz von Reihen" mit den zugehörigen Kriterien hergeleitet werden, ehe die für die Anwendung wichtigsten Verfahren abgeleitet werden, nach denen vorliegende Funktionen in unendliche Reihen umgewandelt werden können.

6.1 Konvergenz von Reihen

In 1.5.1. wurde eine Zahlenfolge definiert als eine Anordnung von unendlich vielen Zahlen, die gewissen mathematischen Gesetzmäßigkeiten unterliegen. Entsprechend wird auch die unendliche Reihe definiert.

6.1.1. Definition. Die Summe $\sum_{i=0}^{\infty} a_i$ der Glieder

$$a_0, a_1, a_2, a_3, a_4, \ldots$$

einer unendlichen Zahlenfolge heißt eine **unendliche Reihe.**
Die einzelnen Summanden heißen **Glieder der Reihe.**

Wie bei Zahlenfolgen spricht man bei unendlichen Reihen auch von arithmetischen Reihen, wenn sich die einzelnen Glieder durch eine konstante Differenz auszeichnen und von geometrischen Reihen, wenn sich die einzelnen Glieder um einen konstanten Faktor unterscheiden. Weiter gibt es Reihen mit alternierendem Vorzeichen der Glieder, solche Reihen heißen alternierend. Schließlich kann man auch den Begriff der Teilfolge sinngemäß auf unendliche Reihen übertragen.

6.1.2. Definition. Die unendliche Reihe $\sum_{i=0}^{\infty} a_i'$ heißt **Teilsumme** einer Reihe $\sum_{i=0}^{\infty} a_i$, wenn sie durch Weglassen einzelner Glieder aus dieser entstanden ist.

Es besteht also eine große Übereinstimmung zwischen einzelnen Begriffen des Kapitels 1.5. über Folgen und den unendlichen Reihen. Auch der Begriff der Konvergenz findet sich bei den Reihen wieder. Wurde bei den Folgen Konvergenz anschaulich als ein „Streben der einzelnen Glieder a_i gegen einen Wert a" beschrieben, so kann man für Reihen den Begriff anschaulich verstehen als ein „Streben der Summe gegen einen endgültigen Zahlenwert". Im mathematischen Sinne exakt lautet die Definition für Konvergenz einer Reihe etwas anders.

6.1.3. Definition. Die unendliche Reihe $\sum_{i=0}^{\infty} a_i$ heißt **konvergent mit dem Grenzwert s,** d.h. $\sum_{i=0}^{\infty} a_i = s$, wenn die Folge ihrer Teilsummen $s_n = \sum_{i=0}^{n} a_i$ gegen s konvergiert.
Eine Reihe, die nicht konvergiert, heißt **divergent.**

Durch diese Definition wird also die Konvergenz einer unendlichen Reihe auf die Konvergenz einer Zahlenfolge bezogen. Auch der folgende Satz tauchte sinngemäß bei den Zahlenfolgen bereits auf.

6.1.4. Satz. Jede unendliche Teilreihe einer konvergenten Reihe $s = \sum_{i=0}^{\infty} a_i$ konvergiert auch gegen s.

6.1.5. Beispiel. Nach der Definition 6.1.3. kann man die Konvergenz der geometrischen Reihe $\sum_{i=0}^{\infty} a^i$ besonders leicht nachweisen. Für die n-te Teilsumme der reihe gilt

$$s_n = \sum_{i=0}^{n} a^i = 1 + a + a^2 + a^3 + \ldots + a^n$$

$$= \frac{(1 + a + a^2 + a^3 + \ldots + a^n)(1 - a)}{1 - a}$$

$$= \frac{1 - a^{n+1}}{1 - a}.$$

Berechnet man nun den Grenzwert der Folge aller Teilsummen, so gilt

$$\lim_{n\to\infty} s_n = \lim_{n\to\infty} \frac{1 - a^{n+1}}{1 - a} = \lim_{n\to\infty} \frac{1}{1 - a} - \lim_{n\to\infty} \frac{a^{n+1}}{1 - a}$$

$$= \frac{1}{1 - a} - \lim_{n\to\infty} \frac{a^{n+1}}{1 - a}.$$

Für $|a| < 1$ gilt $\lim_{n\to\infty} \frac{a^{n+1}}{1 - a} = 0$, so daß die geometrische Reihe für $|a| < 1$ konvergiert.

Nach Satz 6.1.4. konvergiert dann aber auch jede Teilreihe der geometrischen Reihe, also z.B. die Reihe $\sum_{i=0}^{\infty} (\frac{1}{2} a)^i$ für $|a| < 1$.

Ist dieses spezielle Beispiel auch leicht zu verstehen, so ist es im allgemeinen doch relativ schwierig, die Konvergenz einer Reihe nach 6.1.3. zu zeigen, so daß man zusätzliche Konvergenzkriterien benötigt. Da eine Vielzahl solcher Konvergenzkriterien für Reihen existieren, sollen hier nur die wichtigsten herausgegriffen werden, um gleichzeitig noch die Übersichtlichkeit zu wahren.

6.1.6. Satz (Konvergenzkriterium für Reihen mit positiven Gliedern). Die unendliche Reihe $\sum_{i=0}^{\infty} a_i$ mit positiven Gliedern a_i konvergiert genau dann, wenn die Folge der Teilsummen beschränkt ist.

Nach diesem Kriterium muß eine Reihe für Konvergenz also zwei Bedingungen erfüllen, nämlich positive Glieder und eine beschränkte Folge von Teilsummen haben.

6.1.7. Beispiele.

1. Es soll gezeigt werden, daß die unendliche Reihe $\sum\limits_{n=1}^{\infty} \frac{1}{n^2}$ $(n \in \mathbb{N})$ konvergiert.

   Da grundsätzlich alle Glieder der Reihe positiv sind, d.h. wegen $\frac{1}{n^2} > 0$ für alle $n \in \mathbb{N}$, kann 6.1.6. angewandt werden. Für die Folge der Teilsummen kann man die folgende Abschätzung machen:

$$0 < s_m = \sum_{n=1}^{m} \frac{1}{n^2} \leqslant 1 + \sum_{n=2}^{m} \frac{1}{n(n-1)} = 1 + \sum_{n=2}^{m} \left(\frac{1}{n-1} - \frac{1}{n}\right) = s'_m.$$

Nun kann man für die Teilsummen die folgende Gesetzmäßigkeit ableiten:

$$s'_2 = s'_1 + \left(1 - \frac{1}{2}\right) = 2 - \frac{1}{2}$$

$$s'_3 = s'_2 + \left(\frac{1}{2} - \frac{1}{3}\right) = 2 - \frac{1}{2} + \left(\frac{1}{2} - \frac{1}{3}\right) = 2 - \frac{1}{3}$$

$$s'_4 = s'_3 + \left(\frac{1}{3} - \frac{1}{4}\right) = 2 - \frac{1}{3} + \left(\frac{1}{3} - \frac{1}{4}\right) = 2 - \frac{1}{4}$$

$$s'_5 = s'_4 + \left(\frac{1}{4} - \frac{1}{5}\right) = 2 - \frac{1}{4} + \left(\frac{1}{4} - \frac{1}{5}\right) = 2 - \frac{1}{5}$$

$$\vdots \qquad\qquad \vdots$$

$$s'_m = s_{m-1} + \left(\frac{1}{m-1} - \frac{1}{m}\right) = 2 - \frac{1}{m-1} + \left(\frac{1}{m-1} - \frac{1}{m}\right) = 2 - \frac{1}{m}.$$

Damit kann man die Abschätzung fortsetzen:

$$s_m = \sum_{n=1}^{m} \frac{1}{n^2} \leqslant s'_m = 1 + \sum_{n=2}^{m} \left(\frac{1}{n-1} - \frac{1}{n}\right) = 2 - \frac{1}{m} \leqslant 2.$$

Die Folge der Teilsummen wird durch das Intervall [0; 2] beschränkt. Damit ist auch die zweite Bedingung für Konvergenz nach 6.1.6. erfüllt, die Reihe ist also konvergent.

2. Es soll gezeigt werden, daß die Reihe $\sum\limits_{n=1}^{\infty} \frac{1}{n}$ divergent ist. Auch diese Reihe hat wegen $\frac{1}{n} > 0$ nur positive Glieder, so daß 6.1.6. angewandt werden kann.

   Auch hier wird eine Abschätzung der Teilsummen gemacht, wobei man bis $k = 2^m$ summiert.

$$s_{2^m} = \sum_{n=1}^{2^m} \frac{1}{n} = 1 + \frac{1}{2} + \frac{1}{3} + \frac{1}{4} + \frac{1}{5} + \frac{1}{6} + \frac{1}{7} + \frac{1}{8} + \ldots + \frac{1}{2^m}$$

$$\geqslant 1 + \frac{1}{2} + \left(\frac{1}{4} + \frac{1}{4}\right) + \left(\frac{1}{8} + \frac{1}{8} + \frac{1}{8} + \frac{1}{8}\right) + \ldots + \frac{1}{2^m}$$

$$= 1 + \frac{1}{2} + 2 \cdot \frac{1}{4} + 4 \cdot \frac{1}{8} + 8 \cdot \frac{1}{16} + \ldots + 2^{m-1} \cdot \frac{1}{2^m}$$

$$= 1 + \frac{1}{2} + \frac{1}{2} + \frac{1}{2} + \ldots + \frac{1}{2}$$

$$= 1 + \frac{m}{2}.$$

Da der Grenzwert $\lim\limits_{m \to \infty} (1 + \frac{m}{2})$ nicht existiert, ist die Folge der Teilsummen unbeschränkt, die Reihe ist also divergent.

Insbesondere am zweiten Beispiel 6.1.7. erkennt man, daß es für die Konvergenz einer Reihe nicht ausreicht, wenn die einzelnen Glieder der Reihe eine Nullfolge bilden, d.h. daß $\lim\limits_{i \to \infty} a_i = 0$ gilt. Die Reihen müssen für die Konvergenz noch zusätzliche Bedingungen erfüllen.

6.1.8. Satz (Leibnizsches Konvergenzkriterium). Bilden die Beträge der Glieder einer alternierenden Reihe $\sum\limits_{i=0}^{\infty} (-1)^i a_i$ mit $a_i \geqslant 0$ von einem beliebigen Glied a_N an eine monotone Nullfolge, so ist die Reihe konvergent.
Der Grenzwert der Reihe liegt zwischen den Werten zweier aufeinanderfolgender Teilsummen.

Nach diesem Kriterium müssen für die Konvergenz einer Reihe also drei Bedingungen erfüllt werden: 1. alternierende Reihe, 2. die Beträge der Glieder nehmen monoton ab und 3. die Beträge der Glieder bilden eine Nullfolge.

6.1.9. Beispiel. Die Anwendung von 6.1.8. kann besonders leicht an der sog. **Leibnizschen Reihe** $s = \sum\limits_{n=1}^{\infty} (-1)^{n+1} \frac{1}{n}$ demonstriert werden.

a) Die Reihe ist als alternierend definiert.

b) Die Beträge der einzelnen Glieder der Reihe sind monoton abnehmend, denn es gilt

$$a_n = \frac{1}{n} > \frac{1}{n+1} = a_{n+1} \qquad \forall n \in \mathbb{N}.$$

c) Wie in 1.5.4.1. ausführlich gezeigt wurde, bilden die Beträge der einzelnen Glieder eine Nullfolge, d.h.

$$\lim_{n\to\infty} a_n = \lim_{n\to\infty} \frac{1}{n} = 0.$$

Will man nun den Grenzwert der Reihe bestimmen, so gilt nach 6.1.8. z.B. die Abschätzung

$$1 - \frac{25}{60} = 1 - \frac{1}{2} + \frac{1}{3} - \frac{1}{4} = s_4 \leqslant s = \sum_{n=1}^{\infty} (-1)^{n+1} \frac{1}{n} \leqslant s_5 = 1 - \frac{1}{2} + \frac{1}{3} - \frac{1}{4} + \frac{1}{5} =$$
$$= 1 - \frac{13}{60}.$$

6.1.10. Satz. (Majoranten- oder Vergleichskriterium). Ist $\sum_{i=0}^{\infty} a_i$ eine konvergente unendliche Reihe mit positiven Gliedern, gibt es weiter eine Zahl $N \in \mathbb{N}$, so daß $|b_n| \leqslant a_n$ ist für $n \geqslant N$, so konvergiert auch die Reihe $\sum_{i=0}^{\infty} b_i$. Die Reihe $\sum_{i=0}^{\infty} a_i$ heißt dann **Majorante zu** $\sum_{i=0}^{\infty} b_i$.

Sei dagegen $\sum_{i=0}^{\infty} c_i$ eine divergente Reihe, sei weiter $d_n \geqslant c_n > 0$ für $n \geqslant N$, so divergiert auch $\sum_{i=0}^{\infty} d_i$. Die Reihe $\sum_{i=0}^{\infty} c_i$ heißt dann **Minorante** zu $\sum_{i=0}^{\infty} d_i$.

Nach diesem Kriterium benötigt man also zum Nachweis der Konvergenz oder Divergenz eine konvergente Majorante bzw. eine divergente Minorante.

6.1.11. Beispiele.

1. Die Reihe $\sum_{n=1}^{\infty} \frac{1}{n^3}$ ist konvergent, denn es gilt einerseits $\frac{1}{n^3} \leqslant \frac{1}{n^2}$ für alle $n \in \mathbb{N}$ und andererseits wurde in 6.1.7.1. die Konvergenz von $\sum_{n=1}^{\infty} \frac{1}{n^2}$ nachgewiesen.
   Die Reihe $\sum_{n=1}^{\infty} \frac{1}{n^2}$ ist also konvergente Majorante zur gegebenen Reihe $\sum_{n=1}^{\infty} \frac{1}{n^3}$.

2. Die Reihe $\sum_{n=1}^{\infty} \frac{1}{\sqrt{n}}$ ist divergent, denn einerseits gilt $\frac{1}{\sqrt{n}} \geqslant \frac{1}{n}$ für alle $n \in \mathbb{N}$, andererseits ist die Reihe $\sum_{n=1}^{\infty} \frac{1}{n}$ nach 6.1.7.2. divergent. Die Reihe $\sum_{n=1}^{\infty} \frac{1}{n}$ ist also divergente Minorante zu $\sum_{n=1}^{\infty} \frac{1}{\sqrt{n}}$.

Zum Anschluß dieser Aneinanderreihung von Konvergenzkriterien soll mit dem Quotientenkriterium das wohl wichtigste Kriterium genannt werden.

6.1.12. Satz (Quotientenkriterium). Die unendliche Reihe $s = \sum_{i=0}^{\infty} a_i$ konvergiert genau dann, wenn ein $q < 1$ und ein $N(q)$ existieren, so daß $\left|\frac{a_{n+1}}{a_n}\right| < q$ ist für alle $n \geqslant N(q)$. Das ist insbesondere dann der Fall, wenn gilt

$$\lim_{n\to\infty} \left|\frac{a_{n+1}}{a_n}\right| < 1.$$

Die Reihe ist divergent, wenn obiger Grenzwert größer als 1 ist.
Das Kriterium versagt, wenn obiger Grenzwert gleich 1 ist.

Während die Bestimmung eines $q < 1$ relativ schwierig ist und letztlich zu komplizierteren Abschätzungen führen kann, ist die Berechnung des Grenzwertes nach den verschiedenen bisher besprochenen Verfahren relativ einfach, so daß besonders dieser Teil des Quotientenkriteriums benutzt wird.

6.1.13. Beispiele.

1. Die Reihe $\sum_{n=1}^{\infty} \frac{1}{n!} = \frac{1}{1!} + \frac{1}{2!} + \frac{1}{3!} + \ldots$ ist konvergent. Setzt man $q = \frac{r}{s} < 1$ mit $s > r$ an, so gilt für jedes $n \geqslant N(q) = \frac{s}{r} - 1$

$$\frac{a_{n+1}}{a_n} = \frac{\frac{1}{(n+1)!}}{\frac{1}{n!}} = \frac{n!}{(n+1)!} = \frac{1}{n+1} \leqslant \frac{1}{N+1} = \frac{1}{\left(\frac{s}{r} - 1\right) + 1} = \frac{r}{s} = q < 1.$$

Damit ist 6.1.12. erfüllt, die Reihe ist konvergent.

2. Die Reihe $\sum_{n=1}^{\infty} (-1)^n \frac{5^n}{n!} = -\frac{5}{1!} + \frac{5^2}{2!} - \frac{5^3}{3!} + - \ldots$ ist konvergent. Nach dem Quotientenkriterium ergibt sich

$$\left|\frac{a_{n+1}}{a_n}\right| = \frac{\frac{5^{n+1}}{(n+1)!}}{\frac{5^n}{n!}} = \frac{5}{n+1}.$$

Berechnet man nun den Grenzwert, so gilt

$$\lim_{n\to\infty} \left|\frac{a_{n+1}}{a_n}\right| = \lim_{n\to\infty} \frac{5}{n+1} = 0 < 1.$$

Damit ist die Konvergenz der Reihe bewiesen.

3. Die Reihe $\sum_{n=1}^{\infty} \frac{5^n}{12n^2} = \frac{5}{12} + \frac{5^2}{12 \cdot 4} + \frac{5^3}{12 \cdot 9} + \ldots$ ist divergent.

   Setzt man nach dem Quotientenkriterium ein

$$\left|\frac{a_{n+1}}{a_n}\right| = \frac{\frac{5^{n+1}}{12(n+1)^2}}{\frac{5^n}{12n^2}} = \frac{5 \cdot 12n^2}{12(n+1)^2} = \frac{5n^2}{n^2+2n+1},$$

   so ergibt sich für den Grenzwert

$$\lim_{n\to\infty} \left|\frac{a_{n+1}}{a_n}\right| = 5 \cdot \lim_{n\to\infty} \frac{n^2}{n^2+2n+1} = 5$$

   und damit nach 6.1.12. die Divergenz der Reihe.

4. Über die Konvergenz der Reihe $\sum_{n=1}^{\infty} \frac{1}{n} = 1 + \frac{1}{2} + \frac{1}{3} + \ldots$ ergibt sich aus dem Quotientenkriterium keine Aussage, denn bildet man den Quotienten

$$\left|\frac{a_{n+1}}{a_n}\right| = \frac{\frac{1}{n+1}}{\frac{1}{n}} = \frac{n}{n+1},$$

   so ergibt sich der Grenzwert

$$\lim_{n\to\infty} \left|\frac{a_{n+1}}{a_n}\right| = \lim_{n\to\infty} \frac{n}{n+1} = 1.$$

Mit den bisher aufgeführten Konvergenzkriterien ist es bei fast allen unendlichen Reihen möglich, die Konvergenz oder Divergenz nachzuweisen. Dabei ist die Konvergenz einer Reihe von besonderer Bedeutung, denn selbstverständlich kann man nur mit konvergenten Reihen weiterrechnen, da man nur diesen einen Zahlenwert zuordnen kann, während divergente Reihen über alle Maße wachsen. Daher gelten auch nur für konvergente Reihen die beiden folgenden Sätze.

6.1.14. Satz. Konvergieren die Reihen $\sum_{i=0}^{\infty} a_i$ und $\sum_{i=0}^{\infty} b_i$ und sind c und d zwei beliebige Zahlen, so konvergiert auch $\sum_{i=0}^{\infty} (c\,a_i + d\,b_i)$, und es gilt

$$\sum_{i=0}^{\infty} (c\,a_i + d\,b_i) = c \cdot \sum_{i=0}^{\infty} a_i + d \cdot \sum_{i=0}^{\infty} b_i.$$

6.1.15. Satz. Konvergiert die unendliche Reihe $\sum_{i=0}^{\infty} a_i$, so ist auch jede Teilreihe konvergent. Insbesondere ist die Reihe $\sum_{i=m}^{\infty} a_i$ konvergent, und es gilt die Aufspaltung

$$\sum_{i=0}^{\infty} a_i = \sum_{i=0}^{m-1} a_i + \sum_{i=m}^{\infty} a_i.$$

Dieser Satz ist besonders für die Abschätzung von Reihen von Bedeutung. Hat man die Teilsumme s_{n-1} berechnet, so kann man die Summation abbrechen. Der Fehler, den man bei Abbruch der Summation macht, läßt sich dann über die konvergente Restsumme abschätzen.

6.1.16. Beispiel. Gesucht wird die Abschätzung des Fehlers, den man bei Abbruch der Summation nach dem 4. Summanden der Reihe $\sum_{n=1}^{\infty} \frac{10^{-n}}{n}$ macht.

Die Konvergenz der Reihe wird nach dem Quotientenkriterium nachgewiesen

$$\lim_{n\to\infty} \left| \frac{a_{n+1}}{a_n} \right| = \lim_{n\to\infty} \frac{\frac{10^{-(n+1)}}{n+1}}{\frac{10^{-n}}{n}} = \lim_{n\to\infty} \frac{10^{-1}\, n}{n+1} = 10^{-1} < 1.$$

Weiter gilt nach Satz 6.1.15.

$$\sum_{n=1}^{\infty} \frac{10^{-n}}{n} = \sum_{n=1}^{4} \frac{10^{-n}}{n} + \sum_{n=5}^{\infty} \frac{10^{-n}}{n}$$

$$= 10^{-1} + \frac{10^{-3}}{2} + \frac{10^{-3}}{3} + \frac{10^{-4}}{4} + \sum_{n=5}^{\infty} \frac{10^{-n}}{n}$$

$$\approx 0{,}150583 + \sum_{n=5}^{\infty} \frac{10^{-n}}{n}.$$

Die konvergente Restsumme kann man folgendermaßen abschätzen

$$\sum_{n=5}^{\infty} \frac{10^{-n}}{n} = \frac{10^{-5}}{5} + \frac{10^{-6}}{6} + \frac{10^{-7}}{7} + \frac{10^{-8}}{8} + \ldots$$

$$\leqslant 10^{-5} + 10^{-6} + 10^{-7} + 10^{-8} + \ldots \leqslant 1{,}2 \cdot 10^{-5}.$$

Damit ist der Fehler, den man bei Abbruch der Summation nach dem 4. Summanden macht, sicherlich kleiner als $1{,}2 \cdot 10^{-5}$, man kann also schreiben

$$s = 0{,}15058 \pm 1{,}2 \cdot 10^{-5}.$$

Nun erinnern alle bisherigen Rechnungen und insbesondere auch die Sätze 6.1.14. und 6.1.15. so stark an die Rechenregeln für endliche Summation, daß man versucht ist, alle Regeln für endliche Summen auch auf unendliche Reihen zu übertragen. Das führt jedoch in manchen Fällen zu Widersprüchen, wie an zwei Beispielen gezeigt werden soll.

6.1.17. Beispiele.

1. Gegeben seien die beiden Reihen

$$s = (1 - 1) + (1 - 1) + (1 - 1) + \ldots = 0$$
$$t = 1 + (1 - 1) + (1 - 1) + (1 - 1) + \ldots = 1.$$

Da man beiden Reihen einen Zahlenwert zuordnen kann; 0 bzw. 1, sind sie konvergent. Wären s und t endliche Summen, so dürfte man umklammern, und s ginge sofort in t über. Wie man an den zugeordneten Zahlenwerten aber sieht, gilt

$$1 = t \neq s = 0,$$

d.h., obwohl die Reihen konvergent sind, darf man nicht umklammern wie bei endlichen Summen.

2. Gegeben sei die Leibnizsche Reihe $s = \sum\limits_{n=1}^{\infty} (-1)^{n+1} \frac{1}{n}$. Nach 6.1.9. gilt

$0 < 0{,}5833 \leqslant s \leqslant 0{,}7833.$

Nun kann man sicherlich folgendermaßen rechnen:

$$\begin{array}{l} s = 1 - \frac{1}{2} + \frac{1}{3} - \frac{1}{4} + \frac{1}{5} - \frac{1}{6} + \frac{1}{7} - \frac{1}{8} + \frac{1}{9} - \frac{1}{10} + - \ldots \\ + \frac{1}{2}s = \quad \frac{1}{2} \quad - \frac{1}{4} \quad + \frac{1}{6} \quad - \frac{1}{8} \quad + \frac{1}{10} - + \ldots \\ \hline t = s + \frac{1}{2}s = 1 \quad + \frac{1}{3} - \frac{1}{2} + \frac{1}{5} \quad + \frac{1}{7} - \frac{1}{4} + \frac{1}{9} + - \ldots \end{array}$$

Dürfte man auf unendliche Summen das Kommutativgesetz der endlichen Addition anwenden, d.h. dürfte man die Summanden umordnen, so erhielte man

$$t = s + \frac{1}{2}s = s \quad \Rightarrow \quad s = 0.$$

Damit ergibt sich aber ein Widerspruch zu der obigen Feststellung, daß $s \neq 0$ sicherlich gilt. Folglich darf das Kommutativgesetz der endlichen Addition nicht in jedem Fall auf unendliche Reihen angewandt werden.

Um alle Rechenregeln der endlichen Summation auch auf die unendlichen Reihen übertragen zu können, reicht also die bisher definierte Konvergenz für Reihen nicht aus, man muß schärfere Forderungen an die Reihen stellen.

6.1.18. Definition. Die unendliche Reihe $\sum\limits_{i=0}^{\infty} a_i$ heißt **absolut konvergent**, wenn $\sum\limits_{i=0}^{\infty} |a_i|$ konvergiert.

6.1.19. Satz. Auf absolut konvergente Reihen können alle Rechenregeln der endlichen Addition angewandt werden.

Wie sich bereits früher ergeben hat, ist die Reihe $\sum_{n=1}^{\infty} (-1)^{n+1} \frac{1}{n}$ zwar konvergent, aber nicht absolut konvergent, denn es wurde ebenfalls gezeigt, daß die Reihe $\sum_{n=1}^{\infty} \left|(-1)^{n+1} \frac{1}{n}\right| = \sum_{n=1}^{\infty} \frac{1}{n}$ divergent ist. Folglich sind auf die Leibnizsche Reihe nach 6.1.19. nicht alle Regeln der endlichen Addition anwendbar, wie sich in 6.1.17.2. gezeigt hat.

6.2 Potenzreihen

Beschäftigte sich der letzte Abschnitt noch allgemein mit der Konvergenz von unendlichen Reihen, so soll sich dieser Abschnitt speziell mit Potenz- und Funktionsreihen befassen und schließlich Verfahren aufzeigen, nach denen man gegebene Funktionen in Potenzreihen umwandeln kann.

6.2.1. Definition. Eine unendliche Reihe von Funktionswerten

$$f_1(x) + f_2(x) + f_3(x) + \ldots = \sum_{n=1}^{\infty} f_n(x) = f(x)$$

heißt eine **Funktionsreihe.**

Im Gegensatz zu den in 6.1.1. definierten unendlichen Reihen sind die Funktionsreihen dadurch besonders gekennzeichnet, daß sie eine unendliche Summe von Werten verschiedener Funktionen bilden. Damit wurde der in 6.1.1. definierte Begriff der unendlichen Reihe erheblich erweitert.

Nun kann man sich nach 6.2.1. viele verschiedene Typen von Funktionsreihen vorstellen, so daß eine Spezialisierung notwendig wird, will man möglichst überschaubare Regeln für die praktische Berechnung solcher Funktionsreihen erhalten.

6.2.2. Definition. Eine unendliche Funktionsreihe der Gestalt

$$a_0 + a_1x^1 + a_2x^2 + a_3x^3 + \ldots = \sum_{i=0}^{\infty} a_ix^i = f(x)$$

heißt eine **Potenzreihe.**

Mit x = 1 geht jede Potenzreihe in eine Reihe vom Typ 6.1.1. über, so daß man die im Kapitel 6.1. abgeleiteten Regeln als Spezialfall der allgemein geltenden Regeln für Potenzreihen verstehen kann. Folglich muß es möglich sein, den Begriff der Konvergenz und Divergenz auch auf Potenzreihen zu übertragen. Da Potenzreihen aber Funktionen vom Argument x darstellen, ist weiter anzunehmen, daß Konvergenz und Divergenz von Potenzreihen von der Wahl des Funktionsarguments abhängen, so daß man bei der Untersuchung des Konvergenzverhaltens einer Potenzreihe mehr Sorgfalt aufwenden muß als in 6.1.

6.2.3. Definition. Die Menge B aller Funktionsargumente x, für die eine Funktionsreihe konvergiert, heißt ihr **Konvergenzbereich.**

Bezieht man diese Definition 6.2.3. auf den speziellen Fall der Potenzreihe $\sum_{i=0}^{\infty} a_i x^i$, so kann man nach dem Quotientenkriterium die Forderung für Konvergenz der Reihen aufstellen

$$\lim_{n\to\infty} \left| \frac{a_{n+1}\, x^{n+1}}{a_n\, x^n} \right| < 1.$$

Damit ergibt sich weiter

$$|x| \lim_{n\to\infty} \left| \frac{a_{n+1}}{a_n} \right| < 1 \quad \Leftrightarrow \quad |x| < \frac{1}{\lim\limits_{n\to\infty} \left| \frac{a_{n+1}}{a_n} \right|} = \lim_{n\to\infty} \left| \frac{a_n}{a_{n+1}} \right| = r.$$

Dieses Ergebnis kann zu einem Satz zusammengefaßt werden.

6.2.4. Satz. Eine Potenzreihe $\sum_{i=0}^{\infty} a_i x^i$ mit $a_i \neq 0$ für fast alle Indices i

konvergiert für alle $|x| < r$ und

divergiert für alle $|x| > r$,

sofern man den **Konvergenzradius r** durch den Grenzwert

$$r = \lim_{n\to\infty} \left| \frac{a_n}{a_{n+1}} \right|$$

definiert.

An der Stelle $x = \pm r$ muß die Konvergenz nach anderen Kriterien überprüft werden.

Vergleicht man den Konvergenzbereich B einer Potenzreihe mit einem Intervall der Länge 2r, so liefert das Quotientenkriterium eine eindeutige Aussage, nämlich die der Konvergenz, für das Innere des Intervalls. Für das Äußere des Intervalls liefert das Quotientenkriterium mit „Divergenz" ebenfalls eine eindeutige Aussage. Dagegen versagt es für die Endpunkte des Intervalls selbst, also für $x = \pm r$, so daß man für diesen Fall zu den anderen Konvergenzkriterien aus 6.1. greifen muß.

6.2.5. Beispiele.

1. Gegeben sei die Potenzreihe

$$f(x) = x - \frac{x^3}{3!} + \frac{x^5}{5!} - \frac{x^7}{7!} + - \ldots. = \sum_{n=1}^{\infty} (-1)^{n+1} \cdot \frac{x^{2n-1}}{(2n-1)!}.$$

Diese Reihe ist für alle $x \in \mathbb{R}$ konvergent, denn für den Konvergenzradius ergibt sich

$$r = \lim_{n\to\infty} \left| \frac{a_n}{a_{n+1}} \right| = \lim_{n\to\infty} \left| \frac{(-1)^{n+1} \dfrac{1}{(2n-1)!}}{(-1)^{n+2} \dfrac{1}{(2(n+1)-1)!}} \right|$$

$$= \lim_{n\to\infty} \frac{(2n+1)!}{(2n-1)!}$$

$$= \lim_{n\to\infty} 2n(2n+1) \to \infty.$$

Da der Konvergenzradius gegen unendlich strebt, also beliebig groß ist, ist die Reihe für alle $x \in \mathbb{R}$ konvergent. Der Konvergenzbereich B entspricht also der Menge $\mathbb{R}$ der reellen Zahlen.

2. Gegeben sei die Potenzreihe

$$f(x) = x - \frac{x^3}{3} + \frac{x^5}{5} - \frac{x^7}{7} + - \ldots = \sum_{n=1}^{\infty} (-1)^{n+1} \cdot \frac{x^{2n-1}}{2n-1}.$$

a) Der Konvergenzradius dieser Reihe berechnet sich zu

$$r = \lim_{n\to\infty} \left| \frac{(-1)^{n+1} \dfrac{1}{2n-1}}{(-1)^{n+2} \dfrac{1}{2(n+1)-1}} \right| = \lim_{n\to\infty} \frac{2n+1}{2n-1} = 1,$$

so daß die Reihe sicherlich für $|x| < 1$ konvergiert.

b) Für $x = 1$ ergibt sich mit

$$f(1) = 1 - \frac{1}{3} + \frac{1}{5} - \frac{1}{7} + - \ldots = \sum_{n=1}^{\infty} (-1)^{n+1} \frac{1}{2n-1}$$

eine alternierende Reihe, die nach dem Leibniz-Kriterium konvergent ist, denn es gilt

$$\frac{1}{2n+1} < \frac{1}{2n-1} \qquad \forall n \in \mathbb{N}$$

Damit sind die Beträge der einzelnen Glieder monoton abnehmend. Weiterhin gilt

$$\lim_{n\to\infty} \frac{1}{2n-1} = 0,$$

so daß auch dieser Punkt des Leibniz-Kriteriums erfüllt ist.

c) Für $x = -1$ ergibt sich mit

$$f(-1) = -1 + \frac{1}{3} - \frac{1}{5} + \frac{1}{7} - + \ldots = -f(1)$$

eine Reihe, die nach b) und 6.1.14. ebenfalls konvergent ist.

Damit ist die Reihe konvergent für alle $|x| \leqslant 1$, der Konvergenzbereich B ist also die Menge

$$B = \{x \mid |x| \leqslant 1 \; ; \quad x \in \mathbb{R}\}.$$

3. Gegeben sei die Potenzreihe

$$f(x) = x + \frac{x^2}{2} + \frac{x^3}{3} + \frac{x^4}{4} + \ldots = \sum_{n=1}^{\infty} \frac{x^n}{n}.$$

a) Der Konvergenzradius dieser Reihe berechnet sich zu

$$r = \lim_{n \to \infty} \frac{\frac{1}{n}}{\frac{1}{n+1}} = \lim_{n \to \infty} \frac{n+1}{n} = 1.$$

Die Reihe konvergiert also für alle $|x| < 1$.

b) Für $x = 1$ erhält man die Reihe

$$f(1) = 1 + \frac{1}{2} + \frac{1}{3} + \frac{1}{4} + \ldots = \sum_{n=1}^{\infty} \frac{1}{n},$$

deren Divergenz in 6.1.7.2. bereits gezeigt wurde.

c) Für $x = -1$ erhält man mit

$$f(-1) = -1 + \frac{1}{2} - \frac{1}{3} + \frac{1}{5} - + \ldots = -\sum_{n=1}^{\infty} (-1)^{n+1} \cdot \frac{1}{n}$$

die negative Leibniz-Reihe, deren Konvergenz in 6.1.9. bereits bewiesen wurde.

Damit ist die Reihe konvergent für $-1 \leqslant x < 1$, der Konvergenzbereich ist also die Menge

$$B = \{x \mid -1 \leqslant x < 1; \quad x \in \mathbb{R}\}.$$

In 6.2.1. wurden allgemein Funktionsreihen definiert. Jetzt hat sich gezeigt, daß diese Funktionsreihen in manchen Fällen nur für ein beschränktes Intervall konvergent sind, daß die Reihen also nur für Argumente aus dem Konvergenzbereich existieren. Daher ist es sinnvoll, den Definitionsbereich D dieser Funktionsreihen – und damit im Spezialfall der Potenzreihen – mit dem Konvergenzbereich gleichzusetzen.

6.2.6. Satz. Der Definitionsbereich einer durch eine unendliche Reihe definierten Funktion $f(x)$ ist identisch mit ihrem Konvergenzbereich.

Nach diesem Satz ist es also stets erforderlich, daß man sich vor weiterem Rechnen den Existenzbereich, also den Konvergenzbereich, einer Potenzreihe bewußt macht, wie man es von Funktionen allgemein gewohnt ist. Stellt eine konvergente Potenzreihe aber eine Funktion dar, so kann man mit dieser auch im Sinne der Regeln der Differential- und Integralrechnung arbeiten.

6.2.7. Jede Potenzreihe $f(x) = \sum_{i=0}^{\infty} a_i x^i$ stellt für alle $x \in B$ eine Funktion dar. Gliedweise Differentiation und Integration ist möglich, d.h. es gilt

$$\frac{d\,f(x)}{dx} = \frac{d}{dx} \sum_{i=0}^{\infty} a_i\, x^i = \sum_{i=0}^{\infty} a_i\, i\, x^{i-1} \qquad \forall x \in B$$

$$\int f(x)\,dx = \int \left(\sum_{i=0}^{\infty} a_i x^i \right) dx = \sum_{i=0}^{\infty} a_i \int x^i\,dx = \sum_{i=0}^{\infty} \frac{a_i}{i+1}\, x^{i+1} \qquad \forall x \in B$$

6.2.8. Beispiele.

1. Durch Polynomdivision kann man die Potenzreihe

$$f(x) = \frac{1}{1+x} = 1 - x + x^2 - x^3 + - \ldots = \sum_{i=0}^{\infty} (-x)^i$$

erhalten. Diese Reihe stellt eine alternierende geometrische Reihe dar und ist nach 6.1.5. sicherlich konvergent für alle $|x| < 1$. Für $x = 1$ ergibt die rationale Funktion $f(1) = \frac{1}{1+1} = \frac{1}{2}$ und für $x = -1$ $f(-1) = \frac{1}{1-1}$. Damit kann man den Konvergenzbereich wie folgt festlegen:

$$B = \{ x \mid -1 < x \leqslant 1; \quad x \in \mathbb{R} \}.$$

a) Integriert man die Reihe, so ergibt sich einerseits

$$\int f(x)\,dx = \int \frac{dx}{1+x} = \ln(1+x) \qquad \forall x \in B$$

und andererseits

$$\int f(x)\,dx = \int \sum_{i=0}^{\infty} (-x)^i\,dx = x - \frac{x}{2} + \frac{x}{3} - + \ldots = \sum_{i=1}^{\infty} (-1)^{i+1} \frac{x^i}{i} + C.$$

Damit hat sich also durch Polynomdivision und anschließende Integration eine Möglichkeit ergeben, eine transzendente Funktion in eine Potenzreihe umzuwandeln. Mit der Anfangsbedingung $\ln 1 = 0$ kann schließlich auch die Integrationskonstante zu $C = 0$ bestimmt werden, so daß man die Reihenentwicklung erhält

$$f(x) = \ln(1+x) = \sum_{n=1}^{\infty} (-1)^{n+1} \cdot \frac{x^n}{n} \qquad \forall x \in \mathbb{R} \text{ mit } -1 < x \leqslant 1.$$

Mit Hilfe dieser Reihenentwicklung kann man Funktionswerte der Logarithmusfunktion berechnen. Das geht natürlich umso schneller, je dichter der gesuchte Wert am Zentrum des Konvergenzbereiches liegt. Z.B. ergibt sich

$$\begin{aligned} \ln 1{,}1 = \ln(1 + 10^{-1}) &= 10^{-1} - \frac{10^{-2}}{2} + \frac{10^{-3}}{3} - \frac{10^{-4}}{4} + \frac{10^{-5}}{5} - + \ldots \\ &= 0{,}1 - 5 \cdot 10^{-3} + 3{,}\overline{3} \cdot 10^{-4} - 2{,}5 \cdot 10^{-5} + 2 \cdot 10^{-6} - +.. \\ &\approx 0{,}095310. \end{aligned}$$

Obige Reihenentwicklung gilt für positive und negative $x \in \mathbb{R}$ mit $-1 < x \leqslant 1$. Beschränkt man sich jedoch nur auf positive Argumente, also auf $x \geqslant 0$, so kann man aus der obigen Potenzreihe zwei neue Reihen ableiten, nämlich

$$f(x) = \ln(1+x) = \sum_{n=1}^{\infty} (-1)^{n+1} \frac{x^n}{n} \qquad \forall 0 \leqslant x \leqslant 1$$

und

$$g(x) = \ln(1-x) = -\sum_{n=1}^{\infty} \frac{x^n}{n} \qquad \forall 0 \leqslant x < 1.$$

Nun kann man die Differenz aus den beiden Potenzreihen bilden

$$\begin{aligned} \ln \frac{1+x}{1-x} &= \ln(1+x) - \ln(1-x) \qquad \forall |x| < 1 \\ &= f(x) - g(x) \\ &= \sum_{n=1}^{\infty} (-1)^{n+1} \frac{x^n}{n} + \sum_{n=1}^{\infty} \frac{x^n}{n} \\ &= 2\left(x + \frac{x^3}{3} + \frac{x^5}{5} + \frac{x^7}{7} + \ldots\right) \\ &= 2 \sum_{n=1}^{\infty} \frac{x^{2n-1}}{2n-1}. \end{aligned}$$

Nach dieser neuen Potenzreihe kann man beliebige Logarithmen berechnen, vor allem jedoch solche von Zahlen, die größer als 1 sind. Z.B. folgt aus

$$3 = \frac{1+x}{1-x} \quad \Rightarrow \quad x = \frac{1}{2} \quad \Rightarrow \quad \ln 3 = 2 \sum_{n=1}^{\infty} \frac{\left(\frac{1}{2}\right)^{2n-1}}{2n-1}$$

$$= 2\left(\frac{1}{2} + \frac{\left(\frac{1}{2}\right)^3}{3} + \frac{\left(\frac{1}{2}\right)^5}{5} + \frac{\left(\frac{1}{2}\right)^7}{7} + \ldots\right)$$

$$\approx 1{,}0981.$$

b) Selbstverständlich kann man die mit $f(x) = \sum_{i=0}^{\infty} (-x)^i$ gegebene Reihe auch differenzieren. Man erhält dann

$$\begin{aligned} \frac{d\,f(x)}{dx} = \frac{d}{dx} \sum_{i=0}^{\infty} (-x)^i &= \frac{d}{dx} (1 - x + x^2 - x^3 + x^4 - + \ldots) \\ &= -1 + 2x - 3x^2 + 4x^3 - + \ldots \\ &= \sum_{n=1}^{\infty} (-n)^n x^{n-1} \qquad \forall n \in \mathbb{N}. \end{aligned}$$

2. Differenziert man die Funktion $f(x) = \text{arc tan } x$, so ergibt sich nach Polynomdivision eine Potenzreihe

$$\frac{d \text{ arc tan } x}{dx} = \frac{1}{1 + x^2} = 1 - x^2 + x^4 - x^6 + - \ldots = \sum_{i=0}^{\infty} (-1)^i \, x^{2i}.$$

Integriert man anschließend wieder, so erhält man mit

$$\begin{aligned} \text{arc tan } x &= \int (1 - x^2 + x^4 - + \ldots) \, dx \\ &= x - \frac{x^3}{3} + \frac{x^5}{5} - \frac{x^7}{7} + - \ldots + C \\ &= \sum_{n=1}^{\infty} (-1)^{n+1} \cdot \frac{x^{2n-1}}{2n-1} \qquad \forall n \in \mathbb{N}. \end{aligned}$$

Aus der Anfangsbedingung arc tan 0 = 0 folgt für die Integrationskonstante $C = 0$. Damit ergibt sich auch hier die Darstellung einer transzendenten Funktion als Potenzreihe, deren Konvergenzbereich in 6.2.5.2. mit $B = \{x \mid \leqslant 1;\ x \in \mathbb{R}\}$ bereits bestimmt wurde.

An diesen beiden Beispielen wurde bereits ein erstes Verfahren angewandt, nach dem man bestimmte Funktionen in Potenzreihen umwandeln kann.

6.2.9. Satz. Gegeben sei mit $f(x)$ eine Funktion, deren Ableitung durch Polynomdivision in eine Potenzreihe umgewandelt werden kann. Integriert man das Ergebnis der Polynomdivision und gibt einen Funktionswert $f(x_0)$ als Anfangsbedingung zur Bestimmung der Integrationskonstanten vor, so wird die Funktion $f(x)$ in eine Potenzreihe umgewandelt.

Für die weiteren Betrachtungen sei unterstellt, daß man eine gegebene Funktion $f(x)$ als Potenzreihe darstellen kann, daß also gilt

$$f(x) = a_0 + a_1 x^1 + a_2 x^2 + a_3 x^3 + a_4 x^4 + \ldots \quad \Rightarrow \quad f(0) = a_0 \quad \Rightarrow \quad a_0 = f(0).$$

Bildet man die Ableitungen, so erhält man

$$f'(x) = a_1 + 2a_2 x + 3a_3 x^2 + 4a_4 x^3 + 5a_5 x^4 + \ldots \quad \Rightarrow \quad f'(0) = a_1 \quad \Rightarrow \quad a_1 = \frac{f'(0)}{1!}$$

$$f''(x) = 2a_2 + 3 \cdot 2a_3 x + 4 \cdot 3a_4 x^2 + 5 \cdot 4a_5 x^3 + \ldots \quad \Rightarrow \quad f''(0) = 2a_2 \quad \Rightarrow \quad a_2 = \frac{f''(0)}{2!}$$

$$f'''(x) = 3!a_3 + 4 \cdot 3 \cdot 2a_4 x + 5 \cdot 4 \cdot 3a_5 x^2 + \ldots \quad \Rightarrow \quad f'''(0) = 3!a_3 \quad \Rightarrow \quad a_3 = \frac{f'''(0)}{3!}$$

$$f^{(4)}(x) = 4!a_4 + 5 \cdot 4 \cdot 3 \cdot 2a_5 x + 6 \cdot 5 \cdot 4 \cdot 3a_6 x^2 + \ldots \quad \Rightarrow \quad f^{(4)}(0) = 4!a_4 \quad \Rightarrow \quad a_4 = \frac{f^{(4)}(0)}{4!}$$

$$\vdots \qquad\qquad\qquad \vdots \qquad\qquad \vdots$$

$$f^{(n)}(x) = n!a_n + (n+1)n(n-1) \cdot \ldots \cdot 2a_{n+1} x + \ldots \quad \Rightarrow \quad f^{(n)}(0) = n!a_n \quad \Rightarrow \quad a_n = \frac{f^{(n)}(0)}{n!}$$

Wie man an dieser Aufstellung sieht, ist es möglich, die Koeffizienten der Potenzreihenentwicklung aus den Werten der Funktion f(x) und ihrer Ableitungen an der Stelle x = 0 zu berechnen. Da die Werte am Nullpunkt genommen werden, sagt man, die Funktion f(x) werde um den Nullpunkt entwickelt.

Alle bisherigen Aussagen können zu einem Satz zusammengefaßt werden.

6.2.10. Satz. Die Funktion f(x) sei definiert, stetig und unendlich oft differenzierbar im Punkt x = 0. Sofern f(x) in eine konvergente Potenzreihe der Art

$$f(x) = a_0 + a_1 x^1 + a_2 x^2 + a_3 x^3 + \ldots = \sum_{i=0}^{\infty} a_i x^i$$

um den Punkt x = 0 entwickelt werden kann, geschieht das auf genau eine Weise nach der **MacLaurin-Entwicklung**

$$f(x) = f(0) + \frac{f'(0)}{1!} x^1 + \frac{f''(0)}{2!} x^2 + \ldots + \frac{f^{(n)}(0)}{n!} x^n = \sum_{i=0}^{\infty} \frac{f^{(i)}(0)}{i!} x^i.$$

Mit diesem Satz ergibt sich eine weitere Anleitung, nach der gegebene Funktionen f(x) in Potenzreihen umgewandelt werden können. Dabei ist als Voraussetzung allerdings stets zu beachten, daß die Funktion f(x) im Nullpunkt unendlich oft differenzierbar sein muß. Diese Forderung schränkt die Anzahl der Funktionen erheblich ein, die in eine Potenzreihe nach 6.2.10. umgewandelt werden können. Vor allem aber auf die tatsächlich unendlich oft differenzierbaren transzendenten Funktionen ist das MacLaurin-Verfahren anwendbar.

6.2.11. Beispiele.

1. Die Funktion f(x) = sin x soll als Potenzreihe entwickelt werden.

   Die Sinusfunktion ist im Nullpunkt stetig und unendlich oft differenzierbar, so daß sie nach MacLaurin entwickelt werden kann. Danach ergibt sich

   $$\begin{array}{ll} f(x) = \sin x & f(0) = 0 \\ f'(x) = \cos x & f'(0) = 1 \\ f''(x) = -\sin x & f''(0) = 0 \\ f'''(x) = -\cos x & f'''(0) = -1 \\ f^{(4)}(x) = f(x) = \sin x & f^{(4)}(0) = f(0) = 0 \\ \text{usw.} & \end{array}$$

   Setzt man diese Werte in die allgemeine MacLaurin-Reihe ein, so ergibt sich

   $$\begin{aligned} \sin x &= f(0) + \frac{f'(0)}{1!} x^1 + \frac{f''(0)}{2!} x^2 + \frac{f'''(0)}{3!} x^3 + \ldots \\ &= \frac{1}{1!} x^1 - \frac{1}{3!} x^3 + \frac{1}{5!} x^5 - \frac{1}{7!} x^7 + - \ldots \\ &= \sum_{n=1}^{\infty} (-1)^{n+1} \cdot \frac{x^{2n-1}}{(2n-1)!} \,. \end{aligned}$$

   (vgl. 2.3.25.)

Nach 6.2.5.1. ist diese Potenzreihe für alle $x \in \mathbb{R}$ konvergent, so daß man schreiben kann

$$\sin x = \sum_{n=1}^{\infty} (-1)^{n+1} \cdot \frac{x^{2n-1}}{(2n-1)} \qquad \forall x \in \mathbb{R}$$

2. Die Funktion $f(x) = e^x$ soll als Potenzreihe entwickelt werden. Da $f(x)$ im Nullpunkt stetig und unendlich oft differenzierbar ist, kann nach MacLaurin entwickelt werden

$$f(x) = e^x \qquad f(0) = 1$$

$$f'(x) = e^x \qquad f'(0) = 1$$

usw.

Da Funktion und Ableitungen an der Stelle $x = 0$ stets denselben Wert ergeben, kann man sofort einsetzen:

$$e^x = f(0) + \frac{f'(0)}{1!} x + \frac{f''(0)}{2!} x^2 + \ldots$$

$$= 1 + x + \frac{x^2}{2!} + \frac{x^3}{3!} + \ldots$$

$$= \sum_{i=0}^{\infty} \frac{x^i}{i!} \qquad \text{(vgl. 2.3.26.)}$$

Der Konvergenzradius dieser Reihe berechnet sich zu

$$r = \lim_{n \to \infty} \left| \frac{a_n}{a_{n+1}} \right| = \lim_{n \to \infty} \left| \frac{\frac{1}{n!}}{\frac{1}{(n+1)}} \right| = \lim_{n \to \infty} \frac{(n+1)!}{n!} = \lim_{n \to \infty} (n+1) \to \infty$$

Die Reihe ist also für alle $x \in \mathbb{R}$ konvergent.

Setzt man in die so berechnete Reihenentwicklung $e^x = \sum_{i=0}^{\infty} \frac{x^i}{i!}$ das Argument $x = 1$ ein, so erhält man die in 2.3.10. genannte Reihe für die **Eulersche Zahl e** mit $e = \sum_{i=0}^{\infty} \frac{1}{i!}$.

Nun gibt es Funktionen, die selbst oder deren Ableitungen im Nullpunkt nicht definiert sind, so daß eine Potenzreihenentwicklung nach MacLaurin für diese Funktionen nicht möglich ist. Der Logarithmus stellt ein Beispiel für eine solche Funktion dar. Weiter ist der Fall denkbar, daß ein konkret nach einer Reihenentwicklung zu berechnender Funktionswert „sehr weit" vom Zentrum des Konvergenzbereiches entfernt liegt. In einem solchen Fall konvergiert die Reihe „langsam", d.h. man muß sehr viele Glieder der Summation berücksichtigen, um einen ausreichend genauen Zahlenwert zu erhalten. In diesem Fall kann man sich weiterhelfen, indem man eine Verschiebung des Koordinatensystems vornimmt.

Dazu sei angenommen, daß zu einer gegebenen Funktion f(x) eine MacLaurin-Entwicklung existiert, daß man also schreiben kann

$$f(x) = \sum_{i=0}^{\infty} \frac{f^{(i)}(0)}{i!} x^i.$$

Sucht man nun den Funktionswert $f(x_1)$, so gilt sicherlich

$$f(x_1) = \sum_{i=0}^{\infty} \frac{f^{(i)}(0)}{i!} x_1^i .$$

Nun ist die Wahl des Koordinatensystems willkürlich, so daß man den Nullpunkt also den Bezugspunkt der MacLaurin-Entwicklung, in den Punkt $x = x_0$ verlegen kann, also näher an den zu berechnenden Funktionspunkt. Um den Nullpunkt $x = x_0$ dieses neuen Koordinatensystems ist ebenfalls eine MacLaurin-Entwicklung möglich, so daß man zu der Reihe

$$f(x) = \sum_{i=0}^{\infty} \frac{f^{(i)}(x = x_0)}{i!} (x - x_0)^i$$

gelangt. Will man jetzt den gesuchten Funktionswert berechnen, so liegt der wegen

$$x_1' = x_1 - x_0$$

sicherlich näher am Zentrum des Konvergenzbereiches, die Reihe konvergiert also schneller

$$f(x_1) = \sum_{i=0}^{\infty} \frac{f^{(i)}(x_0)}{i!} (x_1 - x_0)^i.$$

6.2.12. Satz. Die Funktion f(x) sei definiert, stetig und unendlich oft differenzierbar im Punkt $x = x_0$. Sofern f(x) in eine konvergente Potenzreihe der Art

$$f(x) = a_0 + a_1 x^1 + a_2 x^2 + a_3 x^3 + \ldots = \sum_{i=0}^{\infty} a_i x^i$$

um den Punkt $x = x_0$ entwickelt werden kann, geschieht das auf genau eine Weise nach der **Taylor-Entwicklung**

$$f(x) = f(x_0) + \frac{f'(x_0)}{1!} (x - x_0) + \frac{f''(x_0)}{2!} (x - x_0)^2 + \frac{f'''(x_0)}{3!} (x - x_0)^3 + \ldots$$

$$= \sum_{i=0}^{\infty} \frac{f^{(i)}(x_0)}{i!} (x - x_0)^i.$$

Danach stellt eine MacLaurin-Entwicklung also einen Spezialfall der allgemeineren Taylor-Entwicklung dar, nämlich den mit Entwicklung um den Nullpunkt. Dagegen sind die Rechenverfahren beider Reihenentwicklungen identisch.

Bevor an einem Beispiel der konkrete Unterschied zwischen einer Taylor- und einer MacLaurin-Reihe gezeigt wird, müssen noch einige Zusatzbemerkungen über Fehlerabschätzungen bei Abbruch der unendlichen Summation gemacht werden.

Tatsächlich stellt sich immer wieder die Frage nach der Berechnung von Funktionswerten mit Hilfe einer Reihenentwicklung. Dabei kann man selbstverständlich nicht die unendliche Summation durchführen, man muß einen Reihenabbruch vornehmen. Nach Satz 6.1.15. ist für jede unendliche Reihe eine Aufspaltung in ein Polynom und eine Restreihe möglich, wobei das Polynom berechnet werden kann und die Restsumme abgeschätzt werden muß.

6.2.13. Satz. Jede Taylor-Reihe (MacLaurin-Reihe) kann in Übereinstimmung mit 6.1.15. in ein **Polynom und ein Restglied** aufgespalten werden:

$$f(x) = \sum_{i=0}^{\infty} \frac{f^{(i)}(x_0)}{i!}(x - x_0)^i = \sum_{i=1}^{n} \frac{f^{(i)}(x_0)}{i!}(x - x_0)^i + \sum_{i=n+1}^{\infty} \frac{f^{(i)}(x_0)}{i!}(x - x_0)^i.$$

6.2.14. Satz. Existiert zur (n + 1)-ten Ableitung $f^{(n+1)}(x)$ einer Funktion $f(x)$ eine obere Grenze, so kann das Restglied bei Abbruch der Reihenentwicklung von $f(x)$ nach der n-ten Teilsumme in der **Lagrangeschen Form**

$$R_{n+1} \leqslant \frac{(x - x_0)^{n+1}}{(n+1)!} f^{(n+1)}(x_0 + \vartheta(x - x_0))$$

abgeschätzt werden. Dabei wird die Zahl $0 \leqslant \vartheta \leqslant 1$ so gewählt, daß $f^{(n+1)}(x_0 + \vartheta(x - x_0))$ der oberen Grenze der Funktion $f^{(n+1)}(x)$ entspricht.

Mit diesem Satz ergibt sich neben den in 6.1.9. und 6.1.16. durchgeführten Formen eine weitere Möglichkeit, das Restglied einer Reihenentwicklung abzuschätzen Dabei ist allerdings die Beschränktheit der Ableitung eine unbedingte Voraussetzung für die Anwendbarkeit von 6.2.14.

Zum Abschluß dieses Kapitels soll nun an einem Beispiel ein Vergleich der Reihenentwicklungen nach MacLaurin und nach Taylor durchgeführt werden. Dazu wird absichtlich ein Funktionsargument gewählt, das in relativ großem Abstand zum Zentrum des Konvergenzbereichs der Reihenentwicklung, also vom Nullpunkt, liegt, um so die besonderen Unterschiede der beiden Verfahren herauszuarbeiten.

5.2.15. Beispiel. Gesucht wird der Wert $\cos 50° \triangleq \cos \frac{5\pi}{18}$ aus einer Reihenentwicklung wobei nach der dritten Teilsumme abgebrochen und das Restglied abgeschätzt werden so

1. Berechnung aus einer MacLaurin-Reihe.

   Analog zu 6.2.11.1. wird die Cosinusfunktion als Reihe entwickelt.

$$\begin{aligned} f(x) &= \cos x & f(0) &= 1 \\ f'(x) &= -\sin x & f'(0) &= 0 \\ f''(x) &= -\cos x & f''(0) &= -1 \\ f'''(x) &= \sin x & f'''(0) &= 0 \\ f^{(4)}(x) &= f(x) = \cos x & f^{(4)}(0) &= f(0) = 1 \quad \text{usw.} \end{aligned}$$

Damit ergibt sich die MacLaurin-Reihe zu

$$\cos x = 1 - \frac{x^2}{2!} + \frac{x^4}{4!} - \frac{x^6}{6!} + - \ldots = \sum_{n=1}^{\infty} (-1)^{n+1} \cdot \frac{x^{2n-2}}{(2n-2)!}.$$

Der gesuchte Funktionswert berechnet sich zu

$$\cos \frac{5\pi}{18} = 1 - \frac{\left(\frac{5\pi}{18}\right)^2}{2!} + \frac{\left(\frac{5\pi}{18}\right)^4}{4!} \pm R_6$$

$$\approx 0{,}643393 \pm R_6.$$

Da die Cosinusfunktion und ihre Ableitungen durch die Zahl 1 nach oben begrenzt werden, kann das Restglied nach Lagrange abgeschätzt werden mit

$x_0 = 0$ und $x = \frac{5\pi}{18}$

$$R_6 \leqslant \frac{\left(\frac{5\pi}{18}\right)^6}{6!} f^{(6)}(\vartheta x) \leqslant 6{,}2 \cdot 10^{-4} \qquad \text{mit } f^{(6)}(\vartheta x) \leqslant 1.$$

Als Ergebnis der Rechnung ergibt sich also

$$\cos \frac{5\pi}{18} = 0{,}6434 \pm 6{,}2 \cdot 10^{-4}.$$

2. Berechnung aus einer Taylor-Reihe.

Setzt man $x_0 = 45° \mathrel{\hat{=}} \frac{\pi}{4}$, so ergibt sich $x - x_0 = 5° \mathrel{\hat{=}} \frac{\pi}{36}$ und damit die gesuchte Taylor-Reihe nach 6.2.12. aus

$$f(x) = \cos x \qquad f\left(\frac{\pi}{4}\right) = \frac{1}{2}\sqrt{2}$$

$$f'(x) = -\sin x \qquad f'\left(\frac{\pi}{4}\right) = -\frac{1}{2}\sqrt{2}$$

$$f''(x) = -\cos x \qquad f''\left(\frac{\pi}{4}\right) = -\frac{1}{2}\sqrt{2}$$

$$f'''(x) = \sin x \qquad f'''\left(\frac{\pi}{4}\right) = \frac{1}{2}\sqrt{2}$$

usw.

$$\curvearrowright \quad \cos x = \frac{1}{2}\sqrt{2}\left(1 - \frac{x - x_0}{1!} - \frac{(x - x_0)^2}{2!}\right) \pm R_3.$$

Für den gesuchten Funktionswert folgt weiter

$$\cos\frac{5\pi}{36} = \frac{1}{2}\sqrt{2}\left(1 - \frac{\left(\frac{\pi}{36}\right)}{1!} - \frac{\left(\frac{\pi}{36}\right)^2}{2!}\right) \pm R_3$$

$$\approx 0{,}642708 \pm R_3$$

$$R_3 \leqslant \frac{(x - x_0)^3}{3!} f^{(3)}(x_0 + \vartheta(x - x_0)) \leqslant \frac{\left(\frac{\pi}{36}\right)^3}{3!} \leqslant 1{,}2 \cdot 10^{-4}$$

mit $f^{(3)}(x_0 + \vartheta(x - x_0)) \leqslant 1$.

Das gesuchte Ergebnis lautet also

$$\cos\frac{5\pi}{36} = 0{,}6427 \pm 1{,}2 \cdot 10^{-4}.$$

Der zugehörige Tafelwert lautet

$$\cos\frac{5\pi}{36} = 0{,}64278761\ldots\,.$$

Ein Vergleich der beiden Rechenwege in 6.1.15. zeigt, daß die erzielte Genauigkeit umso größer ist, je dichter man den Entwicklungspunkt der Reihe am gesuchten Funktionswert wählen kann. D.h. sucht man einen Funktionswert nahe bei $x_0 = 0$, so empfiehlt sich eine Reihenentwicklung nach MacLaurin um den Nullpunkt, während man in allen anderen Fällen besser eine Taylor-Reihenentwicklung durchführt, sofern man die Werte $f^{(i)}(x_0)$ leicht berechnen kann.

Zum Abschluß dieses Abschnitts seien noch einmal alle Möglichkeiten genannt, nach denen vorliegende Funktionen in Potenzreihen entwickelt werden können. Insgesamt gibt es drei Verfahren zur Potenzreihenentwicklung:

1. Potenzreihenentwicklung nach dem verallgemeinerten Binomischen Satz analog zu 1.4.11.
2. Potenzreihenentwicklung einer Funktion f(x) nach Berechnung der Ableitung, Polynomdivision und anschließender Integration nach 6.2.9.
3. MacLaurin- bzw. Taylor-Reihenentwicklung.

Mit Hilfe dieser Verfahren wird neben der Berechnung von Funktionswerten oftmals ein Weg zur weiteren Bearbeitung von Funktionen erschlossen. So gibt es Funktionen, die erst nach einer Potenzreihenentwicklung integriert werden können, wie an einem abschließenden Beispiel gezeigt werden soll.

6.2.16. Beispiel. Die Funktion $f(x) = \frac{\sin x}{x}$ ist geschlossen nicht integrierbar.

Setzt man dagegen die zugehörige Potenzreihe ein, so ergibt sich ein Weg für die Integration:

$$\int f(x)\,dx = \int \frac{\sin x}{x}\,dx = \int \frac{1}{x}\left(\frac{x}{1!} - \frac{x^3}{3!} + \frac{x^5}{5!} - + \ldots\right) dx$$

$$= \int\left(1 - \frac{x^2}{3!} + \frac{x^4}{5!} - \frac{x^6}{7!} + - \ldots\right) dx$$

$$= x - \frac{x^3}{3 \cdot 3!} + \frac{x^5}{5 \cdot 5!} - \frac{x^7}{7 \cdot 7!} + - \ldots + C.$$

6.3 Fourier-Reihen

Bereits bei der Bearbeitung zurückliegender Fragestellungen, insbesondere bei Schwingungsproblemen (vgl. z.B. 5.3.24.4.), traten mit den Kreisfunktionen immer wieder Funktionen auf, denen in Kapitel 2.3. bei ihrer Einführung bereits eine Periodizität zugesprochen wurde. So gilt z.B.

$$\left.\begin{aligned} \sin(x + 2\pi) &= \sin x \\ \cos(x + 2\pi) &= \cos x \end{aligned}\right\} \text{ diese Funktionen haben also die einfache Periode } T = 2\pi$$

$$\left.\begin{aligned} \tan(x + \pi) &= \tan x \\ \cot(x + \pi) &= \cot x \end{aligned}\right\} \text{ diese Funktionen haben die einfache Periode } T = \pi.$$

Da neben diesen noch weitere periodische Funktionen existieren, soll dieses Kapitel Möglichkeiten aufzeigen, wie solche Funktionen in Form von unendlichen Reihen beschrieben werden können. Dazu wird jedoch zunächst die folgende Definition notwendig.

6.3.1. Definition. Eine Funktion f(x) heißt **periodisch mit der einfachen Periode T,** wenn gilt

$$f(x + nT) = f(x) \qquad \forall n \in \mathbb{N}.$$

Wie man sich im stark vereinfachten Fall eines Polynoms die Funktion $f(x) = x^2 + 2x + 1$ als Summe von drei Einzelfunktionen zusammengefaßt denken kann, also

$$f(x) = x^2 + 2x + 1 = f_1(x) + f_2(x) + f_3(x) \quad \text{mit} \quad f_1(x) = x^2\,; \quad f_2(x) = 2x\,; \quad f_3(x) = 1,$$

so ist zu erwarten, daß man beliebige periodische Funktionen als Summen der bereits bekannten Sinus- und Cosinusfunktionen darstellen kann, daß also eine Zusammenfassung der Art

$$f(x) = f(x + T) = a_0 + a_1 \cos x + a_2 \cos 2x + \ldots + a_n \cos nx + \ldots + b_1 \sin x + b_2 \sin 2x + \ldots + b_n \sin nx + \ldots$$

möglich ist.

Dabei nennt man, von der Physik kommend, die Funktionen $f_n(x) = \sin nx$ und $g_n(x) = \cos nx$ mit $n = 1$ **Grundschwingungen** und mit $n > 1$ **Oberschwingungen,** die Funktionen $f_n(x)$ und $g_n(x)$ haben entsprechend dann die einfache Periode $T = \frac{2\pi}{n}$.

6.3.2. Definition. Ein Ausdruck der Art

$$f_n(x) = \sum_{i=0}^{n} (a_i \cos ix + b_i \sin ix)$$

heißt eine **trigonometrische Summe.**

Eine unendliche Reihe der Art

$$f(x) = \sum_{i=0}^{\infty} (a_i \cos ix + b_i \sin ix)$$

heißt eine **trigonometrische Reihe.**

Nun liegt die tatsächliche Aufgabe nicht darin, durch Summation einzelne trigonometrische Funktionen zusammenzufassen. Vielmehr liegt die Aufgabe darin, die Koeffizienten a_i und b_i so zu bestimmen, daß man eine gegebene periodische Funktion in eine trigonometrische Reihe entwickeln kann. D.h. die Koeffizienten a_i und b_i müssen so bestimmt werden, daß die Abweichung der trigonometrischen Reihe von der gegebenen Funktion f(x) möglichst klein wird. Diese Problemstellung der Fehlerrechnung führt wegen der Orthogonalität der Kreisfunktionen zu folgender Rechenvorschrift für die Koeffizienten:

6.3.3. $$a_0 = \frac{1}{2\pi} \int_0^{2\pi} f(x)\, dx; \quad a_n = \frac{1}{\pi} \int_0^{2\pi} f(x) \cos nx\, dx;$$

$$b_n = \frac{1}{\pi} \int_0^{2\pi} f(x) \sin nx\, dx \qquad n \in \mathbb{N}.$$

Dabei wurde von der Voraussetzung ausgegangen, daß

1. die als trigonometrische Reihe zu entwickelnde Funktion f(x) die einfache Periode $T = 2\pi$ hat,
2. der Nullpunkt des Koordinatensystems in den Anfangspunkt der einfachen Periode gelegt wurde und
3. die zu entwickelnde Funktion f(x) über den vollen Bereich einer Periode stetig und monoton ist.

Unter diesen Voraussetzungen ist es also möglich, eine gegebene periodische Funktion f(x) als unendliche Reihe zu entwickeln.

Nun ist, wie bereits mehrfach festgestellt, die Wahl des Koordinatensystems willkürlich, so daß die Berechnung der Koeffizienten unabhängig von der Festlegung des Nullpunktes ebenso erfolgen muß. Weiter sind natürlich Funktionen denkbar, die eine andere einfache Periode als 2π haben, so daß man auch hier verallgemeinern muß. Beachtet man diese zusätzlichen verallgemeinernden Gesichtspunkte, so gelangt man zu neuen Rechenanweisungen für die Koeffizienten.

6.3.4. Satz. Gegeben sei eine Funktion f(x), die periodisch mit der Periode T verläuft, d.h. für die gilt

$$f(x + T) = f(x) \qquad \forall x \in \mathbb{R}.$$

Weiter sei der Anfangspunkt der Periode in x_0 festgelegt, und f(x) sei stetig und monoton über dem Intervall $[x_0; x_0 + T]$.

Die Funktion f(x) kann in eine trigonometrische Reihe der Art

$$f(x) = a_0 + \sum_{n=1}^{\infty} \left(a_n \cos \frac{2\pi}{T} nx + b_n \sin \frac{2\pi}{T} nx\right)$$

entwickelt werden. Die Koeffizienten a_0, a_n und b_n berechnen sich aus den folgenden Integralen zu

$$a_0 = \frac{1}{T} \int_{x_0}^{x_0+T} f(x)\, dx$$

$$a_n = \frac{2}{T} \int_{x_0}^{x_0+T} f(x) \cdot \cos\left(\frac{2\pi}{T} nx\right) dx \qquad \forall n \in \mathbb{N}$$

$$b_n = \frac{2}{T} \int_{x_0}^{x_0+T} f(x) \cdot \sin\left(\frac{2\pi}{T} nx\right) dx \qquad \forall n \in \mathbb{N}.$$

Man nennt dann die Koeffizienten a_0, a_i und b_i ($i = 1, 2, \ldots$) **Fourier-Koeffizienten**, die zugehörige Reihe heißt **Fourier-Reihe.**

Ein Vergleich der verallgemeinerten Fourier-Koeffizienten aus 6.3.4. mit den in 6.3.3. formulierten Koeffizienten zeigt, daß diese für $T = 2\pi$ und $x_0 = 0$ identisch sind, wie das nach den Vorbetrachtungen zu erwarten war.

Bevor an einigen konkreten Beispielen die Entwicklung von Fourier-Reihen durchgerechnet wird, sind noch einige zusätzliche Betrachtungen notwendig, die zu erheblichen Arbeitserleichterungen führen können.

Betrachtet man den Verlauf der Sinusfunktion in Abb. 2.21., so ist leicht zu erkennen, daß der Sinus symmetrisch zur y-Achse des Koordinatensystems verläuft. Dagegen ist der Verlauf der Cosinusfunktion punktsymmetrisch zum Nullpunkt des Koordinatensystems. Diese Symmetrien der Funktionen sind von deren Periode unabhängig, so daß zu erwarten ist, daß sie bei der Berechnung einer Fourier-Reihe eine Rolle spielen. D.h. will man eine achsensymmetrische Funktion als Fourier-Reihe entwickeln, so wird die Symmetrie sicherlich nur durch Sinusfunktionen sichergestellt, während die Cosinusfunktionen keinen Beitrag leisten können. Entsprechend werden nur die Cosinusfunktionen bei punktsymmetrischen Funktionen wirksam. Daher haben die beiden folgenden Sätze sicherlich allgemeine Gültigkeit.

6.3.5. Satz. Ist die als Fourier-Reihe zu entwickelnde Funktion f(x) symmetrisch zur y-Achse des Koordinatensystems, d.h. gilt

$$f(-x) = f(x),$$

so enthält die Fourier-Reihe nur Sinusfunktionen, d.h. es gilt

$$b_n = 0 \qquad \forall n \in \mathbb{N}.$$

6.3.6. Satz. Ist die als Fourier-Reihe zu entwickelnde Funktion f(x) punktsymmetrisch zum Nullpunkt des Koordinatensystems, d.h. gilt

$$f(-x) = -f(x),$$

so enthält die Fourier-Reihe nur Cosinusfunktionen, d.h. es gilt

$$a_0 = 0 \quad \text{und} \quad a_n = 0 \qquad \forall n \in \mathbb{N}.$$

6.3.7. Beispiele.

1. Gesucht wird die Fourier-Reihenentwicklung der sich mit $T = 2\pi$ periodisch wiederholenden Funktion („**fallender Sägezahnimpuls**")

$$f(x) = -x \quad \text{mit} \quad x \in [-\pi; \pi].$$

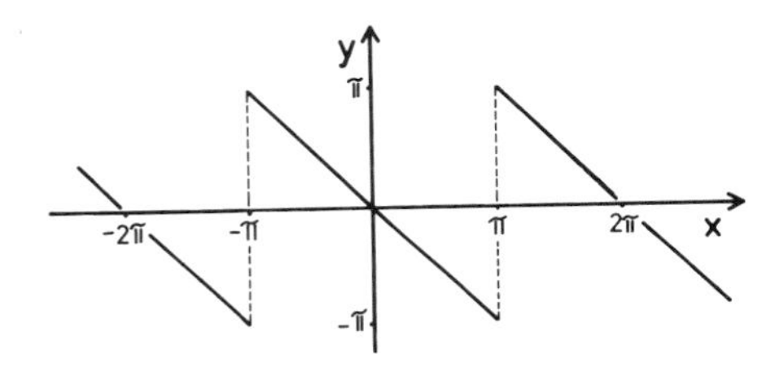

Abb. 6.1: Darstellung der mit $T = 2\pi$ periodischen Funktion $f(x) = -x$ mit $x \in [-\pi; \pi]$

a) Wie man Abb. 6.1. entnehmen kann, ist die Funktion symmetrisch zum Nullpunkt des Koordinatensystems, so daß nach 6.3.6. gilt

$$a_0 = 0 \quad \text{und} \quad a_n = 0 \qquad \forall n \in \mathbb{N}.$$

b) Berechnung der Fourier-Koeffizienten b_n.

Setzt man $T = 2\pi$, $x_0 = -\pi$ und $x_0 + T = \pi$ in 6.3.4. ein, so ergibt sich

$$b_n = \frac{2}{T} \int_{x_0}^{x_0+T} f(x) \sin\left(\frac{2n\pi}{T} x\right) dx$$

$$= \frac{1}{\pi} \int_{-\pi}^{\pi} (-x) \sin nx \, dx$$

$$= -\frac{1}{\pi} \left[-\frac{x}{n} \cos nx + \frac{1}{n^2} \sin nx \right]_{-\pi}^{\pi}$$

$$= \frac{1}{\pi} \left[\frac{x}{n} \cos nx \right]_{-\pi}^{\pi} \quad \text{da } \sin n\pi = -\sin(-n\pi) = 0 \qquad \forall n \in \mathbb{N}$$

$$= \frac{1}{\pi} \left(\frac{2\pi}{n}\right) \cdot \begin{cases} 1, & \text{wenn } n = 2m \quad ; \quad m \in \mathbb{N} \text{ (gerade n)} \\ (-1), & \text{wenn } n = 2m+1; \quad m \in \mathbb{N} \text{ (ungerade n).} \end{cases}$$

Damit ergibt sich die gesuchte Reihe zu

$$f(x) = 2\left(-\sin x + \frac{1}{2}\sin 2x - \frac{1}{3}\sin 3x + \frac{1}{4}\sin 4x - + \ldots\right)$$

$$= 2 \sum_{n=1}^{\infty} (-1)^n \cdot \frac{\sin nx}{n}.$$

2. Gesucht wird die Fourier-Reihenentwicklung der sich mit $T = 2\pi$ periodisch wiederholenden Funktion

$$f(x) = \frac{1}{\pi^2} \cdot (x - \pi)^2 \qquad \text{mit} \quad x \in [0; 2\pi].$$

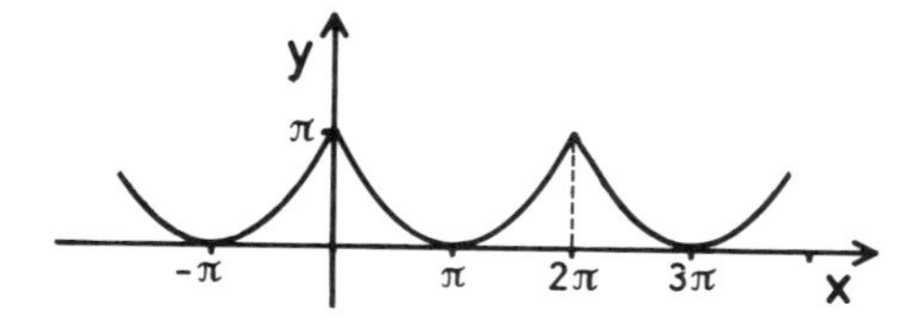

Abb. 6.2: Darstellung der mit $T = 2\pi$ periodischen Funktion $f(x) = \frac{1}{\pi^2}(x-\pi)^2$ mit mit $x \in [0; 2\pi]$

a) Wie man Abb. 6.2. entnehmen kann, ist die gegebene Funktion symmetrisch zur y-Achse des Koordinatensystem, so daß nach 6.3.5. gilt

$$b_n = 0 \qquad \forall n \in \mathbb{N}.$$

b) Berechnung des Fourier-Koeffizienten a_0.

Setzt man $T = 2\pi$ und $x_0 = 0$, so ergibt sich aus 6.3.4.

$$a_0 = \frac{1}{2\pi}\int_0^{2\pi} f(x)\,dx = \frac{1}{2\pi}\int_0^{2\pi} \frac{1}{\pi^2}(x-\pi)^2\,dx$$

$$= \frac{1}{2\pi^3}\left[\frac{1}{3}(x-\pi)^3\right]_0^{2\pi}$$

$$= \frac{1}{2\pi^3}\left[\frac{1}{3}\pi^3 - \frac{1}{3}(-\pi)^3\right]$$

$$= \frac{1}{3}.$$

c) Berechnung der Fourier-Koeffizienten a_n.

$$a_n = \frac{1}{\pi}\int_0^{2\pi} f(x)\cos nx\,dx$$

$$= \frac{1}{\pi}\cdot\frac{1}{\pi^2}\int_0^{2\pi}(x-\pi)^2\cos nx\,dx$$

$$a_n = \frac{1}{\pi^3}\left[\frac{(x-\pi)^2}{n}\sin nx + \frac{2(x-\pi)}{n^2}\cos nx - \frac{2}{n^3}\sin nx\right]_0^{2\pi}$$

$$= \frac{1}{\pi^3}\left[\frac{2(x-\pi)}{n^2}\cos nx\right]_0^{2\pi} \quad \text{da} \quad \sin 0 = \sin 2n\pi = 0 \quad \forall n \in \mathbb{N}$$

$$= \frac{1}{\pi^3}\left(\frac{2(2\pi-\pi)}{n^2}\cos 2n\pi - \frac{2(-\pi)}{n^2}\cos 0)\right)$$

$$= \frac{1}{\pi^3}\left(\frac{2\pi}{n^2} + \frac{2\pi}{n^2}\right) \quad \text{da} \quad \cos 0 = \cos 2n\pi = 1 \quad \forall n \in \mathbb{N}$$

$$= \frac{4}{n^2\pi^2}.$$

Damit ergibt sich die gesuchte Reihe zu

$$f(x) = \frac{1}{3} + \frac{4}{\pi^2}\left(\cos x + \frac{1}{2^2}\cos 2x + \frac{1}{3^2}\cos 3x + \ldots\right)$$

$$= \frac{1}{3} + \frac{4}{\pi^2}\sum_{n=1}^{\infty}\frac{1}{n^2}\cos nx.$$

3. Gesucht wird die Fourier-Reihenentwicklung der sich mit $T = 2$ periodisch wiederholenden Funktion („**steigender Sägezahnimpuls**")

$$f(x) = x \quad \text{mit} \quad x \in [0; 2].$$

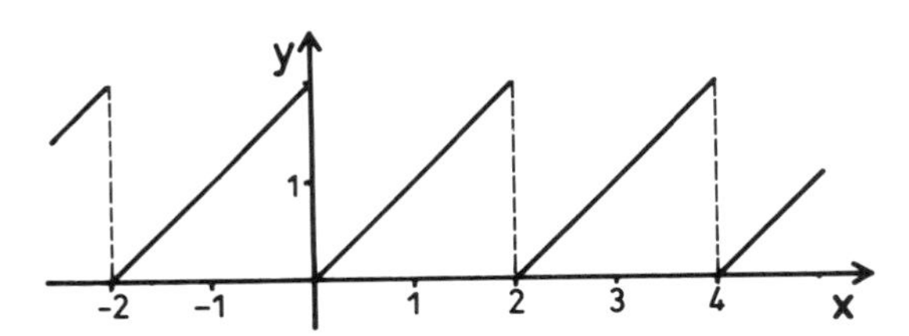

Abb. 6.3: Darstellung der mit $T = 2$ periodischen Funktion $f(x) = x$ mit $x \in [0; 2]$

Wie man der Abb. 6.3. entnehmen kann, ist die Funktion weder punkt- noch achsensymmetrisch, so daß alle drei Fourier-Koeffizienten nach 6.3.4. berechnet werden müssen.

a) Berechnung des Fourier-Koeffizienten a_0.

Mit $T = 2$ und $x_0 = 0$ ergibt sich aus 6.3.4.

$$a_0 = \frac{1}{T}\int_0^2 f(x)\,dx = \frac{1}{2}\int_0^2 x\,dx = \frac{1}{2}\left[\frac{1}{2}x^2\right]_0^2 = 1.$$

b) Berechnung der Fourier-Koeffizienten a_n.

$$a_n = \frac{2}{T} \int_0^2 f(x) \cos \frac{2n\pi}{T} x \, dx$$

$$= \frac{2}{2} \int_0^2 x \cos n\pi x \, dx$$

$$= \left[\frac{x \sin n\pi x}{n\pi} + \frac{\cos n\pi x}{n^2} \right]_0^2$$

$$= \left[\frac{\cos n\pi x}{n^2 \pi^2} \right]_0^2 \qquad \text{da } \sin 0 = \sin 2n\pi = 0 \qquad \forall n \in \mathbb{N}$$

$$= \frac{1}{n^2 \pi^2} \cdot \begin{cases} (-2) \text{ für } n = 2m - 1; & m \in \mathbb{N} \text{ (ungerade n)} \\ 0 \text{ für } n = 2m - 2; & m \in \mathbb{N} \text{ (gerade n)} \end{cases}$$

$$= -\frac{2}{n^2 \pi^2} \qquad \text{für } n = 2m - 1 \qquad m \in \mathbb{N}.$$

c) Berechnung der Fourier-Koeffizienten b_n.

$$b_n = \frac{2}{T} \int_0^2 f(x) \sin \frac{2n\pi}{T} x \, dx$$

$$= \frac{2}{2} \int_0^2 x \sin n\pi x \, dx$$

$$= \left[-\frac{x \cos n\pi x}{n\pi} + \frac{\sin n\pi x}{n^2 \pi^2} \right]_0^2$$

$$= \left[-\frac{x \cos n\pi x}{n\pi} \right]_0^2 \qquad \text{da} \quad \sin 2n\pi = \sin 0 = 0 \qquad \forall n \in \mathbb{N}$$

$$= -\frac{2 \cos 2n\pi}{n\pi} = -\frac{2}{n\pi} \qquad \forall n \in \mathbb{N}.$$

Damit ergibt sich die gesuchte Fourier-Reihe zu

$$f(x) = 1 - \frac{2}{\pi^2} \left(\cos x + \frac{1}{3^2} \cos 3x + \frac{1}{5^2} \cos 5x + \ldots\right) -$$

$$- \frac{2}{\pi} \left(\sin x + \frac{1}{2} \sin 2x + \frac{1}{3} \sin 3x + \ldots\right).$$

In Satz 6.3.4. wurde als Voraussetzung für die Entwicklung einer Funktion f(x) als Fourier-Reihe gefordert, daß f(x) über die volle Periode stetig und monoton ist. Dadurch wird die Anzahl der periodischen Funktionen, die entwickelt werden könnten, sehr stark eingeschränkt, so daß man einen Weg suchen muß, diese Voraussetzungen zu umgehen. Tatsächlich kann auch eine Funktion entwickelt werden, die nicht über die volle Periode stetig und monoton ist. Dann muß allerdings das Integrationsintervall bei der Berechnung der Fourier-Koeffizienten in einzelne Intervalle aufgespalten werden können, die jeweils die größtmöglichen Bereiche umfassen, in denen f(x) stetig und monoton ist.

6.3.8. Satz. Ist eine periodische Funktion f(x) nicht über den vollen Bereich ihrer Periode T stetig und monoton, so ist eine Entwicklung von f(x) als Fourier-Reihe möglich, wenn sich die Periode T aufspalten läßt in endlich viele Teilintervalle, in denen f(x) stetig und monoton, d.h. integrierbar ist.

Die Berechnung der Fourier-Koeffizienten erfolgt dann in Teilschritten jeweils über den Grenzen der Teilintervalle.

6.3.9. Beispiel. Gesucht wird die Fourier-Reihenentwicklung der sich mit $T = 2\pi$ periodisch wiederholenden Funktion („Rechteckimpuls")

$$f(x) = \begin{cases} h_1 & \text{für } -\frac{\pi}{2} \leqslant x < \frac{\pi}{2} \\ h_2 & \text{für } \frac{\pi}{2} \leqslant x < \frac{3\pi}{2} \end{cases}.$$

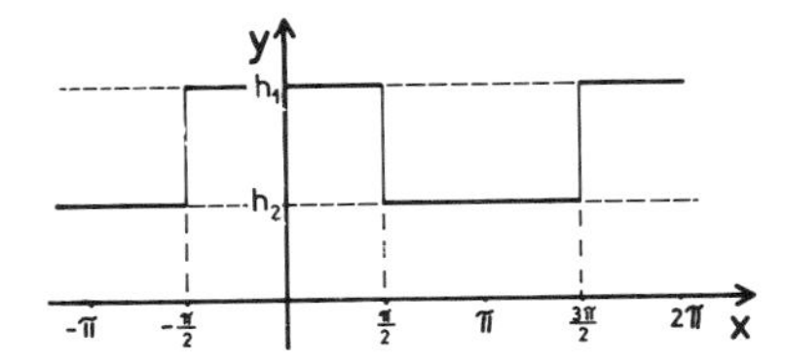

Abb. 6.4: Darstellung der mit $T = 2\pi$ periodischen Funktion

$$f(x) = \begin{cases} h_1 & \text{für } x \in \left[-\frac{\pi}{2}; \frac{\pi}{2}\right] \\ h_2 & \text{für } x \in \left[\frac{\pi}{2}; \frac{3\pi}{2}\right] \end{cases}.$$

Die Funktion f(x) ist nicht über den vollen Bereich ihrer Periode $T = 2\pi$ stetig und monoton, vielmehr liegt in $x_1 = \frac{\pi}{2}$ eine Unstetigkeit vor. Spaltet man dagegen die volle Periode auf in zwei Teilbereiche $T_1 = \left[-\frac{\pi}{2}; \frac{\pi}{2}\right]$ und $T_2 = \left[\frac{\pi}{2}; \frac{3\pi}{2}\right]$, so ist f(x) jeweils über diesen Teilbereichen stetig und monoton, so daß man die Fourier-Koeffizienten jeweils durch getrennte Integration über diese Bereiche bestimmen muß.

a) Wie man Abb. 6.4. entnehmen kann, ist die Funktion f(x) symmetrisch zur y-Achse des Koordinatensystems, so daß nach 6.3.5. gilt

$$b_n = 0 \qquad \forall n \in \mathbb{N}.$$

b) Berechnung des Fourier-Koeffizienten a_0.

Setzt man $T_1 = \pi$, $T_2 = \pi$, $x_0 = -\frac{\pi}{2}$ sowie $x_0' = \frac{\pi}{2}$, so ergibt sich

$$a_0 = \frac{1}{2\pi} \int_{-\frac{\pi}{2}}^{\frac{\pi}{2}} f(x)\,dx + \frac{1}{2\pi} \int_{\frac{\pi}{2}}^{\frac{3\pi}{2}} f(x)\,dx$$

$$= \frac{1}{2\pi} \int_{-\frac{\pi}{2}}^{\frac{\pi}{2}} h_1\,dx + \frac{1}{2\pi} \int_{\frac{\pi}{2}}^{\frac{3\pi}{2}} h_2\,dx$$

$$= \frac{1}{2\pi} \Big[h_1 x\Big]_{-\frac{\pi}{2}}^{\frac{\pi}{2}} + \frac{1}{2\pi} \Big[h_2 x\Big]_{\frac{\pi}{2}}^{\frac{3\pi}{2}}$$

$$= \frac{1}{2}(h_1 + h_2).$$

c) Berechnung der Fourier-Koeffizienten a_n.

$$a_n = \frac{1}{\pi} \int_{-\frac{\pi}{2}}^{\frac{\pi}{2}} h_1 \cos nx\,dx + \frac{1}{\pi} \int_{\frac{\pi}{2}}^{\frac{3\pi}{2}} h_2 \cos nx\,dx$$

$$= \frac{h_1}{\pi} \left[\frac{1}{n} \sin nx\right]_{-\frac{\pi}{2}}^{\frac{\pi}{2}} + \frac{h_2}{\pi} \left[\frac{1}{n} \sin nx\right]_{\frac{\pi}{2}}^{\frac{3\pi}{2}}$$

$$= \frac{h_1}{n\pi} \left(\sin \frac{n\pi}{2} - \sin\left(-\frac{n\pi}{2}\right)\right) + \frac{h_2}{n\pi} \left(\sin \frac{3n\pi}{2} - \sin \frac{n\pi}{2}\right)$$

$$= \frac{h_1}{n\pi} \left(\sin \frac{n\pi}{2} + \sin \frac{n\pi}{2}\right) + \frac{h_2}{n\pi} \left(-\sin \frac{n\pi}{2} - \sin \frac{n\pi}{2}\right)$$

$$= \frac{h_1 - h_2}{n\pi} \cdot 2 \sin \frac{n\pi}{2}$$

$$= \frac{2(h_1 - h_2)}{n\pi} \cdot \begin{cases} (-1)^{m+1} & \text{für } n = 2m-1\,; \quad m \in \mathbb{N} \text{ (ungerade n)} \\ 0 & \text{für } n = 2m\,; \quad m \in \mathbb{N} \text{ (gerade n).} \end{cases}$$

Die gesuchte Fourier-Reihe lautet also

$$f(x) = \frac{h_1 + h_2}{2} + \frac{2(h_1 - h_2)}{\pi} \left(\cos x - \frac{1}{3} \cos 3x + \frac{1}{5} \cos 5x - + \ldots\right).$$

Bisher wurden alle Angaben unter der Voraussetzung gemacht, daß man eine periodische Funktion f(x) als Fourier-Reihe entwickeln kann und daß die in 6.3.4. gegebenen Rechenanleitungen für die Fourier-Koeffizienten zu vernünftigen Ergebnissen führen. Zum Schluß dieses Abschnitts soll nun an einem Beispiel gezeigt werden, daß mit der Anzahl der in einer Fourier-Summe berücksichtigten Summanden die Genauigkeit der Angleichung der Fourier-Summe an die gegebene Funktion f(x) wächst. Dazu wird in Abb. 6.5. die in 6.3.7.1. entwickelte Funktion $f(x) = -x$ zusammen mit den ersten vier Teilsummen ihrer zugehörigen Fourier-Reihe eingezeichnet.

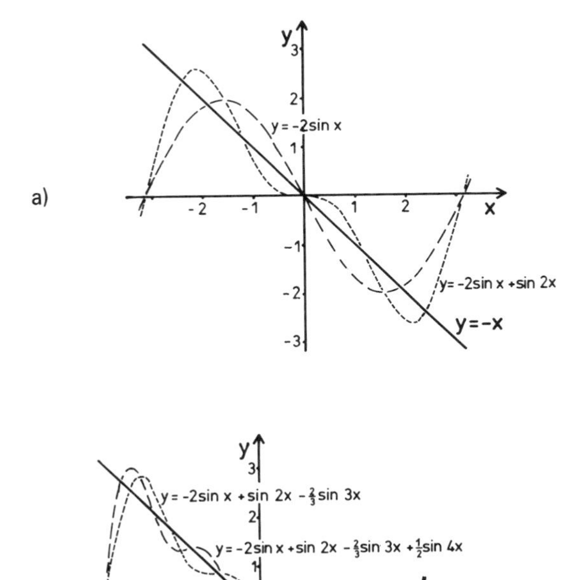

Abb. 6.5: Darstellung der mit $T = 2\pi$ periodischen Funktion $f(x) = -x$ und ihrer ersten vier Fourier-Teilsummen

Teil II: Lineare Algebra

Lag der Schwerpunkt der Analysis im Bereich der Funktionen und der Auswirkungen von Rechenregeln, insbesondere der Differential- und Integralrechnung, auf die Eigenschaften von Funktionen, so liegt eine der Hauptaufgaben der linearen Algebra in der Untersuchung von Vektorräumen und linearen Abbildungen.

Der methodische Weg zur Erarbeitung des Stoffes wird von den Vektoren über Determinanten zu den Matrizen verlaufen, obwohl die drei Gebiete prinzipiell unterschiedliche Inhalte haben. Dennoch wird dieser Weg gewählt, weil einerseits ein großer Teil der Vektorrechnung geometrisch anschaulich erklärt werden kann, wodurch der Einstieg in die Materie erheblich erleichtert wird. Andererseits sind viele Begriffe der Vektorrechnung leicht zu erweitern, auf Determinanten anwendbar und dann besonders auch auf Matrizen übertragbar. Dadurch wird eine allmähliche Steigerung der Anforderungen erzielt.

Weiter wird sich im Laufe dieses Teiles herausstellen, daß es einige Gemeinsamkeiten zwischen der Analysis und der linearen Algebra gibt, daß also Fragen der Analysis teilweise auch mit den Mitteln der linearen Algebra gelöst werden können und daß es schließlich mit der „Vektoranalysis" ein Kapitel gibt, das die Regeln der beiden Gebieten miteinander verknüpft.

7 Vektoren

Im Kapitel über komplexe Zahlen wurde mit dem komplexen Vektor bereits der Begriff „Vektor" benutzt, ohne daß dabei die besonderen Rechenregeln für Vektoren erklärt wurden. In diesem Abschnitt sollen Rechenanleitungen für die Arbeit mit Vektoren gegeben werden, so daß die Sätze und Definitionen auch aus 1.3. jetzt verständlich werden.

Da besonders die Physik allgemein und speziell die der Mechanik mit Hilfe von Vektoren leichter verständlich wird, sollen hier zumindest die Sätze und Definitionen bearbeitet werden, die für das Verständnis der Physik im allgemeinen erforderlich sind.

7.1 Vektorgeometrie

In sehr vielen Fällen reicht eine Zahlenangabe zur Beschreibung einer mathematischen oder physikalischen Größe nicht aus. So ist z.B. die Angabe „die Kraft F wirkt mit 10 N" unvollständig, wenn man nicht weiß, in welche Richtung diese Kraft wirkt. D.h. die Kraft ist eine physikalische Größe, zu deren Beschreibung man einen Zahlenwert (mit Dimension) und eine Richtung benötigt. Im Gegensatz dazu stehen Größen, die schon durch einen Zahlenwert vollständig beschrieben sind.

7.1.1. Definition. Eine Größe a, die durch Angabe eines (reellen) Zahlenwertes, also $a \in \mathbb{R}$, bereits vollständig bestimmt ist, heißt **Skalar**.

7.1.2. Definition. Eine Größe $\vec{a}$, die durch Angabe eines (skalaren) Zahlenwertes (Betrag) und einer Richtung bestimmt wird, heißt **Vektor**. *

In dieser Definition eines Vektors steckt keine Forderung hinsichtlich der Lage des Vektors im Vergleich zu festliegenden Bezugsgrößen, etwa in bezug auf ein Koordinatensystem. Daher ist ein Vektor zunächst nicht als Einzelgröße zu verstehen, sondern als eine Schar von unendlich vielen Größen, die alle denselben Betrag und dieselbe Richtung haben. Solche Vektoren, die nicht durch ein Koordinaten-

---

* Manche Autoren unterscheiden noch zwischen Richtung und Richtungssinn und definieren einen Vektor durch Betrag, Richtung und Richtungssinn. Danach ist die Richtung z.B. festgelegt durch den Abstand Hamburg–München, der Richtungssinn ergibt sich aus dem Startpunkt Hamburg oder München. Der zugehörige Betrag wird durch die Luftlinie von ca. 650 km bestimmt.
Diese Unterscheidung zwischen Richtung und Richtungssinn ist überflüssig, wenn man, dem Sprachgebrauch folgend, unter „Richtung" stets eine Strecke mit Anfangs- und Endpunkt versteht. Demnach unterscheidet sich also eindeutig die Richtung Hamburg–München von der München–Hamburg, obwohl die Bewegungen parallel verlaufen.

system festgelegt sind, nennt man dementsprechend **freie Vektoren**, im Gegensatz zu den **Ortsvektoren**, die grundsätzlich im Nullpunkt des Koordinatensystems beginnen.

Geht man davon aus, daß man Richtungen durch Pfeile anzeigen kann, gibt man weiter einem solchen Pfeil, dem Betrag des Vektors entsprechend, eine Länge, so ergibt sich eine Möglichkeit, Vektoren geometrisch anschaulich darzustellen.

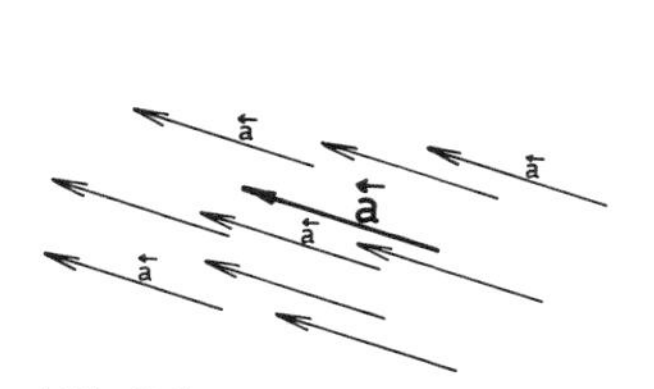

Abb. 7.1: Darstellung eines freien Vektors $\vec{a}$ vom Betrag 2x

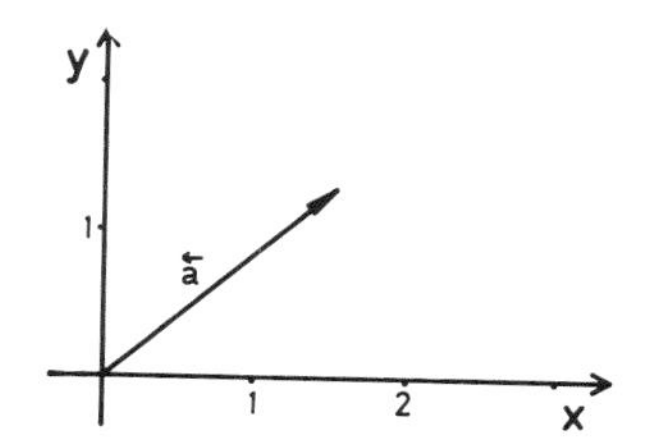

Abb. 7.2: Darstellung eines Ortsvektors $\vec{a}$ vom Betrag 2x

Aus der Definition des Vektors ergibt sich sofort die Antwort auf die Frage nach Gleichheit von Vektoren.

7.1.3. Definition. Zwei Vektoren heißen gleich, wenn sie in Betrag und Richtung gleich sind.

7.1.4. Satz. Die Addition von zwei Vektoren $\vec{a}$ und $\vec{b}$ erfolgt geometrisch nach der **Parallelogrammregel.**

Der Satz 7.1.4. enthält eine erste Anleitung für die praktische Arbeit mit Vektoren. Da viele Probleme der Vektorrechnung, insbesondere auch physikalische Probleme, geometrisch anschaulich gelöst werden können, kommt diesem Satz ganz besondere Bedeutung zu.

Die Paralleleogrammregel besagt, daß man die (zunächst freien) Vektoren so legen kann, daß der Anfangspunkt des einen gerade im Endpunkt des anderen Summanden liegt. Ergänzt man dann zu einem Parallelogramm, so ergibt sich der Summenvektor gerade als Diagonale dieses Parallelogramms mit dem Anfangspunkt im Anfangspunkt des ersten Summanden.

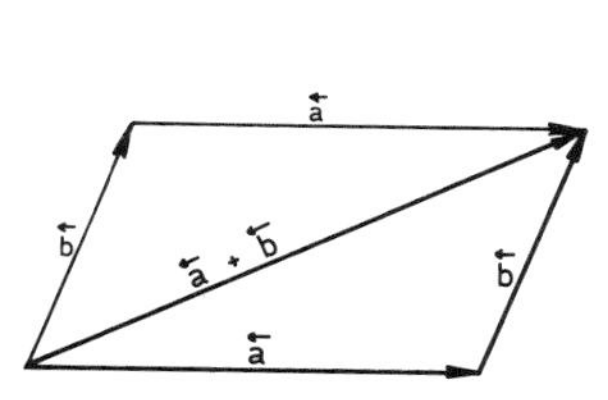

Abb. 7.3: Addition von zwei Vektoren nach der Parallelogrammregel

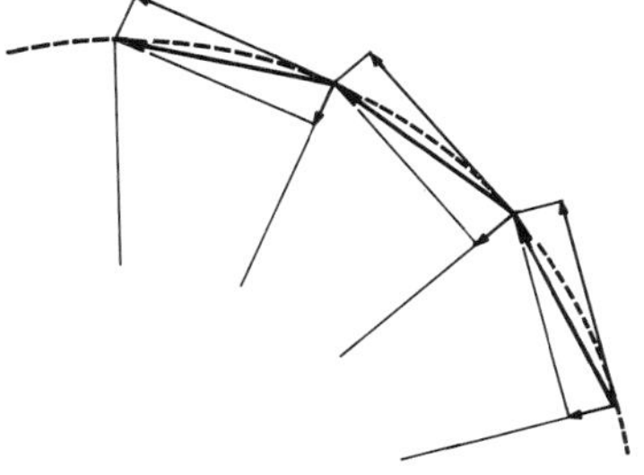

Abb. 7.4: Näherung einer Kreislinie durch Addition von vielen Einzelvektoren

Mit der in Abb. 7.3. dargestellten Ergänzung der beiden Vektoren zu einem Parallelogramm wird auch der Name „Parallelogrammregel" sofort verständlich.

Nun ist nach Definition 7.1.2. ein geschwungener Vektor nicht möglich, d.h. eine Kreisbewegung kann nicht durch **einen** Vektor beschrieben werden. Spaltet man dagegen den Kreis auf in viele tangential verlaufende Einzelvektoren, die man addiert, so erhält man schließlich eine Näherung für den Kreis, die umso genauer ist, je größer die Aufspaltung in Einzelvektoren ist. Damit ist es auch möglich, geschwungene Linien in eine Summe von Vektoren zu zerlegen, bzw. aus dieser zu bilden.

Auch der folgende Satz ergibt sich anschaulich aus der Parallelogrammregel. Es ist z.B. sicherlich gleichgültig, an welcher Seite des Parallelogramms man beginnt, ob man zunächst entlang der langen und dann der kurzen Seite vorgeht oder umgekehrt (vgl. Abb. 7.3.).

7.1.5. Satz. Für die Addition von Vektoren gelten die folgenden Regeln

$$\vec{a} + \vec{b} = \vec{b} + \vec{a} \qquad \text{(Kommutativgesetz)}$$

$$\vec{a} + (\vec{b} + \vec{c}) = (\vec{a} + \vec{b}) + \vec{c} \qquad \text{(Assoziativgesetz).}$$

Mit 7.1.4. und 7.1.5. wurde als erste Verknüpfung zwischen Vektoren die Addition behandelt. Um diese Regeln auf die Subtraktion zu erweitern, muß jedoch zunächst noch ein „negativer Vektor" definiert werden.

7.1.6. Definition. Man nennt den Vektor $(-\vec{a})$ das **Negative von $\vec{a}$,** wenn gilt

$$\vec{a} + (-\vec{a}) = \vec{0} \qquad (\vec{0} = \text{„Nullvektor"}).$$

Die Vektoren $\vec{a}$ und $(-\vec{a})$ verlaufen **antiparallel,** d.h. parallel mit entgegengesetzter Richtung.

7.1.7. Satz. Die Substraktion eines Vektors $\vec{b}$ von $\vec{a}$ wird als Addition des Vektors $(-\vec{b})$ ausgeführt.

$$\vec{a} - \vec{b} = \vec{a} + (-\vec{b}).$$

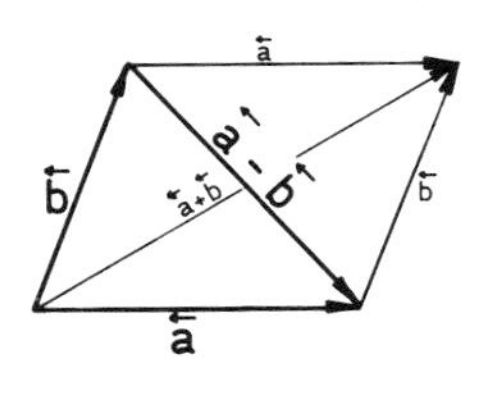

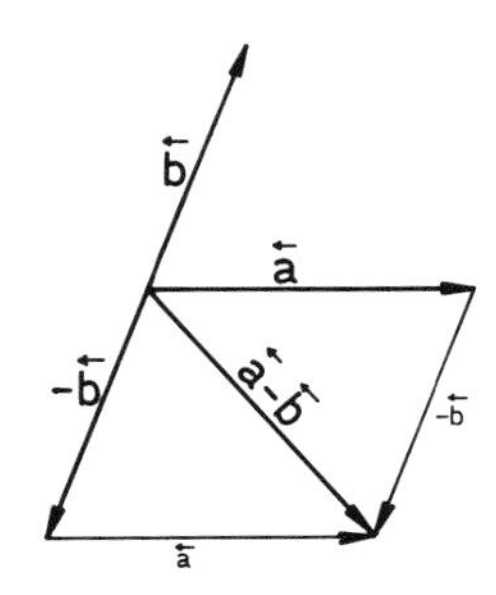

Abb. 7.5: Darstellung der zwei Möglichkeiten, eine Vektorsubtraktion durchzuführen

Eine zweite Möglichkeit, die Subtraktion von zwei Vektoren geometrisch auszuführen, ergibt sich aus der Parallelogrammregel. Dabei stellt, wie bereits beschrieben, die eine Diagonale im Parallelogramm die Summe der beiden Vektoren $\vec{a}$ und $\vec{b}$ dar. Die zweite Diagonale ergibt sich aus der Differenz der beiden Vektoren (vgl. Abb. 7.5.).

Mit den bisherigen Regeln zur Vektorrechnung sind alle Voraussetzungen erfüllt, so daß eine additive Verknüpfung von Vektoren geometrisch anschaulich möglich ist. Nun sind Vektoren Größen, bei denen nach Definition ein skalarer Zahlenwert mit einer Richtung verbunden wird, d.h. zwei Angaben werden zu einem Vektor zusammengefaßt. Da man jedoch nur gleichartige Größen miteinander verknüpfen kann, ist eine Verbindung zwischen einem Vektor und einem Skalar zunächst nicht vorstellbar. Diese Vermutung ist auch richtig bezüglich der Addition von Vektor und Skalar, denn diese existiert nicht. Eine Multiplikation eines Vektors mit einem Skalar ist jedoch durchaus möglich und auch verständlich, wenn man sich daran erinnert, daß eine Multiplikation lediglich eine mehrfache Addition derselben Summanden verkürzt. So gilt z.B. für Vektoren der Definition der Multiplikation entsprechend

$$\vec{b} = \vec{a} + \vec{a} + \vec{a} + \vec{a} = 4 \cdot \vec{a}.$$

Der Vektor $\vec{b}$ verläuft dementsprechend parallel zum Vektor $\vec{a}$, hat also dieselbe Richtung, und hat den vierfachen Betrag, die vierfache Länge, des Vektors $\vec{a}$.

Entsprechend kann man ebenso schreiben

$$\vec{c} = -\vec{a} - \vec{a} - \vec{a} - \vec{a} = 4 \cdot (-\vec{a}) = -4\vec{a}.$$

Demnach verläuft der Vektor $\vec{c}$ antiparallel zu $\vec{a}$, hat also entgegengesetzte Richtung und die vierfache Länge von $\vec{a}$.

Diese Betrachtung kann man verallgemeinern zum folgenden Satz.

7.1.8. Satz. Gegeben sei ein Vektor $\vec{a}$ und ein Skalar $k \in \mathbb{R}$. Das Produkt $k \cdot \vec{a}$ stellt einen Vektor dar, der

1. für $k > 0$ die k-fache Länge von $\vec{a}$ hat und parallel zu $\vec{a}$ verläuft,
2. für $k < 0$ die k-fache Länge von $\vec{a}$ hat und antiparallel zu $\vec{a}$ verläuft und
3. für $k = 0$ mit dem Nullvektor $\vec{0}$ identisch ist.

Diesem Satz entsprechend wird ein Vektor $\vec{a}$ also um den Faktor k gestreckt, wenn $k > 1$ ist, und um den Faktor k gestaucht, wenn $0 < k < 1$ ist. Für $k < 0$ wird die Richtung des Vektors $\vec{a}$ umgekehrt.

7.1.9. Satz. Für das Produkt aus einem Vektor $\vec{a}$ und einem Skalar k gelten die folgenden Regeln:

$k \cdot \vec{a} = \vec{a} \cdot k$ (Kommutativgesetz)

$k \cdot (1 \cdot \vec{a}) = (k \cdot 1) \cdot \vec{a};\ 1 \in \mathbb{R}$ (Assoziativgesetz)

$(k + 1) \cdot \vec{a} = k \cdot \vec{a} + 1 \cdot \vec{a};\ 1 \in \mathbb{R}$ (Distributivgesetz bzgl. Skalaraddition)

$k \cdot (\vec{a} + \vec{b}) = k \cdot \vec{a} + k \cdot \vec{b}$ (Distributivgesetz bzgl. Vektoraddition)

Nun interessiert bei vektoriellen Betrachtungen oftmals der Betrag des Vektors gar nicht, während man die Richtung als besondere Größe benötigt. Dafür ist es angebracht, eine Vergleichsgröße zu definieren, die stets durch den Betrag 1 und die jeweilige Richtung des Vektors $\vec{a}$ gekennzeichnet ist.

7.1.10. Definition. Ein Vektor $\vec{a}^0$, der den Betrag 1 hat, heißt **Einheitsvektor**

$$\frac{\vec{a}}{|\vec{a}|} = \vec{a}^0 \quad \Longleftrightarrow \quad |\vec{a}^0| = 1.$$

Mit dieser Definition schließlich ist es möglich, jeden Bewegungsvorgang speziell und jeden Vektor allgemein einerseits nach der Parallelogrammregel zu zerlegen und andererseits zu messen, also mit der Einheit zu vergleichen.

Bisher hatte sich herausgestellt, daß eine additive Verbindung zwischen zwei Vektoren und das Produkt zwischen einem Vektor und einem Skalar möglich sind. Im folgenden Teil soll nun gezeigt werden, daß auch ein Produkt zwischen zwei Vektoren existiert. Dazu soll von einem sehr anschaulichen Beispiel aus der Physik ausgegangen werden.

7.1.11. Problemstellung: Gegeben sei ein Körper K, der auf einer festgelegten Bahn $\vec{r}$ bewegt werden kann. In einem Winkel α zu dieser Bahn $\vec{r}$ greift eine gleichförmige Kraft $\vec{F}$ an, die den Körper in Bewegung setzt. Gesucht wird die (Bewegungs-)Arbeit, die am Körper K verrichtet wird.

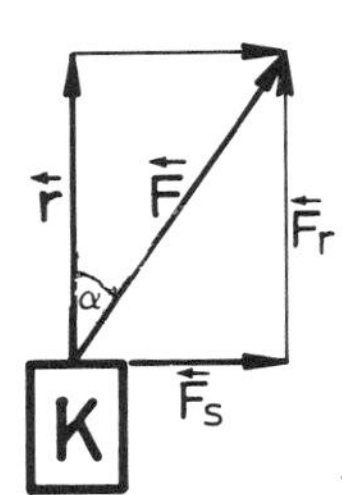

Abb. 7.6: Das Kräfteparallelogramm am bewegten Körper

Allgemein berechnet sich die Arbeit stets als Produkt aus Kraft und Weg. Sind Kraft- und Bewegungsrichtung identisch, so ist die gesuchte Arbeit durch die (skalare) Gleichung

$$A = F \cdot r$$

gegeben. Nun ist aber davon auszugehen, daß Kraft und Weg Vektoren sind, die unterschiedliche Richtungen haben. D.h. um auf obige Gleichung zu erhalten, benötigt man den Anteil der Kraft, der in Wegrichtung wirkt. Mit Hilfe der Parallelogrammregel kann man die Kraft $\vec{F}$ leicht zerlegen in einen Anteil $\vec{F}_r$ in $\vec{r}$-Richtung und einen Anteil $\vec{F}_s$ senkrecht dazu. Weiter berechnet sich die Größe $|\vec{F}_r|$ zu

$$|\vec{F}_r| = |\vec{F}| \cdot \cos\alpha.$$

Damit ergibt sich aus obiger Gleichung

$$A = \vec{F} \cdot \vec{r} = |\vec{F}_r| \cdot |\vec{r}| = |\vec{r}| \cdot |\vec{F}| \cdot \cos\alpha.$$

Damit errechnet sich aber die skalare Arbeit aus dem Produkt von zwei Vektoren Die hier durchgeführten Betrachtungen kann man verallgemeinern.

7.1.12. Definition. Das Produkt aus den Beträgen zweier Vektoren $\vec{a}$ und $\vec{b}$ und dem Cosinus des von ihnen eingeschlossenen Winkels α wird ihr **Skalarprodukt** genannt

$$\vec{a} \cdot \vec{b} = |\vec{a}| \cdot |\vec{b}| \cdot \cos \alpha.$$

Formal wird das Skalarprodukt durch den Multiplikationspunkt zwischen den Vektoren gekennzeichnet.

Auch für das Skalarprodukt gibt es Rechenregeln, die sich teilweise unmittelbar aus der Definition 7.1.12. ergeben.

7.1.13. Satz. Für das Skalarprodukt aus den Vektoren $\vec{a}$ und $\vec{b}$ gelten die folgenden Regeln:

1. $\vec{a} \cdot \vec{b} = \vec{b} \cdot \vec{a}$ (Kommutativgesetz)
2. $k(\vec{a} \cdot \vec{b}) = (k\vec{a}) \cdot \vec{b} = \vec{a} \cdot (k\vec{b})$ (Assoziativgesetz)
3. $\vec{a} \cdot (\vec{b} + \vec{c}) = \vec{a} \cdot \vec{b} + \vec{a} \cdot \vec{c}$ (Distributivgesetz bzgl. Vektoraddition)
4. Verlaufen die beiden Vektoren $\vec{a}$ und $\vec{b}$ parallel, so gilt wegen $\cos 0 = 1$
   $$\vec{a} \cdot \vec{b} = a \cdot b.$$
5. Verlaufen die Vektoren $\vec{a}$ und $\vec{b}$ antiparallel, so gilt wegen $\cos \pi = -1$
   $$\vec{a} \cdot \vec{b} = -ab.$$
6. Verlaufen die von Nullvektor $\vec{0}$ verschiedenen Vektoren $\vec{a}$ und $\vec{b}$ senkrecht zueinander, so gilt wegen $\cos \frac{\pi}{2} = 0$
   $$\vec{a} \cdot \vec{b} = 0.$$

Multipliziert man nun einen Vektor skalar mit sich selbst, so ergibt sich

$$\vec{a} \cdot \vec{a} = (\vec{a})^2 = |\vec{a}| \cdot |\vec{a}| \cos 0 = |\vec{a}|^2 = a^2$$

und damit

$$|a| = \sqrt{\vec{a}^2}.$$

7.1.14. Satz. Der Betrag eines Vektors $\vec{a}$ berechnet sich zu

$$|\vec{a}| = \sqrt{\vec{a}^2}.$$

An diesem Satz ist die Ähnlichkeit zur Definition 1.3.7. über den Betrag einer komplexen Zahl besonders auffällig. Später wird sich allerdings noch herausstellen, daß diese Ähnlichkeit noch sehr viel weiter geht, daß man nämlich den Betrag eines Vektors auf dieselbe Art berechnen kann wie den Betrag einer komplexen Zahl.

7.1.15. Beispiele zum Skalarprodukt.

1. Gesucht wird $(\vec{a} + \vec{b})^2$ unter der Voraussetzung, daß

   a) die Vektoren $\vec{a}$ und $\vec{b}$ parallel verlaufen

$$\begin{aligned}(\vec{a} + \vec{b})^2 &= \vec{a}^2 + 2\vec{a} \cdot \vec{b} + \vec{b}^2 \\ &= a^2 + b^2 + 2\vec{a} \cdot \vec{b} \\ &= a^2 + b^2 + 2ab \qquad \text{wegen } \vec{a} \cdot \vec{b} = ab \\ &= (a + b)^2\end{aligned}$$

   b) die Vektoren $\vec{a}$ und $\vec{b}$ senkrecht zueinander verlaufen.

$$\begin{aligned}(\vec{a} + \vec{b})^2 &= \vec{a}^2 + 2\vec{a} \cdot \vec{b} + \vec{b}^2 \\ &= a^2 + b^2 \qquad \text{wegen } \vec{a} \cdot \vec{b} = 0.\end{aligned}$$

2. Es soll die Richtigkeit der „Schwarzschen Ungleichung"

$$|\vec{a} \cdot \vec{b}|^2 \leqslant \vec{a}^2 \cdot \vec{b}^2$$

   gezeigt werden.

   Nach Definition 7.1.12. und Satz 7.1.14. gilt

$$\begin{aligned}|\vec{a} \cdot \vec{b}|^2 &= (\sqrt{(\vec{a} \cdot \vec{b})^2}\,)^2 \\ &= (\vec{a} \cdot \vec{b})^2 \\ &= (|\vec{a}| \cdot |\vec{b}| \cdot \cos\alpha)^2 \\ &= |\vec{a}|^2 \cdot |\vec{b}|^2 \cdot \cos^2\alpha \\ &\leqslant |\vec{a}|^2 \cdot |\vec{b}|^2 = (\sqrt{\vec{a}^2}\,)^2 \cdot (\sqrt{\vec{b}^2})^2 \\ &\qquad\qquad\quad = \vec{a}^2 \cdot \vec{b}^2.\end{aligned}$$

3. Nach dem „Kosinussatz der ebenen Trigonometrie" gilt für die drei Seiten a, b und c eines Dreiecks und den von den Seiten a und b eingeschlossenen Winkel α die Beziehung

$$c^2 = a^2 + b^2 + 2ab \cdot \cos\alpha.$$

   Diese Gleichung soll vektoriell bewiesen werden.

   Für die drei Seiten eines Dreiecks gilt in Vektorschreibweise

$$\vec{a} + \vec{b} + \vec{c} = \vec{0} \qquad \text{d.h.} \qquad \vec{c} = -(\vec{a} + \vec{b}).$$

   Damit folgt nach Definition 7.1.12.

$$\begin{aligned}c^2 = \vec{c}^2 &= (-(\vec{a} + \vec{b}))^2 \\ &= (\vec{a} + \vec{b})^2 \\ &= \vec{a}^2 + \vec{b}^2 + 2\vec{a} \cdot \vec{b} \\ &= a^2 + b^2 + 2ab \cdot \cos\alpha.\end{aligned}$$

Mit der Definition des Skalarproduktes war es möglich, neben der Summe auch ein Produkt aus zwei Vektoren zu bilden. Dabei hatte sich anhand eines physikalischen Beispiels gezeigt, daß eine solche multiplikative Verknüpfung von zwei Vektoren zu einem Skalar sinnvoll ist. An einem weiteren physikalischen Problem soll nun gezeigt werden, daß auch eine solche Verknüpfung zu einem Vektor existiert.

7.1.16. Beispiel. Gegeben sei ein Körper K, der in einem Punkt D drehbar befestigt ist. In einem Punkt P im Abstand r von D greift eine Kraft $\vec{F}$ an, die eine Rotation von K bewirkt.

Gesucht wird das erzeugte Drehmoment $\vec{M}$.

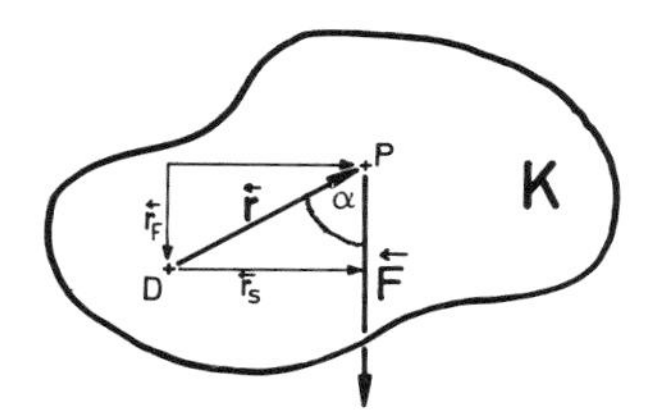

Abb. 7.7: Das Kräfteparallelogramm am rotierenden Körper

Da das Drehmoment mit einer eindeutigen Drehrichtung verbunden ist, stellt $\vec{M}$ einen Vektor dar, der sich allgemein aus dem Produkt aus Kraft und Abstand berechnet.

Verlaufen Kraft- und Abstandsvektor senkrecht zueinander, dann ist erfahrungsgemäß die Rotation am stärksten, während gar keine Rotation auftritt, wenn Kraft- und Abstandsvektor parallel oder antiparallel zueinander verlaufen. Zerlegt man nun den Abstandsvektor nach der Parallelogrammregel in einen unwirksamen Teil (Komponente) $\vec{r}_F$ in Richtung von $\vec{F}$ und in eine wirksame Komponenten $\vec{r}_s$ senkrecht zu $\vec{F}$, so ergibt sich

$$|\vec{r}_s| = |\vec{r}| \cdot \sin\alpha.$$

Damit folgt für das Drehmoment $\vec{M}$

$$|\vec{M}| = |\vec{F}| \cdot |\vec{r}_s| = |\vec{F}| \cdot |\vec{r}| \cdot \sin\alpha.$$

Die Fragestellung 7.1.16. führt also zu einem Vektor als Produkt von zwei anderen Vektoren, dessen Betrag sich durch Multiplikation aus den Beträgen der beiden Faktoren und den Sinus des von ihnen eingeschlossenen Winkels α ergibt.

7.1.17. Definition. Man nennt $\vec{c}$ das **Vektorprodukt** (Kreuzprodukt) der Vektoren $\vec{a}$ und $\vec{b}$, d.h. man schreibt

$$\vec{c} = \vec{a} \times \vec{b},$$

wenn folgende drei Bedingungen erfüllt sind:

1. $|\vec{c}| = |\vec{a}| \cdot |\vec{b}| \cdot \sin\alpha$ (α = von $\vec{a}$ und $\vec{b}$ eingeschlossener Winkel),
2. $\vec{c}$ steht senkrecht auf der von $\vec{a}$ und $\vec{b}$ gebildeten Ebene,
3. $\vec{a}$, $\vec{b}$, $\vec{c}$ bilden (in dieser Reihenfolge) eine Rechtsschraube.

Formal wird das Vektorprodukt durch das Kreuz $\times$ zwischen den Faktoren gekennzeichnet.

Während die erste Bedingung in 7.1.17. aus dem bisher gesagten bereits verständlich wird – das in 7.1.16. gesuchte Drehmoment $\vec{M}$ ergibt sich aus $\vec{M} = \vec{r} \times \vec{F}$ – bilden die zweite und die dritte Bedingung eine Konvention. Dabei ist die dritte Bedingung teilweise eine Verschärfung der noch leicht verständlichen zweiten Voraussetzung. In der Praxis zeigt sich jedoch, daß bei technisch ungeschickteren Menschen der Begriff der **„Rechtsschraube"** immer wieder auf Verständnisschwierigkeiten stößt. Eine „Eselsbrücke" ergibt sich aus der sehr anschaulichen **„Drei-Finger-Regel"**. Dazu nimmt man die ersten drei Finger der **rechten** Hand. Der Daumen zeigt in $\vec{a}$- und der Zeigefinger in $\vec{b}$-Richtung. Die Richtung des Vektorproduktes wird dann durch die Richtung des senkrecht zu Daumen und Zeigefinger stehenden Mittelfingers angezeigt.

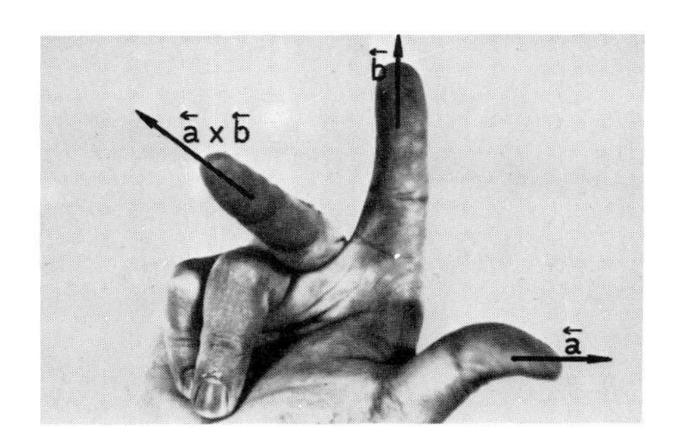

Abb. 7.8: „Drei-Finger-Regel" zur Bestimmung der Richtung beim Vektorprodukt

7.1.18. Satz. Für das Vektorprodukt gelten die folgenden Regeln:

1. $k(\vec{a} \times \vec{b}) = (k\vec{a}) \times \vec{b} = \vec{a} \times (k\vec{b})$ $\quad k \in \mathbb{R}$ (Assoziativgesetz)

2. $\vec{a} \times (\vec{b} + \vec{c}) = \vec{a} \times \vec{b} + \vec{a} \times \vec{c}$ $\quad$ (Distributivgesetz bzgl. Vektoraddition)

3. Verlaufen die vom Nullvektor $\vec{0}$ verschiedenen Vektoren $\vec{a}$ und $\vec{b}$ parallel oder antiparallel, so gilt wegen $\sin 0 = \sin \pi = 0$
$$\vec{a} \times \vec{b} = \vec{0}.$$

4. Stehen die Vektoren $\vec{a}$ und $\vec{b}$ senkrecht zueinander, so gilt wegen $\sin \frac{\pi}{2} = 1$
$$|\vec{a} \times \vec{b}| = |\vec{a}| \cdot |\vec{b}| \cdot \sin \frac{\pi}{2} = |\vec{a}| \cdot |\vec{b}| = ab.$$

5. Aus der Rechtsschraubenregel ergibt sich ein Vorzeichenwechsel für das Vektorprodukt bei Vertauschung der Reihenfolge der Faktoren, d.h.
$$\vec{a} \times \vec{b} \text{ ist antiparallel zu } \vec{b} \times \vec{a} \quad \Leftrightarrow \quad \vec{a} \times \vec{b} = -\vec{b} \times \vec{a}.$$

Neben der in einem Beispiel bereits angedeuteten Bedeutung des Vektorproduktes für die Lösung physikalischer Probleme ergibt sich ein weiterer geometrisch anschaulicher Inhalt. Geht man direkt auf 7.1.17.1. zurück und zeichnet die Strecken $|\vec{a}| \cdot \sin\alpha$ bzw. $|\vec{b}| \cdot \sin\alpha$ in das Vektorparallelogramm ein, so zeigt sich, daß diese Strecken gerade die Höhen im Parallelogramm bilden. Nun berechnet sich die

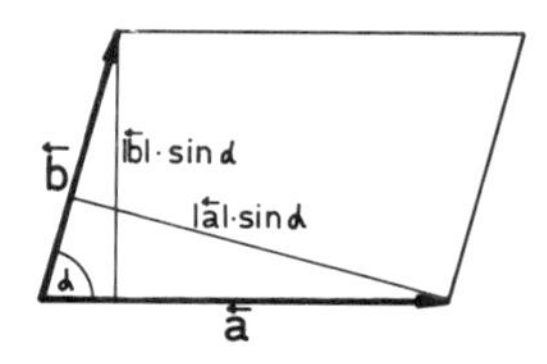

Abb. 7.9: Zum anschaulichen Inhalt des Vektorproduktes

Fläche eines Parallelogramms als Produkt aus einer Grundseite und der zugehörigen Höhe, so daß man das Vektorprodukt auch zur Berechnung von Parallelogrammflächen benutzen kann. Da das von den Vektoren $\vec{a}$ und $\vec{b}$ aufgespannte Dreieck gerade den halben Flächeninhalt des Parallelogramms hat, kann man das Vektorprodukt schließlich auch zur Berechnung von Dreiecksflächen benutzen.

7.1.18. Satz. Geometrisch ist der Betrag des Vektorproduktes $(\vec{a} \times \vec{b})$ identisch mit dem Flächeninhalt des von den Vektoren $\vec{a}$ und $\vec{b}$ aufgespannten Parallelogramms.

Der Vektor $\vec{c} = \vec{a} \times \vec{b}$ steht senkrecht auf der Fläche dieses Parallelogramms.

7.1.19. Beispiele zum Vektorprodukt.

1. Man vereinfache den folgenden Ausdruck

$$\begin{aligned}
\vec{A} &= (\vec{a} + \vec{c}) \times (\vec{d} - \vec{b}) - (\vec{a} + \vec{d}) \times \vec{b} + \vec{d} \times (\vec{b} - \vec{c}) - (\vec{b} + \vec{c}) \times (\vec{a} - \vec{d}) \\
&= \vec{a} \times \vec{d} - \vec{a} \times \vec{b} + \vec{c} \times \vec{d} - \vec{c} \times \vec{b} - \vec{a} \times \vec{b} - \vec{d} \times \vec{b} + \vec{d} \times \vec{b} - \\
&\qquad - \vec{d} \times \vec{c} - \vec{b} \times \vec{a} + \vec{b} \times \vec{d} - \vec{c} \times \vec{a} + \vec{c} \times \vec{d} \\
&= -2\vec{a} \times \vec{b} - \vec{b} \times \vec{a} + \vec{a} \times \vec{d} - \vec{c} \times \vec{a} + 2\vec{c} \times \vec{d} - \vec{d} \times \vec{c} - \vec{c} \times \vec{b} + \\
&\qquad + \vec{b} \times \vec{d} \\
&= -2\vec{a} \times \vec{b} + \vec{a} \times \vec{b} + \vec{a} \times \vec{d} + \vec{a} \times \vec{c} + 2\vec{c} \times \vec{d} + \vec{c} \times \vec{d} + \vec{b} \times \vec{c} + \\
&\qquad + \vec{b} \times \vec{d} \qquad \text{wegen 7.1.18.5.} \\
&= -\vec{a} \times \vec{b} + \vec{a} \times (\vec{d} + \vec{c}) + 3\vec{c} \times \vec{d} + \vec{b} \times (\vec{c} + \vec{d}) \\
&= -\vec{a} \times \vec{b} + 3\vec{c} \times \vec{d} + (\vec{a} + \vec{b}) \times (\vec{c} + \vec{d}).
\end{aligned}$$

2. Man zeige die Richtigkeit der Gleichung

$$|\vec{a} \times \vec{b}|^2 + |\vec{a} \cdot \vec{b}|^2 = \vec{a}^2 \cdot \vec{b}^2.$$

Nach Definition 7.1.12. und 7.1.17. ergibt sich

$$
\begin{aligned}
|\vec{a} \times \vec{b}|^2 + |\vec{a} \cdot \vec{b}|^2 &= (|\vec{a}| \cdot |\vec{b}| \sin\alpha)^2 + (|\vec{a}| \cdot |\vec{b}| \cos\alpha)^2 \\
&= |\vec{a}|^2 |\vec{b}|^2 \sin^2\alpha + |\vec{a}|^2 |\vec{b}|^2 \cos^2\alpha \\
&= |\vec{a}|^2 |\vec{b}|^2 (\sin^2\alpha + \cos^2\alpha) \\
&= |\vec{a}|^2 |\vec{b}|^2 \qquad \text{nach 2.3.3.} \\
&= (\sqrt{\vec{a}^2})^2 (\sqrt{\vec{b}^2})^2 \qquad \text{nach 7.1.14.} \\
&= \vec{a}^2 \cdot \vec{b}^2.
\end{aligned}
$$

3. Nach dem **„Sinussatz der ebenen Trigonometrie"** ist das Verhältnis der Dreiecksseiten a, b, c zum Sinus der jeweils gegenüberliegenden Winkel stets gleich, d.h. es gilt

$$\frac{\sin\alpha}{a} = \frac{\sin\beta}{b} = \frac{\sin\gamma}{c}.$$

Man beweise diese Beziehung vektoriell.

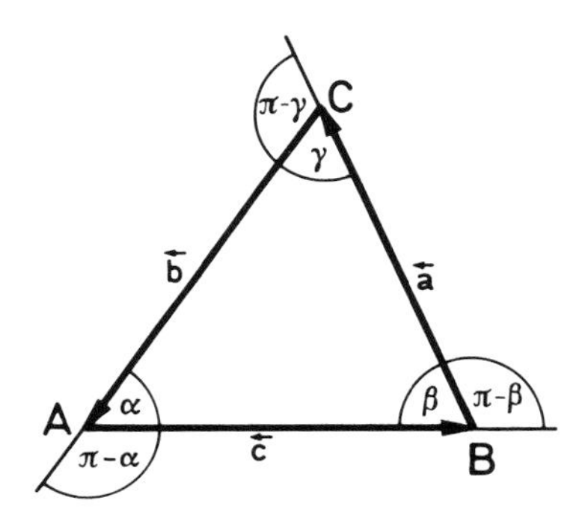

Abb. 7.10: Dreieck zum Beweis des Sinussatzes

Für die Seiten eines Dreiecks gilt in vektorieller Schreibweise

$$\vec{a} + \vec{b} + \vec{c} = \vec{0}$$

$$
\begin{aligned}
\curvearrowright \quad \vec{0} = \vec{0} \times \vec{c} &= (\vec{a} + \vec{b} + \vec{c}) \times \vec{c} \\
&= \vec{a} \times \vec{c} + \vec{b} \times \vec{c} + \vec{c} \times \vec{c} \qquad \vec{c} \times \vec{c} = \vec{0} \\
\curvearrowright \quad \vec{a} \times \vec{c} &= -\vec{b} \times \vec{c} \\
|\vec{a} \times \vec{c}| &= |\vec{b} \times \vec{c}| \\
|\vec{a}| \cdot |\vec{c}| \cdot \sin(\pi - \beta) &= |\vec{b}| \cdot |\vec{c}| \sin(\pi - \alpha) \qquad |\vec{c}| \neq 0 \\
a \sin\beta &= b \sin\alpha \qquad |\vec{a}| = a;\ |\vec{b}| = b \\
\frac{\sin\alpha}{a} &= \frac{\sin\beta}{b}.
\end{aligned}
$$

Der Beweis für den zweiten, noch fehlenden Teil des Sinussatzes verläuft ebenso und soll hier nicht wiederholt werden.

7.2 Vektoren im Koordinatensystem

Der Inhalt des letzten Kapitels bestand noch darin, geometrisch anschaulich die Probleme und Gesetzmäßigkeiten der Vektorrechnung verständlich zu machen Dadurch ergaben sich bereits Möglichkeiten, wie z.B. durch das Vektorparallelogramm, verschiedene Fragestellungen, insbesondere auch aus der Physik, zu lösen. In diesem Kapitel sollen dagegen die Vektoren in ein Koordinatensystem eingeordnet werden, so daß neben der geometrischen auch eine rechnische Bearbeitung der Fragen möglich wird. Dabei soll eine Beschränkung auf das dreidimensionale Koordinatensystem vorgenommen werden, also auf den $\mathbb{R}^3$, was jedoch keine Einschränkung der allgemein gültigen Sätze und Definitionen bedeutet.

Hat man einen freien Vektor $\vec{a}$ vorliegen, so ist es jederzeit möglich, den Nullpunkt des frei wählbaren Koordinatensystems in den Anfangspunkt von $\vec{a}$ zu legen. In Abb. 7.11. wurde eine solche Anordnung für den zweidimensionalen Fall getroffen. Nun kann man den Vektor $\vec{a}$ nach der Parallelogrammregel zerlegen in einem Anteil $\vec{a}_x$ in x-Richtung und in einen Anteil $\vec{a}_y$ in y-Richtung. Dann gilt die Gleichung

$$\vec{a} = \vec{a}_x + \vec{a}_y.$$

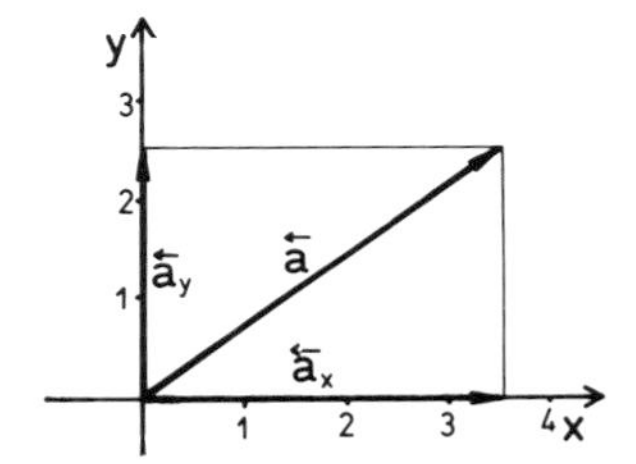

Abb. 7.11: Darstellung eines Vektors $\vec{a}$ im Koordinatensystem

Diese Betrachtung kann man selbstverständlich auch auf den drei- und höherdimensionalen Fall übertragen, so daß man die folgende Definition erhält:

7.2.1. Definition. Die Projektionen eines Vektors $\vec{a}$ auf die Achsen eines (kartesischen, dreidimensionalen) Koordinatensystems heißen (kartesische) **Komponenten** von $\vec{a}$.

Nach der Parallelogrammregel berechnet sich der Vektor $\vec{a}$ in Komponentendarstellung zu

$$\vec{a} = \vec{a}_x + \vec{a}_y + \vec{a}_z.$$

Allgemein. Die Komponentendarstellung eines Vektors $\vec{b}$ im n-dimensionalen Koordinatensystem $(x_1, \ldots, x_n)$ lautet

$$\vec{b} = \vec{b}_{x_1} + \vec{b}_{x_2} + \ldots + \vec{b}_{x_n}.$$

Greift man nun eine Komponente heraus, so gilt für diese in Übereinstimmung mit 7.1.8. und 7.1.10.

$$\vec{a}_x = a_x \cdot \vec{x}^0,$$

wobei durch $\vec{x}^0$ der Einheitsvektor in x-Richtung gegeben sei. Entsprechend kann man auch die anderen Komponenten von $\vec{a}$ zerlegen, so daß man aus 7.2.1. die Gleichung

$$\vec{a} = a_x \cdot \vec{x}^0 + a_y \cdot \vec{y}^0 + a_z \cdot \vec{z}^0$$

erhält.

7.2.2. Definition. Zu jedem Vektor $\vec{a}$ gibt es eindeutig bestimmte Zahlen a_x, a_y und a_z mit der Eigenschaft

$$\vec{a} = a_x \cdot \vec{x}^0 + a_y \cdot \vec{y}^0 + a_z \cdot \vec{z}^0.$$

Diese Zahlen a_x, a_y, a_z werden **Koordinaten** des Vektors $\vec{a}$ genannt.

7.2.3. Satz. Da die Koordinaten eines Vektors $\vec{a}$ eindeutig festgelegt sind, ist die Darstellung von $\vec{a}$ als **Spaltenvektor**

$$\vec{a} = \begin{pmatrix} a_x \\ a_y \\ a_z \end{pmatrix}$$

oder als **Zeilenvektor**

$$\vec{a} = (a_x;\ a_y;\ a_z)\ ^*$$

eindeutig.

7.2.4. Beispiele.

1. Aus Abb. 7.11 kann man die Komponenten des Vektors $\vec{a}$ direkt entnehmen:

   $$\vec{a}_x = 3{,}5 \cdot \vec{x}^0 \quad \text{und} \quad \vec{a}_y = 2{,}5 \cdot \vec{y}^0.$$

   Damit hat $\vec{a}$ die Koordinaten 3,5 und 2,5, und die folgende Darstellung wird nach 7.2.3. möglich:

   $$\vec{a} = 3{,}5\vec{x}^0 + 2{,}5\vec{y}^0 = \begin{pmatrix} 3{,}5 \\ 2{,}5 \end{pmatrix}.$$

2. Die Einheitsvektoren haben in Koordinaten- und Spaltenschreibweise folgendes Aussehen:

* Um eventuelle Verwechslungen mit der Darstellung von offenen Intervallen oder von Koordinaten zu vermeiden, soll im folgenden nur der Spaltenvektor benutzt werden.

$$\vec{x}^0 = 1 \cdot \vec{x}^0 + 0 \cdot \vec{y}^0 + 0 \cdot \vec{z}^0 = \begin{pmatrix} 1 \\ 0 \\ 0 \end{pmatrix}$$

$$\vec{y}^0 = 0 \cdot \vec{x}^0 + 1 \cdot \vec{y}^0 + 0 \cdot \vec{z}^0 = \begin{pmatrix} 0 \\ 1 \\ 0 \end{pmatrix}$$

$$\vec{z}^0 = 0 \cdot \vec{x}^0 + 0 \cdot \vec{y}^0 + 1 \cdot \vec{z}^0 = \begin{pmatrix} 0 \\ 0 \\ 1 \end{pmatrix}$$

In den folgenden Sätzen und Definitionen sollen nun die in 7.1. qualitativ gegebenen Regeln auf die Koordinatendarstellung übertragen werden. Dazu muß zunächst die Gleichheit von zwei Vektoren neu definiert werden. Nach 7.1.3. sind Vektoren gleich, wenn sie in Betrag **und** Richtung gleich sind. Da die Koordinaten eines Vektors sowohl die Richtung als auch den Betrag – was noch zu zeigen sein wird – bestimmen, ist zu erwarten, daß die Gleichheit von Vektoren auch über die Koordinaten definiert werden kann.

7.2.5. Definition. Zwei Vektoren $\vec{a}$ und $\vec{b}$ heißen gleich, wenn ihre entsprechenden Koordinaten gleich sind, d.h.

$$\vec{a} = \begin{pmatrix} a_x \\ a_y \\ a_z \end{pmatrix} = \begin{pmatrix} b_x \\ b_y \\ b_z \end{pmatrix} = \vec{b} \quad \Leftrightarrow \quad \begin{matrix} a_x = b_x \\ a_y = b_y \\ a_z = b_z \end{matrix}$$

Auch die Vektoraddition, in 7.1.4. geometrisch erfaßt, läßt sich mit Hilfe der Koordinaten rechnerisch durchführen, denn es gilt allgemein

$$\begin{aligned} \vec{a} + \vec{b} &= (a_x\vec{x}^0 + a_y\vec{y}^0 + a_z\vec{z}^0) + (b_x\vec{x}^0 + b_y\vec{y}^0 + b_z\vec{z}^0) \\ &= (a_x + b_x)\vec{x}^0 + (a_y + b_y)\vec{y}^0 + (a_z + b_z)\vec{z}^0 \\ &= \begin{pmatrix} a_x + b_x \\ a_y + b_y \\ a_z + b_z \end{pmatrix} \end{aligned}$$

7.2.6. Satz. Zwei Vektoren $\vec{a}$ und $\vec{b}$ werden addiert, indem man die entsprechenden Koordinaten addiert.

$$\begin{aligned} \vec{a} + \vec{b} &= (a_x + b_x)\vec{x}^0 + (a_y + b_y)\vec{y}^0 + (a_z + b_z)\vec{z}^0 \\ &= \begin{pmatrix} a_x + b_x \\ a_y + b_y \\ a_z + b_z \end{pmatrix} \end{aligned}$$

7.2.7. Beispiel. Die in Abb. 7.12. dargestellten Vektoren $\vec{a}$ und $\vec{b}$ haben die Koordinaten $\vec{a} = \begin{pmatrix} 3 \\ 1 \end{pmatrix}$ und $\vec{b} = \begin{pmatrix} 1 \\ 2 \end{pmatrix}$. Damit ergibt sich als Summenvektor $\vec{a} + \vec{b} = \begin{pmatrix} 3+1 \\ 1+2 \end{pmatrix} = \begin{pmatrix} 4 \\ 3 \end{pmatrix}$ und als Differenzvektor $\vec{a} - \vec{b} = \begin{pmatrix} 3-1 \\ 1-2 \end{pmatrix} = \begin{pmatrix} 2 \\ -1 \end{pmatrix}$.

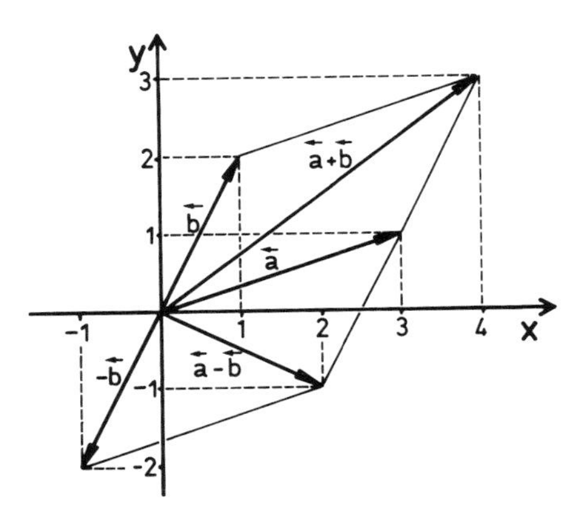

Abb. 7.12: Addition und Substraktion der Vektoren $\vec{a}$ und $\vec{b}$ in Koordinatendarstellung

Für die Multiplikation eines Vektors mit einem Skalar ergibt sich aus der Koordinatendarstellung die allgemeingültige Gesetzmäßigkeit:

$$\begin{aligned} k \cdot \vec{a} &= k \cdot (a_x\vec{x}^0 + a_y\vec{y}^0 + a_z\vec{z}^0) \\ &= (k \cdot a_x)\vec{x}^0 + (k \cdot a_y)\vec{y}^0 + (k \cdot a_z)\vec{z}^0 \\ &= k \cdot \begin{pmatrix} a_x \\ a_y \\ a_z \end{pmatrix} = \begin{pmatrix} ka_x \\ ka_y \\ ka_z \end{pmatrix} \end{aligned}$$

7.2.8. Satz. Ein Vektor $\vec{a}$ wird mit einem Skalar $k \in \mathbb{R}$ multipliziert, indem jede Koordinate einzeln mit diesem Skalar multipliziert wird.

$$k \cdot \vec{a} = \begin{pmatrix} ka_x \\ ka_y \\ ka_z \end{pmatrix}$$

7.2.9. Beispiele.

1. Gegeben sei der Vektor $\vec{a} = \begin{pmatrix} 2 \\ 0 \\ -3 \end{pmatrix}$, der mit dem Skalar $k = 5$ multipliziert werden soll.

   Nach 7.2.8. berechnet sich das Produkt zu

$$\vec{b} = k \cdot \vec{a} = 5 \cdot \begin{pmatrix} 2 \\ 0 \\ -3 \end{pmatrix} = \begin{pmatrix} 10 \\ 0 \\ -15 \end{pmatrix}$$

2. Die folgenden Summen- bzw. Differenzvektoren können durch Ausklammern noch vereinfacht werden:

$$\vec{c} = \vec{a} + \vec{b} = \begin{pmatrix} 4 \\ 1 \end{pmatrix} + \begin{pmatrix} 4 \\ 3 \end{pmatrix} = \begin{pmatrix} 8 \\ 4 \end{pmatrix} = 4 \cdot \begin{pmatrix} 2 \\ 1 \end{pmatrix}$$

$$\vec{d} = \vec{a} - \vec{b} = \begin{pmatrix} 4 \\ 1 \end{pmatrix} - \begin{pmatrix} 4 \\ 3 \end{pmatrix} = \begin{pmatrix} 0 \\ -2 \end{pmatrix} = -2 \cdot \begin{pmatrix} 0 \\ 1 \end{pmatrix}$$

In der Praxis wird der Satz 7.2.8. besonders oft benutzt, indem man durch Ausklammern gegebene Vektoren vereinfacht, wie das in Beispiel 7.2.9.2. demonstriert wurde.

Auch das Skalarprodukt aus zwei Vektoren läßt sich leicht aus der Koordinatendarstellung herleiten, was zunächst allgemein gezeigt werden soll.

$$\begin{aligned}\vec{a} \cdot \vec{b} &= (a_x\vec{x}^0 + a_y\vec{y}^0 + a_z\vec{z}^0) \cdot (b_x\vec{x}^0 + b_y\vec{y}^0 + b_z\vec{z}^0) \\ &= a_xb_x\vec{x}^0 \cdot \vec{x}^0 + a_xb_y\vec{x}^0 \cdot \vec{y}^0 + a_xb_z\vec{x}^0 \cdot \vec{z}^0 + a_yb_x\vec{y}^0 \cdot \vec{x}^0 + \\ &\quad + a_yb_y\vec{y}^0 \cdot \vec{y}^0 + a_yb_z\vec{y}^0 \cdot \vec{z}^0 + a_zb_x\vec{z}^0 \cdot \vec{x}^0 + a_zb_y\vec{z}^0 \cdot \vec{y}^0 + \\ &\quad + a_zb_z\vec{z}^0 \cdot \vec{z}^0.\end{aligned}$$

Da die Koordinaten im kartesischen System, also im rechtwinkligen System, vorausgesetzt waren, verlaufen die Einheitsvektoren senkrecht zueinander. Nach 7.1.13.6. ergibt sich somit

$$\vec{x}^0 \cdot \vec{y}^0 = \vec{x}^0 \cdot \vec{z}^0 = \vec{y}^0 \cdot \vec{x}^0 = \vec{y}^0 \cdot \vec{z}^0 = \vec{z}^0 \cdot \vec{x}^0 = \vec{z}^0 \cdot \vec{y}^0 = 0.$$

Weiter folgt aus 7.1.13.4. für die Einheitsvektoren

$$\vec{x}^0 \cdot \vec{x}^0 = (\vec{x}^0)^2 = (\vec{y}^0)^2 = (\vec{z}^0)^2 = 1,$$

so daß man sofort erhält

$$\vec{a} \cdot \vec{b} = a_xb_x + a_yb_y + a_zb_z.$$

Aus der Rechnung ergibt sich somit eine besonders übersichtliche Anleitung zur Berechnung des Skalarproduktes aus zwei Vektoren. Auch die Berechtigung des Namens „Skalarprodukt" wird durch die Rechnung noch einmal bestätigt, denn die Koordinaten selbst sind Skalare, und Summe und Produkt aus Skalaren sind wieder Skalare.

7.2.10. Satz. Das Skalarprodukt aus zwei Vektoren $\vec{a}$ und $\vec{b}$ wird berechnet, indem man die zu einer Richtung gehörenden Koordinaten multipliziert und die Produkte addiert.

$$\vec{a} \cdot \vec{b} = a_xb_x + a_yb_y + a_zb_z.$$

7.2.11. Beispiele.

1. Gesucht wird das Skalarprodukt der Vektoren

$$\vec{a} = \begin{pmatrix} 2 \\ 0 \\ 4 \end{pmatrix} \quad \text{und} \quad \vec{b} = \begin{pmatrix} -3 \\ 5 \\ 9 \end{pmatrix}$$

Aus 7.2.10. ergibt sich sofort

$$\vec{a} \cdot \vec{b} = 2 \cdot (-3) + 0 \cdot 5 + 4 \cdot 9 = -6 + 36 = 30.$$

2. Es ist zu zeigen, daß die Vektoren

$$\vec{a} = \begin{pmatrix} 1 \\ 1 \\ 1 \end{pmatrix}; \quad \vec{b} = \begin{pmatrix} 3 \\ -6 \\ 3 \end{pmatrix}; \quad \vec{c} = \begin{pmatrix} -2 \\ 0 \\ 2 \end{pmatrix}$$

senkrecht zueinander (orthogonal) verlaufen.

Nach 7.1.13.6. sind Vektoren orthogonal, wenn ihr Skalarprodukt gleich Null ist.

$$\vec{a} \cdot \vec{b} = 1 \cdot 3 + 1 \cdot (-6) + 1 \cdot 3 = 3 - 6 + 3 = 0$$
$$\vec{a} \cdot \vec{c} = 1 \cdot (-2) + 1 \cdot 0 + 1 \cdot 2 = -2 + 2 = 0$$
$$\vec{b} \cdot \vec{c} = 3 \cdot (-2) + (-6) \cdot 0 + 3 \cdot 2 = -6 + 6 = 0.$$

Da die Skalarprodukte der drei Vektoren verschwinden, stehen die Vektoren senkrecht zueinander.

Wie 7.1.14. sofort aus 7.1.13. folgte, so ergibt sich aus 7.2.10. eine Anleitung zur Berechnung des Betrages eines Vektors, denn es gilt

$$\vec{a}^2 = \vec{a} \cdot \vec{a} = a_x^2 + a_y^2 + a_z^2.$$

Damit folgt nach 7.1.14.

$$|\vec{a}| = \sqrt{a_x^2 + a_y^2 + a_z^2}.$$

7.2.12. Satz. Der Betrag eines Vektors $\vec{a}$ berechnet sich aus den Koordinaten zu

$$|\vec{a}| = \sqrt{a_z^2 + a_y^2 + a_z^2}.$$

7.2.13. Beispiele.

1. Man berechne den Betrag des Vektors $\vec{a} = \begin{pmatrix} 2 \\ -3 \\ 1 \end{pmatrix}$.

   Nach 7.1.12. gilt

$$|\vec{a}| = \sqrt{2^2 + (-3)^2 + 1^2} = \sqrt{14}.$$

2. Der Vektor $\vec{a} = \begin{pmatrix} 0 \\ 4 \\ -3 \end{pmatrix}$ soll auf den Betrag 1 normiert werden, d.h. es soll ein Skalar $k \in \mathbb{R}$ ausgeklammert werden, so daß der verbleibende Vektor den Betrag 1 hat.

   Der gegebene Vektor $\vec{a}$ hat den Betrag

$$|\vec{a}| = \sqrt{0^2 + 4^2 + (-3)^2} = \sqrt{25} = 5.$$

Setzt man k = 5, so ergibt sich

$$\vec{a} = k \cdot \vec{b} = 5 \cdot \begin{pmatrix} 0 \\ 0{,}8 \\ -0{,}6 \end{pmatrix}.$$

Wie gefordert hat der Vektor $\vec{b}$ den Betrag 1, denn es gilt

$$|\vec{b}| = \sqrt{0{,}8^2 + (-0{,}6)^2} = \sqrt{0{,}64 + 0{,}36} = \sqrt{1} = 1.$$

Der Vektor $\vec{b}$ hat dieselbe Richtung wie $\vec{a}$, durch das Ausklammern von k = 5 wurde lediglich der Betrag auf 1 reduziert.

3. Gegeben seien die Vektoren

$$\vec{a} = \begin{pmatrix} 5 \\ 2 \\ 4 \end{pmatrix} \quad \text{und} \quad \vec{b} = \begin{pmatrix} -3 \\ 12 \\ 2 \end{pmatrix}.$$

Gesucht wird der Vektor $\vec{c}$, der zu $\vec{a}$ und $\vec{b}$ orthogonal verläuft und den Betrag $|\vec{c}| = \sqrt{126}$ hat.

Aus der Orthogonalitätsforderung ergibt sich nach 7.1.13.6.

$$\vec{a} \cdot \vec{c} = 5c_x + 2 \cdot c_y + 4c_z = 0$$

$$\vec{b} \cdot \vec{c} = -3c_x + 12c_y + 2c_z = 0.$$

Für den Betrag von $\vec{c}$ gilt nach 7.2.12.

$$|\vec{c}| = \sqrt{126} = \sqrt{c_x^2 + c_y^2 + c_z^2} \quad \Rightarrow \quad c_x^2 + c_y^2 + c_z^2 = 126.$$

Damit liegt ein System aus drei Gleichungen mit drei Unbekannten vor, das sich zu

$$c_x = 6 \qquad c_y = 3 \qquad c_z = -9$$

lösen läßt. Der gesuchte Vektor $\vec{c}$ lautet also

$$\vec{c} = \begin{pmatrix} 6 \\ 3 \\ -9 \end{pmatrix}.$$

Kann man das Skalarprodukt aus zwei Vektoren und deren Beträge konkret berechnen, so ist es jederzeit möglich, den Winkel α zu berechnen, den die beiden Vektoren miteinander einschließen. Nach 7.1.12. gilt

$$\vec{a} \cdot \vec{b} = |\vec{a}| \cdot |\vec{b}| \cdot \cos\alpha$$

$$\cos\alpha = \frac{\vec{a} \cdot \vec{b}}{|\vec{a}| \cdot |\vec{b}|}.$$

7.2.14. Satz. Der Winkel α, den die Vektoren $\vec{a}$ und $\vec{b}$ miteinander einschließen, berechnet sich zu

$$\cos\alpha = \frac{\vec{a} \cdot \vec{b}}{|\vec{a}| \cdot |\vec{b}|}.$$

7.2.15. Beispiel. Gesucht wird der Winkel α, den die Vektoren

$$\vec{a} = \begin{pmatrix} 2 \\ 3 \\ -1 \end{pmatrix} \quad \text{und} \quad \vec{b} = \begin{pmatrix} 0 \\ -5 \\ 3 \end{pmatrix}$$

einschließen.

Nach 7.2.14. gilt

$$\begin{aligned} \cos\alpha &= \frac{\vec{a} \cdot \vec{b}}{|\vec{a}| \cdot |\vec{b}|} \\ &= \frac{2 \cdot 0 + 3 \cdot (-5) + (-1) \cdot 3}{\sqrt{2^2 + 3^2 + (-1)^2} \cdot \sqrt{0^2 + (-5)^2 + 3^2}} \\ &= \frac{-18}{\sqrt{14} \cdot \sqrt{34}} \\ &= -\frac{18}{\sqrt{490}} \\ &\approx -0{,}8132. \end{aligned}$$

Damit ergibt sich

$$\alpha \approx 144{,}4^\circ \mathrel{\hat{=}} 2{,}52 \text{ rad}.$$

Kann man den Winkel zwischen zwei Vektoren berechnen, so ist es auch möglich, den Winkel zu berechnen, den ein Vektor $\vec{a}$ mit einem Einheitsvektor, z.B. in x-Richtung, einschließt. Das soll am speziellen Beispiel des Einheitsvektors $\vec{x}^0$ in x-Richtung gezeigt werden, eine Übertragung auf die anderen Einheitsvektoren ist sinngemäß möglich.

Nach 7.2.4.2. hat der Einheitsvektor $\vec{x}^0$ die Koordinaten

$$\vec{x}^0 = \begin{pmatrix} 1 \\ 0 \\ 0 \end{pmatrix}.$$

Damit ergibt sich aus 7.2.14. für den Winkel α zwischen dem Vektor $\vec{a}$ und dem Einheitsvektor $\vec{x}^0$

$$\begin{aligned} \cos\alpha &= \frac{\vec{a} \cdot \vec{x}^0}{|\vec{a}| \cdot |\vec{x}^0|} \\ &= \frac{a_x \cdot 1 + a_y \cdot 0 + a_z \cdot 0}{|\vec{a}| \cdot \sqrt{1^2 + 0^2 + 0^2}} \\ &= \frac{a_x}{|\vec{a}|}. \end{aligned}$$

Entsprechend kann man den Winkel β zwischen $\vec{a}$ und den Einheitsvektor $\vec{y}^0$ und den Winkel γ zwischen $\vec{a}$ und dem Einheitsvektor $\vec{z}^0$ berechnen.

7.2.16. Satz. Die Winkel α, β und γ, die der Vektor $\vec{a}$ mit den drei orthogonalen Einheitsvektoren $\vec{x}^0$, $\vec{y}^0$ bzw. $\vec{z}^0$ einschließt, berechnen sich aus

$$\cos\alpha = \frac{a_x}{|\vec{a}|}$$

$$\cos\beta = \frac{a_y}{|\vec{a}|}$$

$$\cos\gamma = \frac{a_z}{|\vec{a}|}.$$

Die Kosinuswerte der drei Winkel heißen die **Richtungskosinus** des Vektors $\vec{a}$.

7.2.17. Beispiele

1. Man berechne die Richtungskosinus des Vektors $\vec{a} = \begin{pmatrix} 2 \\ 4 \\ -1 \end{pmatrix}$ und daraus die Winkel, die $\vec{a}$ mit den Koordinatenachsen einschließt.
   Nach 7.2.16. gilt für die Richtungskosinus

$$\cos\alpha = \frac{a_x}{|\vec{a}|} = \frac{2}{\sqrt{2^2 + 4^2 + (-1)^2}} = \frac{2}{\sqrt{21}} \quad \Rightarrow \quad \alpha = 64{,}12° \triangleq 1{,}12 \text{ rad}$$

$$\cos\beta = \frac{a_y}{|\vec{a}|} = \frac{4}{\sqrt{21}} \quad \Rightarrow \quad \beta = 29{,}21° \triangleq 0{,}51 \text{ rad}$$

$$\cos\gamma = \frac{a_z}{|\vec{a}|} = \frac{-1}{\sqrt{21}} \quad \Rightarrow \quad \gamma = 102{,}60° \triangleq 1{,}79 \text{ rad}.$$

2. Gesucht wird der Vektor $\vec{a}$, der mit der x-Achse den Winkel $\alpha = \frac{\pi}{3}$, mit der y-Achse den Winkel $\beta = \frac{\pi}{4}$ und mit der z-Achse den Winkel $\gamma = \frac{2\pi}{3}$ einschließt und den Betrag $\sqrt{8}$ hat. Aus 7.2.16. ergibt sich

$$\cos\alpha = \cos\frac{\pi}{3} = \frac{1}{2} = \frac{a_x}{|\vec{a}|} = \frac{a_x}{\sqrt{8}} \quad \Rightarrow \quad a_x = \frac{\sqrt{8}}{2} = \sqrt{2}$$

$$\cos\beta = \cos\frac{\pi}{4} = \frac{1}{2}\sqrt{2} = \frac{a_y}{\sqrt{8}} \quad \Rightarrow \quad a_y = \frac{\sqrt{16}}{2} = 2$$

$$\cos\gamma = \cos\frac{2\pi}{3} = -\frac{1}{2} = \frac{a_z}{\sqrt{8}} \quad \Rightarrow \quad a_z = -\frac{\sqrt{8}}{2} = -\sqrt{2}.$$

   Der gesuchte Vektor lautet also

$$\vec{a} = \begin{pmatrix} \sqrt{2} \\ 2 \\ -\sqrt{2} \end{pmatrix}.$$

Zum Schluß dieses Kapitels soll auch das Vektorprodukt für die Koordinatendarstellung hergeleitet werden. Nach 7.1.18.2. gilt

$$\begin{aligned}\vec{a} \times \vec{b} &= (a_x\vec{x}^0 + a_y\vec{y}^0 + a_z\vec{z}^0) \times (b_x\vec{x}^0 + b_y\vec{y}^0 + b_z\vec{z}^0)\\ &= a_xb_x\vec{x}^0 \times \vec{x}^0 + a_xb_y\vec{x}^0 \times \vec{y}^0 + a_xb_z\vec{x}^0 \times \vec{z}^0 + a_yb_x\vec{y}^0 \times \vec{x}^0 +\\ &\quad + a_yb_y\vec{y}^0 \times \vec{y}^0 + a_yb_z\vec{y}^0 \times \vec{z}^0 + a_zb_x\vec{z}^0 \times \vec{x}^0 + a_zb_y\vec{z}^0 \times \vec{y}^0 +\\ &\quad + a_zb_z\vec{z}^0 \times \vec{z}^0.\end{aligned}$$

Aus 7.1.18.3. ergibt sich

$$\vec{x}^0 \times \vec{x}^0 = \vec{y}^0 \times \vec{y}^0 = \vec{z}^0 \times \vec{z}^0 = \vec{0}.$$

Weiter folgt aus der Rechtsschraubenregel

$$\vec{x}^0 \times \vec{y}^0 = \vec{z}^0\,; \qquad \vec{y}^0 \times \vec{z}^0 = \vec{x}^0\,; \qquad \vec{z}^0 \times \vec{x}^0 = \vec{y}^0$$

und aus 7.1.18.5.

$$\vec{y}^0 \times \vec{x}^0 = -\vec{x}^0 \times \vec{y}^0\,; \qquad \vec{z}^0 \times \vec{y}^0 = -\vec{y}^0 \times \vec{z}^0\,; \qquad \vec{x}^0 \times \vec{z}^0 = -\vec{z}^0 \times \vec{x}^0.$$

Setzt man all diese Beziehungen in obige Gleichung ein, so erhält man

$$\begin{aligned}\vec{a} \times \vec{b} &= a_xb_y\vec{x}^0 \times \vec{y}^0 + a_xb_z\vec{x}^0 \times \vec{z}^0 + a_yb_x\vec{y}^0 \times \vec{x}^0 + a_yb_z\vec{y}^0 \times \vec{z}^0 + a_zb_x\vec{z}^0 \times \vec{x}^0 +\\ &\qquad + a_zb_y\vec{y}^0 \times \vec{z}^0\\ &= a_xb_y\vec{x}^0 \times \vec{y}^0 - a_xb_z\vec{z}^0 \times \vec{x}^0 - a_yb_x\vec{x}^0 \times \vec{y}^0 + a_yb_z\vec{y}^0 \times \vec{z}^0 +\\ &\qquad + a_zb_x\vec{z}^0 \times \vec{x}^0 - a_zb_y\vec{z}^0 \times \vec{y}^0\\ &= a_xb_y\vec{z}^0 - a_xb_z\vec{y}^0 - a_yb_x\vec{z}^0 + a_yb_z\vec{x}^0 + a_zb_x\vec{y}^0 - a_zb_y\vec{x}^0\\ &= (a_yb_z - a_zb_y)\vec{x}^0 + (a_zb_x - a_xb_z)\vec{y}^0 + (a_xb_y - a_yb_x)\vec{z}^0\\ &= \begin{pmatrix} a_yb_z - a_zb_y\\ a_zb_x - a_xb_z\\ a_xb_y - a_yb_x\end{pmatrix}.\end{aligned}$$

Da diese Rechnungen allgemein durchgeführt wurden, kann man zu einem allgemeingültigen Satz zusammenfassen:

7.2.18. Satz. Das Vektorprodukt aus den Vektoren $\vec{a}$ und $\vec{b}$ berechnet sich in der Koordinatendarstellung zu

$$\vec{a} \times \vec{b} = \begin{pmatrix} a_yb_z - a_zb_y\\ a_zb_x - a_xb_z\\ a_xb_y - a_yb_x\end{pmatrix}.$$

7.2.19. Beispiele.

1. Gesucht wird das Vektorprodukt der Vektoren

$$\vec{a} = \begin{pmatrix}1\\2\\0\end{pmatrix} \quad \text{und} \quad \vec{b} = \begin{pmatrix}-3\\5\\2\end{pmatrix}.$$

Nach 7.2.18. gilt

$$\vec{a} \times \vec{b} = \begin{pmatrix} 2 \cdot 2 & - 5 \cdot 0 \\ 0 \cdot (-3) & - 1 \cdot 2 \\ 1 \cdot 5 & - 2 \cdot (-3) \end{pmatrix} = \begin{pmatrix} 4 \\ -2 \\ 11 \end{pmatrix}.$$

2. Gesucht wird der Flächeninhalt F des von den Vektoren

$$\vec{a} = \begin{pmatrix} 2 \\ 1 \\ -3 \end{pmatrix} \quad \text{und} \quad \vec{b} = \begin{pmatrix} 0 \\ 4 \\ 1 \end{pmatrix}$$

aufgespannten Dreiecks.

Nach den Zusatzbemerkungen zu 7.1.18. gilt für die gesuchte Fläche

$$\begin{aligned} F &= \frac{1}{2} \left| \vec{a} \times \vec{b} \right| \\ &= \frac{1}{2} \cdot \left| \begin{pmatrix} 2 \\ 1 \\ -3 \end{pmatrix} \times \begin{pmatrix} 0 \\ 4 \\ 1 \end{pmatrix} \right| \\ &= \frac{1}{2} \cdot \left| \begin{pmatrix} 1 + 12 \\ 0 - 2 \\ 8 - 0 \end{pmatrix} \right| \\ &= \frac{1}{2} \cdot \left| \begin{pmatrix} 13 \\ -2 \\ 8 \end{pmatrix} \right| \\ &= \frac{1}{2} \sqrt{13^2 + (-2)^2 + 8^2} \\ &= \frac{1}{2} \cdot \sqrt{237} \\ &\approx 7{,}70 \text{ (Flächeneinheiten).} \end{aligned}$$

7.3 Der Vektorraum

In den bisherigen Kapiteln über Vektorrechnung wurden lediglich geometrische und rechnerische Regeln für den Umgang mit Vektoren erarbeitet. Insbesondere bei den zugehörigen Beispielen hatte sich dabei mitunter gezeigt, daß manche Vektoren durch geometrische (z.B. Parallelogrammregel) oder auch rechnerische Vorgänge aus anderen Vektoren hervorgingen. Allerdings wurde bisher an keiner Stelle erklärt, woran man erkennt, ob man einen dritten vielleicht aus zwei anderen Vektoren ableiten kann. Das soll in diesem Kapitel nachgeholt werden. Dabei werden einige, aus dem bisherigen Stoff bereits bekannte, Begriffe in neuem Zusammenhang definiert werden, wie auch andere Bezeichnungen aus dem allgemeinen

Sprachgebrauch mathematisch exakt definiert werden. Vorweg müssen jedoch noch einige Begriffe unter dem allgemeinen Gesichtspunkt der Mengen neu erarbeitet werden.

In Abschnitt 1.1. wurden als Einführung die Begriffe „Menge" und „Verknüpfung von Elementen einer Menge" definiert, allerdings ohne eine Verbindung zwischen den beiden Begriffen herzustellen. Dabei hatte sich herausgestellt, daß die Eigenschaft „die Menge ist abgeschlossen bezüglich der Verknüpfung" nicht grundsätzlich für alle Mengen erfüllt ist, daß diese Eigenschaft vielmehr eine Ausnahme innerhalb der allgemeinen Fälle bildet. Auf diesen Ausnahmefall bezieht sich nun die folgende Definition.

7.3.1. Definition. Eine Menge G heißt **Gruppe**, wenn sie bezüglich einer Verknüpfung $\circ$ ihrer Elemente abgeschlossen ist, d.h. wenn für alle a, $b \in G$ auch $a \circ b \in G$ gilt und wenn die folgenden Axiome erfüllt sind:

1. $(a \circ b) \circ c = a \circ (b \circ c)$ (Assoziativgesetz)
2. Es existiert ein neutrales Element $e \in G$, so daß $e \circ a = a$ für alle $a \in G$ erfüllt ist.
3. Zu jedem $a \in G$ existiert ein inverses Element $a' \in G$, so daß $a \circ a' = e$ erfüllt ist.

Die Gruppe heißt **abelsch**, wenn außerdem gilt

4. $a \circ b = b \circ a$ (Kommutativgesetz).

Daß diese Definition keine Trivialtität darstellt, sei an zwei Beispielen gezeigt.

7.3.2. Beispiele.

1. Gegeben sei die Menge $\mathbb{Z}$ der ganzen Zahlen.
   a) Wie man an den Axiomen leicht nachprüfen kann, bilden die ganzen Zahlen in bezug auf die Addition als mögliche Verknüpfung eine abelsche Gruppe.
   b) In bezug auf die Multiplikation bilden die ganzen Zahlen keine Gruppe, denn es fehlen die inversen Elemente. So ist z.B. die Zahl 3 zwar Element von $\mathbb{Z}$ nicht aber das Inverse, nämlich die Zahl $\frac{1}{3}$.
2. Im allgemeinen werden Addition und Multiplikationen als Beispiele für die u.a. in 7.3.1. angeführte Verknüpfung gewählt. Allerdings ist es mathematisch auch zulässig, eine andere Verknüpfung zu definieren, die nicht mit den herkömmlichen Rechenregeln übereinstimmt. Legt man z.B. fest

   $$a \circ b = b \circ a = b \quad \text{und} \quad a \circ a = b \circ b = a,$$

   dann erhält man mit $G = \{a, b\}$ eine abelsche Gruppe in bezug auf die so definierte Verknüpfung $\circ$, bei der jedes Element zu sich selbst invers ist und a das neutrale Element darstellt.

Wie man insbesondere an Beispiel 7.3.2.2. erkennen kann, sind Gruppen über beliebig definierte Verknüpfungen durchaus denkbar. Damit stellen aber die über Addition und Multiplikation beschriebenen Gruppen Sonderfälle dar. Greift man nun unter diesen Spezialfällen diejenigen heraus, die gleichzeitig über Addition und über Multiplikation definiert sind, d.h. greift man all die Mengen heraus, die gleichzeitig eine abelsche Gruppe in bezug auf die Addition und auf die Multiplikation bilden, dann erhält man einen relativ seltenen Spezialfall.

7.3.3. Definition. Eine Menge K heißt **Körper**, wenn sie sowohl bezüglich der additiven als auch der multiplikativen Verknüpfung eine abelsche Gruppe bildet, und wenn das Distributivgesetz erfüllt ist, d.h. wenn die folgenden Axiome erfüllt sind:

1. $(a + b) + c = a + (b + c)$, $(a \cdot b) \cdot c = a \cdot (b \cdot c)$ $\quad \forall\, a, b, c \in K$ (Assoziativgesetz)
2. $a + b = b + a$, $a \cdot b = b \cdot a$ $\quad \forall\, a, b \in K$ (Kommutativgesetz)
3. $a \cdot (b + c) = a \cdot b + a \cdot c$ $\quad \forall\, a, b, c \in K$ (Distributivgesetz)
4. Es existieren neutrale Elemente $e = 0 \in K$ bzw. $e' = 1 \in K$, so daß gilt
   $$a + e = a + 0 = a, \quad a \cdot e' = a \cdot 1 = a \quad \forall\, a \in K$$
5. Es existieren inverse Elemente $(-a) \in K$ bzw. $\frac{1}{a} \in K$, so daß gilt
   $$a + (-a) = e = 0, \quad a \cdot \frac{1}{a} = e' = 1 \quad \forall\, a \in K$$

7.3.4. Beispiele.

1. Wie man leicht anhand der Axiome überprüfen kann, bilden die Menge $\mathbb{R}$ der reellen Zahlen und die Menge $\mathbb{C}$ der komplexen Zahlen einen Körper. Daher spricht man auch vom reellen Zahlenkörper bzw. vom komplexen Zahlenkörper.
2. Die Menge $\mathbb{N}$ der natürlichen Zahlen bildet keinen Körper. U.a. ist das Axiom 5 nicht erfüllt, denn innerhalb der natürlichen Zahlen existieren keine inversen Elemente bezüglich der Addition (das wären die negativen Zahlen) und bezüglich der Multiplikation (das wären die gebrochenen Zahlen).

Damit sind die Voraussetzungen zum Verständnis der folgenden Definition gegeben:

7.3.5. Definition. Eine Menge V heißt **Vektorraum**, wenn sie Vereinigungsmenge einer additiv geschriebenen abelschen Gruppe X von Vektoren und einem Skalarenkörper K ist, d.h. wenn jedem geordneten Paar $(a, \vec{a})$ mit $a \in K$ und $\vec{a} \in X$ eine Größe $a \cdot \vec{a} \in V$ zugeordnet ist, so daß die folgenden Axiome erfüllt sind:

1. $(a \cdot b) \cdot \vec{a} = a \cdot (b \cdot \vec{a})$ $\quad \forall a, b \in K; \quad \vec{a} \in X$ (Assoziativgesetz)
2. $a \cdot (\vec{a} + \vec{b}) = a \cdot \vec{a} + a \cdot \vec{b}$ $\quad \forall a \in K; \quad \vec{a}, \vec{b} \in X$ (Distributivgesetz)
   $(a + b) \cdot \vec{a} = a \cdot \vec{a} + b \cdot \vec{a}$ $\quad \forall a, b \in K; \quad \vec{a} \in X$
3. $1 \cdot \vec{a} = \vec{a}$ $\quad \forall \vec{a} \in X.$

Innerhalb eines Vektorraums sind alle bisher behandelten Verknüpfungen von Vektoren und Skalaren definiert, ein Vektorraum ist also abgeschlossen in bezug auf alle Verknüpfungen. Zur Erläuterung des bisher Gesagten soll das folgende einfache Beispiel dienen:

7.3.6. Beispiel. Einen besonders übersichtlichen Vektorraum bildet der Körper der reellen Zahlen mit den drei Einheitsvektoren in Richtung der drei Koordinatenachsen. Wie im Kapitel 7.2. bereits festgestellt wurde, kann man jeden beliebigen Vektor im dreidimensionalen Koordinatensystem in der Koordinatendarstellung aus den drei Einheitsvektoren herleiten. Ebenso wird aus dem bisher Gesagten bereits deutlich, daß auch die drei Axiome in 7.3.5. von den Einheitsvektoren und den reellen Zahlen erfüllt werden.

Im letzten Beispiel wurde u.a. noch einmal daran erinnert, daß man Vektoren durch die Zerlegung in ihre Komponenten als Summe aus anderen Vektoren herleiten kann. An diese Feststellung soll nun noch einmal angeknüpft werden.

7.3.7. Definition. Ein Vektor $\vec{b}$ heißt **Linearkombination** von endlich vielen Vektoren $\vec{a}_1, \ldots, \vec{a}_n$ eines Vektorraumes V, wenn $\vec{b}$ der Darstellung

$$\vec{b} = c_1\vec{a}_a + c_2\vec{a}_2 + \ldots + c_n\vec{a}_n \quad \text{mit } c_1, \ldots, c_n \in K$$

genügt.

Damit ist ein Begriff wieder aufgetaucht, der bereits im Zusammenhang mit linearen Differentialgleichungen höherer Ordnung gefallen war. Im mathematischen Inhalt unterscheiden sich 5.3.9. und 7.3.7. nicht, denn in beiden Fällen wird zunächst das Produkt mit Linearkoeffizienten gebildet und dann über alle Produkte summiert.

7.3.8. Beispiel. Der Vektor $\vec{d} = \begin{pmatrix} -1 \\ 2 \\ 7 \end{pmatrix}$ kann als Linearkombination der Vektoren

$\vec{a} = \begin{pmatrix} 1 \\ 4 \\ -2 \end{pmatrix}$. $\vec{b} = \begin{pmatrix} 3 \\ 0 \\ 4 \end{pmatrix}$ und $\vec{c} = \begin{pmatrix} 2 \\ 2 \\ -1 \end{pmatrix}$ dargestellt werden, denn es gilt

$$3\vec{a} + 2\vec{b} - 5\vec{c} = 3\begin{pmatrix} 1 \\ 4 \\ -2 \end{pmatrix} + 2\begin{pmatrix} 3 \\ 0 \\ 4 \end{pmatrix} - 5\begin{pmatrix} 2 \\ 2 \\ -1 \end{pmatrix}$$

$$= \begin{pmatrix} 3 + 6 - 10 \\ 12 \quad - 10 \\ -6 + 8 + 5 \end{pmatrix} = \begin{pmatrix} -1 \\ 2 \\ 7 \end{pmatrix} = \vec{d}.$$

Wie bei den Lösungen der linearen Differentialgleichungen stellt sich jetzt auch die Frage, woran man erkennt, ob einer von mehreren Vektoren vielleicht als Linearkombination der übrigen Vektoren dargestellt werden kann. Damit kommt man auch hier zum Begriff der linearen Unabhängigkeit, der von den Differentialgleichungen ebenfalls bekannt ist.

7.3.9. Definition. Endlich viele Vektoren $\vec{a}_1, \ldots, \vec{a}_n$ eines Vektorraumes V heißen **linear unabhängig**, wenn der Nullvektor $\vec{0}$ nur die eine Darstellung als Linearkombination

$$c_1\vec{a}_1 + c_2\vec{a}_2 + \ldots + c_n\vec{a}_n = \vec{0} \quad \text{mit } c_1 = c_2 = \ldots = c_n = 0$$

zuläßt, wenn also aus $c_1\vec{a}_1 + \ldots + c_n\vec{a}_n = \vec{0}$ stets $c_1 = \ldots = c_n = 0$ folgt. Vektoren, die nicht linear unabhängig sind, heißen **linear abhängig**.

Nach dieser Definition, die identisch mit 5.3.10. ist, läßt sich die lineare Unabhängigkeit von Vektoren besonders leicht zeigen.

7.3.10. Beispiele.

1. Die Einheitsvektoren $\vec{x}^0 = \begin{pmatrix} 1 \\ 0 \\ 0 \end{pmatrix}$, $\vec{y}^0 = \begin{pmatrix} 0 \\ 1 \\ 0 \end{pmatrix}$ und $\vec{z}^0 = \begin{pmatrix} 0 \\ 0 \\ 1 \end{pmatrix}$ sind linear unabhängig, denn die Gleichung

$$c_1\vec{x}^0 + c_2\vec{y}^0 + c_3\vec{z}^0 = c_1\begin{pmatrix} 1 \\ 0 \\ 0 \end{pmatrix} + c_2\begin{pmatrix} 0 \\ 1 \\ 0 \end{pmatrix} + c_3\begin{pmatrix} 0 \\ 0 \\ 1 \end{pmatrix}$$

$$= \begin{pmatrix} c_1 \\ c_2 \\ c_3 \end{pmatrix} = \begin{pmatrix} 0 \\ 0 \\ 0 \end{pmatrix} = \vec{0}$$

führt zu $c_1 = c_2 = c_3 = 0$, wodurch die lineare Unabhängigkeit nachgewiesen ist.

2. Die drei Vektoren $\vec{a} = \begin{pmatrix} 1 \\ 3 \\ 0 \end{pmatrix}$, $\vec{b} = \begin{pmatrix} -1 \\ 0 \\ 2 \end{pmatrix}$ und $\vec{c} = \begin{pmatrix} 0 \\ 1 \\ -2 \end{pmatrix}$ sind linear unabhängig, denn es gilt für die Linearkombination

$$c_1\vec{a} + c_2\vec{b} + c_3\vec{c} = c_1\begin{pmatrix} 1 \\ 3 \\ 0 \end{pmatrix} + c_2\begin{pmatrix} -1 \\ 0 \\ 2 \end{pmatrix} + c_3\begin{pmatrix} 0 \\ 1 \\ -2 \end{pmatrix}$$

$$= \begin{pmatrix} c_1 - c_2 \\ 3c_1 + c_3 \\ 2c_2 - 2c_3 \end{pmatrix} = \begin{pmatrix} 0 \\ 0 \\ 0 \end{pmatrix} = \vec{0}.$$

Ein Vergleich liefert das Gleichungssystem

$$\begin{aligned} c_1 - c_2 \quad &= 0 \\ 3c_1 \quad + c_3 &= 0 \\ 2c_2 - 2c_3 &= 0, \end{aligned}$$

das die Lösungen $c_1 = c_2 = c_3 = 0$ ergibt.

3. Die Vektoren $\vec{a} = \begin{pmatrix} -1 \\ 2 \\ -5 \end{pmatrix}$, $\vec{b} = \begin{pmatrix} 3 \\ 0 \\ 4 \end{pmatrix}$ und $\vec{c} = \begin{pmatrix} 2 \\ 2 \\ -1 \end{pmatrix}$ sind linear abhängig, denn aus der Linearkombination

$$c_1\vec{a} + c_2\vec{b} + c_3\vec{c} = c_1\begin{pmatrix} -1 \\ 2 \\ -5 \end{pmatrix} + c_2\begin{pmatrix} 3 \\ 0 \\ 4 \end{pmatrix} + c_3\begin{pmatrix} 2 \\ 2 \\ -1 \end{pmatrix}$$

$$= \begin{pmatrix} -c_1 + 3c_2 + 2c_3 \\ 2c_1 \quad + 2c_3 \\ -5c_1 + 4c_2 - c_3 \end{pmatrix} = \begin{pmatrix} 0 \\ 0 \\ 0 \end{pmatrix} = \vec{0}.$$

ergibt sich das Gleichungssystem

$$\begin{aligned} -c_1 + 3c_2 + 2c_3 &= 0 \\ 2c_1 \quad + 2c_3 &= 0 \\ -5c_1 + 4c_2 - c_3 &= 0, \end{aligned}$$

das mit $c_1 = c_2 = -1$ und $c_3 = 1$ Lösungen besitzt, die ungleich Null sind.

Der folgende Satz klärt die Beziehung ab, in der Vektoren zueinander stehen, wenn sie linear abhängig sind:

7.3.11. Satz. Der Vektor $\vec{a}_{n+1}$ ist genau dann als Linearkombination der Vektoren $\vec{a}_1, \ldots, \vec{a}_n$ darstellbar, wenn diese linear unabhängig, die Vektoren $\vec{a}_1, \ldots, \vec{a}_n, \vec{a}_{n+1}$ jedoch linear abhängig sind.

Dieser Satz ist für die praktische Arbeit von großer Bedeutung, denn für exakte Betrachtungen ist es oftmals notwendig zu wissen, wieviele Vektoren innerhalb eines gegebenen Systems linear unabhängig sind. Dabei ist zu beachten, daß die Maximalzahl linear unabhängiger Vektoren eines gegebenen Systems von n Vektoren sicherlich nicht kleiner als 1, aber auch nicht größer sein kann als die Anzahl der Koordinaten der Vektoren. Manchmal ist die Anzahl der linear unabhängigen Vektoren kleiner als die Zahl ihrer Koordinaten. Dann muß man nach 7.3.11. den Vektor $\vec{a}_{n+1}$ finden, der als Linearkombination der übrigen dargestellt werden kann. Das soll an einem Beispiel gezeigt werden.

7.3.12. Beispiel. Gegeben seien die Vektoren $\vec{a} = \begin{pmatrix} 1 \\ 0 \\ -5 \end{pmatrix}$, $\vec{b} = \begin{pmatrix} -9 \\ 6 \\ 0 \end{pmatrix}$ und

$\vec{c} = \begin{pmatrix} 9 \\ -4 \\ -15 \end{pmatrix}$. Diese Vektoren sind linear abhängig, denn die Linearkombination

$$\vec{c}_1\vec{a} + c_2\vec{b} + c_3\vec{c} = c_1\begin{pmatrix}1\\0\\-5\end{pmatrix} + c_2\begin{pmatrix}-9\\6\\0\end{pmatrix} + c_3\begin{pmatrix}9\\-4\\-15\end{pmatrix}$$

$$= \begin{pmatrix}c_1 - 9c_2 + 9c_3\\ 6c_2 - 4c_3\\ -5c_1 - 15c_3\end{pmatrix} = \begin{pmatrix}0\\0\\0\end{pmatrix} = \vec{0}$$

führt zu dem Gleichungssystem

$$\begin{aligned} c_1 - 9c_2 + 9c_3 &= 0\\ 6c_2 - 4c_3 &= 0\\ -5c_1 - 15c_3 &= 0, \end{aligned}$$

das mit $c_1 = 3$, $c_2 = -\frac{2}{3}$ und $c_3 = -1$ Lösungen besitzt. Damit ergibt sich die Darstellung

$$3\vec{a} - \frac{2}{3}\vec{b} - \vec{c} = \vec{0},$$

so daß einer der drei Vektoren als Linearkombination der beiden anderen dargestellt werden kann, z.B.

$$\vec{c} = 3\vec{a} - \frac{2}{3}\vec{b}.$$

Nach dem Vorbild von 7.3.12. kann man also nach 7.3.11. die Maximalzahl von linear unabhängigen Vektoren bestimmen, was zu einem weiteren Begriff führt:

7.3.13. Definition. Die Zahl n heißt **Dimension des Vektorraumes V** (Dim V = n), wenn n die Maximalzahl linear unabhängiger Vektoren in V ist.

Mit dieser Definition wird ein Begriff mathematisch exakt erfaßt, der schon früher mehrfach benutzt worden war. So war häufig vom dreidimensionalen Koordinatensystem die Rede, ohne daß dieser Begriff definiert wurde. Aus 7.3.10.1. und 7.3.13. gemeinsam wird diese Formulierung jetzt aber verständlich.

7.3.14. Definition. Die Vektoren $\vec{a}_1, \ldots, \vec{a}_n \in V$ bilden eine **Basis von V,** wenn sie linear unabhängig sind und Dim V = n gilt. Man sagt dann auch, daß die Vektoren $\vec{a}_1, \ldots, \vec{a}_n$ den **Vektorraum V aufspannen.**

Die Vektoren $\vec{a}_1, \ldots, \vec{a}_n$ selbst heißen **Basisvektoren von V.**

Insbesondere der Begriff des „Aufspannens" (z.B. einer Ebene) wurde schon mehrfach benutzt. Der exakte Inhalt dieser Bezeichnung konnte aber erst jetzt erklärt werden.

7.3.15. Satz. Bilden die Vektoren $\vec{a}_1, \ldots, \vec{a}_n$ eine Basis des Vektorraumes V, so kann jeder Vektor $\vec{a} \in V$ in genau einer Weise als Linearkombination dieser Basisvektoren dargestellt werden.

Dieser Satz enthält zwei Punkte, die besonders beachtet werden müssen:

1. Hat man die Basisvektoren eines Vektorraumes V gefunden, so gibt es für jeden beliebigen Vektor $\vec{a} \in V$ nur eine Darstellung als Linearkombination der Basisvektoren mit genau festgelegten Linearkoeffizienten.
2. Es gibt nicht nur eine Basis eines Vektorraumes V mit der Dimension n. Jede beliebige Kombination aus n linear unabhängigen Vektoren bildet vielmehr eine Basis von V.

Diese beiden Punkte sollen in einem besonderen Beispiel noch erläutert werden:

7.3.16. Beispiele.

1. In 7.3.10.1. wurde bereits festgestellt, daß die drei Einheitsvektoren $\vec{x}^0 = \begin{pmatrix} 1 \\ 0 \\ 0 \end{pmatrix}$, $\vec{y}^0 = \begin{pmatrix} 0 \\ 1 \\ 0 \end{pmatrix}$ und $\vec{z}^0 = \begin{pmatrix} 0 \\ 0 \\ 1 \end{pmatrix}$ den (dreidimensionalen) Vektorraum des $\mathbb{R}^3$ aufspannen. Nach 7.3.15. kann nun der Vektor $\vec{d} = \begin{pmatrix} 2 \\ -4 \\ 3 \end{pmatrix}$ in nur einer Weise als Linearkombination der drei Einheitsvektoren dargestellt werden, nämlich in der Weise

$$\begin{pmatrix} 2 \\ -4 \\ 3 \end{pmatrix} = \vec{d} = c_1 \vec{x}^0 + c_2 \vec{y}^0 + c_3 \vec{z}^0$$

$$= \begin{pmatrix} c_1 \\ c_2 \\ c_3 \end{pmatrix} = 2\vec{x}^0 - 4\vec{y}^0 + 3\vec{z}^0 .$$

2. In 7.3.10.2. wurde festgestellt, daß die Vektoren $\vec{a} = \begin{pmatrix} 1 \\ 3 \\ 0 \end{pmatrix}$, $\vec{b} = \begin{pmatrix} -1 \\ 0 \\ 2 \end{pmatrix}$ und $\vec{c} = \begin{pmatrix} 0 \\ 1 \\ -2 \end{pmatrix}$ linear unabhängig sind. Nach 7.3.14. bilden diese Vektoren also auch eine Basis des $\mathbb{R}^3$, so daß man nach 7.3.15. den Vektor $\vec{d} = \begin{pmatrix} 2 \\ -4 \\ 3 \end{pmatrix}$ als Linearkombination dieser Basisvektoren darstellen kann. Dabei ergibt sich aus

$$\begin{pmatrix} 2 \\ -4 \\ 3 \end{pmatrix} = \vec{d} = c_1 \vec{a} + c_2 \vec{b} + c_3 \vec{c} = c_1 \begin{pmatrix} 1 \\ 3 \\ 0 \end{pmatrix} + c_2 \begin{pmatrix} -1 \\ 0 \\ 2 \end{pmatrix} + c_3 \begin{pmatrix} 0 \\ 1 \\ -2 \end{pmatrix}$$

$$= \begin{pmatrix} c_1 - c_2 \\ 3c_1 + c_3 \\ 2c_2 - 2c_3 \end{pmatrix}$$

ein Gleichungssystem

$$\begin{aligned} c_1 - c_2 \quad &= 2 \\ 3c_1 \quad + c_3 &= -4 \\ 2c_2 - 2c_3 &= 3 \end{aligned}$$

mit den Lösungen $c_1 = -\frac{1}{8}$, $c_2 = -\frac{17}{8}$ und $c_3 = -\frac{29}{8}$. Damit ergibt sich die Darstellung des Vektors $\vec{d}$ als Linearkombination von $\vec{a}$, $\vec{b}$, $\vec{c}$ zu

$$\vec{d} = -\frac{1}{8}\vec{a} - \frac{17}{8}\vec{b} - \frac{29}{8}\vec{c}.$$

Aus diesen beiden Beispielen wird deutlich, daß man jeden beliebigen Vektor $\vec{a}$ eines Vektorraumes als Linearkombination der Basisvektoren darstellen kann, sofern man vorher die Basis des Vektorraumes festgelegt hat.

7.4 Vektoranalysis

Im Gegensatz zur Vektoralgebra, deren wichtigste Regeln in den letzten Kapiteln behandelt wurden, befaßt sich die Vektoranalysis mit Fragestellungen der Vektorrechnung, die mit den Methoden der Analysis, also der Differential- und Integralrechnung, gelöst werden. Das Gebiet der Vektoranalysis bildet also einen Übergang zwischen der Analysis und der Algebra. Es stellt einen relativ modernen Teil der Mathematik dar, der zunehmend Eingang in die anderen Naturwissenschaften findet, so daß er hier auch behandelt werden soll. Dabei kann es allerdings nur darum gehen, die wichtigsten Begriffe der Vektoranalysis herzuleiten und zu definieren. Weitergehende Betrachtungen müssen der jeweiligen Spezialliteratur vorbehalten bleiben.

Die Vektoranalysis handelt im Prinzip von der Betrachtung von Feldern. Was das bedeutet, soll an einem anschaulichen Beispiel erklärt werden:

7.4.1. Beispiel. Betrachtet man die Temperaturverteilung um einen Ofen herum, so kann man jedem Punkt $P(x, y, z)$ im Raum um den Ofen eine bestimmte Temperatur T zuordnen. Diese Zuordnung

$$T = T(x, y, z)$$

nennt man auch das Temperaturfeld um den Ofen herum. Da die Temperatur eine skalare Größe im Gegensatz zu den Vektoren ist, liegt hier ein Skalarfeld der Temperatur T vor.

7.4.2. Definition. Kann man jedem Punkt $P(x_1, \ldots, x_n)$ eines n-dimensionalen Raumes einen Skalar $S(x_1, \ldots, x_n)$ zuordnen, so spricht man von einem **Skalarfeld S.**

Im Gegensatz zu den Skalarfeldern gibt es auch Vektorfelder, die ebenfalls anhand eines anschaulichen Beispiels erarbeitet werden sollen.

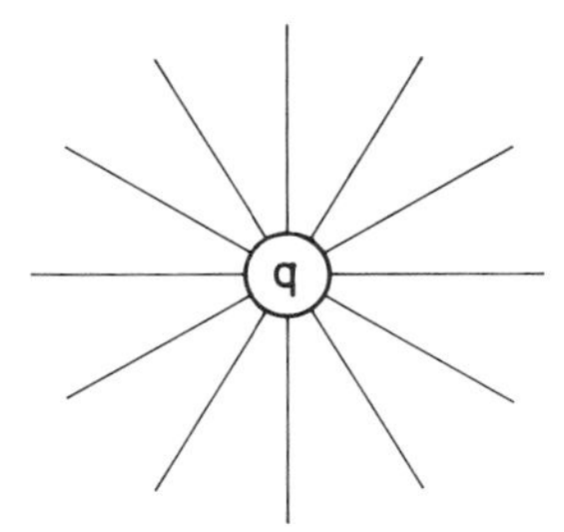

Abb. 7.13: Darstellung der Feldlinien einer magnetischen Punktladung q

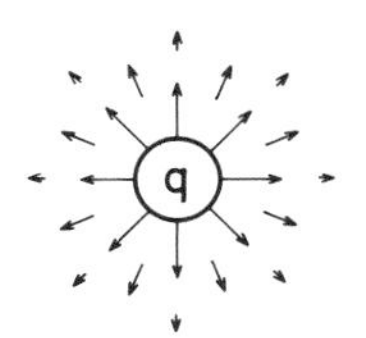

Abb. 7.14: Darstellung des Vektorfeldes einer magnetischen Punktladung

7.4.3. Beispiel. Gegeben sei eine Punktladung q im Raum. Die entsprechende Gegenladung umschließe die Punktladung kugelförmig in sehr großer Entfernung. Die experimentellen Erfahrungen besagen dann, daß die magnetischen Feldlinien radial von der Punktladung ausgehend zur Gegenladung verlaufen, wodurch eindeutig eine Richtung festgelegt ist. Gleichzeitig kann man jedem Punkt $P(x, y, z)$ im Raum eine magnetische Feldstärke $H(x, y, z)$ zuordnen. Diese (skalare) Feldstärke bestimmt gemeinsam mit der durch die Feldlinien vorgegebenen Richtung das (vektorielle) magnetische Feld $\vec{H}(x, y, z)$, das in den einzelnen Raumpunkten unterschiedlich stark ist.

Diese Betrachtungen über ein spezielles Vektorfeld kann man zur folgenden Definition verallgemeinern:

7.4.4. Definition. Das Feld eines n-dimensionalen Vektors $\vec{a} = \vec{a}(x_1, \ldots, x_n)$ heißt **Vektorfeld** und wird in jedem Punkt $P(x_1, \ldots, x_n)$ des (n-dimensionalen) Raumes durch die Funktionen

$$\overrightarrow{a_{x_1}} = \overrightarrow{a_{x_1}}(x_1, \ldots, x_n)$$
$$\overrightarrow{a_{x_2}} = \overrightarrow{a_{x_2}}(x_1, \ldots, x_n)$$
$$\vdots$$
$$\overrightarrow{a_{x_n}} = \overrightarrow{a_{x_n}}(x_1, \ldots, x_n)$$

gegeben. Diese Funktionen beschreiben die Abhängigkeit des Vektors $\vec{a}$ von den Raumkoordinaten.

Für die weiteren Betrachtungen sei noch einmal auf das Skalarfeld der Temperatur im Raum aus Beispiel 7.4.1. zurückgegriffen. Danach ist es möglich, jedem einzelnen Punkt im Raum eine bestimmte Temperatur zuzuordnen. Allerdings ist im allgemeinen nicht die Temperatur an einzelnen Punkten von Interesse, sondern die Temperaturverteilung über alle Raumpunkte, so daß weitere Betrachtungen notwendig werden. Dazu sei zunächst der sehr stark vereinfachte Fall des eindimensionalen Temperaturverlaufs $T = T(x)$ angenommen, wie er in Abb. 7.15. dargestellt ist.

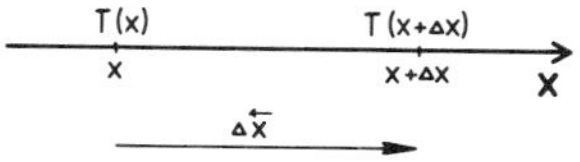

T(x) T(x+Δx)
x x+Δx X
$\Delta\vec{x}$

Abb. 7.15: Zur Herleitung des Temperaturgradienten

Die Temperaturänderung wird dann durch die Ableitung $\frac{d\,T(x)}{dx}$ beschrieben, so daß man die Gleichung

$$T(x + \Delta x) = T(x) + \frac{d\,T(x)}{dx} \cdot \Delta x$$

$$\Delta T(x) \;= T(x + \Delta x) - T(x) = \frac{d\,T(x)}{dx} \cdot \Delta x$$

aufstellen kann.

Betrachtet man nun die Größe Δx, so kann man dieser eine Richtung zuordnen, nämlich die x-Richtung der Koordinatenachse. Da Δx gleichzeitig einen Betrag beinhaltet, kann man die Größe $\Delta T(x)$ auch auf den Einheitsvektor $\vec{x}^0$ beziehen, d.h. man kann schreiben

$$\overrightarrow{\Delta T}(x) = \frac{d\,T(x)}{dx}\, \Delta x \cdot \vec{x}^0 .$$

Hier wird also der (skalare) Differentialquotient $\frac{d\,T(x)}{dx}$ mit einem Einheitsvektor $\vec{x}^0$ multipliziert. Nach 7.1.8. stellt das Ergebnis einen Vektor dar, die linke Seite der Gleichung muß also ein Vektor sein. Der experimentelle Befund bestätigt diese zunächst noch rein formale Betrachtung, denn die räumliche Temperaturänderung stellt einen Vektor dar. Jede Temperaturänderung wird durch das (skalare) Ausmaß der Änderung und durch eine Richtung beschrieben, nämlich die Richtung von hoher zu tiefer Temperatur.

Die Betrachtungen der eindimensionalen Temperaturverteilung kann man direkt auf den dreidimensionalen Fall übertragen. Dabei ist allerdings zu beachten, daß die Temperatur eine Funktion von drei Veränderlichen ist, so daß man für die Änderung die partiellen Ableitungen einsetzen muß. Man erhält dann die Komponenten

$$\overrightarrow{\Delta T}_x \;= \frac{\partial\, T(x,y,z)}{\partial x}\, \Delta x\, \vec{x}^0$$

$$\overrightarrow{\Delta T}_y \;= \frac{\partial\, T(x,y,z)}{\partial y}\, \Delta y\, \vec{y}^0$$

$$\overrightarrow{\Delta T}_z \;= \frac{\partial\, T(x,y,z)}{\partial z}\, \Delta z\, \vec{z}^0$$

und damit die Gesamtänderung

$$\overrightarrow{\Delta T}(x,y,z) = \frac{\partial T}{\partial x}\, \Delta x\, \vec{x}^0 + \frac{\partial T}{\partial y}\, \Delta y\, \vec{y}^0 + \frac{\partial T}{\partial z}\, \Delta z\, \vec{z}^0 .$$

Durch diese Betrachtungen wird dem Skalarfeld der Temperatur T (x, y, z) ein Vektorfeld der Temperaturänderung zugeordnet. Für dieses neue Vektorfeld gibt es einen besonderen Namen:

7.4.5. Definition. Ist ein skalares Feld u = u(x, y, z) gegeben, existieren weiter die partiellen Ableitungen $\frac{\partial u}{\partial x}, \frac{\partial u}{\partial y}$ und $\frac{\partial u}{\partial z}$, so kann man jedem Punkt des Feldes u(x, y, z) einen Vektor, den **Gradienten von u**, zuordnen

$$\text{grad } u = \frac{\partial u}{\partial x} \cdot \vec{x}^0 + \frac{\partial u}{\partial y} \cdot \vec{y}^0 + \frac{\partial u}{\partial z} \cdot \vec{z}^0.$$

Auch für die weiteren Betrachtungen soll das anschauliche Beispiel des Temperaturgradienten wieder herangezogen werden. Dazu sei zunächst das Skalarfeld der Temperatur wegen der besseren Anschaulichkeit zweidimensional angenommen. Legt man nun das Koordinatensystem so, daß der Nullpunkt mit der Lage des Ofens identisch ist, so kann man kreisförmige Linien konstanter Temperatur (Niveaulinien) um das heiße Zentrum legen. In Abb. 7.16. sind solche Linien konstanter Temperatur eingezeichnet. In Richtung dieser Niveaulinien ist die Temperaturänderung $\frac{\partial T}{\partial x}$ bzw. $\frac{\partial T}{\partial y}$ gleich Null.

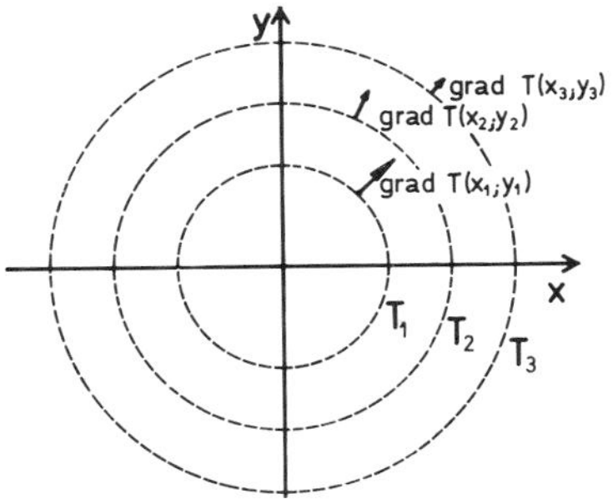

Abb. 7.16: Niveaulinien eines Temperaturfeldes mit Temperaturgradienten

Da die Temperaturänderung stets vom heißen Zentrum zur kälteren Umgebung, also radial, verläuft, steht der Temperaturgradient senkrecht auf den Linien konstanter Temperatur. Überträgt man diese Betrachtungen auf den dreidimensionalen Fall, so erhält man Niveauflächen statt der Niveaulinien. Bezüglich der Richtung des Gradientenvektors ergibt sich jedoch keine Änderung, so daß man zum folgenden Satz verallgemeinern kann:

7.4.6. Satz. Die Vektoren grad u stehen stets senkrecht auf den Flächen konstanter u-Werte **(Niveauflächen).**

Greift man nun die Definitionsgleichung des Gradienten heraus, so ist eine Zerlegung dieses Vektors in seine Komponenten möglich, so daß man auch schreiben kann

$$(\text{grad } u)_x = \frac{\partial u}{\partial x} \cdot \vec{x}^0 ; \qquad (\text{grad } u)_y = \frac{\partial u}{\partial y} \cdot \vec{y}^0 ; \qquad (\text{grad } u)_z = \frac{\partial u}{\partial z} \cdot \vec{z}^0 .$$

Damit ergibt sich ein weiterer Satz:

7.4.7. Satz. Die (partielle) Ableitung der Funktion $u(x, y, z)$ in einer Richtung ist gleich der Komponente des Gradienten von u in dieser Richtung, d.h. es gilt

$$(\text{grad } u)_x = \frac{\partial u}{\partial x} \cdot \vec{x}^0 ; \qquad (\text{grad } u)_y = \frac{\partial u}{\partial y} \cdot \vec{y}^0 ; \qquad (\text{grad } u)_z = \frac{\partial u}{\partial z} \cdot \vec{z}^0 .$$

Damit ist es möglich, die Komponenten des Gradienten von u direkt aus den partiellen Ableitungen von u zu berechnen und daraus die Koordinaten des Gradientenvektors zu bestimmen. In Spaltenschreibweise erhält man den Gradienten dann zu

$$\text{grad } u = \begin{pmatrix} \frac{\partial u}{\partial x} \\ \frac{\partial u}{\partial y} \\ \frac{\partial u}{\partial z} \end{pmatrix} .$$

Zusammenfassend ist also festzuhalten, daß man die Verteilung eines Skalarfeldes $u(x, y, z)$ durch den Gradienten von u beschreiben kann. Der Gradient stellt dabei einen Vektor dar, dessen Koordinaten durch die partiellen Ableitungen der Funktion $u(x, y, z)$ gegeben sind. Neben der Berechnung von Temperaturgradienten gibt es weitere Anwendungen in den Naturwissenschaften. So kann man in allen Fällen von Materietransport Skalarfelder der Konzentration bestimmen und die zugehörigen Vektorfelder des Konzentrationsgradienten berechnen.

Nun ist jeder Materietransport mit einem gerichteten Materiestrom $\vec{I} = \vec{I}(x, y, z)$ verbunden, der eine Konzentrationsänderung in der Zeit t, also die Größe $\frac{\partial c}{\partial t}$, bewirkt. Da diese Konzentrationsänderung oftmals von Bedeutung ist, soll sie hier weiter untersucht werden. Dazu sei zunächst der stark vereinfachte Fall angenommen, daß der Materiestrom $\vec{I}$ nur in x-Richtung durch ein rechteckiges Volumen verläuft, wie es in Abb. 7.17. dargestellt ist. Es sei also

$$\vec{I} = \vec{I}(x) \neq \vec{0} \quad \text{und} \quad \vec{I}(y) = \vec{I}(z) = \vec{0}.$$

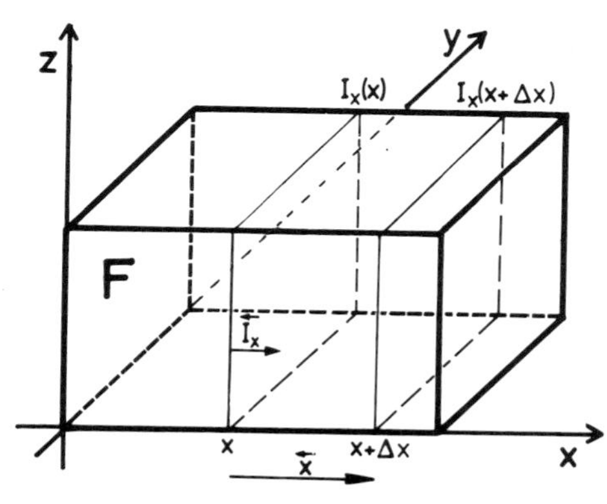

Abb. 7.17: Zur Herleitung der Divergenz eines Vektorfeldes

Der gesamte Materiestrom, der im Volumenanteil $F \cdot \Delta x$ fließt, wird durch die Größe $I \cdot F \cdot \Delta x$ gegeben. Nun fließt an der Stelle x die Menge $I_x(x) \cdot F$ zu und an der Stelle $x + \Delta x$ die Menge $I_x(x + \Delta x) \cdot F$ aus dem Volumenelement ab. Die Differenz aus zufließenden und abfließenden Teilchen macht aber gerade die Konzentrationsänderung aus, so daß man für die Änderung der Konzentration c_x in x-Richtung pro Volumenelement $\Delta x \cdot F$

$$\frac{\partial c_x}{\partial t} = \frac{[I_x(x) - I_x(x + \Delta x)] \cdot F}{\Delta x \cdot F} = -\frac{I_x(x + \Delta x) - I_x(x)}{\Delta x}$$

schreiben kann. Die Grenzwertbildung für $\Delta x \to 0$ überführt den Differenzenquotienten auf der rechten Seite der Gleichung in einem Differentialquotienten

$$\frac{\partial c_x}{\partial t} = -\frac{\partial I_x}{\partial x}.$$

Berechnet man analog die zeitliche Änderung der Konzentration in bezug auf die anderen Richtungen, so erhält man

$$\frac{\partial c_x}{\partial t} = -\frac{\partial I_x}{\partial x} \quad \text{und} \quad \frac{\partial c_z}{\partial t} = -\frac{\partial I_z}{\partial z}$$

und damit schließlich

$$\begin{aligned} \frac{\partial c}{\partial t} &= \frac{\partial c_x}{\partial t} + \frac{\partial c_y}{\partial t} + \frac{\partial c_z}{\partial z} \\ &= -\left(\frac{\partial I_x}{\partial x} + \frac{\partial I_y}{\partial y} + \frac{\partial I_z}{\partial z}\right). \end{aligned}$$

Bei dieser Gleichung steht auf der linken Seite mit der Konzentrationsänderung nach der Zeit eine skalare Größe. Auf der rechten Seite stehen dagegen die Ableitungen von Vektorkoordinaten, so daß hier das Skalarfeld der Konzentrationsänderung dem Vektorfeld des Materiestromes $\vec{I}(x, y, z)$ zugeordnet wird.

7.4.8. Definition. Die **Divergenz von $\vec{a}$** ordnet dem Vektorfeld $\vec{a} = \vec{a}(x, y, z)$ ein Skalarfeld durch die Differentialform

$$\operatorname{div} \vec{a} = \frac{\partial a_x}{\partial x} + \frac{\partial a_y}{\partial y} + \frac{\partial a_z}{\partial z}$$

zu.

Formal kann man die Divergenz auch als Skalarprodukt zwischen dem Gradientenvektor und dem Vektor $\vec{a}$ verstehen, denn es gilt

$$\vec{a} = \begin{pmatrix} a_x \\ a_y \\ a_z \end{pmatrix} \qquad \text{grad} = \begin{pmatrix} \frac{\partial}{\partial x} \\ \frac{\partial}{\partial y} \\ \frac{\partial}{\partial z} \end{pmatrix}$$

$$\vec{a} \cdot \text{grad} = \text{grad}\,\vec{a} = \begin{pmatrix} \frac{\partial}{\partial x} \\ \frac{\partial}{\partial y} \\ \frac{\partial}{\partial z} \end{pmatrix} \cdot \begin{pmatrix} a_x \\ a_y \\ a_z \end{pmatrix} = \frac{\partial}{\partial x} a_x + \frac{\partial}{\partial y} a_y + \frac{\partial}{\partial z} a_z .$$

Kann man das Skalarprodukt zwischen dem Vektorfeld $\vec{a}$ und dem Gradientenvektor berechnen, dann ist zu erwarten, daß man formal auch das Vektorprodukt bilden kann. Dann ergibt sich mit

$$\vec{a} \times \text{grad} = \begin{pmatrix} a_x \\ a_y \\ a_z \end{pmatrix} \times \begin{pmatrix} \frac{\partial}{\partial x} \\ \frac{\partial}{\partial y} \\ \frac{\partial}{\partial z} \end{pmatrix} = \begin{pmatrix} \frac{\partial a_z}{\partial y} - \frac{\partial a_y}{\partial z} \\ \frac{\partial a_x}{\partial z} - \frac{\partial a_z}{\partial x} \\ \frac{\partial a_y}{\partial x} - \frac{\partial a_x}{\partial y} \end{pmatrix}$$

ein neuer Vektor, so daß hier formal einem Vektorfeld $\vec{a}$ ein zweites Vektorfeld zugeordnet wird.

7.4.9. Definition. Die **Rotation von $\vec{a}$** ist eine Differentialoperation, die einem Vektorfeld $\vec{a}$ ein zweites Vektorfeld $\text{rot}\,\vec{a}$ zuordnet nach der Vorschrift

$$\text{rot}\,\vec{a} = \left(\frac{\partial a_z}{\partial y} - \frac{\partial a_y}{\partial z} \right) \vec{x}^0 + \left(\frac{\partial a_x}{\partial z} - \frac{\partial a_z}{\partial x} \right) \vec{y}^0 + \left(\frac{\partial a_y}{\partial x} - \frac{\partial a_x}{\partial y} \right) \vec{z}^0 .$$

Unter Vorwegnahme der Rechenregeln für Determinanten (vgl. 8.1.14.) kann man für die Rotation auch schreiben:

$$\text{rot}\,\vec{a} = \begin{vmatrix} \vec{x}^0 & \vec{y}^0 & \vec{z}^0 \\ \frac{\partial}{\partial x} & \frac{\partial}{\partial y} & \frac{\partial}{\partial z} \\ a_x & a_y & a_z \end{vmatrix}$$

Mit der formalen Berechnung eines Vektorproduktes konnte zwar die Rotation eines Vektorfeldes berechnet werden, ohne daß dieser jedoch ein naturwissenschaftlicher Inhalt gegeben wurde. Das soll jetzt nachgeholt werden.

Der Name „Rotation" deutet bereits auf Drehbewegungen hin, so daß der Differentialoperator anhand von Drehbwegungen erläutert werden soll. Bewegt sich ein starrer Körper K mit der Winkelgeschwindigkeit $\vec{\omega}$ um eine Drehachse, so ist im Innern von K ein Geschwindigkeitsfeld $\vec{v} = \vec{v}(x, y, z)$ gegeben, das in der jeweiligen Bewegungsrichtung verläuft und vom Abstand $\vec{r}$ des jeweils betrachteten Punktes P(x, y, z) von der Drehachse abhängt. Vektoriell berechnet sich die Geschwindigkeit $\vec{v}$ aus dem Vektorprodukt

$$\vec{v} = \vec{\omega} \times \vec{r} = \vec{\omega} \times (\vec{x} + \vec{y} + \vec{z})$$

mit den Koordinaten

$$v_x = \omega_y z - \omega_z y \qquad v_y = \omega_z x - \omega_x z \qquad v_z = \omega_x y - \omega_y x.$$

Setzt man diese Koordinaten in die Bestimmungsgleichung für die Koordinaten des Rotationsvektors ein, so ergibt sich

$$\text{rot}_x\vec{v} = \frac{\partial v_y}{\partial y} - \frac{\partial v_y}{\partial z} = \frac{\partial(\omega_x y - \omega_y x)}{\partial y} - \frac{\partial(\omega_z x - \omega_x z)}{\partial z}$$

$$= \omega_x - (-\omega_x) = 2\,\omega_x.$$

Durch entsprechende Rechnung erhält man für die anderen Koordinaten

$$\text{rot}_y\vec{v} = 2\omega_y \qquad \text{und} \qquad \text{rot}_z\vec{v} = 2\,\omega_z$$

und damit

$$\text{rot}\,\vec{v} = 2\omega_x\vec{x}^0 + 2\omega_y\vec{y}^0 + 2\omega_z\vec{z}^0 = 2\vec{\omega}.$$

7.4.10. Satz. Die Rotation eines Geschwindigkeitsvektors $\vec{v}$ eines beliebigen Punktes $P(x, y, z)$ in einem starren Körper K ist dem Betrag nach doppelt so groß wie die Winkelgeschwindigkeit $\vec{\omega}$ und hat dieselbe Richtung

$$\text{rot}\,\vec{v} = 2\vec{\omega}.$$

Auf diesen Zusammenhang zwischen der Geschwindigkeit $\vec{v}$ und der Winkelgeschwindigkeit $\vec{\omega}$ geht letztlich auch der Name „Rotation" zurück.

Bisher wurden mit dem Gradienten, der Divergenz und der Rotation drei Größen eingeführt, die einen Zusammenhang zwischen Skalar- und Vektorfeldern bzw. zwischen zwei Vektorfeldern durch die Verwendung von Differentialtermen herstellen. Dabei wurde manchmal andeutungsweise darauf hingewiesen, daß man diese Zusammenhänge auch formal aus Vektorbetrachtungen herstellen kann, ohne daß darauf allerdings weiter eingegangen wurde. Das soll jetzt nachgeholt werden. Dazu wird mit dem Nablaoperator ein weiterer Vektoroperator als Abkürzung eingeführt, der die vektorielle Betrachtungsweise besonders erleichtert.

7.4.11. Definition. Der **Nablaoperator** ∇ ist ein Vektor, der durch die Differentialform

$$\nabla = \vec{x}^0 \frac{\partial}{\partial x} + \vec{y}^0 \frac{\partial}{\partial y} + \vec{z}^0 \frac{\partial}{\partial z}$$

definiert ist.

Diesen Nablaoperator kann man nun mit Skalaren oder Vektoren nach den Regeln aus 7.1. und 7.2. multiplizieren, was im folgenden gezeigt werden soll.

Als erstes sei der Nablaoperator ∇ mit der skalaren Funktion $u = u(x, y, z)$ multipliziert. Dann gilt

$$\nabla u = \left(\vec{x}^0 \frac{\partial}{\partial x} + \vec{y}^0 \frac{\partial}{\partial y} + \vec{z}^0 \frac{\partial}{\partial z}\right) u$$

$$= \vec{x}^0 \frac{\partial u}{\partial x} + \vec{y}^0 \frac{\partial u}{\partial y} + \vec{z}^0 \frac{\partial u}{\partial z}$$

$$= \text{grad } u \qquad \text{(nach 7.4.5.).}$$

7.4.12. Satz. Multipliziert man den Nablaoperator mit einem Skalar u, so ist das Ergebnis identisch mit dem Gradienten von u

$$\nabla u = \text{grad } u.$$

Als zweites sei das Skalarprodukt zwischen dem Nablaoperator und einer Vektorfunktion $\vec{a} = \vec{a}(x, y, z)$ berechnet:

$$\nabla \cdot \vec{a} = \begin{pmatrix} \frac{\partial}{\partial x} \\ \frac{\partial}{\partial y} \\ \frac{\partial}{\partial z} \end{pmatrix} \cdot \begin{pmatrix} a_x \\ a_y \\ a_z \end{pmatrix} = \frac{\partial}{\partial x} a_x + \frac{\partial}{\partial y} a_y + \frac{\partial}{\partial z} a_z$$

$$= \frac{\partial a_x}{\partial x} + \frac{\partial a_y}{\partial y} + \frac{\partial a_z}{\partial z}$$

$$= \text{div } \vec{a} \qquad \text{(nach 7.4.8.)}$$

7.4.13. Satz. Das Skalarprodukt aus dem Nablaoperator ∇ und einer Vektorfunktion $\vec{a} = \vec{a}(x, y, z)$ ist identisch mit der Divergenz von $\vec{a}$

$$\nabla \cdot \vec{a} = \text{div } \vec{a}.$$

Für das Vektorprodukt aus dem Nablaoperator und einer Vektorfunktion $\vec{a} = \vec{a}(x, y, z)$ gilt:

$$\nabla \times \vec{a} = \begin{pmatrix} \frac{\partial}{\partial x} \\ \frac{\partial}{\partial y} \\ \frac{\partial}{\partial z} \end{pmatrix} \times \begin{pmatrix} a_x \\ a_y \\ a_z \end{pmatrix} = \begin{pmatrix} \frac{\partial a_z}{\partial x} - \frac{\partial a_z}{\partial z} \\ \frac{\partial a_x}{\partial z} - \frac{\partial a_z}{\partial x} \\ \frac{\partial a_y}{\partial x} - \frac{\partial a_x}{\partial y} \end{pmatrix} = \text{rot } \vec{a}.$$

7.4.14. Satz. Das Vektorprodukt aus dem Nablaoperator ∇ und einer Vektorfunktion $\vec{a} = \vec{a}(x, y, z)$ ist identisch mit der Rotation von $\vec{a}$

$$\nabla \times \vec{a} = \text{rot } \vec{a}.$$

Bildet man nun das Vektorprodukt des Nablaoperators mit sich selbst, so ergibt sich unter Anwendung des Satzes von Schwarz (3.3.7.):

$$\nabla \times \nabla = \begin{pmatrix} \frac{\partial}{\partial x} \\ \frac{\partial}{\partial x} \\ \frac{\partial}{\partial z} \end{pmatrix} \times \begin{pmatrix} \frac{\partial}{\partial x} \\ \frac{\partial}{\partial y} \\ \frac{\partial}{\partial z} \end{pmatrix} = \begin{pmatrix} \frac{\partial}{\partial y}\frac{\partial}{\partial z} - \frac{\partial}{\partial z}\frac{\partial}{\partial y} \\ \frac{\partial}{\partial z}\frac{\partial}{\partial x} - \frac{\partial}{\partial x}\frac{\partial}{\partial z} \\ \frac{\partial}{\partial x}\frac{\partial}{\partial y} - \frac{\partial}{\partial y}\frac{\partial}{\partial x} \end{pmatrix} = \begin{pmatrix} 0 \\ 0 \\ 0 \end{pmatrix} = \vec{0}$$

7.4.15. Satz. Das Vektorprodukt des Nablaoperators mit sich selbst ist identisch mit dem Nullvektor

$$\nabla \times \nabla = \vec{0}.$$

Schließlich kann man noch formal das Skalarprodukt des Nablaoperators mit sich selbst berechnen. Dann erhält man

$$\nabla \cdot \nabla = \nabla^2 = \begin{pmatrix} \frac{\partial}{\partial x} \\ \frac{\partial}{\partial y} \\ \frac{\partial}{\partial z} \end{pmatrix} \cdot \begin{pmatrix} \frac{\partial}{\partial x} \\ \frac{\partial}{\partial y} \\ \frac{\partial}{\partial z} \end{pmatrix} = \frac{\partial}{\partial x}\frac{\partial}{\partial x} + \frac{\partial}{\partial y}\frac{\partial}{dy} + \frac{\partial}{\partial z}\frac{\partial}{\partial z}$$
$$= \frac{\partial^2}{\partial x^2} + \frac{\partial^2}{\partial y^2} + \frac{\partial^2}{\partial z^2}.$$

Für diese Differentialform gibt es eine neue Abkürzung, die besonders in der deutschsprachigen Literatur oft benutzt wird.

7.4.16. Definition. Der **Laplaceoperator** ist eine (skalare) Differentialform der Art

$$\Delta = \nabla^2.$$

Er ordnet einem Skalarfeld $u = u(x, y, z)$ ein zweites Skalarfeld zu nach der Vorschrift

$$\Delta u = \nabla^2 u = \frac{\partial^2 u}{\partial x^2} + \frac{\partial^2 u}{\partial y^2} + \frac{\partial^2 u}{\partial z^2}.$$

Abschließend sollen noch einige Rechenregeln für die Verwendung der Differentialoperatoren genannt werden, ohne daß allerdings eine vollständige Aufzählung aller möglichen Regeln beabsichtigt ist:

7.4.17. Satz. Für die Differentialoperatoren gelten die folgenden Rechenregeln:

$$\begin{aligned}
\operatorname{grad}(u \cdot v) &= u \cdot \operatorname{grad} v + v \cdot \operatorname{grad} u \\
\operatorname{div}(u \cdot \vec{a}) &= u \cdot \operatorname{div} \vec{a} + \vec{a} \cdot \operatorname{grad} u \\
\operatorname{div}(\vec{a} \times \vec{b}) &= -\vec{a} \cdot \operatorname{rot} \vec{b} + \vec{b} \cdot \operatorname{rot} \vec{a} \\
\operatorname{div} \operatorname{rot} \vec{a} &= 0 \\
\operatorname{rot} \operatorname{rot} \vec{a} &= \nabla \times (\nabla \times \vec{a}) \\
\operatorname{div} \operatorname{grad} u &= \nabla \cdot (\nabla u) = \Delta u.
\end{aligned}$$

Zum Abschluß dieses Kapitels soll am Beispiel der ersten dieser sechs Rechenregeln gezeigt werden, daß diese sich formal aus den Definitionsgleichungen der Differentialoperatoren unter Anwendung der Differentiationsregeln herleiten lassen:

$$\begin{aligned}
\text{grad}\,(u \cdot v) &= \frac{\partial (u \cdot v)}{\partial x} \vec{x}^0 + \frac{\partial (u \cdot v)}{\partial y} \vec{y}^0 + \frac{\partial (u \cdot v)}{\partial z} \vec{z}^0 \\
&= u \cdot \frac{\partial v}{\partial x} \vec{x}^0 + v \cdot \frac{\partial u}{\partial x} \vec{x}^0 + u \frac{\partial v}{\partial y} \vec{y}^0 + v \frac{\partial u}{\partial y} \vec{y}^0 + u \frac{\partial v}{\partial z} \vec{z}^0 + v \frac{\partial u}{\partial z} \vec{z}^0 \\
&= u \left(\frac{\partial v}{\partial x} \vec{x}^0 + \frac{\partial v}{\partial y} \vec{y}^0 + \frac{\partial v}{\partial z} \vec{z}^0 \right) + v \left(\frac{\partial u}{\partial x} \vec{x}^0 + \frac{\partial u}{\partial y} \vec{y}^0 + \frac{\partial u}{\partial z} \vec{z}^0 \right) \\
&= u \cdot \text{grad}\, v + v \cdot \text{grad}\, u.
\end{aligned}$$

8 Determinanten

8.1 Rechenregeln für Determinanten

Der Begriff „Determinante" ist schon früher in verschiedenen Zusammenhängen gefallen, ohne daß darauf besonders eingegangen wurde. So wurde die „Wronski-Determinante" als quadratisches Zahlenschema vorgestellt, das nach einer bestimmten Vorschrift gelöst werden muß. Das Zahlenschema selbst stellte sich dabei als besonders übersichtliche Abkürzung für eine Rechenvorschrift heraus.

8.1.1. Definition. eine **n-reihige Determinante** ist ein quadratisches Zahlenschema aus n^2 Elementen a_{ij} der Art

$$\begin{vmatrix} a_{11} & a_{12} & a_{13} & \cdots & a_{1n} \\ a_{21} & a_{22} & a_{23} & \cdots & a_{2n} \\ a_{31} & a_{32} & a_{33} & \cdots & a_{3n} \\ \cdot & \cdot & \cdot & \cdots & \cdot \\ \cdot & \cdot & \cdot & \cdots & \cdot \\ \cdot & \cdot & \cdot & \cdots & \cdot \\ a_{n1} & a_{n2} & a_{n3} & \cdots & a_{nn} \end{vmatrix} = D.$$

Dabei ist die Zahl D die Lösung der Determinante. Die Zahlen $\begin{pmatrix} a_{1k} \\ \cdot \\ \cdot \\ \cdot \\ a_{nk} \end{pmatrix}$ bilden eine **Spalte** und die Zahlen $(a_{11} \cdots a_{1n})$ eine **Zeile** der Determinante.

In dieser Definition wird eine Determinante lediglich als Zahlenschema mit einer bestimmten Lösung vorgestellt, ohne daß ein allgemeiner Lösungsweg angegeben wird. Aufgabe der nachfolgenden Sätze und Definitionen wird also sein, Rechenregeln und Lösungswege für Determinanten aufzuzeigen. Dazu wird stets vom einfachsten Fall der zweireihigen Determinante ausgegangen werden, am Beispiel dieses Typs werden auch die wichtigsten Regeln für das Rechnen mit Determinanten hergeleitet, ehe diese dann allgemein zu Sätzen formuliert werden. Abschließend werden dann Verfahren gezeigt, nach denen beliebige, nicht nur zwei- oder dreireihige, Determinanten berechnet werden.

8.1.2. Satz. Die Lösung einer zweireihigen Determinante berechnet sich zu

$$\begin{vmatrix} a_{11} & a_{12} \\ a_{21} & a_{22} \end{vmatrix} = a_{11}\, a_{22} - a_{12}\, a_{21}.$$

Nach 8.1.2. berechnet sich die Lösung einer zweireihigen Determinante also aus der Differenz aus zwei Produkte, und zwar aus dem Produkt der Elemente, die auf der Diagonalen von rechts oben nach links unten (Hauptdiagonale) im Schema stehen und den Elementen, die auf der Diagonalen von links oben nach rechts unten (Nebendiagonale) liegen.

8.1.3. Beispiele.

1. $$D_1 = \begin{vmatrix} 4 & 6 \\ -3 & 1 \end{vmatrix} = 4 \cdot 1 - (-3) \cdot 6 = 4 + 18 = 22$$

2. $$D_2 = \begin{vmatrix} 5 & 3 \\ 0 & 4 \end{vmatrix} = 5 \cdot 4 - 3 \cdot 0 = 20$$

3. $$D_3 = \begin{vmatrix} 2 & -1 \\ -6 & 3 \end{vmatrix} = 2 \cdot 3 - (-1)(-6) = 6 - 6 = 0$$

4. Da die Elemente einer Determinante beliebige Zahlen sein dürfen, können z.B. auch komplexe Zahlen oder Funktionswerte eingesetzt werden:

a) $$D_4 = \begin{vmatrix} \cos\alpha & \sin\alpha \\ \cos\beta & \sin\beta \end{vmatrix} = \cos\alpha \sin\beta - \sin\alpha \cos\beta = -\sin(\alpha + \beta).$$

b) $$D_5 = \begin{vmatrix} i & -3 \\ -i & i+4 \end{vmatrix} = i(i+4) - 3i = i^2 + 4i - 3i = -1 + i.$$

Die Multiplikation von reellen oder komplexen Zahlen ist kommutativ. Daher kann man folgendermaßen umformen:

$$\begin{vmatrix} a_{11} & a_{12} \\ a_{21} & a_{22} \end{vmatrix} = a_{11} a_{22} - a_{12} a_{21} = a_{11} a_{22} - a_{21} a_{12} = \begin{vmatrix} a_{11} & a_{21} \\ a_{12} & a_{22} \end{vmatrix}.$$

Demnach bleibt der Wert einer zweireihigen Determinante unverändert, wenn man sie an der Hauptdiagonalen spiegelt. Diese Beobachtung kann man verallgemeinern auf alle Determinanten, so daß sich der folgende Satz ergibt:

8.1.4. Satz. Der Wert einer Determinante bleibt unverändert, wenn sie **gestürzt,** d.h. an der Hauptdiagonalen gespiegelt wird.

Auch der nächste Satz läßt sich am Beispiel einer allgemeinen zweireihigen Determinante erläutern. Bei diesem Satz wird ausgenutzt, daß die Multiplikation von reellen und komplexen Zahlen assoziativ und kommutativ ist, denn man kann schreiben:

$$k \cdot \begin{vmatrix} a_{11} & a_{12} \\ a_{21} & a_{22} \end{vmatrix} = k(a_{11} a_{22} - a_{21} a_{12}) = (ka_{11})a_{22} - (ka_{21})a_{12} = \begin{vmatrix} ka_{11} & a_{12} \\ ka_{21} & a_{22} \end{vmatrix}$$

$$= (ka_{11})a_{22} - a_{21}(ka_{12}) = \begin{vmatrix} ka_{11} & ka_{12} \\ a_{21} & a_{22} \end{vmatrix}$$

$$= a_{11}(ka_{22}) - (ka_{12})a_{21} = \begin{vmatrix} a_{11} & ka_{12} \\ a_{21} & ka_{22} \end{vmatrix}$$

$$= a_{11}(ka_{22}) - a_{12}(ka_{21}) = \begin{vmatrix} a_{11} & a_{12} \\ ka_{21} & ka_{22} \end{vmatrix}$$

8.1.5. Satz. Eine Determinante wird mit einem Faktor k multipliziert, indem **eine** Zeile oder Spalte mit diesem Faktor multipliziert wird.

Neben der Multiplikation einer Determinante mit einer beliebigen Zahl wird die Umkehrung des Satzes 8.1.5. besonders oft beim Ausklammern von gemeinsamen Faktoren einer Zeile oder Spalte benutzt.

8.1.6. Beispiele.

1. $$3 \cdot \begin{vmatrix} 1 & 4 \\ -2 & 5 \end{vmatrix} = \begin{vmatrix} 3 & 4 \\ -6 & 5 \end{vmatrix} = \begin{vmatrix} 3 & 12 \\ -2 & 5 \end{vmatrix} = \begin{vmatrix} 1 & 4 \\ -6 & 15 \end{vmatrix} = \begin{vmatrix} 1 & 12 \\ -2 & 15 \end{vmatrix}$$

2. $$\begin{vmatrix} 40 & 18 \\ 140 & 210 \end{vmatrix} = 20 \begin{vmatrix} 2 & 18 \\ 7 & 210 \end{vmatrix} = 20 \cdot 6 \cdot \begin{vmatrix} 2 & 3 \\ 7 & 35 \end{vmatrix} = 120 \cdot 7 \begin{vmatrix} 2 & 3 \\ 1 & 5 \end{vmatrix}$$
$$= 840\,(10-3) = 5880.$$

Die allgemeine Herleitung des nächsten Satzes soll nur an einer der vielen verschiedenen Möglichkeiten gezeigt werden. Addiert man zur ersten Zeite einer zweireihigen Determinante das k-fache der zweiten Zeile, so ergibt sich:

$$\begin{vmatrix} a_{11} + ka_{21} & a_{12} + ka_{22} \\ a_{21} & a_{22} \end{vmatrix} = (a_{11} + ka_{21})\,a_{22} - (a_{12} + ka_{22})\,a_{21}$$
$$= a_{11}\,a_{22} + ka_{21}\,a_{22} - a_{12}\,a_{21} - ka_{22}\,a_{21}$$
$$= a_{11}\,a_{22} - a_{12}\,a_{21} = \begin{vmatrix} a_{11} & a_{12} \\ a_{21} & a_{22} \end{vmatrix}.$$

Analog kann man auch für die andere Zeile und die Spalten rechnen. Stets ändert sich der Wert der Determinante nicht, so daß man zum folgenden Satz verallgemeinern kann:

8.1.7. Satz. Der Wert einer Determinante bleibt unverändert, wenn man zu einer Zeile oder Spalte das k-fache einer anderen Zeile bzw. Spalte addiert.

Dieser Satz ist von besonderer Bedeutung für die praktische Berechnung von Determinanten, insbesondere von Determinanten mit vielen (d.h. mehr als vier) Elementen. Da man eine zweireihige Determinante als Differenz aus zwei Produkten bestimmt, kann man diese Rechnung besonders leicht durchführen, wenn einer der beiden Summanden gleich Null ist. Das ergibt sich sofort, wenn eines der Elemente der Determinante Null ist (vgl. 8.1.3.2.). Ist dieses nicht der Fall, so kann man nach 8.1.7. eine „Null erzeugen", indem man das Vielfache einer Zeile (Spalte) gerade so wählt, daß sich bei der Addition für ein Element der Wert Null ergibt.

8.1.8. Beispiel. Die Determinante $D = \begin{vmatrix} 1 & 5 \\ -3 & 8 \end{vmatrix}$ soll mit Hilfe von 8.1.7. berechnet werden.

Addiert man zur zweiten Zeile das dreifache der ersten Zeile, so ergibt sich nach 8.1.7.

$$\begin{vmatrix} 1 & 5 \\ -3 & 8 \end{vmatrix} = \begin{vmatrix} 1 & 5 \\ -3+3 & 8+15 \end{vmatrix} = \begin{vmatrix} 1 & 5 \\ 0 & 23 \end{vmatrix} = 1 \cdot 23 - 5 \cdot 0 = 23.$$

Mit Hilfe von 8.1.7. konnte also eine „Null produziert" werden, so daß sich die Determinante leichter berechnen ließ.

Nun scheint der in Beispiel 8.1.8. aufgezeigte Rechenweg nach 8.1.7. noch keinen besonderen Vorteil gegenüber der direkten Rechnung nach 8.1.2. zu ergeben, so daß man besser nach 8.1.2. rechnet. Hat man jedoch eine größere Determinante vorliegen, so zeigt sich der Vorteil dieses Rechenverfahrens sehr schnell, zumal bei größeren Determinanten mitunter einige Elemente ohnehin bereits Nullen sind. Bei der Verallgemeinerung des Verfahrens nach 8.1.7. ist jedoch zu beachten, daß es nicht ausreicht, wenn man einzelne Nullen erzeugt, vielmehr müssen alle Elemente unterhalb (oder oberhalb) der Hauptdiagonalen zu Null werden.

8.1.9. Satz. Hat eine Determinante oberhalb (oder unterhalb) der Hauptdiagonalen nur Nullen, so ist ihr Wert gleich dem Produkt der Hauptdiagonalelemente.

8.2.10. Beispiel. Obwohl bisher noch kein Verfahren zur Berechnung dreireihiger Determinanten gezeigt wurde, soll eine solche nun nach 8.1.9. berechnet werden.

Gesucht wird die Lösung der Determinante D.

$$D = \begin{vmatrix} 3 & 0 & 9 \\ 2 & 1 & 5 \\ -2 & 1 & 4 \end{vmatrix} = \begin{vmatrix} 3 & 0 & 0 \\ 2 & 1 & -1 \\ -2 & 4 & 7 \end{vmatrix} = \begin{vmatrix} 3 & 0 & 0 \\ 2 & 1 & 0 \\ -2 & 4 & 11 \end{vmatrix}$$

$$= 3 \cdot 1 \cdot 11 = 33.$$

Da die Ausgangsdeterminante oberhalb der Hauptdiagonalen bereits eine Null hat, empfiehlt es sich, die Elemente oberhalb der Hauptdiagonalen nach 8.1.7. zu Null umzuformen. Dazu wird im ersten Rechenschritt das dreifache der ersten Spalte von der dritten Spalte abgezogen. Im zweiten Schritt wird bei der neuen Determinante zur dritten Spalte die zweite Spalte addiert. Damit stehen in der dritten Determinante oberhalb der Hauptdiagonalen nur Nullen, so daß sich der Wert der Determinante sofort nach 8.1.9. ergibt.

Kann man nach 8.1.7. „Nullen produzieren", so ist es mitunter möglich, daß nicht nur einzelne Elemente der jeweils untersuchten Zeile oder Spalte verschwinden, sondern alle. Das ist aber gerade dann der Fall, wenn die betrachtete Zeile (Spalte) das k-fache einer anderen Zeile ist, wenn also eine Proportionalität zwischen einzelnen Zeilen (Spalten) besteht, oder wenn eine der Zeilen (Spalten) als Linearkombination aus den anderen Zeilen (Spalten) hervorgeht. Das soll am besonders einfachen Beispiel einer zweireihigen Determinante gezeigt werden:

$$D = \begin{vmatrix} a_{11} & a_{12} \\ ka_{11} & ka_{22} \end{vmatrix} = a_{11} ka_{22} - ka_{11}\, a_{12} = 0$$

$$= a_{11}\, ka_{12} - a_{11}\, ka_{12} - $$
$$-a_{11}\, ka_{12} + a_{11}\, ka_{12}$$
$$= a_{11}\,(ka_{12} - ka_{12}) - $$
$$- a_{12}\,(ka_{11} - ka_{11})$$

$$= \begin{vmatrix} a_{11} & a_{12} \\ ka_{11} - ka_{11} & ka_{12} - ka_{12} \end{vmatrix} =$$

$$= \begin{vmatrix} a_{11} & a_{12} \\ 0 & 0 \end{vmatrix} = 0.$$

Auch diese Betrachtungen kann man zu einem Satz verallgemeinern:

8.1.11. Satz. Der Wert einer Determinante ist gleich Null, wenn eine Zeile (oder Spalte) als Linearkombination aus den anderen Zeilen (oder Spalten) hervorgeht, d.h. wenn die Zeilen (Spalten) linear abhängig sind.

Als Spezialfall dieses allgemeinen Satzes hat sich die obige Rechnung ergeben, denn es ist durchaus möglich, daß alle Linearkoeffizienten mit einer Ausnahme verschwinden, so daß sich eine Zeile (oder Spalte) lediglich als Vielfaches einer anderen Zeile (Spalte) herausstellt.

Wird der erste Teil des Satzes 8.1.11. aus dem bisher Gesagten bereits verständlich, so sind über die lineare Abhängigkeit noch einige Zusatzbemerkungen notwendig. In früheren Zusammenhängen wurde die lineare Abhängigkeit stets als Proportionalität verstanden. So waren zwei Lösungen einer DG linear abhängig, wenn sie proportional zueinander waren. Derselbe Inhalt ergab sich auch bei den Vektoren, die linear abhängig waren, wenn sie sich nur um einen Faktor k unterschieden. Somit wird der Zusammenhang des Begriffs der linearen Abhängigkeit auch bei den Determinanten zunächst verständlich, zumal die Umkehrung von 8.1.11. in Verbindung mit der Wronski-Determinante bereits angewandt wurde. Die Zusammenhänge werden aber noch deutlicher, wenn man die einzelnen Zeilen oder Spalten einer Determinante formal als Zeilen- bzw. als Spaltenvektoren versteht, deren lineare Abhängigkeit man z.B. nach 7.3.9. zeigen kann. Unter dieser Voraussetzung ergeben sich zahlreiche Anwendungsmöglichkeiten für 8.1.11.

8.1.12. Beispiele.

1. Für die folgende Determinante gilt

$$D_1 = \begin{vmatrix} 2 & -4 \\ -4 & 8 \end{vmatrix} = 2 \cdot 8 - (-4)\,(-4) = 0$$

Klammert man aus der zweiten Spalte den Faktor (-2) aus, so ergibt sich mit

$$D_1 = (-2) \cdot \begin{vmatrix} 2 & 2 \\ -4 & -4 \end{vmatrix}$$

eine Determinante mit zwei identischen Spalten. Die zweite Spalte geht also durch einen Faktor (− 2) aus der ersten Spalte hervor, so daß nach 8.1.11. der Wert der Determinante Null sein muß.

2. Gesucht wird der Wert der dreireihigen Determinante

$$D_2 = \begin{vmatrix} 1 & 4 & 7 \\ -3 & -1 & 1 \\ 2 & 2 & 2 \end{vmatrix}.$$

Faßt man die drei Spalten dieser Determinante als Vektoren auf, so ergibt sich nach 7.3.9.

$$c_1\vec{a} + c_2\vec{b} + c_3\vec{c} = c_1\begin{pmatrix} 1 \\ -3 \\ 2 \end{pmatrix} + c_2\begin{pmatrix} 4 \\ -1 \\ 2 \end{pmatrix} + c_3\begin{pmatrix} 7 \\ 1 \\ 2 \end{pmatrix}$$

$$= \begin{pmatrix} c_1 + 4c_2 + 7c_2 \\ -3c_1 - c_2 + c_3 \\ 2c_1 + 2c_2 + 2c_3 \end{pmatrix} = \begin{pmatrix} 0 \\ 0 \\ 0 \end{pmatrix} = \vec{0}.$$

Durch Vergleich erhält man ein Gleichungssystem

$$\begin{aligned} c_1 + 4c_2 + 7c_3 &= 0 \\ -3c_1 - c_2 + c_3 &= 0 \\ 2c_1 + 2c_2 + 2c_3 &= 0 \end{aligned}$$

mit den Lösungen $c_1 = 1$, $c_2 = -2$ und $c_3 = 1$.

Da die Linearkoeffizienten ungleich Null sind, sind die Vektoren nach 7.3.9. linear abhängig, und für die Determinante gilt nach 8.1.11.

$$D_2 = 0.$$

Auch der nächste Satz, die letzte allgemeine Rechenregel für Determinanten, die hier behandelt werden soll, wird am Beispiel einer allgemeinen zweireihigen Determinante hergeleitet:

$$\begin{vmatrix} a_{11} & a_{12} \\ a_{21} & a_{22} \end{vmatrix} = (a_{11}\,a_{22} - a_{12}\,a_{21}) = -(a_{12}\,a_{21} - a_{11}\,a_{22}) = -\begin{vmatrix} a_{12} & a_{11} \\ a_{22} & a_{21} \end{vmatrix}$$

8.1.13. Satz. Vertauscht man bei einer Determinante zwei Zeilen (Spalten), so ändert sich der Wert der Determinante um das Vorzeichen.

Mit allen bisher behandelten Sätzen dieses Kapitels ergeben sich Möglichkeiten, mit Determinanten zu rechnen, bzw. diese so umzuformen, daß sich die Berechnung erheblich vereinfacht. Ehe im nächsten Kapitel Anwendungen für Determinanten behandelt werden, sollen zum Abschluß einige weitere Verfahren gebracht werden, nach denen man Determinanten mit mehr als 4 Elemente lösen kann.

Gab es mit 8.1.2. ein spezielles Verfahren zur Lösung von zweireihigen Determinanten, so gibt es mit dem folgenden Satz ein weiteres spezielles Lösungsverfahren für dreireihige Determinanten.

8.1.14. Satz. Die Lösung einer dreireihigen Determinante berechnet sich zu

$$\begin{vmatrix} a_{11} & a_{12} & a_{13} \\ a_{21} & a_{22} & a_{23} \\ a_{31} & a_{32} & a_{33} \end{vmatrix} = a_{11}a_{22}a_{33} + a_{12}a_{23}a_{31} + a_{13}a_{21}a_{32} - a_{13}a_{22}a_{31} - \\ - a_{12}a_{21}a_{33} - a_{11}a_{23}a_{32}$$

Dieses Lösungsschema hat den Nachteil, daß man bei der praktischen Berechnung von dreireihigen Determinanten leicht einzelne Elemente vertauschen kann. Das Lösungsschema wird jedoch erheblich übersichtlicher, wenn man nach der Regel von Sarrus, einer „Eselsbrücke", vorgeht.

8.1.15. Satz (Regel von Sarrus). Die Lösung einer dreireihigen Determinante berechnet sich nach folgendem Schema:

Man schreibt die beiden ersten Spalten rechts noch einmal an das Determinantenschema und erhält somit eine rechteckige Anordnung.

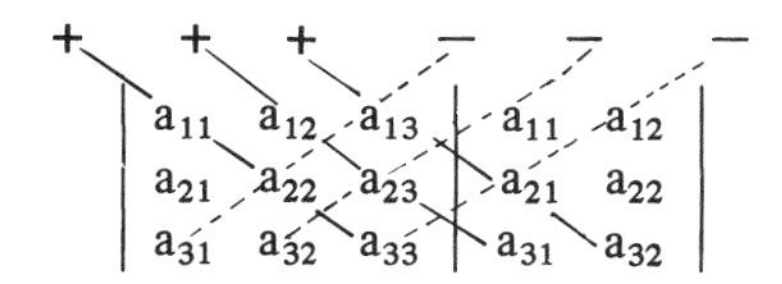

Anschließend multipliziert man die Elemente auf den diagonalen Schrägen des Schemas. Addiert man die Produkte der Elemente auf der Hauptdiagonalen bzw. den Parallelen zur Hauptdiagonalen und subtrahiert davon die Dreierprodukte der Elemente auf der Nebendiagonalen bzw. auf den Parallelen zur Nebendiagonalen, so erhält man die Lösung der dreireihigen Determinante.

8.1.16. Beispiele.

1. Gesucht wird der Wert der Determinante

$$D_1 = \begin{vmatrix} 1 & 2 & 3 \\ 4 & 5 & 6 \\ 8 & 9 & 7 \end{vmatrix}.$$

Nach der Regel von Sarrus ergibt sich das Schema

$$\begin{array}{ccc|cc} + & + & + & - & - \; - \\ 1 & 2 & 3 & 1 & 2 \\ 4 & 5 & 6 & 4 & 5 \\ 8 & 9 & 7 & 8 & 9 \end{array}$$

und daraus die Lösung der Determinante zu

$$\begin{aligned} D_1 &= 1 \cdot 5 \cdot 7 + 2 \cdot 6 \cdot 8 + 3 \cdot 4 \cdot 9 - 3 \cdot 5 \cdot 8 - 1 \cdot 6 \cdot 9 - 2 \cdot 4 \cdot 7 \\ &= 35 + 96 + 108 - 120 - 54 - 56 \\ &= 9. \end{aligned}$$

2. Gesucht wird der Wert der Determinante

$$D_2 = \begin{vmatrix} 1 & 0 & 4 \\ -3 & 7 & 9 \\ 0 & 4 & -2 \end{vmatrix}$$

Sarrus-Schema:

$$\begin{vmatrix} 1 & 0 & 4 & 1 & 0 \\ -3 & 7 & 9 & -3 & 7 \\ 0 & 4 & -2 & 0 & 4 \end{vmatrix}$$

$$= 1 \cdot 7 \cdot (-2) + 0 \cdot 9 \cdot 0 + 4 \cdot (-3) \cdot 4 - 4 \cdot 7 \cdot 0 - 1 \cdot 9 \cdot 4 - 0 \cdot (-3) \cdot (-2)$$

$$= -98.$$

Wie man an diesen Beispielen bereits erkennen kann, bildet die Regel von Sarrus lediglich eine Arbeitshilfe für die Anwendung von 8.1.14. Neue Anleitungen ergeben sich aber aus dem Satz 8.1.15. nicht. Dafür soll zum Abschluß dieses Abschnitts ein weiteres Verfahren erarbeitet werden, nach dem, neben 8.1.9., Determinanten mit beliebiger Zahl von Elementen berechnet werden können. Dazu werden jedoch zunächst noch einige zusätzliche Begriffe benötigt.

8.1.17. Definition. Streicht man aus einer gegebenen Determinante D die gleiche Anzahl von Zeilen und Spalten, so erhält man eine der **Unterdeterminanten** von D.

8.1.18. Beispiel. Gegeben sei die Determinante

$$D = \begin{vmatrix} 1 & 0 & 4 \\ -3 & 7 & 9 \\ 0 & 4 & -2 \end{vmatrix}$$

Streicht man z.B. die dritte Spalte und die zweite Zeile, so erhält man die Unterdeterminante

$$D' = \begin{vmatrix} 1 & 0 \\ 0 & 4 \end{vmatrix}.$$

Insgesamt gibt es zu dieser dreireihigen Determinante $n^2 = 9$ zweireihige Unterdeterminanten.

8.1.19. Definition. Streicht man aus einer gegebenen Determinante D die i-te Zeile und die k-te Spalte, so erhält man die zum Element a_{ik} gehörende Unterdeterminante D_{ik}.

Multipliziert man diese Unterdeterminante D_{ik} mit dem Vorzeichen $(-1)^{i+k}$, so heißt der Wert

$$A_{ik} = (-1)^{i+k} \cdot D_{ik}$$

das **algebraische Komplement** zum Element a_{ik}.

8.1.20. Beispiele. Gegeben sei die Determinante aus 8.1.18. zu

$$D = \begin{vmatrix} 1 & 0 & 4 \\ -3 & 7 & 9 \\ 0 & 4 & -2 \end{vmatrix}.$$

1. Die Determinante

$$D_{23} = \begin{vmatrix} 1 & 0 \\ 0 & 4 \end{vmatrix}$$

aus Beispiel 8.1.18. bildet dann die Unterdeterminante zum Element 9 von D.

Das zugehörige algebraische Komplement lautet

$$A_{23} = (-1)^{2+3} \cdot D_{23} = (-1)^5 \begin{vmatrix} 1 & 0 \\ 0 & 4 \end{vmatrix}$$
$$= -4.$$

2. Die zur Zahl 7, d.h. dem Element der zweiten Zeile und zweiten Spalte, gehörende Unterdeterminante von D lautet

$$D_{22} = \begin{vmatrix} 1 & 4 \\ 0 & -2 \end{vmatrix},$$

das zugehörige algebraische Komplement hat dann den Wert

$$A_{22} = (-1)^{2+2} \cdot D_{22} = (-1)^4 \cdot \begin{vmatrix} 1 & 4 \\ 0 & -2 \end{vmatrix}$$
$$= -2.$$

8.1.21. Satz (Entwicklungssatz). Der Wert einer Determinante berechnet sich als Summe aus den Produkten der Elemente einer beliebigen Zeile oder Spalte mit den zugehörigen algebraischen Komplementen.

Diesem Satz entsprechend kann man eine Determinante nach jeder beliebigen Zeile oder Spalte entwickeln, indem man über die Produkte aus den Elementen der ausgewählten Zeile oder Spalte mit den zugehörigen algebraischen Komplementen summiert. Die Multiplikation wird besonders einfach, wenn einer der Faktoren Null ist, so daß es sich empfiehlt, nach Zeilen oder Spalten zu entwickeln, in denen möglichst viele Nullen stehen. Mitunter ist es sogar ratsam, nach 8.1.7. „Nullen zu produzieren", um so die Entwicklung der Determinante zu vereinfachen.

8.1.22. Beispiele.

1. Die in 8.1.16.2. berechnete Determinante soll nach 8.1.21. entwickelt werden.

   a) Da eine Multiplikation mit den Zahlen 0 und 1 besonders einfach ist, empfiehlt sich eine Entwicklung nach der ersten Zeile:

$$D_1 = \begin{vmatrix} 1 & 0 & 4 \\ -3 & 7 & 9 \\ 0 & 4 & -2 \end{vmatrix}$$

$$= (-1)^{1+1} \cdot 1 \cdot \begin{vmatrix} 7 & 9 \\ 4 & -2 \end{vmatrix} + (-1)^{1+2} \cdot 0 \cdot \begin{vmatrix} -3 & 9 \\ 0 & -2 \end{vmatrix} +$$

$$+ (-1)^{1+3} \cdot 4 \cdot \begin{vmatrix} -3 & 7 \\ 0 & 4 \end{vmatrix}$$

$$= (7 \cdot (-2) - 9 \cdot 4) + 0 + 4 \cdot ((-3) \cdot 4 - 7 \cdot 0)$$

$$= -14 - 36 - 48$$

$$= -98.$$

b) Entwickelt man z.B. nach der zweiten Spalte, so ergibt sich

$$D_1 = \begin{vmatrix} 1 & 0 & 4 \\ -3 & 7 & 9 \\ 0 & 4 & -2 \end{vmatrix}$$

$$= (-1)^{1+2} \cdot 0 \cdot \begin{vmatrix} -3 & 9 \\ 0 & -2 \end{vmatrix} + (-1)^{2+2} \cdot 7 \cdot \begin{vmatrix} 1 & 4 \\ 0 & -2 \end{vmatrix} +$$

$$+ (-1)^{3+2} \cdot 4 \cdot \begin{vmatrix} 1 & 4 \\ -3 & 9 \end{vmatrix}$$

$$= 0 + 7(-2) - 4(9 + 12)$$

$$= -14 - 84$$

$$= -98.$$

Beide Ergebnisse stimmen miteinander und auch mit 8.1.16.2. überein.

2. Am Beispiel einer fünfreihigen Determinante soll die Entwicklung einer größeren Determinante schrittweise gezeigt werden:

$$D_2 = \begin{vmatrix} 1 & -3 & 0 & 2 & 4 \\ -4 & 0 & 1 & 2 & -1 \\ 2 & 0 & 6 & 2 & -1 \\ 1 & 4 & -3 & 0 & 2 \\ 3 & 2 & 1 & 4 & 1 \end{vmatrix}$$

Subtrahiert man bei dieser Determinante nach 8.1.7. das Doppelte der fünften Zeile von der vierten Zeile, so ergibt sich in der zweiten Spalte eine weitere Null, so daß man nach dieser Spalte anschließend am besten entwikkeln kann:

$$D_2 = \begin{vmatrix} 1 & -3 & 0 & 2 & 4 \\ -4 & 0 & 1 & 2 & -1 \\ 2 & 0 & 6 & 2 & -1 \\ -5 & 0 & -5 & -8 & 0 \\ 3 & 2 & 1 & 4 & 1 \end{vmatrix}$$

$$= (-1)^{1+2}(-3) \begin{vmatrix} -4 & 1 & 2 & -1 \\ 2 & 6 & 2 & -1 \\ -5 & -5 & -8 & 0 \\ 3 & 1 & 4 & 1 \end{vmatrix} + 0 + 0 + 0 +$$

$$+ (-1)^{5+2} \cdot 2 \cdot \begin{vmatrix} 1 & 0 & 2 & 4 \\ -4 & 1 & 2 & -1 \\ 2 & 6 & 2 & -1 \\ -5 & -5 & -8 & 0 \end{vmatrix}$$

$$= 3 \cdot D_{2_{12}} - 2 \cdot D_{2_{52}}.$$

Addiert man nun zur ersten und zweiten Zeile von $D_{2_{12}}$ jeweils die vierte Zeile, so erhält man in der vierten Spalte Nullen, so daß man nach dieser Spalte entwickeln kann. Ebenso subtrahiert man bei der Determinante $D_{2_{52}}$ die zweite von der dritten Zeile und entwickelt dann nach der vierten Spalte:

$$D_2 = 3 \cdot \begin{vmatrix} -1 & 2 & 6 & 0 \\ 5 & 7 & 6 & 0 \\ -5 & -5 & -8 & 0 \\ 3 & 1 & 4 & 1 \end{vmatrix} - 2 \cdot \begin{vmatrix} 1 & 0 & 2 & 4 \\ -4 & 1 & 2 & -1 \\ 6 & 5 & 0 & 0 \\ -5 & -5 & -8 & 0 \end{vmatrix}$$

$$= 3 \cdot (-1)^{4+4} \cdot 1 \cdot \begin{vmatrix} -1 & 2 & 6 \\ 5 & 7 & 6 \\ -5 & -5 & -8 \end{vmatrix} -$$

$$-2 \left((-1)^{1+4} \cdot 4 \begin{vmatrix} -4 & 1 & 2 \\ 6 & 5 & 0 \\ -5 & -5 & -8 \end{vmatrix} + (-1)^{2+4} \cdot (-1) \begin{vmatrix} 1 & 0 & 2 \\ 6 & 5 & 0 \\ -5 & -5 & -8 \end{vmatrix} \right)$$

Die Lösungen der verbleibenden dreireihigen Determinanten können nach der Regel von Sarrus berechnet werden. Damit ergibt sich die gesuchte Lösung von D_2 zu

$$\begin{aligned} D_2 &= 3\,(56 - 60 - 150 + 210 - 30 + 80) + \\ &\quad + 2 \cdot 4\,(160 + 0 - 60 + 50 - 0 + 48) + \\ &\quad + 2 \cdot 1\,(-40 + 0 - 60 + 50 - 0 - 0) \\ &= 318 + 1584 - 100 \\ &= 1802. \end{aligned}$$

Zum Abschluß dieses Kapitels über Rechenregeln für Determinanten bleibt festzuhalten, daß Determinanten zunächst lediglich abkürzende Schreibweisen für Berechnungsvorschriften von Zahlen beinhalten. Neben den speziellen Lösungsvorschriften 8.1.2. für zweireihige und 8.1.14. für dreireihige Determinanten existieren mit 8.1.9. und vor allem dem Entwicklungssatz 8.1.21. zwei Regeln, die für die Berechnung von Determinanten beliebiger Größe angewandt werden können.

8.2 Lineare Systeme

In diesem Kapitel soll ein besonderer Zusammenhang zwischen speziellen Systemen von n Gleichungen mit n Unbekannten einerseits und Determinanten andererseits erarbeitet werden. Dieser Zusammenhang wird zu eindeutigen Aussagemöglichkeiten über die Existenz von Lösungen solcher Systeme führen und in Arbeitsanleitungen für die Berechnung der Lösungen münden.

Wie bereits festgestellt, sollten hier nur spezielle Gleichungssysteme betrachtet werden, nämlich nur die linearen Systeme.

8.2.1. Definition. Ein System von n linearen Gleichungen mit n Unbekannten der Art

$$\begin{array}{ccccccccc} a_{11}x_1 & + & a_{12}x_2 & + & \cdots & + & a_{1n}x_n & = & k_1 \\ a_{21}x_1 & + & a_{22}x_2 & + & \cdots & + & a_{2n}x_n & = & k_n \\ \cdot & & \cdot & & & & \cdot & & \cdot \\ \cdot & & \cdot & & & & \cdot & & \cdot \\ \cdot & & \cdot & & & & \cdot & & \cdot \\ a_{n1}x_1 & + & a_{n2}x_2 & + & \cdots & + & a_{nn}x_n & = & k_n \end{array}$$

heißt **lineares** (Gleichungs-)**System.**

Ein lineares System heißt **homogen,** wenn für alle absoluten Glieder k_i gleichzeitig

$$k_1 = k_2 = \ldots = k_n = 0$$

gilt, sonst heißt es inhomogen.

Die Zahlen a_{ik} ($i = 1 \ldots n$, $k = 1 \ldots n$) werden die **Koeffizienten** des Systems genannt.

In dieser Definition tauchen Begriffe wieder auf, die z.B. von den Differentialgleichungen schon bekannt sind. So gibt es auch lineare DG und homogene/inhomogene DG, wobei diese Begriffe denselben Inhalt haben wie bei den Gleichungssystemen.

Greift man sich ein allgemeines System aus zwei inhomogenen Gleichungen mit zwei Unbekannten heraus

$$\begin{aligned} a_{11}x_1 + a_{12}x_2 &= k_1 \\ a_{21}x_1 + a_{22}x_2 &= k_2, \end{aligned}$$

so kann man dafür die Lösungen folgendermaßen berechnen:

$$\begin{array}{l} a_{11}a_{22}x_1 + a_{12}a_{22}x_2 = a_{22}k_2 \\ a_{12}a_{21}x_1 + a_{12}a_{22}x_2 = a_{12}k_2 \\ \hline a_{11}a_{22}x_1 - a_{12}a_{21}x_1 = a_{22}k_1 - a_{12}k_2 \\ \downarrow\ x_1 = \dfrac{a_{22}k_1 - a_{12}k_2}{a_{11}a_{22} - a_{12}a_{21}} \end{array} \qquad \begin{array}{l} a_{11}a_{21}x_1 + a_{12}a_{21}x_2 = a_{21}k_1 \\ a_{11}a_{21}x_1 + a_{11}a_{22}x_2 = a_{11}k_2 \\ \hline a_{11}a_{22}x_1 - a_{12}a_{21}x_1 = a_{11}k_2 - a_2 \\ \downarrow\ x_2 = \dfrac{a_{22}k_1 - a_{12}k_2}{a_{11}a_{22} - a_{12}a_{21}}\ . \end{array}$$

Vergleicht man diese Lösungen mit der Definition 8.1.2., so kann man dafür auch schreiben

$$x_1 = \frac{\begin{vmatrix} k_1 & a_{12} \\ k_2 & a_{22} \end{vmatrix}}{\begin{vmatrix} a_{11} & a_{12} \\ a_{21} & a_{22} \end{vmatrix}} \qquad x_2 = \frac{\begin{vmatrix} a_{11} & k_1 \\ a_{21} & k_2 \end{vmatrix}}{\begin{vmatrix} a_{11} & a_{12} \\ a_{21} & a_{22} \end{vmatrix}}$$

Diese Rechnungen kann man verallgemeinern und vom Zweiersystem auf beliebige Systeme übertragen, so daß man den folgenden Satz formulieren kann:

8.2.2. Satz (Cramersche Regel). Jede Lösung x_i eines inhomogenen linearen Systems läßt sich als Quotient zweier Determinanten darstellen. Dabei steht stets im Nenner die Determinante aus den Koeffizienten des Systems. Im Zähler setzt sich die Determinante aus den zu den jeweils anderen Unbekannten gehörigen Koeffizientenspalten und der Spalte der absoluten Glieder anstelle der zur Unbekannten x_i gehörenden Koeffizientenspalte zusammen.

8.2.3. Beispiel. Gesucht werden die Lösungen des inhomogenen linearen Systems

$$\begin{aligned} x_1 + x_2 + x_3 &= 2 \\ x_1 - x_2 - x_3 &= 0 \\ -3x_1 + x_2 - 2x_3 &= -8. \end{aligned}$$

Die Koeffizientendeterminante lautet

$$D = \begin{vmatrix} 1 & 1 & 1 \\ 1 & -1 & -1 \\ -3 & 1 & -2 \end{vmatrix} = 6.$$

Damit berechnen sich die Lösungen des Systems nach der Cramerschen Regel zu

$$x_1 = \frac{\begin{vmatrix} 2 & 1 & 1 \\ 0 & -1 & -1 \\ -8 & 1 & -2 \end{vmatrix}}{D} \qquad x_2 = \frac{\begin{vmatrix} 1 & 2 & 1 \\ 1 & 0 & -1 \\ -3 & -8 & -2 \end{vmatrix}}{D} \qquad x_3 = \frac{\begin{vmatrix} 1 & 1 & 2 \\ 1 & -1 & 0 \\ -3 & 1 & -8 \end{vmatrix}}{D}$$

$$x_1 = \frac{6}{6} = 1 \qquad x_2 = -\frac{6}{6} = -1 \qquad x_3 = \frac{12}{6} = 2.$$

Bei den Vorbetrachtungen zu Satz 8.2.2. war als selbstverständlich vorausgesetzt worden, daß die Koeffizientendeterminante stets ungleich Null ist. Diese Voraus-

setzung ist jedoch nicht unbedingt immer erfüllt, so daß man sich darüber zusätzliche Gedanken machen muß.
Hat die Koeffizientendeterminante im Nenner den Wert Null, so sind die Lösungen des linearen Systems nach der Cramerschen Regel nicht zu berechnen.

8.2.4. Satz. Ein inhomogenes lineares System besitzt keine Lösungen, wenn die Koeffizientendeterminante verschwindet und die Zählerdeterminanten aus 8.2.2. ungleich Null sind.

Verschwindet nun die Koeffizientendeterminante, so bedeutet das nach 8.1.11., daß die Spalten der Determinante linear abhängig sind. Sind weiter die Spalten linear abhängig, so ist auch die linke Seite des linearen Systems linear abhängig. Andererseits sind die Gleichungen aber linear unabhängig, da die Zählerdeterminante ungleich Null ist. Damit ergibt sich ein Widerspruch – einerseits lineare Abhängigkeit und andererseits Unabhängigkeit – der sich nur dadurch lösen läßt, daß überhaupt keine Lösungen zu dem System existieren. Dieser Sachverhalt soll an einem Beispiel gezeigt werden:

8.2.5. Beispiel. Gegeben sei das lineare System

$$\begin{aligned} x_1 - 2x_2 &= 6 \\ -3x_1 + 6x_2 &= 2. \end{aligned}$$

Für die Koeffizientendeterminante gilt

$$D = \begin{vmatrix} 1 & -2 \\ -3 & 6 \end{vmatrix} = 6 - 6 = 0.$$

Andererseits ergibt sich für die Zählerdeterminanten

$$Z_1 = \begin{vmatrix} 6 & -2 \\ 2 & 6 \end{vmatrix} = 36 + 4 = 40 \neq 0$$

$$Z_2 = \begin{vmatrix} 1 & 6 \\ -3 & 2 \end{vmatrix} = 2 + 18 = 20 \neq 0,$$

so daß wegen 8.2.4. das System nicht lösbar ist.

Will man nach einer anderen Methode die Lösungen des Systems berechnen, so kann man schreiben:

$$\begin{aligned} x_1 - 2x_2 &= 6 \\ .\ -3x_1 + 6x_2 &= 2 \\ \hline \Downarrow \quad -3x_1 + 6x_2 &= -18 \\ -3x_1 + 6x_2 &= 2 \\ \hline \Downarrow \quad 0 &= -16 \quad \text{Widerspruch!} \end{aligned}$$

Die Rechnung führt zu einem Widerspruch, das System ist folglich nicht lösbar.

Nun ist noch ein weiterer Fall denkbar, nämlich der, daß sowohl die Zählerdeterminanten als auch die Koeffizientendeterminante verschwinden. Das bedeutet, daß dann das vollständige System linear abhängig, also unterbestimmt ist. Man erhält dann ein Zahlenverhältnis, in dem die Lösungen des Systems zueinander stehen und folglich unendlich viele Lösungen.

8.2.6. Satz. Verschwinden Zählerdeterminanten und Koeffizientendeterminante eines nach 8.2.2. zu lösenden linearen inhomogenen Systems, so besitzt dieses unendlich viele Lösungen, d.h. das System ist linear abhängig.

8.2.7. Beispiel. Gesucht werden die Lösungen des linearen inhomogenen Systems

$$\begin{aligned} x_1 - 2x_2 &= 4 \\ -3x_1 + 6x_2 &= -12. \end{aligned}$$

Berechnet man die Koeffizientendeterminante, so ergibt sich

$$D = \begin{vmatrix} 1 & -2 \\ -3 & 6 \end{vmatrix} = 6 - 6 = 0.$$

Ebenso ergibt sich bei Berechnung der Zählerdeterminanten nach 8.2.2.

$$Z_1 = \begin{vmatrix} 4 & -2 \\ -12 & 6 \end{vmatrix} = 24 - 24 = 0$$

$$Z_2 = \begin{vmatrix} 1 & 4 \\ -3 & -12 \end{vmatrix} = -12 + 12 = 0.$$

Nach 8.2.6. ergeben sich für dieses System also unendlich viele Lösungen. Diese Lösungsmannigfaltigkeit berechnet sich aus beiden Gleichungen des Systems, denn jedes Wertepaar (x_1, x_2) ist Lösungspaar des Systems, das die Gleichungen erfüllt, das also in der Beziehung

$$x_1 - 2x_2 = 4$$

zueinander steht.

Bisher wurden nur inhomogene lineare Systeme untersucht. Für diese wurde mit 8.2.2. ein Lösungsverfahren vorgestellt. Betrachtet man nun aber z.B. ein homogenes lineares System mit zwei Unbekannten,

$$\begin{aligned} a_{11}x_1 + a_{12}x_2 &= 0 \\ a_{21}x_1 + a_{22}x_2 &= 0, \end{aligned}$$

so besitzt dieses selbstverständlich mit $x_1 = x_2 = 0$ triviale Lösungen. Nichttriviale Lösungen ergeben sich unmittelbar aus dem System durch die folgende Rechnung

$$\frac{x_1}{x_2} = -\frac{a_{12}}{a_{11}} \quad \text{und} \quad \frac{x_1}{x_2} = -\frac{a_{22}}{a_{21}}$$

$$\Rightarrow \frac{a_{22}}{a_{31}} = \frac{a_{12}}{a_{11}}$$

$$\Rightarrow a_{11}a_{22} - a_{12}a_{21} = \begin{vmatrix} a_{11} & a_{12} \\ a_{21} & a_{22} \end{vmatrix} = 0.$$

Diese Rechnung kann man verallgemeinern und auch umgekehrt durchführen, so daß man zum folgenden Satz zusammenfassen kann:

8.2.8. Satz. Ein lineares homogenes System

$$\begin{array}{ccccccc} a_{11}x_1 & + & a_{12}x_2 & + \ldots + & a_{1n}x_n & = & 0 \\ a_{21}x_1 & + & a_{22}x_2 & + \ldots + & a_{2n}x_n & = & 0 \\ \cdot & & \cdot & & \cdot & & \cdot \\ \cdot & & \cdot & & \cdot & & \cdot \\ \cdot & & \cdot & & \cdot & & \cdot \\ a_{n1}x_1 & + & a_{n2}x_2 & + \ldots + & a_{nn}x_n & = & 0 \end{array}$$

besitzt stets die trivialen Lösungen $x_1 = x_2 = \ldots = x_n = 0$. Nichttriviale Lösungen existieren genau dann, wenn die zugehörige Koeffizientendeterminante verschwindet.

8.2.9. Beispiel. Gesucht werden die nichttrivialen Lösungen des homogenen linearen Systems

$$\begin{aligned} x_1 - 2x_2 &= 0 \\ -3x_1 + 6x_2 &= 0. \end{aligned}$$

Für die Koeffizientendeterminante gilt

$$D = \begin{vmatrix} 1 & -2 \\ -3 & 6 \end{vmatrix} = 6 - 6 = 0,$$

d.h. die Gleichungen des Systems sind linear abhängig, so daß man aus einer der Gleichungen des Systems sofort die Beziehung

$$x_1 - 2x_2 = 0 \qquad x_1 = 2x_2$$

entnehmen kann und damit unendlich viele Lösungen erhält.

9 Matrizen

9.1 Lineare Abbildungen und Matrizen

In 2.1.1. wurde eine Abbildung als eindeutige Vorschrift definiert, nach der man einer Größe A eine zweite Größe B zuordnen kann. Als Spezialfall der Abbildungen hatten sich dann die Funktionen ergeben, die allerdings nur auf Zahlen angewandt werden dürfen. Der Unterschied zwischen Abbildungen und Funktionen wurde in 2.1. am Beispiel von Fischen in einem Aquarium erläutert. Dieses Beispiel soll jetzt noch einmal aufgegriffen werden.

Betrachtet man einen Fisch F im Aquarium, so kann man seinen Aufenthaltsort zum Zeitpunkt t_0 durch einen Ortsvektor $\vec{a} = \begin{pmatrix} a_1 \\ a_2 \\ a_3 \end{pmatrix}$ beschreiben. Beim Übergang auf einen Zeitpunkt t_1 geht der Ortsvektor $\vec{a}$ in einen Ortsvektor $\vec{a}' = \begin{pmatrix} a_1' \\ a_2' \\ a_3' \end{pmatrix}$ über, dessen Koordinaten sicherlich von den Koordinaten des Ausgangspunktes abhängen:

$$\begin{aligned} a_1' &= f_1(a_1, a_2, a_3) \\ a_2' &= f_2(a_1, a_2, a_3) \\ a_3' &= f_3(a_1, a_2, a_3). \end{aligned}$$

Damit wird die neue Position des Fisches aus der Ausgangsposition durch ein System von Funktionsgleichungen hergeleitet, die Zusammenfassung dieser Translationsgleichungen ergibt die Abbildung f des Vektors $\vec{a}$ in den Vektor $\vec{a}'$. Zusammenfassend kann also ein Vektor mit Hilfe der Transformationsgleichungen einer Abbildung in einen zweiten Vektor überführt werden gemäß der Vorschrift:

$$f : \vec{a} = \begin{pmatrix} a_1 \\ a_2 \\ a_3 \end{pmatrix} \Rightarrow f(\vec{a}) = f \begin{pmatrix} a_1 \\ a_2 \\ a_3 \end{pmatrix} = \begin{pmatrix} f_1(a_1, a_2, a_3) \\ f_2(a_1, a_2, a_3) \\ f_2(a_1, a_2, a_3) \end{pmatrix} = \begin{pmatrix} a_1' \\ a_2' \\ a_3' \end{pmatrix} = \vec{a}'.$$

9.1.1. Beispiel. Gegeben sei der Vektor $\vec{a} = \begin{pmatrix} a_1 \\ a_2 \\ a_3 \end{pmatrix} = \begin{pmatrix} 1 \\ -2 \\ 4 \end{pmatrix}$. Weiter sei eine Abbildung f mit den Transformationsgleichungen

$$f: \quad \begin{aligned} f_1(a_1, a_2, a_3) &= 3a_1^2 - a_2 + 5a_3 - 5 \\ f_2(a_1, a_2, a_3) &= a_1 - 3a_2^2 + a_3^3 - 48 \\ f_3(a_1, a_2, a_3) &= -a_1 + a_2 + a_3 - 2 \end{aligned}$$

gegeben, die auf den Vektor $\vec{a}$ angewandt werden sollen. Setzt man die Koordinaten von $\vec{a}$ in die Transformationsgleichungen ein, so erhält man den Vektor $\vec{a}'$ mit

$$a_1' = f_1(a_1, a_2, a_3) = 3 + 2 + 20 - 5 = 20$$
$$a_2' = f_2(a_1, a_2, a_3) = 1 - 12 + 64 - 48 = 5$$
$$a_3' = f_3(a_1, a_2, a_3) = -1 - 2 + 4 - 2 = -1.$$

Die Abbildung f führt also zur folgenden Transformation:

$$f: \vec{a} = \begin{pmatrix} 1 \\ -2 \\ 4 \end{pmatrix} \Rightarrow f(\vec{a}) = \begin{pmatrix} 20 \\ 5 \\ -1 \end{pmatrix} = \vec{a}'.$$

Wie man an diesem Beispiel erkennen kann, reicht es zur genauen Kenntnis der Abbildung eines Vektorraumes bereits aus, wenn man die zugehörigen Transformationsgleichungen kennt.

Nun gibt es eine Vielzahl von speziellen Abbildungstypen, die nicht alle einzeln behandelt werden können. Stattdessen soll eine Beschränkung auf einen der wichtigsten Typen von Abbildungen erfolgen.

9.1.2. Definition. Eine **Abbildung** f eines Vektors $\vec{a}$ heißt **linear**, wenn die zugehörigen Transformationsgleichungen linear sind

$$f: \vec{a} = \begin{pmatrix} a_1 \\ a_2 \\ \cdot \\ \cdot \\ \cdot \\ a_n \end{pmatrix} \Rightarrow f(\vec{a}) = \begin{pmatrix} a_{11}a_1 + a_{12}a_2 + \ldots + a_{1n}a_n + k_1 \\ a_{21}a_1 + a_{22}a_2 + \ldots + a_{2n}a_n + k_2 \\ \cdot \quad \cdot \quad \cdot \quad \cdot \\ \cdot \quad \cdot \quad \cdot \quad \cdot \\ \cdot \quad \cdot \quad \cdot \quad \cdot \\ a_{n1}a_1 + a_{n2}a_2 + \ldots + a_{nn}a_n + k_n \end{pmatrix}$$

Die Abbildung f heißt **linear homogen**, wenn zusätzlich $k_1 = k_2 = \ldots = k_n = 0$ gilt, sonst ist sie **inhomogen.**

Die folgenden Betrachtungen sollen sich nur auf homogene lineare Abbildungen beziehen.

Wie man der Definition 9.1.2. entnehmen kann, wird die homogen lineare Abbildung eines Vektors $\vec{a}$ vollständig durch ihre Transformationsgleichungen beschrieben.

$$f: \vec{a} = \begin{pmatrix} a_1 \\ a_2 \\ \cdot \\ \cdot \\ \cdot \\ a_n \end{pmatrix} \Rightarrow f(\vec{a}) = \begin{pmatrix} a_{11}a_1 + a_{12}a_2 + \ldots + a_{1n}a_n \\ a_{21}a_1 + a_{22}a_2 + \ldots + a_{2n}a_n \\ \cdot \quad \cdot \quad \cdot \\ \cdot \quad \cdot \quad \cdot \\ \cdot \quad \cdot \quad \cdot \\ a_{n1}a_1 + a_{n2}a_2 + \ldots + a_{nn}a_n \end{pmatrix}$$

Da sich dieses Schema der Transformationsgleichungen bis auf die Abbildungskoeffizienten a_{ik} stets wiederholt, reicht zu seiner Beschreibung eine charakteristische Anordnung der Abbildungskoeffizienten bereits vollständig aus. Diese Anordnung wird durch das Schema einer Matrix gegeben.

9.1.3. Definition. Ein rechteckiges Schema der Art

$$\underline{A} = \begin{pmatrix} a_{11} & a_{12} & \dots & a_{1n} \\ a_{21} & a_{22} & \dots & a_{2n} \\ \cdot & \cdot & \dots & \cdot \\ \cdot & \cdot & \dots & \cdot \\ \cdot & \cdot & \dots & \cdot \\ a_{m1} & a_{m2} & \dots & a_{mn} \end{pmatrix} = (a_{ik})_{\substack{i = 1 \dots m \\ k = 1 \dots n}}$$

wird eine **Matrix** aus n **Spalten** und m **Zeilen** genannt. Die Größen a_{ik} heißen **Elemente der Matrix** $\underline{A}$.

Bei dieser Definition gibt es zwei Punkte, die besondere Beachtung benötigen. Zum ersten können die Elemente einer Matrix beliebige Zahlen sein, sie dürfen aber auch z.B. physikalische Größen mit sogar unterschiedlicher Dimension sein. Darin liegt ein Unterschied zum Schema der Determinanten, das Zahlen als Elemente enthält. Ansonsten bestehen zweitens aber große Ähnlichkeiten zum Schema der Determinanten, so daß man von der Determinante einer (quadratischen) Matrix – in Zeichen: $\det \underline{A}$ – spricht.

Mit der Definition 9.1.3. einer Matrix $\underline{A}$ vereinfacht sich die Schreibweise aus 9.1.2. für die lineare Abbildung f eines Vektors $\vec{x}$ in einen Vektor $\vec{y}$ zu

$$f : \vec{x} \to f(\vec{x}) = \vec{y} \quad \curvearrowright \quad \underline{A} \cdot \vec{x} = \vec{y}.$$

9.1.4. Definition.

1. Eine Matrix $\underline{N}$, deren Elemente alle den Wert 0 haben, heißt **Nullmatrix**

$$\underline{N} = \begin{pmatrix} 0 & \dots & 0 \\ \cdot & & \cdot \\ \cdot & & \cdot \\ \cdot & & \cdot \\ 0 & \dots & 0 \end{pmatrix}.$$

2. Eine (quadratische) Matrix $\underline{E}$, bei der alle Elemente auf der Hauptdiagonalen den Wert 1 und alle übrigen Elemente den Wert 0 haben, heißt **Einheitsmatrix**

$$\underline{E} = \begin{pmatrix} 1 & 0 & 0 & \cdot & \cdot & 0 & 0 \\ 0 & 1 & 0 & \cdot & \cdot & 0 & 0 \\ 0 & 0 & 1 & 0 & \cdot & \cdot & \cdot \\ \cdot & \cdot & \cdot & \ddots & \cdot & \cdot & \cdot \\ \cdot & \cdot & \cdot & \cdot & \ddots & \cdot & \cdot \\ 0 & \cdot & \cdot & \cdot & 0 & 1 & 0 \\ 0 & \cdot & \cdot & \cdot & \cdot & 0 & 1 \end{pmatrix} = \begin{pmatrix} 1 & & & \mathbf{0} \\ & 1 & & \\ & & \ddots & \\ \mathbf{0} & & & 1 \end{pmatrix}$$

Eine Einheitsmatrix wird oft auch durch das **Kroneckersymbol** beschrieben:

$$\underline{E} = \delta_{ik} \quad \text{mit} \quad \delta_{ik} = \begin{cases} 0 & \text{für } i \neq k \\ 1 & \text{für } i = k \end{cases}; \; i, k = 1 \dots n.$$

3. Eine Matrix $\underline{D}$, bei der oberhalb oder unterhalb der Hauptdiagonalen nur Nullen stehen, deren übrige Elemente aber (bis auf wenige Ausnahmen) ungleich Null sind, heißt **Diagonalmatrix**

$$\underline{D}_1 = \begin{pmatrix} a_{11} & a_{12} & \cdots & a_{1n} \\ & a_{22} & \cdots & a_{2n} \\ & & \ddots & \vdots \\ 0 & & & a_{nn} \end{pmatrix} \quad \text{oder} \quad \underline{D}_2 = \begin{pmatrix} a_{11} & & & 0 \\ \vdots & a_{22} & & \\ \vdots & \vdots & \ddots & \\ a_{n1} & a_{n2} & \cdots & a_{nn} \end{pmatrix}$$

9.1.5. Satz. Jeder linearen homogenen Abbildung f kann eindeutig eine spezielle Matrix $\underline{A}$ zugeordnet werden.

$$f(\vec{a}) = \begin{pmatrix} a_{11}\,a_1 + a_{12}\,a_2 + \cdots + a_{1n}a_n \\ \vdots \\ a_{m1}\,a_1 + a_{m2}\,a_2 + \cdots + a_{mn}a_n \end{pmatrix} \Longleftrightarrow \underline{A} = \begin{pmatrix} a_{11} & \cdots & a_{1n} \\ \vdots & & \vdots \\ a_{m1} & \cdots & a_{mn} \end{pmatrix}$$

9.1.6. Beispiele. Gegeben sei ein dreidimensionaler Vektor $\vec{a} = \begin{pmatrix} a_1 \\ a_2 \\ a_3 \end{pmatrix} = \begin{pmatrix} 3 \\ -2 \\ 4 \end{pmatrix}$, auf den verschiedene Abbildungsvorschriften f angewandt werden sollen.

1. Die zur speziellen Nullmatrix $\underline{N} = \begin{pmatrix} 0 & 0 & 0 \\ 0 & 0 & 0 \\ 0 & 0 & 0 \end{pmatrix}$ gehörenden Transformationsgleichungen bilden den Vektor $\vec{a}$

$$f_1 : \vec{a} = \begin{pmatrix} 3 \\ -2 \\ 4 \end{pmatrix} \Rightarrow f_1(\vec{a}) = \begin{pmatrix} 0 \cdot a_1 + 0 \cdot a_2 + 0 \cdot a_3 \\ 0 \cdot a_1 + 0 \cdot a_2 + 0 \cdot a_3 \\ 0 \cdot a_1 + 0 \cdot a_2 + 0 \cdot a_3 \end{pmatrix} = \begin{pmatrix} 0 \\ 0 \\ 0 \end{pmatrix} = \vec{0}$$

in den Nullvektor $\vec{0}$ ab.

2. Wendet man die zur Einheitsmatrix $\underline{E} = \begin{pmatrix} 1 & 0 & 0 \\ 0 & 1 & 0 \\ 0 & 0 & 1 \end{pmatrix}$ gehörende Abbildungsvorschrift f_2 auf $\vec{a}$ an, so erhält man mit

$$f_2 : \vec{a} = \begin{pmatrix} 3 \\ -2 \\ 4 \end{pmatrix} \Rightarrow f_2(\vec{a}) = \begin{pmatrix} 1 \cdot a_1 + 0 \cdot a_2 + 0 \cdot a_3 \\ 0 \cdot a_1 + 1 \cdot a_2 + 0 \cdot a_3 \\ 0 \cdot a_1 + 0 \cdot a_2 + 1 \cdot a_3 \end{pmatrix} = \begin{pmatrix} a_1 \\ a_2 \\ a_3 \end{pmatrix} = \begin{pmatrix} 3 \\ -2 \\ 4 \end{pmatrix} = \vec{a}$$

eine **identische Abbildung** von $\vec{a}$.

3. Wendet man die zur Matrix $\underline{A} = \begin{pmatrix} 1 & 0 & 0 \\ 0 & -1 & 0 \\ 0 & 0 & 1 \end{pmatrix}$ gehörende Abbildungsvorschrift f_3 auf $\vec{a}$ an, so erhält man mit

$$f_3: \vec{a} = \begin{pmatrix} 3 \\ -2 \\ 4 \end{pmatrix} \Rightarrow f_3(\vec{a}) = \begin{pmatrix} 1 \cdot a_1 + 0 \cdot a_2 + 0 \cdot a_3 \\ 0 \cdot a_1 - 1 \cdot a_2 + 0 \cdot a_3 \\ 0 \cdot a_1 + 0 \cdot a_2 + 1 \cdot a_3 \end{pmatrix} = \begin{pmatrix} a_2 \\ -a_2 \\ a_3 \end{pmatrix} = \begin{pmatrix} 3 \\ 2 \\ 4 \end{pmatrix} = \vec{a}'$$

einen Vektor $\vec{a}'$, der aus $\vec{a}$ durch Spiegelung an der (a_1, a_3)-Ebene hervorgeht.

4. Wendet man die zur Matrix $\underline{B} = \begin{pmatrix} -1 & 0 & 0 \\ 0 & -1 & 0 \\ 0 & 0 & -1 \end{pmatrix}$ gehörende Abbildungsvorschrift f_4 auf $\vec{a}$ an, so erhält man mit

$$f_4: \vec{a} = \begin{pmatrix} 3 \\ -2 \\ 4 \end{pmatrix} \Rightarrow f_4(\vec{a}) = \begin{pmatrix} -1 \cdot a_1 + 0 \cdot a_2 + 0 \cdot a_3 \\ 0 \cdot a_1 - 1 \cdot a_2 + 0 \cdot a_3 \\ 0 \cdot a_1 + 0 \cdot a_2 - 1 \cdot a_3 \end{pmatrix} = \begin{pmatrix} -a_1 \\ -a_2 \\ -a_3 \end{pmatrix} = -\vec{a} = \vec{a}$$

einen Vektor $\vec{a}' = -\vec{a}$, der aus $\vec{a}$ durch Spiegelung am Koordinatennullpunkt hervorgeht.

Abschließend bleibt festzuhalten, daß man eine lineare homogene Abbildung f eindeutig durch eine Matrix $\underline{A}$ beschreiben kann, daß also durch die Definition der Abbildungsvorschriften von f das Zahlenschema der Abbildungsmatrix $\underline{A}$ festgelegt ist.

9.2 Rechenregeln für Matrizen

In Abschnitt 9.1. wurde der Begriff der Matrix als vereinfachende Schreibweise für das System von Transformationsgleichungen einer linearen homogenen Abbildung f eingeführt. Im folgenden Teil sollen Rechenregeln für Matrizen erarbeitet werden, wobei der Hintergrund der linearen Abbildungen nur in Ausnahmefällen von besonderem Interesse sein wird. Stattdessen werden sich aus den Rechenregeln einige Matrizen ergeben, die aufgrund ihrer Bedeutung besondere Namen haben.

Da die Koordinatenschreibweise von Vektoren in Zeilen- oder Spaltenform auch als besondere Matrix mit einer Zeile bzw. einer Spalte aufgefaßt werden kann – man spricht daher auch von **„Matrizenschreibweise von Vektoren"** oder **„Vektormatrizen"** – ist es möglich, die Rechenregeln für Vektoren teilweise direkt auf Matrizen zu übertragen. Damit können die Rechenregeln für Matrizen gleichzeitig besonders anschaulich dargestellt werden.

Wie stets, wenn es um Rechenregeln für neu eingeführte mathematische Größen geht, stellt sich auch bei den Matrizen die Frage nach der Gleichheit. Die folgenden Definitionen geben darauf Antworten:

9.2.1. Definition. Zwei Matrizen heißen **gleichartig**, wenn sie jeweils die gleiche Anzahl von Zeilen und Spalten haben.

Entsprechende Elemente der beiden Matrizen stehen jeweils an derselben Stelle im Matrizenschema.

9.2.2. Definition. Zwei gleichartige Matrizen $\underline{A}$ und $\underline{B}$ heißen gleich, wenn alle entsprechenden Elemente gleich sind, d.h.

$$\underline{A} = (a_{ik}) = (b_{ik}) = \underline{B} \iff a_{ik} = b_{ik} \ \forall \begin{matrix} i = 1 \ldots m \\ k = 1 \ldots n \end{matrix}$$

Die Addition von Matrizen entspricht der Addition von Vektoren und kann daher aus der Regel 7.2.6. verallgemeinert werden. Nach 7.2.6. gilt für zwei Vektoren:

$$\vec{a} + \vec{b} = \begin{pmatrix} a_1 \\ a_2 \\ a_2 \end{pmatrix} + \begin{pmatrix} b_1 \\ b_2 \\ b_3 \end{pmatrix} = \begin{pmatrix} a_1 + b_1 \\ a_2 + b_2 \\ a_3 + b_3 \end{pmatrix}.$$

9.2.3. Satz. Gleichartige Matrizen werden addiert (subtrahiert), indem die entsprechenden Elemente addiert (subtrahiert) werden

$$\underline{A} + \underline{B} = (a_{ik}) + (b_{ik}) = (a_{ik} + b_{ik}) \quad \forall \begin{matrix} i = 1 \ldots m \\ k = 1 \ldots n \end{matrix}$$

9.2.4. Beispiele.

1.
a) $$\begin{pmatrix} 1 & 4 & 2 \\ 0 & -3 & 7 \\ 6 & 0 & -2 \end{pmatrix} + \begin{pmatrix} 0 & 4 & 7 \\ 3 & 6 & -1 \\ 0 & 2 & -1 \end{pmatrix} = \begin{pmatrix} 1+0 & 4+4 & 2+7 \\ 0+3 & -3+6 & 7-1 \\ 6+0 & 0+2 & -2-1 \end{pmatrix} = \begin{pmatrix} 1 & 8 & 9 \\ 3 & 3 & 6 \\ 6 & 2 & -3 \end{pmatrix}$$

b) $$\begin{pmatrix} 1 & 4 & 2 \\ 0 & -3 & 7 \\ 6 & 0 & -2 \end{pmatrix} - \begin{pmatrix} 0 & 4 & 7 \\ 3 & 6 & -1 \\ 0 & 2 & -1 \end{pmatrix} = \begin{pmatrix} 1-0 & 4-4 & 2-7 \\ 0-3 & -3-6 & 7-(-1) \\ 6-0 & 0-2 & -2-(-1) \end{pmatrix} = \begin{pmatrix} 1 & 0 & -5 \\ -3 & -9 & 8 \\ 6 & -2 & -1 \end{pmatrix}$$

2. Die Matrizen $\underline{A} = \begin{pmatrix} 2 & 4 \\ 6 & 8 \\ -1 & 0 \end{pmatrix}$ und $\underline{B} = \begin{pmatrix} 0 & 4 \\ 1 & -6 \end{pmatrix}$ können nicht addiert werden.

Nach 9.2.1. sind sie nicht gleichartig, denn die Zeilenzahl von $\underline{A}$ stimmt nicht mit der von $\underline{B}$ überein.

Auch die Multiplikation einer Matrix mit einer Konstanten läßt sich aus der Multiplikation eines Vektors $\vec{a}$ mit einem Skalar c verallgemeinern. Nach 7.2.8. gilt für Vektoren

$$c \cdot \vec{a} = c \cdot \begin{pmatrix} a_1 \\ a_2 \\ a_3 \end{pmatrix} = \begin{pmatrix} ca_1 \\ ca_2 \\ ca_3 \end{pmatrix}.$$

Entsprechend gilt für Matrizen allgemein der Satz:

9.2.5. Satz. Eine Matrix $\underline{A}$ wird mit einer Konstanten c multipliziert, indem jedes Element a_{ik} aus $\underline{A}$ mit c multipliziert wird

$$c \cdot \underline{A} = c \cdot (a_{ik}) = (c \cdot a_{ik}) \quad \forall \begin{matrix} i = 1 \ldots m \\ k = 1 \ldots n \end{matrix}$$

Bei der Multiplikation einer Matrix mit einer Konstanten ergibt sich ein erster Unterschied zu den Determinanten, deren formales Schema ansonsten große Ähnlichkeit mit dem Matrizenschema hat. Eine Determinante wird nach 8.1.5. mit einer Konstanten multipliziert, indem nur **eine** Zeile **oder** Spalte mit dieser Konstanten multipliziert wird. Im Gegensatz dazu werden bei den Matrizen **alle** Elemente mit dieser Konstanten multipliziert.

9.2.6. Beispiele.

1. $$3 \cdot \begin{pmatrix} 1 & 4 & -3 \\ 0 & 7 & 9 \\ -4 & 3 & 0 \end{pmatrix} = \begin{pmatrix} 3 \cdot 1 & 3 \cdot 4 & 3 \cdot (-3) \\ 3 \cdot 0 & 3 \cdot 7 & 3 \cdot 9 \\ 3 \cdot (-4) & 3 \cdot 3 & 3 \cdot 0 \end{pmatrix} = \begin{pmatrix} 3 & 12 & -9 \\ 0 & 21 & 27 \\ -12 & 9 & 0 \end{pmatrix}$$

2. $$\begin{pmatrix} 2 & 8 & -4 \\ 0 & 4 & 6 \\ -4 & 2 & 10 \end{pmatrix} = \begin{pmatrix} 2 \cdot 1 & 2 \cdot 4 & 2 \cdot (-2) \\ 2 \cdot 0 & 2 \cdot 2 & 2 \cdot 3 \\ 2 \cdot (-2) & 2 \cdot 1 & 2 \cdot 5 \end{pmatrix} = 2 \cdot \begin{pmatrix} 1 & 4 & -2 \\ 0 & 2 & 3 \\ -2 & 1 & 5 \end{pmatrix}$$

Aus den Rechenregeln für das Skalarprodukt von zwei Vektoren ergibt sich formal schließlich die Multiplikation von zwei Matrizen.

9.2.7. Satz. Ein Zeilenvektor $\vec{a}_i$ von n Elementen einer Matrix $\underline{A}$ (d.h. die i-te Zeile von $\underline{A}$)

$$\vec{a}_i = (a_{i1}; a_{i2}; a_{i3}; \ldots ; a_{in})$$

wird mit einem Spaltenvektor $\vec{b}_k$ von ebenfalls n Elementen einer Matrix $\underline{B}$ (d.h. die k-te Spalte von $\underline{B}$)

$$\vec{b}_k = \begin{pmatrix} b_{1k} \\ \cdot \\ \cdot \\ \cdot \\ b_{nk} \end{pmatrix}$$

„skalar" multipliziert gemäß

$$\vec{a}_i \vec{b}_k = a_{i1} b_{1k} + a_{i2} b_{2k} + \ldots + a_{in} b_{nk}.$$

Sieht man von der unterschiedlichen Schreibweise des Vektors $\vec{a}_i$ als Zeilenvektor und von $\vec{b}_k$ als Spaltenvektor ab, so enthält der Satz 9.2.7. nichts Neues gegenüber dem Satz 7.2.10. über das Skalarprodukt von Vektoren.

Aus dem Satz 9.2.7. ergibt sich nun unmittelbar die Rechenanleitung für das Matrizenprodukt:

9.2.8. Satz (Multiplikation von Matrizen). Das Element c_{ik} einer Produktmatrix $\underline{C} = \underline{A} \cdot \underline{B}$ berechnet sich als Skalarprodukt des Zeilenvektors $\vec{a}_i$ von $\underline{A}$ und des Spaltenvektors $\vec{b}_k$ von $\underline{B}$

$$c_{ik} = \vec{a}_i \cdot \vec{b}_k \quad \forall \begin{matrix} i = 1 \ldots m \\ k = 1 \ldots n . \end{matrix}$$

Dieser Satz 9.2.8. beinhaltet unausgesprochen eine besondere Forderung an die Faktoren eines Matrizenproduktes. Da man ein Skalarprodukt nur von Vektoren berechnen kann, die gleichviel Koordinaten haben, muß die Anzahl der Spaltenvektoren des ersten Faktors (d.h. der Matrix $\underline{A}$) gleich der Anzahl der Zeilenvektoren des zweiten Faktors (d.h. der Matrix $\underline{B}$) sein. Das bedeutet aber, daß man z.B. eine dreispaltige Matrix $\underline{A}$ nicht mit einer zweizeiligen Matrix $\underline{B}$ multiplizieren kann.

9.2.9. Beispiele.

1.
$$\underline{A} \cdot \underline{B} = \begin{pmatrix} 1 & 2 & 4 \\ 0 & 2 & -3 \\ 2 & 4 & 6 \\ 0 & -2 & 1 \end{pmatrix} \cdot \begin{pmatrix} 0 & 4 & 2 & 1 \\ -6 & 2 & 0 & 1 \\ 3 & 2 & 0 & 4 \end{pmatrix} = \begin{pmatrix} 0 & 16 & 2 & 19 \\ -21 & -2 & 0 & -10 \\ -6 & 28 & 4 & 30 \\ 15 & -2 & 0 & 2 \end{pmatrix} = \underline{C}$$

a) Als Beispiel für die Berechnung der Elemente c_{ik} von $\underline{C}$ sei die Zahl c_{34} herausgegriffen. Nach 9.2.8. berechnet sich c_{34} als Skalarprodukt des Zeilenvektors $\vec{a}_3 = (2; 4; 6)$ von $\underline{A}$ und des Spaltenvektors $\vec{b}_4 = \begin{pmatrix} 1 \\ 1 \\ 4 \end{pmatrix}$ von $\underline{B}$ zu

$$c_{34} = \vec{a}_3 \cdot \vec{b}_4 = 1 \cdot 2 + 1 \cdot 4 + 4 \cdot 6 = 2 + 4 + 24 = 30.$$

b) Als zweites Beispiel sei die Berechnung des Elements c_{13} der Produktmatrix $\underline{C}$ demonstriert:

$$c_{13} = \vec{a}_1 \cdot \vec{b}_3 = (1; 2; 4) \cdot \begin{pmatrix} 2 \\ 0 \\ 0 \end{pmatrix} = 1 \cdot 2 + 2 \cdot 0 + 4 \cdot 0 = 2.$$

2.
$$\underline{A} \cdot \underline{B} = \begin{pmatrix} 2 & 3 \\ -1 & 0 \end{pmatrix} \begin{pmatrix} 0 & 1 \\ -2 & 4 \end{pmatrix} = \begin{pmatrix} 2 \cdot 0 + 3(-2) & 2 \cdot 1 + 3 \cdot 4 \\ -1 \cdot 0 + 0 \cdot (-2) & -1 \cdot 1 + 0 \cdot 4 \end{pmatrix} = \begin{pmatrix} -6 & 14 \\ 0 & -1 \end{pmatrix}.$$

3.
$$\underline{B} \cdot \underline{A} = \begin{pmatrix} 0 & 1 \\ -2 & 4 \end{pmatrix} \cdot \begin{pmatrix} 2 & 3 \\ -1 & 0 \end{pmatrix} = \begin{pmatrix} 0 \cdot 2 + 1 \cdot (-1) & 0 \cdot 3 + 1 \cdot 0 \\ -2 \cdot 2 + 4 \cdot (-1) & -2 \cdot 3 + 4 \cdot 0 \end{pmatrix} = \begin{pmatrix} -1 & 0 \\ -8 & -6 \end{pmatrix}$$

4.
$$\underline{C} \cdot \underline{D} = \begin{pmatrix} 2 & -6 \\ -3 & 9 \end{pmatrix} \begin{pmatrix} 12 & 3 \\ 4 & 1 \end{pmatrix} = \begin{pmatrix} 2 \cdot 12 - 6 \cdot 4 & 2 \cdot 3 - 6 \cdot 1 \\ -3 \cdot 12 + 9 \cdot 4 & -3 \cdot 3 + 9 \cdot 1 \end{pmatrix} = \begin{pmatrix} 0 & 0 \\ 0 & 0 \end{pmatrix} = \underline{N}.$$

Aus diesen Beispielen kann man bereits einige Konsequenzen für das Rechnen mit Matrizen ablesen, die in den folgenden Sätzen allgemein formuliert werden sollen.

Betrachtet man zunächst die Voraussetzungen für die Anwendbarkeit von 9.2.8., so wurde bereits festgestellt, daß zwei Matrizen $\underline{A}$ und $\underline{B}$ nur dann multipliziert werden können, wenn die Anzahl der Spalten von $\underline{A}$ gleich der Anzahl der Zeilen von $\underline{B}$ ist. Dagegen gibt es keinerlei Forderungen in bezug auf die Zeilenzahl von $\underline{A}$ und die Spaltenzahl von $\underline{B}$, so daß diese beliebige Größen haben und sogar ungleich sein können. Sind sie jedoch ungleich, so kann eine Vertauschung der Faktoren des Matrizenproduktes sicherlich nicht möglich sein. Doch selbst wenn sie gleich sind, wenn die zu multiplizierenden Matrizen quadratisch sind, unterscheiden sich die Ergebnisse des Matrizenproduktes bei einer Vertauschung der Faktoren, wie die Beispiele 9.2.9.2. und 9.2.9.3. zeigen. Damit ergibt sich bereits der folgende Satz:

9.2.10. Satz. Das Produkt aus zwei Matrizen $\underline{A}$ und $\underline{B}$ ist im allgemeinen nicht kommutativ, d.h.

$$\underline{A} \cdot \underline{B} \neq \underline{B} \cdot \underline{A}.$$

In Beispiel 9.2.9.4. werden zwei Matrizen miteinander multipliziert, die beide ungleich der Nullmatrix $\underline{N}$ sind. Dennoch hat das Matrizenprodukt die Nullmatrix $\underline{N}$ als Ergebnis. Aus dieser Beobachtung kann ebenfalls ein Satz formuliert werden:

9.2.11. Satz. Stellt die Nullmatrix $\underline{N}$ das Ergebnis eines Produktes aus zwei Matrizen $\underline{A}$ und $\underline{B}$ dar, so müssen $\underline{A}$ oder $\underline{B}$ nicht zwangsläufig Nullmatrizen sein, d.h.

$$\text{aus } \underline{A} \cdot \underline{B} = \underline{N} \text{ folgt nicht } \underline{A} = \underline{N} \text{ oder } \underline{B} = \underline{N}.$$

Aus den bisher behandelten Rechenregeln für Matrizen ergeben sich Berechnungsgrundlagen für einige spezielle Matrizen, die aufgrund ihrer besonderen Bedeutung spezielle Namen erhalten haben. Die wichtigsten dieser Spezialmatrizen sollen jetzt vorgestellt werden, ohne daß jedoch auf Einzelheiten ihrer Bedeutung eingegangen werden kann.

9.2.12. Definition. Eine Matrix $\underline{A}^T$ heißt **Transponierte** von $\underline{A}$, wenn $\underline{A}^T$ aus $\underline{A}$ durch Vertauschung der Zeilen und Spalten hervorgeht, wenn also gilt

$$\underline{A} = (a_{ik}) \quad \text{und} \quad \underline{A}^T = (a_{ki}).$$

9.2.13. Beispiel.

$$\underline{A} = \begin{pmatrix} 1 & 2 & 4 \\ 0 & 6 & -3 \\ 2 & 6 & -1 \\ 0 & 0 & 3 \end{pmatrix} \quad \Rightarrow \quad \underline{A}^T = \begin{pmatrix} 1 & 0 & 2 & 0 \\ 2 & 6 & 6 & 0 \\ 4 & -3 & -1 & 3 \end{pmatrix}$$

9.2.14. Satz. Existiert das Produkt aus zwei Matrizen $\underline{A}$ und $\underline{B}$, so gilt für die Transponierten

$$(\underline{A} \cdot \underline{B})^T = \underline{B}^T \cdot \underline{A}^T.$$

9.2.15. Beispiel. Gegeben seien die Matrizen $\underline{A} = \begin{pmatrix} 1 & 4 \\ 2 & 5 \\ -3 & 0 \end{pmatrix}$ mit $\underline{A}^T = \begin{pmatrix} 1 & 2 & -3 \\ 4 & 5 & 0 \end{pmatrix}$ sowie die Matrizen $\underline{B} = \begin{pmatrix} 1 & -1 \\ 0 & 3 \end{pmatrix}$ mit $\underline{B}^T = \begin{pmatrix} 1 & 0 \\ -1 & 3 \end{pmatrix}$. Multipliziert man 9.2.14. entsprechend, so ergibt sich in Übereinstimmung mit 9.2.14.

$$(\underline{A} \cdot \underline{B})^T = \left(\begin{pmatrix} 1 & 4 \\ 2 & 5 \\ -3 & 0 \end{pmatrix} \cdot \begin{pmatrix} 1 & -1 \\ 0 & -3 \end{pmatrix} \right)^T = \begin{pmatrix} 1 & 11 \\ 2 & 13 \\ -3 & 3 \end{pmatrix}^T$$

$$= \begin{pmatrix} 1 & 2 & -3 \\ 11 & 13 & 3 \end{pmatrix}$$

$$= \begin{pmatrix} 1 & 0 \\ -1 & 3 \end{pmatrix} \cdot \begin{pmatrix} 1 & 2 & -3 \\ 4 & 5 & 0 \end{pmatrix}$$

$$= \underline{B}^T \cdot \underline{A}^T.$$

9.2.16. Definition. Eine Matrix $\underline{A}$ heißt **symmetrisch**, wenn sie mit ihrer Transponierten identisch ist, d.h. wenn gilt

$$\underline{A} = (a_{ik}) = (a_{ki}) = \underline{A}^T.$$

Dabei ist zu beachten, daß Symmetrie immer dann eintritt, wenn die Matrix $\underline{A}$ zur Hauptdiagonalen achsensymmetrisch ist. Das kann aber nur bei quadratischen Matrizen möglich sein, so daß symmetrische Matrizen unbedingt quadratisch sein müssen.

9.2.17. Beispiele.

1. Die Matrix

$$\underline{A} = \begin{pmatrix} 1 & 0 & 4 \\ 0 & -3 & -1 \\ 4 & -1 & 0 \end{pmatrix}$$

ist symmetrisch, denn bildet man die Transponierte von $\underline{A}$, dann ergibt sich

$$\underline{A}^T = \begin{pmatrix} 1 & 0 & 4 \\ 0 & -3 & -1 \\ 4 & -1 & 0 \end{pmatrix} \quad \Rightarrow \quad \underline{A}^T = \underline{A}.$$

2. Die Matrix $\underline{B} = \begin{pmatrix} 1 & 2 & 4 \\ 0 & -2 & 1 \end{pmatrix}$ ist nicht symmetrisch, denn bildet man hier die Transponierte, so ergibt sich

$$\underline{B}^T = \begin{pmatrix} 1 & 0 \\ 2 & -2 \\ 4 & 1 \end{pmatrix} \quad \Rightarrow \quad \underline{B} \neq \underline{B}^T.$$

9.2.18. Definition. Eine Matrix $\underline{A}$ heißt **schiefsymmetrisch**, wenn sie mit dem Negativen ihrer Transponierten identisch ist, d.h. wenn gilt

$$\underline{A} = (a_{ik}) = (-a_{ki}) = -\underline{A}^T.$$

Sicherlich kann Schiefsymmetrie, wie die normale Symmetrie, nur bei quadratischen Matrizen auftreten. Aus der Definition ergibt sich aber noch eine weitere Forderung an eine schiefsymmetrische Matrix in bezug auf die Hauptdiagonalelemente. Für diese muß nach 9.2.18. für Schiefsymmetrie

$$a_{ii} = -a_{ii} \qquad \forall\, i = 1 \dots n$$

gleichzeitig gelten. Das ist aber nur mit $a_{ii} = 0$ für alle $i = 1 \dots n$ möglich, so daß die Hauptdiagonalelemente einer schiefsymmetrischen Matrix auf jeden Fall gleich Null sein müssen.

9.2.19. Beispiele.

1. Die Matrix $\underline{A} = \begin{pmatrix} 0 & -3 & 4 \\ 3 & 0 & -1 \\ -4 & 1 & 0 \end{pmatrix}$ ist schiefsymmetrisch, denn es gilt

$$-\underline{A}^T = -\begin{pmatrix} 0 & 3 & -4 \\ -3 & 0 & 1 \\ 4 & -1 & 0 \end{pmatrix} = \begin{pmatrix} 0 & -3 & 4 \\ 3 & 0 & -1 \\ -4 & 1 & 0 \end{pmatrix} = \underline{A}$$

2. Die Matrix $\underline{B} = \begin{pmatrix} 2 & 6 & -3 \\ -6 & 0 & 1 \\ 3 & -1 & 0 \end{pmatrix}$ ist nicht schiefsymmetrisch, denn es gilt

$$-\underline{B}^T = -\begin{pmatrix} 2 & 6 & -3 \\ -6 & 0 & 1 \\ 3 & -1 & 0 \end{pmatrix}^T = -\begin{pmatrix} 2 & -6 & 3 \\ 6 & 0 & -1 \\ -3 & 1 & 0 \end{pmatrix} = \begin{pmatrix} -2 & 6 & -3 \\ -6 & 0 & 1 \\ 3 & -1 & 0 \end{pmatrix} \neq \underline{B}$$

Für die folgenden Definitionen und Sätze sei daran erinnert, daß die Elemente von Matrizen nach 9.1.3. beliebige Größen, also sicherlich auch komplexe Zahlen sein können. In dem Fall spricht man auch von komplexen Matrizen. Da zu jeder komplexen Zahl das konjugiert Komplexe existiert, kann man zu den komplexen Matrizen ebenfalls das konjugiert Komplexe berechnen.

9.2.20. Definition. Sind die Elemente z_{kl} einer Matrix $\underline{Z}$ komplexe Zahlen, so heißt die Matrix $\underline{Z}^* = (z_{kl}^*)$ die zu $\underline{Z}$ **konjugiert komplexe Matrix**, sofern die Zahlen z_{kl}^* die konjugiert Komplexen zu den z_{kl} für alle Indices k und l sind.

9.2.21. Beispiel.

$$\underline{Z} = \begin{pmatrix} 3 & 5+i & -i \\ 0 & 2i & 7-3i \end{pmatrix} \quad \Rightarrow \quad \underline{Z}^* = \begin{pmatrix} 3 & 5+i & -i \\ 0 & 2i & 7-3i \end{pmatrix}^* = \begin{pmatrix} 3 & 5-i & i \\ 0 & -2i & 7+3i \end{pmatrix}$$

9.2.22. Satz. Für jede komplexe Matrix $\underline{Z}$ gilt

$$(\underline{Z}^*)^* = \underline{Z}.$$

Dieser Satz geht direkt auf 1.3.20.4. zurück und bedarf daher keines besonderen Beispiels.

9.2.23. Definition. Gegeben sei eine komplexe Matrix $\underline{Z}$. Dann heißt die Matrix

$$\underline{Z}^+ = (\underline{Z}^*)^T = (\underline{Z}^T)^*$$

die zu $\underline{Z}$ **hermetisch konjugierte Matrix.**

In dieser Definition steckt mit der Gleichung

$$(\underline{Z}^*)^T = (\underline{Z}^T)^*$$

eine zusätzliche Behauptung, deren Richtigkeit an einem Beispiel erläutert werden soll:

9.2.24. Beispiel. Gegeben sei die allgemeine komplexe Matrix

$\underline{Z} = \begin{pmatrix} a_{11} + b_{11}i & a_{12} + b_{12}i \\ a_{21} + b_{21}i & a_{22} + b_{22}i \end{pmatrix}$. Aus dieser Matrix ergibt sich

$$\begin{aligned} (\underline{Z}^*)^T &= \begin{pmatrix} a_{11} - b_{11}i & a_{12} - b_{12}i \\ a_{21} - b_{21}i & a_{22} - b_{22}i \end{pmatrix}^T = \begin{pmatrix} a_{11} - b_{11}i & a_{21} - b_{21}i \\ a_{12} - b_{12}i & a_{22} - b_{22}i \end{pmatrix} \\ &= \begin{pmatrix} a_{11} + b_{11}i & a_{21} + b_{21}i \\ a_{12} + b_{12}i & a_{22} + b_{22}i \end{pmatrix}^* \\ &= (\underline{Z}^T)^* \end{aligned}$$

in Übereinstimmung mit 9.2.23.

9.2.25. Satz. Existiert das Produkt aus zwei komplexen Matrizen $\underline{Z}_1$ und $\underline{Z}_2$, so gilt für die hermitesch konjugierten Matrizen

$$(\underline{Z}_1 \cdot \underline{Z}_2)^+ = \underline{Z}_2^+ \cdot \underline{Z}_1^+.$$

Dieser Satz gleicht sehr stark dem Satz 9.2.14. Tatsächlich benutzt der Beweis von 9.2.25. auch 9.2.14., denn es gilt

$$(\underline{Z}_1 \cdot \underline{Z}_2)^+ = ((\underline{Z}_1 \cdot Z_2)^*)^T = (\underline{Z}_1^* \cdot \underline{Z}_2^*)^T \qquad \text{wegen 1.3.20.2.}$$
$$= (\underline{Z}_2^*)^T \cdot (Z_1^*)^T \qquad \text{wegen 9.2.14.}$$
$$= \underline{Z}_2^+ \cdot \underline{Z}_1^+ .$$

9.2.26. Definition. Eine Matrix $\underline{H}$ heißt **hermitesch**, wenn

$$\underline{H}^+ = \underline{H}$$

gilt.

9.2.27. Beispiel. Die Matrix $\underline{H} = \begin{pmatrix} 5 & 3+2i \\ 3-2i & -1 \end{pmatrix}$ ist hermitesch, denn es gilt

$$\underline{H}^+ = \left(\begin{pmatrix} 5 & 3+2i \\ 3-2i & -1 \end{pmatrix}^*\right)^T = \begin{pmatrix} 5 & 3-2i \\ 3+2i & -1 \end{pmatrix}^T = \begin{pmatrix} 5 & 3+2i \\ 3-2i & -1 \end{pmatrix} = \underline{H}.$$

Wie man am Beispiel 9.2.27. bereits erkennen kann, muß eine Matrix zwei Bedingungen erfüllen, soll sie hermitesch sein. Eine hermitesche Matrix muß

1. symmetrisch sein in bezug auf die Realteile ihrer komplexen Elemente. Daher ist bei reellen Matrizen symmetrisch und hermitesch gleichbedeutend.
2. Eine hermitesche Matrix muß schiefsymmetrisch sein in bezug auf den Imaginärteil ihrer komplexen Elemente, so daß bei imaginären Matrizen hermitesch und schiefsymmetrisch gleichbedeutend ist.

Nach der Klärung dieser neuen Begriffe, die z.B. in der Quantenmechanik ihre Anwendung finden, soll zunächst wieder auf den Zusammenhang zwischen linearen Abbildungen und Matrizen zurückgegriffen werden. Nach 9.1.5. kann jeder homogenen linearen Abbildung f eindeutig eine Matrix $\underline{A}$ zugeordnet werden. Bildet man nun z.B. einen Vektor $\vec{a}$ mit Hilfe von f in einen Vektor $\vec{a}' = f(\vec{a})$ ab, so ist es in vielen Fällen möglich, den Vektor $\vec{a}'$ mit Hilfe einer Rückabbildung (Umkehrabbildung, inverse Abbildung) f^{-1} wieder in $\vec{a}$ zu überführen, d.h. $f^{-1}(\vec{a}') = \vec{a}$. Ist f nun eine lineare Abbildung, so ist f^{-1} ebenfalls linear, wie man am besonders einfachen Beispiel des Spezialfalles einer Abbildung, einer linearen Funktion g

$$y = g(x) = 5x \quad x = g^{-1}(y) = \frac{1}{5}y \quad \text{(vgl. 2.2.10.)}$$

erkennen kann. Kann man nun der linearen Abbildung eindeutig eine Matrix $\underline{A}$ zuordnen, so muß zur ebenfalls linearen Abbildung f^{-1} eine inverse Matrix $\underline{A}^{-1}$ existieren, sofern die Umkehrabbildung existiert.

9.2.28. Definition. Die Matrix $\underline{A}$ beschreibe eine lineare homogene Abbildung f. Existiert zu f eine Umkehrabbildung f^{-1}, so heißt die zugehörige Abbildungsmatrix $\underline{A}^{-1}$ die zu $\underline{A}$ **inverse Matrix.**

Nun wurde in Satz 2.2.16. bereits festgestellt, daß die Hintereinanderschaltung einer Funktion g und ihrer Umkehrfunktion g^{-1} stets das Funktionsargument zum Ergebnis hat, d.h. daß gilt

$$g^{-1}(g(x)) = x.$$

Überträgt man diesen Satz auf Abbildungen, so muß die Anwendung einer Abbildung f und ihrer Umkehrabbildung f^{-1} auf einen Vektor $\vec{a}$ zur Identität von $\vec{a}$ führen, d.h. es muß gelten

$$f^{-1}(f(\vec{a})) = \vec{a}.$$

Bedenkt man nun weiter, daß man einer homogenen linearen Abbildung f und ihrer Umkehrabbildung f^{-1} die Matrizen $\underline{A}$ und $\underline{A}^{-1}$ zuordnen kann, daß weiter eine identische Abbildung nach 9.1.6.2. durch die Einheitsmatrix $\underline{E}$ beschrieben wird, so ergibt sich eine Forderung an Matrix $\underline{A}$ und inverse Matrix $\underline{A}^{-1}$, die zur Berechnung von $\underline{A}^{-1}$ benutzt werden kann.

9.2.29. Satz. Existiert die zu $\underline{A}$ inverse Matrix $\underline{A}^{-1}$, so gilt die Gleichung

$$\underline{A} \cdot \underline{A}^{-1} = \underline{A}^{-1} \cdot \underline{A} = \underline{E}.$$

Soll nun die zu $\underline{A}$ inverse Matrix $\underline{A}^{-1}$ berechnet werden, so erhält man aus 9.2.29. ein System von Gleichungen mit Unbekannten, die berechnet werden müssen.

9.2.30. Beispiel. Gesucht wird die inverse Matrix $\underline{A}^{-1}$ zu $\underline{A} = \begin{pmatrix} 1 & 4 \\ -2 & 3 \end{pmatrix}$. Nach 9.2.29. muß gelten

$$\underline{A} \cdot \underline{A}^{-1} = \begin{pmatrix} 1 & 4 \\ -2 & 3 \end{pmatrix} \cdot \begin{pmatrix} a & b \\ c & d \end{pmatrix} = \begin{pmatrix} 1 \cdot a + 4 \cdot c & 1 \cdot b + 4 \cdot d \\ -2 \cdot a + 3 \cdot c & -2 \cdot b + 3 \cdot d \end{pmatrix}$$

$$= \begin{pmatrix} 1 & 0 \\ 0 & 1 \end{pmatrix} = \underline{E}.$$

Durch Vergleich erhält man ein inhomogenes lineares System aus vier Gleichungen mit den vier Unbekannten a, b, c und d

$$\begin{aligned} a + 4c &= 1 \qquad & b + 4d &= 0 \\ -2a + 3c &= 0 \qquad & -2b + 3d &= 1, \end{aligned}$$

das lösbar ist und zu den Lösungen

$$a = \frac{3}{11} \qquad b = -\frac{4}{11} \qquad c = \frac{2}{11} \qquad d = \frac{1}{11}$$

führt. Damit existiert die Umkehrabbildung, und die gesuchte inverse Matrix $\underline{A}^{-1}$ lautet

$$\underline{A}^{-1} = \begin{pmatrix} \frac{3}{11} & -\frac{4}{11} \\ \frac{2}{11} & \frac{1}{11} \end{pmatrix}.$$

Das in 9.2.30. gezeigte Verfahren zur Berechnung von inversen Matrizen ist leicht anwendbar bei Matrizen mit wenigen Elementen. Die Lösung des Gleichungssystems wird aber umso schwerer, je mehr Elemente die gegebene Matrix hat, zu der das Inverse berechnet werden soll. Mit der Cramerschen Regel 8.2.2. liegt jedoch ein Verfahren vor, nach dem relativ leicht größere inhomogene lineare Systeme gelöst werden können. Aus dieser Cramerschen Regel folgt der folgende Satz:

9.2.31. Satz. Ist die Determinante einer gegebenen Matrix $\underline{A}$ ungleich Null, so existiert die inverse Matrix $\underline{A}^{-1}$.

Aus der Cramerschen Regel folgend, berechnet sich $\underline{A}^{-1}$ in zwei Einzelschritten:

a) Die Elemente a'_{ik} einer Matrix $\underline{A}'$ berechnen sich aus der Determinante von $\underline{A}$ und dem algebraischen Komplement A_{ik} zum Element a_{ik} von $\underline{A}$ zu

$$a'_{ik} = \frac{A_{ik}}{\det \underline{A}} \quad ⤵ \quad \underline{A}' = (a'_{ik}).$$

b) Die Transponierte von $\underline{A}'$ ist identisch mit der gesuchten Matrix $\underline{A}^{-1}$, d.h.

$$\underline{A}^{-1} = (\underline{A}')^T.$$

9.2.32. Beispiele.

1. Zur Bestätigung des Verfahrens 9.2.31. sei die Berechnung der inversen Matrix $\underline{A}^{-1}$ aus 9.2.30. wiederholt. Dazu muß zunächst die Determinante von $\underline{A}$ berechnet werden:

$$\det \underline{A} = |\underline{A}| = \begin{vmatrix} 1 & 4 \\ -2 & 3 \end{vmatrix} = 3 + 8 = 11 \neq 0.$$

Da $\det \underline{A} \neq 0$ gilt, existiert die inverse Matrix $\underline{A}^{-1}$, und die beiden Einzelschritte aus 9.2.31. können ausgeführt werden:

a) $$\underline{A}' = \begin{pmatrix} \dfrac{A_{11}}{\det \underline{A}} & \dfrac{A_{12}}{\det \underline{A}} \\ \dfrac{A_{21}}{\det \underline{A}} & \dfrac{A_{22}}{\det \underline{A}} \end{pmatrix}$$

$$= \begin{pmatrix} \dfrac{(-1)^{1+1} \cdot 3}{11} & \dfrac{(-1)^{1+2} \cdot (-2)}{11} \\ \dfrac{(-1)^{2+1} \cdot 4}{11} & \dfrac{(-1)^{2+2} \cdot 1}{11} \end{pmatrix}$$

$$= \begin{pmatrix} \dfrac{3}{11} & \dfrac{2}{11} \\ -\dfrac{4}{11} & \dfrac{1}{11} \end{pmatrix}$$

b) $$\underline{A}^{-1} = (\underline{A}')^T = \begin{pmatrix} \frac{3}{11} & \frac{2}{11} \\ -\frac{4}{11} & \frac{1}{11} \end{pmatrix}^T = \begin{pmatrix} \frac{3}{11} & -\frac{4}{11} \\ \frac{2}{11} & \frac{1}{11} \end{pmatrix}$$

Das Ergebnis stimmt mit 9.2.30. überein.

2. Gesucht wird die inverse Matrix $\underline{A}^{-1}$ zu

$$\underline{A} = \begin{pmatrix} 1 & 0 & -2 \\ 4 & 3 & -1 \\ 0 & 2 & 1 \end{pmatrix}$$

Wegen

$$\det \underline{A} = |\underline{A}| = \begin{vmatrix} 1 & 0 & -2 \\ 4 & 3 & -1 \\ 0 & 2 & 1 \end{vmatrix} = -11 \neq 0$$

existiert die inverse Matrix $\underline{A}^{-1}$. Sie kann nach 9.2.31. in den folgenden zwei Teilschritten berechnet werden:

a) $$\underline{A}' = \begin{pmatrix} \frac{A_{11}}{\det \underline{A}} & \frac{A_{12}}{\det \underline{A}} & \frac{A_{13}}{\det \underline{A}} \\ \frac{A_{21}}{\det \underline{A}} & \frac{A_{22}}{\det \underline{A}} & \frac{A_{23}}{\det \underline{A}} \\ \frac{A_{31}}{\det \underline{A}} & \frac{A_{32}}{\det \underline{A}} & \frac{A_{33}}{\det \underline{A}} \end{pmatrix}$$

$$= \begin{pmatrix} \frac{(-1)^{1+1} \cdot \begin{vmatrix} 3 & -1 \\ 2 & 1 \end{vmatrix}}{-11} & \frac{(-1)^{1+2} \cdot \begin{vmatrix} 4 & -1 \\ 0 & 1 \end{vmatrix}}{-11} & \frac{(-1)^{1+3} \cdot \begin{vmatrix} 4 & 3 \\ 0 & 2 \end{vmatrix}}{-11} \\ \frac{(-1)^{2+1} \cdot \begin{vmatrix} 0 & -2 \\ 2 & 1 \end{vmatrix}}{-11} & \frac{(-1)^{2+2} \cdot \begin{vmatrix} 1 & -2 \\ 0 & 1 \end{vmatrix}}{-11} & \frac{(-1)^{2+3} \cdot \begin{vmatrix} 1 & 0 \\ 0 & 2 \end{vmatrix}}{-11} \\ \frac{(-1)^{3+1} \cdot \begin{vmatrix} 0 & -2 \\ 3 & -1 \end{vmatrix}}{-11} & \frac{(-1)^{3+2} \cdot \begin{vmatrix} 1 & -2 \\ 4 & -1 \end{vmatrix}}{-11} & \frac{(-1)^{3+3} \cdot \begin{vmatrix} 1 & 0 \\ 4 & 3 \end{vmatrix}}{-11} \end{pmatrix}$$

$$= \begin{pmatrix} -\frac{5}{11} & \frac{4}{11} & -\frac{8}{11} \\ \frac{4}{11} & -\frac{1}{11} & \frac{2}{11} \\ -\frac{6}{11} & \frac{7}{11} & -\frac{3}{11} \end{pmatrix}$$

b)

$$\underline{A}^{-1} = (\underline{A}')^T = \begin{pmatrix} -\frac{5}{11} & \frac{4}{11} & -\frac{8}{11} \\ \frac{4}{11} & -\frac{1}{11} & \frac{2}{11} \\ -\frac{6}{11} & \frac{7}{11} & -\frac{3}{11} \end{pmatrix}^T = \begin{pmatrix} -\frac{5}{11} & \frac{4}{11} & -\frac{6}{11} \\ \frac{4}{11} & -\frac{1}{11} & \frac{7}{11} \\ -\frac{8}{11} & \frac{2}{11} & -\frac{3}{11} \end{pmatrix}$$

Berechnet man zur Kontrolle das Produkt aus Matrix und inverser Matrix, so ergibt sich in Übereinstimmung mit 9.2.29.:

$$\underline{A} \cdot \underline{A}^{-1} = \begin{pmatrix} 1 & 0 & -2 \\ 4 & 3 & -1 \\ 0 & 2 & 1 \end{pmatrix} \cdot \begin{pmatrix} -\frac{5}{11} & \frac{4}{11} & -\frac{6}{11} \\ \frac{4}{11} & -\frac{1}{11} & \frac{7}{11} \\ -\frac{8}{11} & \frac{2}{11} & -\frac{3}{11} \end{pmatrix}$$

$$= \begin{pmatrix} -\frac{5}{11} + \frac{16}{11} & \frac{4}{11} - \frac{4}{11} & -\frac{6}{11} + \frac{6}{11} \\ -\frac{20}{11} + \frac{12}{11} + \frac{8}{11} & \frac{16}{11} - \frac{3}{11} - \frac{2}{11} & -\frac{24}{11} + \frac{21}{11} + \frac{3}{11} \\ \frac{8}{11} - \frac{8}{11} & -\frac{2}{11} + \frac{2}{11} & \frac{14}{11} - \frac{3}{11} \end{pmatrix}$$

$$= \begin{pmatrix} 1 & 0 & 0 \\ 0 & 1 & 0 \\ 0 & 0 & 1 \end{pmatrix} = \underline{E}.$$

Die oben berechnete Matrix $\underline{A}^{-1}$ ist also das Inverse zur gegebenen Matrix $\underline{A}$.

Besteht nun die Möglichkeit, nach 9.2.31. die inverse Matrix $\underline{A}^{-1}$ aus der Kenntnis der Matrix $\underline{A}$ zu berechnen, so ergeben sich zwei spezielle Typen von Matrizen, die allerdings nur namentlich genannt werden sollen.

9.2.33. Definition. Eine Matrix $\underline{A}$ heißt **orthogonal**, sofern sie die Gleichung

$$\underline{A}^T = \underline{A}^{-1} \quad \Leftrightarrow \quad \underline{A}^T \cdot \underline{A} = \underline{E}$$

erfüllt.

9.2.34. Beispiel. Die Matrix $\underline{A} = \begin{pmatrix} \sin\varphi & -\cos\varphi \\ \cos\varphi & \sin\varphi \end{pmatrix}$ ist orthogonal, denn es gilt

$$\underline{A} \cdot \underline{A}^T = \begin{pmatrix} \sin\varphi & -\cos\varphi \\ \cos\varphi & \sin\varphi \end{pmatrix} \cdot \begin{pmatrix} \sin\varphi & \cos\varphi \\ -\cos\varphi & \sin\varphi \end{pmatrix}$$

$$= \begin{pmatrix} \sin^2\varphi + \cos^2\varphi & \sin\varphi\cos\varphi - \cos\varphi\sin\varphi \\ \cos\varphi\sin\varphi - \sin\varphi\cos\varphi & \cos^2\varphi + \sin^2\varphi \end{pmatrix}$$

$$= \begin{pmatrix} 1 & 0 \\ 0 & 1 \end{pmatrix} = \underline{E}.$$

9.2.35. Definition. Eine Matrix $\underline{U}$ heißt **unitär**, wenn sie die Gleichung

$$\underline{U}^+ = \underline{U}^{-1} \quad \Leftrightarrow \quad \underline{U}^+ \cdot \underline{U} = \underline{E}$$

erfüllt.

9.2.36. Beispiel. Die Matrix $\underline{U} = \begin{pmatrix} \sin\varphi & i\cdot\cos\varphi \\ -i\cdot\cos\varphi & -\sin\varphi \end{pmatrix}$ ist unitär, denn es gilt

$$\begin{aligned}
\underline{U}\cdot\underline{U}^+ &= \begin{pmatrix} \sin\varphi & i\cdot\cos\varphi \\ -i\cdot\cos\varphi & -\sin\varphi \end{pmatrix} \cdot \begin{pmatrix} \sin\varphi & -i\cdot\cos\varphi \\ i\cdot\cos\varphi & -\sin\varphi \end{pmatrix}^T \\
&= \begin{pmatrix} \sin\varphi & i\cdot\cos\varphi \\ -i\cdot\cos\varphi & -\sin\varphi \end{pmatrix} \cdot \begin{pmatrix} \sin\varphi & i\cdot\cos\varphi \\ -i\cdot\cos\varphi & -\sin\varphi \end{pmatrix} \\
&= \begin{pmatrix} \sin^2\varphi - i^2\cdot\cos^2\varphi & i\cdot\sin\varphi\cos\varphi - i\cdot\cos\varphi\sin\varphi \\ -i\cdot\cos\varphi\sin\varphi + i\cdot\sin\varphi\cos\varphi & -i^2\cdot\cos^2\varphi + \sin^2\varphi \end{pmatrix} \\
&= \begin{pmatrix} 1 & 0 \\ 0 & 1 \end{pmatrix} = \underline{E}.
\end{aligned}$$

Vergleicht man nun die Sätze 9.2.33. und 9.2.35. miteinander, so stellt man fest, daß für reelle Matrizen unitär und orthogonal gleichbedeutend ist, denn für reelle Matrizen gilt stets

$$\underline{A}^+ = (\underline{A}^*)^T = \underline{A}^T.$$

Zum Abschluß dieses Kapitels über das Rechnen mit Matrizen stehen noch einige Begriffe und Regeln aus, die einerseits Verbindungen und Ähnlichkeiten zu den Determinanten aufweisen und andererseits wie Determinanten bei der praktischen Lösung von linearen Gleichungssystemen sehr behilflich sein können.

9.2.37. Definition. Die Maximalzahl r linear unabhängiger Zeilenvektoren $\vec{a}_i$ (⇒ Zeilenrang) oder Spaltenvektoren $\vec{a}_k$ (⇒ Spaltenrang) einer Matrix $\underline{A} = (a_{ik})$ heißt **Rang der Matrix $\underline{A}$**

$$r = \operatorname{rg}\underline{A}.$$

Zeilen- und Spaltenrang von $\underline{A}$ sind gleich.

Durch diese Definition wird eine Verbindung hergestellt zwischen dem Rang einer Matrix und der linearen Unabhängigkeit von Vektoren. Demnach kann nach 7.3.9. auch der Rang einer Matrix bestimmt werden.

9.2.38. Beispiele.

1. Gesucht wird der Rang der Matrix $\underline{A} = \begin{pmatrix} 1 & -1 & 0 \\ 3 & 0 & 1 \\ 0 & 2 & -2 \end{pmatrix}$. Die Matrix $\underline{A}$ enthält

   die Spaltenvektoren

$$\vec{a}_1 = \begin{pmatrix} 1 \\ 3 \\ 0 \end{pmatrix} \quad \vec{a}_2 = \begin{pmatrix} -1 \\ 0 \\ 2 \end{pmatrix} \quad \vec{a}_3 = \begin{pmatrix} 0 \\ 1 \\ -2 \end{pmatrix},$$

die nach 7.3.10.2. linear unabhängig sind. Damit ergibt sich

$$\text{rg}\,\underline{A} = 3.$$

2. Gesucht wird der Rang der Matrix $\underline{B} = \begin{pmatrix} 1 & -9 & 9 \\ 0 & 6 & -4 \\ -5 & 0 & -15 \end{pmatrix}$. Die Matrix $\underline{B}$ enthält die Spaltenvektoren

$$\vec{b}_1 = \begin{pmatrix} 1 \\ 0 \\ -5 \end{pmatrix} \quad \vec{b}_2 = \begin{pmatrix} -9 \\ 6 \\ 0 \end{pmatrix} \quad \vec{b}_3 = \begin{pmatrix} 9 \\ -4 \\ -15 \end{pmatrix},$$

die nach 7.3.12. linear abhängig sind. Andererseits sind jeweils zwei der drei Vektoren linear unabhängig, denn es ergibt sich z.B. aus der Linearkombination

$$c_1\vec{b}_1 + c_2\vec{b}_2 = \begin{pmatrix} c_1 - 9c_2 \\ 6c_2 \\ -5c_1 \end{pmatrix} = \begin{pmatrix} 0 \\ 0 \\ 0 \end{pmatrix} = \vec{0} \quad \Rightarrow \quad c_1 = 0; \quad c_2 = 0.$$

Damit folgt für den gesuchten Rang von $\underline{B}$

$$\text{rg}\,\underline{B} = 2.$$

Nun läßt sich die lineare Unabhängigkeit von Zeilen- oder Spaltenvektoren nach 8.1.11. auch mit Hilfe von Determinanten bestimmen, so daß man den folgenden Satz erhält:

9.2.39. Satz. Der Rang einer Matrix $\underline{A}$ ist identisch mit der Ordnung der größten, nichtverschwindenden Unterdeterminante von $\underline{A}$.

9.2.40. Beispiele.

1. Berechnet man die Determinante der Matrix $\underline{A}$ aus Beispiel 9.2.38.1., so ergibt sich

$$\det \underline{A} = |\underline{A}| = \begin{vmatrix} 1 & -1 & 0 \\ 3 & 0 & 1 \\ 0 & 2 & -2 \end{vmatrix} = -6 - 2 = -8 \neq 0.$$

Die größtmögliche, nichtverschwindende Unterdeterminante von $\underline{A}$ ist in diesem Fall also identisch mit der Determinante von $\underline{A}$ selbst, so daß nach 9.2.39. das Ergebnis der Rangbestimmung

$$\text{rg}\,\underline{A} = 3$$

in Übereinstimmung mit 9.2.38.1. lautet.

2. Berechnet man die Determinante zur Matrix $\underline{B}$ aus 9.2.38.2., so ergibt sich

$$\det \underline{B} = |\underline{B}| = \begin{vmatrix} 1 & -9 & 9 \\ 0 & 6 & -4 \\ -5 & 0 & -15 \end{vmatrix} = 0.$$

Damit ist nach 9.2.39.

$$\operatorname{rg} \underline{B} < 3.$$

Wählt man nun eine beliebige Unterdeterminante zweiter Ordnung von $\underline{B}$, so ergibt sich z.B.

$$\det \underline{U}_1 = |\underline{U}_1| = \begin{vmatrix} 1 & -9 \\ 0 & 6 \end{vmatrix} = 6 \neq 0.$$

Damit ist die größte, nichtverschwindende Unterdeterminante von $\underline{B}$ zweiter Ordnung. Daraus folgt nach 9.2.39. für den gesuchten Rang von $\underline{B}$

$$\operatorname{rg} \underline{B} = 2.$$

9.2.41. Satz. Der Rang einer Matrix $\underline{A}$ bleibt unverändert, wenn man zu einer Zeile oder Spalte das k-fache einer anderen Zeile oder Spalte addiert.

Dieser Satz erinnert sehr stark an den entsprechenden Satz für Determinanten, denn nach 8.1.7. ändert sich der Wert einer Determinante nicht, wenn man die Addition von Vielfachen von Zeilen/Spalten zu anderen Zeilen/Spalten durchführt. Bei den Matrizen sei allerdings darauf hingewiesen, daß sich bei dieser Rechenoperation der Rang nicht ändert. Dagegen ändert sich selbstverständlich das der Matrix zugrundeliegende Abbildungssystem und damit der eigentliche Inhalt der Matrix.

Das Verfahren, nach dem man, wie bei den Determinanten, nach 9.2.41. Nullen „erzeugen" kann, heißt bei den Matrizen „Gaußscher Algorithmus". Danach vereinfacht sich die Rangbestimmung einer Matrix besonders, denn hat man eine Matrix in Diagonalgestalt ungeformt, so kann man aus der Anzahl der von Null verschiedenen Hauptdiagonalelemente auf die Anzahl der linear unabhängigen Spaltenvektoren und damit auf den Rang der gegebenen Matrix schließen.

9.2.42. Satz. Sei $\underline{A}$ eine quadratische Matrix in Diagonalgestalt. Der Rang von $\underline{A}$ ist dann gleich der Anzahl der von Null verschiedenen Elemente auf der Hauptdiagonalen.

Sei $\underline{B}$ eine rechteckige Matrix in Diagonalgestalt. Der Rang von $\underline{B}$ ist dann gleich der maximalen Anzahl der von Null verschiedenen Elemente auf den Parallelen zur Hauptdiagonalen.

9.2.43. Beispiele.

1.
$$\operatorname{rg} \underline{A} = \operatorname{rg}\begin{pmatrix} 1 & 2 & 4 \\ 0 & 3 & 7 \\ 2 & 1 & -3 \end{pmatrix} = \operatorname{rg}\begin{pmatrix} 1 & 2 & 4 \\ 0 & 3 & 7 \\ 0 & -3 & -11 \end{pmatrix}$$
$$= \operatorname{rg}\begin{pmatrix} 1 & 2 & 4 \\ 0 & 3 & 7 \\ 0 & 0 & -4 \end{pmatrix}.$$

Da nach Erreichen der Diagonalform drei Elemente ungleich Null auf der Hauptdiagonalen dieser quadratischen Matrix stehen, ergibt sich der Rang von $\underline{A}$ nach 9.2.42. zu

$$\operatorname{rg} \underline{A} = 3.$$

2.
$$\operatorname{rg} \underline{B} = \operatorname{rg}\begin{pmatrix} 1 & 2 & 0 & 3 \\ -6 & 4 & 0 & 1 \\ 2 & -4 & 1 & -1 \end{pmatrix} = \operatorname{rg}\begin{pmatrix} 17 & -10 & 0 & 0 \\ -6 & 4 & 0 & 1 \\ 2 & -4 & 1 & -1 \end{pmatrix}$$
$$= \operatorname{rg}\begin{pmatrix} 17 & -10 & 0 & 0 \\ -4 & 0 & 1 & 0 \\ 2 & -4 & 1 & -1 \end{pmatrix}.$$

In der damit erreichten Diagonalform stehen auf den Parallelen zur Hauptdiagonalen maximal drei Elemente ungleich Null, so daß sich der gesuchte Rang nach 9.2.42. zu

$$\operatorname{rg} \underline{B} = 3$$

ergibt.

Kann man mit Hilfe des Satzes 9.2.41. eine gegebene Matrix diagonalisieren, ohne daß sich der Rang der Matrix ändert, so ergibt sich damit eine weitere Möglichkeit, inhomogene lineare Systeme zu lösen. Um zunächst die Lösbarkeit eines solchen Systems festzustellen, muß man den Rang der Koeffizientenmatrix $\underline{A}$ und den Rang der um die Spalte der absoluten (Stör-) Glieder erweiterten Matrix $\underline{A}$ miteinander vergleichen nach folgendem Satz:

9.2.44. Satz. Ein lineares System von n Unbekannten ist genau dann lösbar, wenn der Rang der Koeffizientenmatrix $\underline{A}$ und der Rang der um die Spalte der absoluten Glieder erweiterten Koeffizientenmatrix $\underline{B}$ gleich n sind.

Die Lösungen des Systems ergeben sich schrittweise aus der diagonalisierten erweiterten Matrix $\underline{B}$.

9.2.45. Beispiel. Gegeben sei das lineare Gleichungssystem

$$\begin{aligned} x_1 + x_2 + x_3 &= 2 \\ x_1 - x_2 - x_3 &= 0 \\ -3x_1 + x_2 - 2x_3 &= -8. \end{aligned}$$

Der Rang der Koeffizientenmatrix $\underline{A}$ berechnet sich zu

$$\operatorname{rg}\underline{A} = \operatorname{rg}\begin{pmatrix} 1 & 1 & 1 \\ 1 & -1 & -1 \\ -3 & 1 & -2 \end{pmatrix} = \operatorname{rg}\begin{pmatrix} 2 & 0 & 0 \\ 1 & -1 & -1 \\ -3 & 1 & -2 \end{pmatrix}$$

$$= \operatorname{rg}\begin{pmatrix} 2 & 0 & 0 \\ 7 & -3 & 0 \\ -3 & 1 & -2 \end{pmatrix}$$

$$= 3.$$

Der Rang der erweiterten Matrix $\underline{B}$ ergibt sich zu

$$\operatorname{rg}\underline{B} = \operatorname{rg}\begin{pmatrix} 1 & 1 & 1 & 2 \\ 1 & -1 & -1 & 0 \\ -3 & 1 & -2 & -8 \end{pmatrix} = \operatorname{rg}\begin{pmatrix} 1 & 1 & 1 & 2 \\ 0 & -2 & -2 & -2 \\ -3 & 1 & -2 & -8 \end{pmatrix}$$

$$= \operatorname{rg}\begin{pmatrix} 1 & 1 & 1 & 2 \\ 0 & -2 & -2 & -2 \\ 0 & 4 & 1 & -2 \end{pmatrix}$$

$$= \operatorname{rg}\begin{pmatrix} 1 & 1 & 1 & 2 \\ 0 & -2 & -2 & -2 \\ 0 & 0 & -3 & -6 \end{pmatrix}$$

$$= 3.$$

Der Rang der beiden Matrizen ist drei und damit gleich der Anzahl der Unbekannten des gegebenen Systems. Damit ist das System eindeutig lösbar.

Zur Berechnung der Lösungen stellt man aus der Diagonalform der erweiterten Matrix $\underline{B}$ wieder ein Gleichungssystem her und löst dieses schrittweise:

$$\begin{aligned} x_1 + x_2 + x_3 &= 2 \\ -2x_2 - 2x_3 &= -2 \\ -3x_3 &= -6 \end{aligned}$$

$$\curvearrowright\ x_3 = 2 \qquad \curvearrowright\ x_2 = -1 \qquad \curvearrowright\ x_1 = 1.$$

Die Lösungen stimmen mit dem Ergebnis aus 8.2.3. überein.

9.3 Das Eigenwertproblem

In Kapitel 9.1. wurde ein Zusammenhang zwischen einer linearen homogenen Abbildung f und einer Matrix $\underline{A}$ hergestellt. Dabei hatte sich herausgestellt, daß man das der linearen Abbildung f zugrundeliegende System von n linearen Transformationsgleichungen mit n Koordinaten

$$f: \vec{x} \rightarrow f(\vec{x}) = \begin{pmatrix} a_{11}x_1 + \cdots a_{1n} & a_{1n}x_n \\ \vdots & \vdots \\ a_{n1}x_1 + \cdots a_{nn} + & a_{nn}x_n \end{pmatrix} = \begin{pmatrix} y_1 \\ \vdots \\ y_n \end{pmatrix} = \vec{y}$$

auch durch die abkürzende quadratische Koeffizientenmatrix

$$\underline{A} = \begin{pmatrix} a_{11} & \cdots & a_{1n} \\ \vdots & & \vdots \\ a_{n1} & & a_{nn} \end{pmatrix}$$

eindeutig beschreiben kann, so daß für die gegebene Abbildung f des Vektors $\vec{x}$ in $f(\vec{x}) = \vec{y}$ ebenfalls die Schreibweise

$$\underline{A} \cdot \vec{x} = \vec{y}$$

zulässig ist. Nun ist der spezielle Fall denkbar, daß der Vektor $\vec{x}$ durch die gegebene Abbildung f lediglich um einen Faktor λ gestreckt werden soll, d.h.

$$f(\vec{x}) = \vec{y} = \lambda \cdot \vec{x}$$

in Matrizenschreibweise: $\underline{A} \cdot \vec{x} = \vec{y} = \lambda \cdot \vec{x}$. In diesem Fall erhält man aus den Transformationsgleichungen von f das spezielle System

$$\begin{matrix} a_{11}x_1 & + & a_{12}x_2 & + \cdots + & a_{1n}x_n & = & y_1 & = & \lambda x_1 \\ a_{21}x_1 & + & a_{22}x_2 & + \cdots + & a_{2n}x_n & = & y_2 & = & \lambda x_2 \\ \vdots & & \vdots & & \vdots & & \vdots & & \vdots \\ a_{n1}x_1 & + & a_{n2}x_2 & + \cdots + & a_{nn}x_n & = & y_n & = & \lambda x_n \end{matrix} \qquad \curvearrowright \qquad \underline{A} \cdot \vec{x} = \lambda \cdot \vec{x}$$

und daraus das homogene lineare System

$$\begin{matrix} (a_{11} - \lambda)x_1 & + & a_{12}x_2 & + \cdots + & a_{1n}x_n & = 0 \\ a_{21}x_1 & + & (a_{22} - \lambda)x_2 & + \cdots + & a_{2n}x_n & = 0 \\ \vdots & & \vdots & & \vdots & \vdots \\ a_{11}x_1 & + & a_{n2}x_2 & + \cdots + & (a_{nn} - \lambda)x_n & = 0 \end{matrix} \qquad \curvearrowright \qquad (\underline{A} - \lambda \cdot \underline{E})\vec{x} = \vec{0}$$

Dieses homogene lineare System ist nach 8.2.8. lösbar, wenn die zugehörige Koeffizientendeterminante verschwindet, d.h. wenn

$$\det(\underline{A} - \lambda\underline{E}) = 0$$

gilt. Berechnet man nun diese Determinante, so erhält man ein Polynom $P(\lambda)$ in λ vom Grad n. Dieses Polynom soll nach 9.2.8. den Wert Null haben, d.h. man muß die Nullstellen von $P(\lambda)$ berechnen. Diese Nullstellen $\lambda_1 \ldots \lambda_n$ wiederum sind eindeutig festgelegte Werte, die gerade das obige Gleichungssystem erfüllen. Das bedeutet aber, daß es nur ganz bestimmte Vektoren ${}^i\vec{x}$ gibt, die das gesamte Problem befriedigend lösen können, d.h. die nach der Abbildung durch f ihre Richtung beibehalten und um den Faktor λ_i gestreckt werden.

Nach diesen Vorbemerkungen soll das bisher Gesagte exakt in Sätzen und Definitionen erfaßt und an Beispielen erläutert werden.

9.3.1. Definition. Es sei f eine lineare homogene Abbildung, die einen beliebigen Vektor $\vec{x} = \begin{pmatrix} x_1 \\ \vdots \\ x_n \end{pmatrix}$ in einen Vektor $f(\vec{x}) = \vec{y} = \begin{pmatrix} y_1 \\ \vdots \\ y_n \end{pmatrix}$ überführt nach den folgenden Transformationsgleichungen

$$\begin{aligned} a_{11}x_1 + a_{12}x_2 + \cdots + a_{1n}x_n &= y_1 \\ a_{21}x_1 + a_{22}x_2 + \cdots + a_{2n}x_n &= y_n \\ \vdots \qquad \vdots \qquad\qquad \vdots \quad &\quad \vdots \\ a_{n1}x_1 + a_{n2}x_2 + \cdots + a_{nn}x_n &= y_n. \end{aligned}$$

In Matrizenschreibweise lautet dieselbe Abbildung

$$\underline{A} \cdot \vec{x} = \vec{y}.$$

Sei weiter eine Zahl λ gegeben, so daß $\vec{y} = \lambda\vec{x}$ gilt, dann heißt das Polynom

$$P(\lambda) = \det(\underline{A} - \lambda\underline{E}) = 0$$

das **charakteristische Polynom** (Säkulargleichung) zur Abbildung f bzw. zur Matrix $\underline{A}$.

9.3.2. Beispiel. Gegeben sei die Abbildung f, die durch die Transformationsgleichungen

$$\begin{aligned} 2x_1 + 2x_2 &= y_1 \\ 8x_1 - 4x_2 &= y_2 \end{aligned}$$

beschrieben wird. Die zugehörige Abbildungsmatrix lautet

$$\underline{A} = \begin{pmatrix} 2 & 2 \\ 8 & -4 \end{pmatrix},$$

und das charakteristische Polynom ergibt sich zu

$$\begin{aligned} P(\lambda) = \det(\underline{A} - \lambda\underline{E}) &= \left| \begin{pmatrix} 2 & 2 \\ 8 & -4 \end{pmatrix} - \begin{pmatrix} \lambda & 0 \\ 0 & \lambda \end{pmatrix} \right| \\ &= \begin{vmatrix} 2-\lambda & 2 \\ 8 & -4-\lambda \end{vmatrix} \\ &= \lambda^2 + 2\lambda - 24 = 0. \end{aligned}$$

9.3.3. Definition. Die Nullstellen λ_i des charakteristischen Polynoms heißen **Eigenwerte** der Abbildung f bzw. der Matrix $\underline{A}$.

9.3.4. Beispiel. In 9.3.2. wurde das charakteristische Polynom zur Matrix

$$\underline{A} = \begin{pmatrix} 2 & 2 \\ 8 & -4 \end{pmatrix}$$

zu

$$P(\lambda) = \lambda^2 + 2\lambda - 24 = (\lambda - 4)(\lambda + 6) = 0$$

berechnet. Dieses Polynom hat die Nullstellen

$$\lambda_1 = 4 \quad \text{und} \quad \lambda_2 = -6,$$

so daß die Eigenwerte zur Matrix $\underline{A}$

$$\lambda_1 = 4 \quad \text{und} \quad \lambda_2 = -6$$

lauten.

Greift man nun die reellen Eigenwerte einer gegebenen Matrix $\underline{A}$ heraus und setzt diese in das der Matrix $(\underline{A} - \lambda\underline{E})$ zugehörige System von Transformationsgleichungen ein, so kann man aus diesem die Koordinaten eines Vektors ${}^i\vec{x} = \begin{pmatrix} {}^ix_1 \\ \vdots \\ {}^ix_n \end{pmatrix}$ berechnen. Dieser Vektor ${}^i\vec{x}$ ist charakteristisch für den jeweiligen Eigenwert und damit für die gegebene Matrix $\underline{A}$.

9.3.5. Definition. Zu jedem reellen Eigenwert λ_i einer Matrix $\underline{A}$ existiert ein Vektor ${}^i\vec{x}$, der bei der Abbildung durch $\underline{A}$ seine Richtung beibehält und nur in der Länge um den Betrag λ_i gestreckt wird. Dieser Vektor ${}^i\vec{x}$ heißt **Eigenvektor** zum Eigenwert λ_i der Matrix $\underline{A}$.

9.3.6. Beispiel. In 9.2.4. wurden die Eigenwerte der Matrix $\underline{A} = \begin{pmatrix} 2 & 2 \\ 8 & -4 \end{pmatrix}$ zu

$$\lambda_1 = 4 \quad \text{und} \quad \lambda_2 = -6$$

berechnet. Setzt man diese Werte in das homogene System von Transformationsgleichungen der Matrix $(\underline{A} - \lambda\underline{E})$ ein, so erhält man mit

$$\begin{aligned} (2 - \lambda)x_1 + \quad 2x_2 &= 0 \\ 8x_1 + (-4 - \lambda)x_2 &= 0. \end{aligned}$$

a) für $\lambda_1 = 4$:

$$\begin{aligned} (2 - 4)x_1 + \quad 2x_2 &= -2x_1 + 2x_2 = 0 \\ 8x_1 + (-4 - 4)x_2 &= \quad 8x_1 - 8x_2 = 0. \end{aligned}$$

Diese Gleichungen sind mit $x_1 = x_2$ und beliebig großen Werten für x_1 und x_2 zu erfüllen, so daß man willkürlich $x_2 = a$ setzen kann. Damit erhält man den Eigenvektor ${}^1\vec{x}$ zu

$${}^1\vec{x} = \begin{pmatrix} a \\ a \end{pmatrix}.$$

b) Für $\lambda_2 = -6$ ergibt sich analog

$$\begin{aligned} (2 + 6)x_1 + \quad 2x_2 &= 8x_1 + 2x_2 = 0 \\ 8x_1 + (-4 + 6)x_2 &= 8x_1 + 2x_2 = 0 \end{aligned}$$

ein System aus zwei linear abhängigen Gleichungen, die lediglich die Berechnungen eines Zahlenverhältnisses der beiden Unbekannten x_1 und x_2 zulassen:

$$4x_1 = -x_2 .$$

Setzt man nun willkürlich $x_1 = b$, so erhält man den gesuchten Eigenvektor ${}^2\vec{x}$ zu

$${}^2\vec{x} = \begin{pmatrix} b \\ -4b \end{pmatrix} .$$

Bei diesem Beispiel tritt eine Erscheinung auf, die grundsätzlich zu beobachten ist und daher weitere Überlegungen erfordert:

Setzt man die Eigenwerte λ_i der Matrix $\underline{A}$ in das Gleichungssystem $(\underline{A} - \lambda\underline{E})$ ein, so stellt sich dieses zunächst als nicht eindeutig lösbar heraus. Das bedeutet, daß man sets zunächst einer der Koordinaten des Eigenvektors einen willkürlichen Wert zuordnen muß, ehe man in Abhängigkeit davon die anderen Koordinaten berechnen kann. Diese willkürliche Größe kann man nur über eine Zusatzbedingung eindeutig bestimmen. Eine solche Zusatzbedingung kann man sich schaffen, wenn man dem so berechneten Eigenvektor grundsätzlich einen bestimmten Betrag, am besten den Betrag 1, zuordnet.

9.3.7. Definition. Ein Vektor $\vec{x}$ heißt **auf den Betrag a normiert,** wenn ihm der Betrag a zugeordnet wird.

9.3.8. Definition. Eigenvektoren ${}_i\vec{x}$ einer Matrix $\underline{A}$ heißen **normierte Eigenvektoren,** wenn sie auf den Betrag 1 normiert sind, d.h. wenn

$$\sqrt{({}_ix_1)^2 + ({}_ix_2)^2 + \ldots + ({}_ix_n)^2} = 1$$

für die Koordinaten ${}_ix_j$ $(j = 1 \ldots n)$ von ${}_i\vec{x}$ gilt.

9.3.9. Beispiel. In 9.2.6. wurden die Eigenvektoren ${}^1\vec{x}$ und ${}^2\vec{x}$ zur Matrix $\underline{A} = \begin{pmatrix} 2 & 2 \\ 8 & -4 \end{pmatrix}$ berechnet. Die normierten Eigenvektoren sollen bestimmt werden.

a) Der Eigenvektor ${}^1\vec{x} = \begin{pmatrix} a \\ a \end{pmatrix}$ führt nach 9.3.8. zu der Normierungsgleichung

$$\sqrt{a^2 + a^2} = 1 \quad \Rightarrow \quad a = \frac{1}{2}\sqrt{2}.$$

Damit lautet der normierte Eigenvektor

$${}_1\vec{x} = \begin{pmatrix} \frac{1}{2}\sqrt{2} \\ \frac{1}{2}\sqrt{2} \end{pmatrix}.$$

b) Der Eigenvektor ${}^2\vec{x} = \begin{pmatrix} b \\ -4b \end{pmatrix}$ führt nach 9.3.8. zu der Normierungsgleichung

$$\sqrt{b^2 + 16b^2} = 1 \quad \Rightarrow \quad b = \frac{1}{\sqrt{17}}.$$

Damit lautet der normierte Eigenvektor

$$_2\vec{x} = \begin{pmatrix} \frac{1}{\sqrt{17}} \\ -\frac{4}{\sqrt{17}} \end{pmatrix}.$$

Untersucht man nun die normierten Eigenvektoren auf ihre lineare Unabhängigkeit, so ergibt sich nach 7.3.9.

$$c_1 \cdot {}_1\vec{x} + c_2 \cdot {}_2\vec{x} = c_1 \begin{pmatrix} \frac{1}{2}\sqrt{2} \\ \frac{1}{2}\sqrt{2} \end{pmatrix} + c_2 \begin{pmatrix} \frac{1}{\sqrt{17}} \\ -\frac{4}{\sqrt{17}} \end{pmatrix}$$

$$= \begin{pmatrix} \frac{1}{2}\sqrt{2}\, c_1 + \frac{1}{\sqrt{17}}\, c_2 \\ \frac{1}{2}\sqrt{2}\, c_1 - \frac{4}{\sqrt{17}}\, c_2 \end{pmatrix} = \begin{pmatrix} 0 \\ 0 \end{pmatrix} = \vec{0}$$

Ein Vergleich liefert das Gleichungssystem

$$\left.\begin{aligned} \frac{1}{2}\sqrt{2}\, c_1 + \frac{1}{\sqrt{17}}\, c_2 &= 0 \\ c_1 - \frac{1}{2}\sqrt{2}\, c_1 - \frac{4}{\sqrt{17}}\, c_2 &= 0 \end{aligned}\right\} \Rightarrow \qquad c_1 = c_2 = 0.$$

Damit sind die normierten Eigenvektoren linear unabhängig.

9.3.10. Satz. Eigenvektoren ${}^i\vec{x}$, die zu verschiedenen Eigenwerten λ_i einer Matrix $\underline{A}$ gehören, sind linear unabhängig.

9.3.11. Definition. Das System von normierten, linear unabhängigen Eigenvektoren ${}_i\vec{x}$ einer Matrix $\underline{A}$ heißt **orthonormales** (orthonormiertes) **System von Eigenvektoren.**

Alle Betrachtungen, die bisher vom Beispiel der 2x2-Matrix $\underline{A}$ aus Beispiel 9.3.2. ausgehend verallgemeinert wurden, werden in dem folgenden Satz noch einmal zusammengefaßt:

9.3.12. Satz. Eine n-reihige quadratische Matrix $\underline{A}$ besitzt maximal n Eigenwerte λ_i als Nullstellen ihres charakteristischen Polynoms

$$P(\lambda) = \det(\underline{A} - \lambda\underline{E}) = 0.$$

Für die reellen Eigenwerte von $\underline{A}$ besitzt das Eigenwertproblem

$$\underline{A} \cdot \vec{x} = \lambda\vec{x} \qquad \text{mit} \qquad \vec{x} \neq \vec{0}$$

Lösungen in Form der linear unabhängigen Eigenvektoren ${}^i\vec{x}$.

Bei den bisherigen Betrachtungen ist stets davon ausgegangen worden, daß das charakteristische Polynom $P(\lambda)$ einer gegebenen Matrix $\underline{A}$ nur einfache Nullstellen hat. Damit wurde jedoch eine unzulässige Beschränkung der allgemeinen Möglichkeiten des Eigenwertproblems vorgenommen, was durch den folgenden Satz korrigiert werden soll:

9.3.13. Satz. Besitzt eine m-reihige Matrix $\underline{A}$ einen n-fachen Eigenwert λ_i als (reelle) n-fache Nullstelle ihres charakteristischen Polynoms $(m \geqslant n \geqslant 1)$

$$P(\lambda) = \det(\underline{A} - \lambda\underline{E}) = 0,$$

so gibt es mindestens einen und höchstens n linear unabhängige Eigenvektoren ${}^i\vec{x}$ als Lösung des Eigenwertproblems (die genaue Zahl hängt vom jeweils vorliegenden Spezialfall ab). Der zu diesen Eigenvektoren gehörende Eigenraum R hat also die Dimension

$$1 \leqslant \dim R \leqslant n.$$

9.3.14. Beispiel. Gesucht werden die orthonormalen Eigenvektoren zur Matrix

$$\underline{A} = \begin{pmatrix} 2 & -1 \\ 1 & 4 \end{pmatrix}.$$

Aus der Matrix $\underline{A}$ berechnet sich das charakteristische Polynom $P(\lambda)$ zu

$$\begin{aligned} P(\lambda) = \det(\underline{A} - \lambda\underline{E}) &= \begin{vmatrix} 2-\lambda & -1 \\ 1 & 4-\lambda \end{vmatrix} \\ &= (2-\lambda)(4-\lambda) + 1 \\ &= \lambda^2 - 6\lambda + 9 \\ &= (\lambda - 3)^2 = 0 \quad \Rightarrow \quad \lambda = 3. \end{aligned}$$

Das charakteristische Polynom $P(\lambda)$ besitzt also mit $\lambda = 3$ eine doppelte Nullstelle. Damit besitzt die Matrix $\underline{A}$ einen doppelten Eigenwert und nach 9.3.13. mindestens einen und höchstens zwei Eigenvektoren. Zur Berechnung der Eigenvektoren setzt man den Eigenwert in das Gleichungssystem zu $(\underline{A} - \lambda\underline{E})$ ein

$$\left.\begin{aligned} (2-\lambda)x_1 - x_2 &= -x_1 - x_2 = 0 \\ x_1 + (4-\lambda)x_2 &= x_1 + x_2 = 0 \end{aligned}\right\} \quad \Rightarrow \quad x_1 = -x_2.$$

Legt man willkürlich $x_1 = a$ fest, so erhält man in diesem Fall mit

$${}^A\vec{x} = \begin{pmatrix} a \\ -a \end{pmatrix}$$

nur einen Eigenvektor als Lösung des Eigenwertproblems. Führt man für diesen Eigenvektor noch die Normierung aus, so ergibt sich schließlich mit

$$\sqrt{a^2 + (-a)^2} = 1 \quad \Rightarrow \quad a = \frac{1}{2}\sqrt{2} \quad \Rightarrow \quad \underline{A}^X = \begin{pmatrix} \frac{1}{2}\sqrt{2} \\ -\frac{1}{2}\sqrt{2} \end{pmatrix}.$$

Zum Abschluß dieses Kapitels über das Eigenwertproblem soll dessen Bedeutung und vielseitige Anwendbarkeit kurz angedeutet werden. Dabei kann die gesamte Palette der Anwendungen nicht aufgezeigt werden. Stattdessen soll an einem konkret durchgerechneten Beispiel gezeigt werden, wie man mit Hilfe des Eigenwertproblems Systeme von linearen Differentialgleichungen lösen kann, so daß vielleicht auch der Sprachgebrauch von den Eigenwerten einer DG andeutungsweise verständlich wird.

9.3.15. Beispiel. Unter Verwendung des Eigenwertproblems sollen die Lösungen des folgenden Systems von homogenen Differentialgleichungen berechnet werden:

$$\begin{aligned} y_1' &= 3y_1 - 2y_3 \\ y_2' &= y_1 + 2y_2 + 2y_3 \\ y_3' &= -3y_1 - 2y_3. \end{aligned}$$

Das so gegebene System von DG kann auch in Matrizenform dargestellt werden:

$$\vec{y}'(x) = \underline{A} \cdot \vec{y}(x) \qquad \text{mit } \underline{A} = \begin{pmatrix} 3 & 0 & -2 \\ 1 & 2 & 2 \\ -3 & 0 & -2 \end{pmatrix}.$$

Berechnet man die Eigenwerte dieser Matrix $\underline{A}$, so ergibt sich

$$\det(\underline{A} - \lambda\underline{E}) = \begin{pmatrix} 3-\lambda & 0 & -2 \\ 1 & 2-\lambda & 2 \\ -3 & 0 & -2-\lambda \end{pmatrix} = (3-\lambda)(2-\lambda)(-2-\lambda) - 6(2-\lambda)$$
$$= (2-\lambda)(4-\lambda)(3+\lambda).$$

Die Eigenwerte lauten also

$$\lambda_1 = 2\ ; \qquad \lambda_2 = 4\ ; \qquad \lambda_3 = -3.$$

a) Die Berechnung des orthonormierten Eigenvektors zum Eigenwert $\lambda_1 = 2$ führt zunächst zu folgendem Gleichungssystem:

$$\begin{aligned} y_1 \qquad\qquad - 2y_3 &= 0 \\ y_1 + 0 \cdot y_2 + 2y_3 &= 0 \\ -3y_1 \qquad\qquad - 4y_3 &= 0. \end{aligned}$$

Dieses Gleichungssystem ist mit $y_1 = y_3 = 0$ und $y_2 = a$ zu erfüllen, so daß für den Eigenvektor folgt

$$^1\vec{y} = \begin{pmatrix} 0 \\ a \\ 0 \end{pmatrix}.$$

Aus der Normierungsbedingung ergibt sich schließlich für den orthonormierten Eigenvektor

$$_{1}\vec{y} = \begin{pmatrix} 0 \\ 1 \\ 0 \end{pmatrix}.$$

Macht man nun den allgemeinen Lösungsansatz

$$\vec{y}(x) = C \cdot {}_{i}\vec{y} \cdot e^{\lambda_i x}$$

für das gegebene System von DG, so ergibt sich zunächst aus dem ersten Eigenwert

$$\vec{y}_1(x) = C_1' \cdot {}_{1}\vec{y} \cdot e^{\lambda_i x} = C_1 \cdot \begin{pmatrix} 0 \\ 1 \\ 0 \end{pmatrix} \cdot e^{2x} \quad \Rightarrow \quad \begin{aligned} y_{1_1} &= 0 \\ y_{1_2} &= C_1 \cdot e^{2x} \\ y_{1_3} &= 0. \end{aligned}$$

b) Für den Eigenwert $\lambda_2 = 4$ ergibt sich das Gleichungssystem

$$\begin{aligned} -\ y_1 \qquad\quad - 2y_3 &= 0 \\ y_1 - 2y_2 + 2y_3 &= 0 \\ -3y_1 \qquad\quad - 6y_3 &= 0. \end{aligned}$$

Setzt man willkürlich $y_3 = b$, so ergibt sich aus diesem Gleichungssystem $y_1 = -2b$ und $y_2 = \frac{3}{2}b$, so daß man den Eigenvektor zu

$$^{2}\vec{y} = \begin{pmatrix} -2b \\ \frac{3}{2}b \\ b \end{pmatrix}$$

erhält. Aus der Normierungsbedingung folgt schließlich $b = \frac{2}{29} \cdot \sqrt{29}$, so daß der orthonormierte Eigenvektor lautet

$$_{2}\vec{y} = \frac{2}{29} \cdot \sqrt{29} \cdot \begin{pmatrix} -2 \\ \frac{3}{2} \\ 1 \end{pmatrix}.$$

Mit demselben Ansatz wie unter a) erhält man ein zweites Lösungssystem des DGsystems zu

$$\vec{y}_2(x) = C_2' \cdot {}_{2}\vec{y} \cdot e^{\lambda_2 x} = C_2 \cdot \begin{pmatrix} -2 \\ \frac{3}{2} \\ 1 \end{pmatrix} \cdot e^{4x} \quad \Rightarrow \quad \begin{aligned} y_{2_1} &= -2C_2 e^{4x} \\ y_{2_2} &= \frac{3}{2} C_2 e^{4x} \\ y_{3_2} &= C_2 e^{4x}. \end{aligned}$$

c) Durch analoge Rechnung erhält man für den Eigenwert $\lambda_3 = -3$ den Eigenvektor

$$^{3}\vec{y} = \begin{pmatrix} c \\ -\frac{7}{5}c \\ 3c \end{pmatrix} \quad \curvearrowright \quad {}_{3}\vec{y} = \frac{5}{149} \cdot \sqrt{149} \cdot \begin{pmatrix} 1 \\ -\frac{7}{5} \\ 3 \end{pmatrix}$$

Mit dem bekannten Ansatz erhält man schließlich ein drittes Lösungssystem der DG zu

$$\vec{y}_3(x) = C_3' \cdot {}_{3}\vec{y} \cdot e^{\lambda_3 x} = C_3 \cdot \begin{pmatrix} 1 \\ -\frac{7}{5} \\ 3 \end{pmatrix} \cdot e^{-3x} \quad \curvearrowright \quad \begin{aligned} y_{3_1} &= C_3 e^{-3x} \\ y_{3_2} &= -\frac{7}{5} C_3 e^{-3x} \\ y_{3_3} &= 3C_3 e^{-3x}. \end{aligned}$$

Wie man durch Einsetzen leicht überprüfen kann, sind die drei gefundenen Gleichungssysteme wirklich Lösungen des gegebenen Systems von DG. Diese drei Lösungssysteme sind nach 9.3.10. linear unabhängig, so daß ihre Linearkombination ebenfalls eine Lösung des Systems von DG bildet.

An diesem Beispiel werden die Parallelen zwischen Lösungen von Differentialgleichungen einerseits und dem Eigenwertproblem andererseits sehr deutlich. Tatsächlich spricht man daher auch von Eigenwerten einer DG. Schließlich spricht man in diesem Zusammenhang auch davon, daß die linear unabhängigen Lösungen einer DG, ähnlich den Eigenvektoren einer Matrix, einen Vektorraum, nämlich den Eigenraum der DG, aufspannen.

Teil III: Statistik

10 Einführung in die Wahrscheinlichkeitsrechnung

In diesem Abschnitt über Wahrscheinlichkeitsrechnung soll eine kurze Einführung in die Statistik gegeben werden. Dabei wird es nicht möglich sein, die Wahrscheinlichkeitsrechnung umfassend zu bearbeiten. Stattdessen sollen die Grundbegriffe ausführlich erläutert werden, damit der Leser in der Lage ist, einfache und „alltägliche" Fragen der Statistik zu verstehen und selbständig zu lösen.

10.1 Grundbegriffe der Kombinatorik

Obwohl die Kombinatorik vordergründig nichts mit Wahrscheinlichkeitsrechnung zu tun hat, ist sie doch ein wichtiges Teilgebiet der klassischen Statistik, da mit den Mitteln der Kombinatorik die Anzahl von Möglichkeiten bestimmt werden kann, die sich bei der Kombination von verschiedenen Größen ergeben. Aus dieser Gesamtzahl aller Möglichkeiten wiederum lassen sich Wahrscheinlichkeiten berechnen, wie in Kapitel 10.2. noch gezeigt werden soll.

In der Anwendung durch die Naturwissenschaften, aber auch im Alltag, spielt die Kombinatorik eine sehr große Rolle, denkt man z.B. in der Biologie an die vielen genetischen Prozesse wie die Mendelschen Gesetze, den genetischen Code, an Chromosomenkarten oder Populationsdynamik.

Zur Herleitung des ersten Begriffes der Kombinatorik sei angenommen, daß eine Menge M von n Elementen $a_1, \ldots, a_n$ vorliege. Diesen Elementen kann man nun eine unterschiedliche Reihenfolge zuordnen.

10.1.1. Definition. Sei M eine Menge von n Elementen $a_1, \ldots, a_n$. Jede Zusammenstellung dieser n Elemente in beliebiger Reihenfolge heißt eine **Permutation** der Elemente a_i.

10.1.2. Beispiele. Sei mit $M = \{a_i \mid i = 1, \ldots, 5\}$ eine Menge mit fünf Elementen gegeben.

a) Die Anordnung

$$a_1, a_2, a_3, a_4, a_5$$

ist dann nach 10.1.1. eine Permutation der fünf Elemente.

b) Die Anordnung

$$a_1, a_3, a_2, a_4, a_5$$

ist ebenfalls eine Permutation der fünf Elemente.

Wie man Beispiel 10.1.2. entnehmen kann, gibt es verschiedene Möglichkeiten, die Elemente a_i anzuordnen, also verschiedene Permutationen der Elemente a_i von M. Interessiert man sich nun für die Gesamtzahl aller denkbaren Permutationen, so kann man diese wie folgt berechnen:

Hat man n Elemente a_i einer Menge M vorliegen, so gibt es für das erste Element a_1 insgesamt n freie Plätze zu besetzen. Für das zweite Element a_2 bleiben dann noch (n − 1) Plätze frei, die beliebig besetzt werden können, für das Element a_3 bleiben noch (n − 2) freie Plätze usw., bis schließlich für das letzte Element a_n nur noch ein einziger freier Platz übrigbleibt. Die Gesamtzahl aller möglichen Anordnungen ergibt sich dann zu

$$P_n = n \cdot (n-1)(n-2)(n-3) \cdot \ldots \cdot 2 \cdot 1 = n!$$

10.1.3. Satz. Sei M eine Menge von n unterschiedlichen Elementen a_i (ohne Wiederholung, d.h. ohne daß ein Element mehrfach auftritt). Die Anzahl P_n aller möglichen Permutationen von M ohne Wiederholung ist gegeben durch

$$P_n = n!$$

10.1.4. Beispiel. Gegeben sei die Menge $M = \{a_1, a_2, a_3\}$. Für diese drei Elemente sind in Übereinstimmung mit 10.1.3. insgesamt sechs Anordnungen möglich, nämlich

$$\begin{array}{ccc} a_1 a_2 a_3 & a_2 a_1 a_3 & a_1 a_3 a_2 \\ a_2 a_3 a_1 & a_3 a_1 a_2 & a_3 a_2 a_1 \end{array}$$

$$P_3 = 3! = 6.$$

Nun war bisher ausdrücklich ausgeschlossen worden, daß einzelne Elemente mehrfach auftreten (ohne Wiederholung). Läßt man diesen Fall noch zu, so reduziert sich die Gesamtzahl P_n der Permutationen der n Elemente um die Zahl P_k der Permutationen der k gleichen Elemente.

10.1.5. Satz. Sei M eine Menge von n Elemente a_i, wobei k $(k \leqslant n)$ Elemente gleich sein mögen. Die Anzahl $P_n^{(k)}$ aller Permutationen mit Wiederholung ist gegeben durch

$$P_n^{(k)} = \frac{n!}{k!}.$$

Sind jeweils k_i Elemente gleich, so gilt für die Anzahl der Permutationen mit Wiederholung

$$P_n^{(k_1, \ldots, k_i)} = \frac{n!}{k_1!\, k_2! \ldots k_i!}.$$

10.1.6. Beispiele. Gegeben

1. Gegeben sei die Menge $M = \{1; 1; 2; 3; 3; 3\}$ mit sechs Elementen, wobei die Ziffer 1 doppelt und die Ziffer 3 dreimal auftritt. Sucht man die Anzahl der

sechsstelligen Zahlen, die man aus diesen sechs Ziffern bilden kann, so berechnet sich diese als Permutation mit Wiederholung zu

$$P_6^{(2;3)} = \frac{6!}{2! \cdot 3!} = 60,$$

d.h. aus den durch M gegebenen Ziffern kann man 60 verschiedene sechsstellige Zahlen bilden.

2. Gegeben sei die Menge N = {0; 0; 0; 1; 1; 2; 3; 4} mit 8 Elementen. Gesucht wird die Anzahl 8-stelliger Zahlen aus diesen Ziffern.

   Zunächst berechnet sich die gesuchte Anzahl aus der Anzahl der Permutationen $P_8^{(3;2)}$ mit Wiederholung, wobei die Ziffer 0 dreimal und die Ziffer 1 doppelt auftritt. Diese Gesamtzahl reduziert sich jedoch um die Anzahl der Permutationen mit Wiederholung $P_7^{(2;2)}$ der Zahlen mit einer Null vorne (siebenstellig), der Anzahl der Permutationen mit Wiederholung $P_6^{(1;2)}$ der Zahlen mit zwei Nullen vorne (sechsstellig) und schließlich um die Anzahl der Permutationen mit Wiederholung der Zahlen mit drei Nullen vorne. Damit lautet die gesuchte Anzahl P von 8-stelligen Zahlen

$$\begin{aligned} P &= P_8^{(3;2)} - P_7^{(2;2)} - P_6^{(1;2)} - P_5^{(2)} \\ &= \frac{8!}{3! \cdot 2!} - \frac{7!}{2! \cdot 2!} - \frac{6!}{1! \cdot 2!} - \frac{5!}{2!} \\ &= 3360 - 1260 - 360 - 60 \\ &= 1680. \end{aligned}$$

Hat man nun weiter eine Menge mit n verschiedenen Elementen fester Reihenfolge vorliegen, so kann man daraus m Elemente herausgreifen. Dabei kann man sich wieder für die Anzahl der Möglichkeiten interessieren, nach denen man diese m Elemente auswählen kann.

10.1.7. Definition. Es sei M eine Menge von n verschiedenen Elementen fester Anordnung. Jede Auswahl von m Elementen bei festgehaltener Anordnung heißt eine **Kombination** der n Elemente zu je m unter Berücksichtigung der Anordnung.

Jede Auswahl von p Elementen beliebiger Anordnung heißt eine Kombination der n Elemente zu je p ohne Berücksichtigung der Anordnung.

10.1.8. Satz. Die Anzahl der Kombinationen von n Elementen ohne Wiederholung zu je m Elementen unter Berücksichtigung der Anordnung berechnet sich zu

$$C_n^m = \frac{n!}{(n-m)!}.$$

10.1.9. Satz. Die Anzahl der Kombinationen von n Elementen ohne Wiederholung zu je p ohne Berücksichtigung der Anordnung auch Variation ohne Wiederholung genannt, berechnet sich zu

$$K_n^p = \binom{n}{p}.$$

10.1.10. Satz. Die Anzahl der Kombinationen von n Elementen mit beliebiger Wiederholung zu je k Elementen unter Berücksichtigung der Anordnung berechnet sich zu

$$L_n^k = n^k.$$

10.1.11. Satz. Die Anzahl der Kombinationen von n Elementen mit beliebiger Wiederholung zu je ℓ Elementen ohne Berücksichtigung der Anordnung, auch Variation mit Wiederholung genannt, berechnet sich zu

$$M_n^\ell = \binom{n+\ell-1}{\ell}.$$

10.1.12. Beispiele.

1. a) Ein Verein von 30 gleich qualifizierten Mitgliedern soll einen Vorstand, bestehend aus dem Vorsitzenden, dem Schriftführer und dem Kassierer, bilden, soll also drei Personen mit fester Rangfolge wählen.

   Die Anzahl der Möglichkeiten errechnet sich als Kombination ohne Wiederholung von n = 30 Mitgliedern zu je 3 unter Berücksichtigung der Anordnung zu

   $$C_{30}^3 = \frac{30!}{(30-3)!} = 24360.$$

   b) Ein Verein von 30 gleichqualifizierten Mitgliedern soll eine Delegation von 3 gleichberechtigten Mitgliedern wählen.

   Die Anzahl der Möglichkeiten errechnet sich als Kombination ohne Wiederholung von n = 30 Mitgliedern zu je 3 ohne Berücksichtigung der Anordnung zu

   $$K_{30}^3 = \binom{30}{3} = 4060.$$

2. a) Gegeben sei ein Wägesatz mit den Gewichtsstücken 1 g, 2 g, 5 g und 10 g.

   Die Anzahl von Gewichten, die mit diesem Satz gemessen werden können, berechnet sich nach 10.1.9. aus der Anzahl der Kombinationen ohne Wiederholung von 4 Elementen zu je einem, zwei, drei und vier Elementen ohne Berücksichtigung der Anordnung zu

   $$\begin{aligned} A &= K_4^1 + K_4^2 + K_4^3 + K_4^4 \\ &= \binom{4}{1} + \binom{4}{2} + \binom{4}{3} + \binom{4}{4} \\ &= 4 + 6 + 4 + 1 = 15. \end{aligned}$$

b) Mit einem Wägesatz mit den Gewichtsstücken 1 g, 1 g, 2 g, 5 g und 10 g berechnet sich die Anzahl der meßbaren Gewichte als Kombination mit Wiederholung entsprechend 10.1.12.2a zu

$$\begin{aligned} B &= M_5^1 + M_5^2 + M_5^3 + M_5^4 + M_5^5 \\ &= \binom{5}{1} + \binom{6}{2} + \binom{7}{3} + \binom{8}{4} + \binom{9}{5} \\ &= 5 + 15 + 35 + 70 + 126 = 251. \end{aligned}$$

3. Grundlage der in der Chemie oft verwendeten Fermi-Dirac-Statistik ist die Fragestellung, wie man p Teilchen $A_1, \ldots, A_p$ auf n Orte $Z_1, \ldots, Z_n$ $(n > p)$ aufteilen kann, so daß es maximal zu einer Einfachbesetzung kommt (z.B. Aufteilung von p Ionen auf n Zwischengitterplätze im Kristallgitter).

   Die Anzahl der Möglichkeiten berechnet sich dann als Kombination ohne Wiederholung der n Orte zu je p ohne Berücksichtigung der Anordnung. Seien z.B. p = 5 Na^+-Ionen auf n = 100 freie Zwischengitterplätze im NaCl-Kristall zu verteilen, so gibt es dafür

$$K_{100}^5 = \binom{100}{5} = 75287520$$

   Möglichkeiten.

4. Grundlage der in der Chemie oft verwendeten Boltzmann-Statistik ist die Fragestellung, wie man n Teilchen $A_1, \ldots, A_n$ auf k Orte $Z_1, \ldots, Z_k$ $(n > k)$ verteilen kann.

   Die Anzahl der Möglichkeiten berechnet sich als Kombination mit Wiederholung der n Teilchen zu je k ohne Berücksichtigung der Anordnung. Seien z.B. n = 10 Personen auf k = 4 Autos zu verteilen, so gibt es dafür

$$L_{10} = 4^{10} = 1048576$$

   Möglichkeiten.

10.2 Grundlagen der Wahrscheinlichkeitsrechnung

In diesem Kapitel werden die Grundlagen der Wahrscheinlichkeitsrechnung hergeleitet und in ersten einfachen Beispielen angewandt. Dabei wird von einer möglichst geringen Zahl von Erscheinungen ausgegangen, deren Wahrscheinlichkeiten berechnet werden sollen. Zunächst jedoch wird eine Definition als sprachliche Basis erforderlich.

10.2.1. Definition. Die Beobachtung von statistisch auftretenden Erscheinungen heißt **Experiment**, das Resultat A eines Experiments heißt **Ereignis.**

Ereignisse, die sicher eintreten, heißen sichere und alle anderen zufällige Ereignisse.

10.2.2. Beispiele.

1. Macht man das Experiment, daß man einen Stein anhebt und dann fallen läßt, so kann man als sicheres Ereignis beobachten, daß der Stein niederfällt.

   Die äußeren Bedingungen dieses Experiments werden mit „Anheben und Loslassen eines Steines" so ausreichend beschrieben, daß man das folgende Ereignis „Niederfallen des Steines" mit Sicherheit voraussagen kann.

2. Beobachtet man eine Wolke am Himmel, so ist es ein zufälliges Ereignis, ob diese sofort abregnet oder nicht.

   Im Falle dieses Experiments reicht die Aussage „eine Wolke ist am Himmel" nicht aus, um die Bedingungen des Experiments so ausreichend zu beschreiben, daß man das Ereignis „Abregnen der Wolke" mit Sicherheit voraussagen kann. Damit liegt hier ein zufälliges Ereignis vor.

3. Aus dem Experiment „Wasserstoff- und Chlorgas werden gemischt" kann man das Ereignis „explosionsartige Reaktion zu HCl" nicht sicher voraussagen, so daß zunächst ein zufälliges Ereignis vorliegt. Macht man jedoch weitere Angaben über die Temperatur und die Zusammensetzung des Gasgemisches, so werden die Bedingungen des Experiments vollständig beschrieben. Damit wird die Aussage über die chemische Reaktion eindeutig und das zufällige zu einem sicheren Ereignis.

Aus diesen drei Beispielen ergibt sich bereits der nächste Satz:

10.2.3. Satz. Es hängt von der Vollständigkeit der experimentellen Bedingungen ab, ob ein Ereignis zufällig oder sicher ist.

Hat man nun ein zufälliges Ereignis vorliegen, so kann man das Experiment mehrfach wiederholen und untersuchen, wie oft das Ereignis eintritt im Verhältnis zur Gesamtzahl der Experimente.

10.2.4. Definition. Das Verhältnis $h(A)$ der Anzahl n_i der Experimente mit positivem Ereignis A zur Gesamtzahl n der Experimente heißt **relative Häufigkeit** des Ereignisses

$$h(A) = \frac{n_i}{n}.$$

10.2.5. Beispiele.

1. Bei 25 Würfen mit einem Würfel trat viermal die Augenzahl 6 auf. Die relative Häufigkeit des Ereignisses A_6 berechnet sich dann zu

$$h(A_6) = \frac{4}{25} = 0{,}16 = 16\ \%.$$

2. Bei der Überprüfung von 1000 Glühbirnen einer Produktionsserie hatten
   - A. 7 Schäden an den Kontakten
   - B. 5 Schäden am Glühfaden
   - C. 3 Schäden am Gewinde
   - D. 1 Schäden am Glaskörper
   - E. 984 Glühbirnen waren fehlerfrei.

   Die relativen Häufigkeiten der Ereignisse berechnen sich zu

$$h(A) = \frac{7}{1000} = 7 \cdot 10^{-3}$$

$$h(B) = \frac{5}{1000} = 5 \cdot 10^{-3}$$

$$h(C) = \frac{3}{1000} = 3 \cdot 10^{-3}$$

$$h(D) = \frac{1}{1000} = 1 \cdot 10^{-3}$$

$$h(E) = \frac{984}{1000} = 9{,}84 \cdot 10^{-1}.$$

Betrachtet man nun insbesondere das Beispiel 10.2.5.2., so kann man rechnen

$$h(A) + h(B) + h(C) + h(D) + h(E) = 1.$$

10.2.6. Satz. Die Summe der relativen Häufigkeiten aller denkbaren Ereignisse A_i eines Experiments ist stets gleich 1.

Weitet man die Zahl der Experimente aus, so pendelt sich die relative Häufigkeit auf einen festen Wert ein, nämlich auf den Grenzwert der relativen Häufigkeit.

10.2.7. Definition (statistische Definition der Wahrscheinlichkeit). Der Grenzwert P(A) der relativen Häufigkeit eines Ereignisses A für unendlich viele Experimente heißt die **Wahrscheinlichkeit** des Ereignisses A

$$P(A) = \lim_{n\to\infty} h(A) = \lim_{n\to\infty} \frac{n_i}{n}.$$

10.2.8. Beispiel. Betrachtet man die relative Häufigkeit des Ereignisses „Wappen" beim Werfen einer Münze, so ist die Abbildung 10.1. denkbar:

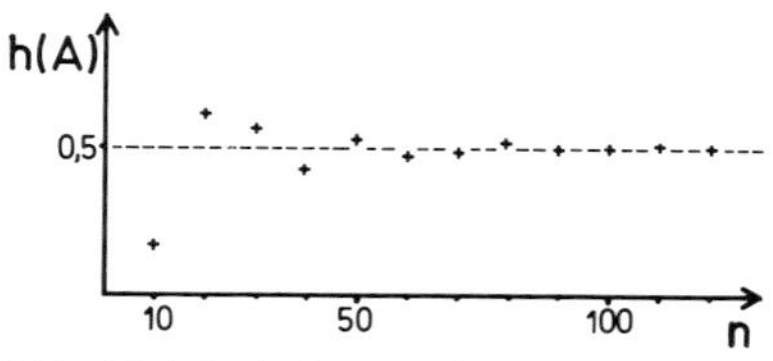

Abb. 10.1: Relative Häufigkeit des Ereignisses „Wappen" beim Werfen einer Münze in Abhängigkeit von der Anzahl n der Versuche.

Mit steigender Anzahl der Experimente pendelt sich die relative Häufigkeit auf die Wahrscheinlichkeit

$$P(W) = 0{,}5 = 50\ \%$$

ein.

Die statistische Definition der Wahrscheinlichkeit ist für praktische Berechnungen relativ unhandlich, da man eine große Anzahl von Experimenten gemacht haben muß, ehe man eine Wahrscheinlichkeit als Grenzwert der relativen Häufigkeit ablesen kann. Günstiger ist es dagegen, wenn man die Wahrscheinlichkeit wie folgt definiert:

10.2.9. Definition (klassische Definition der Wahrscheinlichkeit). Das Verhältnis P(A) der Anzahl n der Experimente mit positivem Ereignis A zur Gesamtzahl m aller gleichmöglichen Ereignisse des Experiments heißt die **Wahrscheinlichkeit** des Ereignisses A

$$P(A) = \frac{n}{m}.$$

10.2.10. Beispiele.

1. Sucht man die Wahrscheinlichkeit des Ereignisses A_6 „Augenzahl 6" beim Würfeln, so gibt es nur n = 1 Möglichkeit, diese Augenzahl zu erhalten neben m = 6 gleichberechtigten Augenzahlen. Damit berechnet sich die Wahrscheinlichkeit zu

$$P(A_6) = \frac{n}{m} = \frac{1}{6} \approx 16{,}67\ \%.$$

2. In 10.1.6.1. war die Gesamtzahl der Möglichkeiten, aus den Elementen der Menge M = {1; 1; 2; 3; 3; 3} sechsstellige Zahlen zu bilden, zu n = 60 berechnet worden. Dagegen gibt es nur m = 1 Möglichkeiten, die Zahl z = 112333 zu bilden, so daß sich die Wahrscheinlichkeit dafür zu

$$P(z) = \frac{n}{m} = \frac{1}{60} \approx 1{,}667\ \%$$

berechnet.

3. a) In 10.1.12.1.a) wurde die Gesamtzahl der Möglichkeiten, für einen Verein mit 30 Mitgliedern einen dreiköpfigen Vorstand zu wählen, zu n = 24360 berechnet. Die Mitglieder A, B und C werden dann mit der Wahrscheinlichkeit

$$P(A, B, C) = \frac{1}{24360} \approx 4{,}11 \cdot 10^{-5}$$

zum Vorsitzenden, Schriftführer und Kassierer (in dieser Reihenfolge!) gewählt.

b) In 10.1.12.1.b) wurde die Gesamtzahl der Möglichkeiten, aus einem Verein mit 30 Mitgliedern eine dreiköpfige, gleichberechtigte Delegation zu wählen, mit m = 4060 berechnet. Die Wahrscheinlichkeit, daß das Mitglied A in diese Abordnung gewählt wird, ergibt sich mit n = 1 zu

$$P(A) = \frac{1}{4060} \approx 2{,}46 \cdot 10^{-4}.$$

4. Die Wahrscheinlichkeit, daß man aus einem Spiel mit m = 32 Karten ein As zieht, berechnet sich zu

$$P(As) = \frac{4}{32} = \frac{1}{8} = 12{,}5\ \%,$$

da insgesamt vier Asse in einem solchen Spiel enthalten sind.

5. Nach der Fermi-Dirac-Theorie wurden in 10.1.12.3. insgesamt K = 75287520 Möglichkeiten berechnet, 5 Na^+-Ionen auf 100 freie Zwischengitterplätze im NaCl-Kristall zu verteilen. Die Wahrscheinlichkeit für eine einzige, vorher festgelegte Anordnung ergibt sich mit n = 1 zu

$$P = \frac{1}{75287520} \approx 1{,}33 \cdot 10^{-8}.$$

6. Nach der Boltzmann-Theorie wurden in 10.1.12.4. insgesamt $L = 4^{10}$ Möglichkeiten berechnet, 10 Personen auf vier Autos zu verteilen. Fragt man nun nach der Wahrscheinlichkeit, daß 4 Personen im ersten, drei im zweiten, zwei im dritten und eine im vierten Auto fahren, so berechnet sich die Zahl der günstigen Möglichkeiten als Permutation mit Wiederholung nach 10.1.5. zu

$$n = \frac{10!}{4! \cdot 3! \cdot 2! \cdot 1!} = 12600.$$

Damit ergibt sich die gesuchte Wahrscheinlichkeit zu

$$P = \frac{n}{L} = \frac{10!}{4! \cdot 3! \cdot 2! \cdot 1!} \cdot \frac{1}{4^{10}} \approx 0{,}0120 = 1{,}2\ \%$$

Aus der Definition 10.2.9. für die Wahrscheinlichkeit ergibt sich sofort der folgende Satz, denn bei einem sicheren Ereignis ist die Zahl der Möglichkeiten gleich der Zahl der positiven Ergebnisse, während bei einem unmöglichen Ereignis bei beliebig vielen Experimenten das Ereignis nie eintritt.

10.2.11. Satz. Die Wahrscheinlichkeit P(A) eines sicheren Ereignisses A ist stets gleich 1.

Die Wahrscheinlichkeit P(B) eines unmöglichen Ereignisses B ist stets gleich 0.

Grundsätzlich gilt für jede Wahrscheinlichkeit P

$$0 \leqslant P \leqslant 1.$$

Bisher wurden nur Wahrscheinlichkeiten von Einzelereignissen berechnet. Tatsächlich gibt es aber sehr viele Ereignisse, die miteinander gekoppelt sind oder die parallel zueinander eintreffen, so daß die Berechnung solcher Wahrscheinlichkeiten ebenfalls wichtig ist. Die einfachste Möglichkeit, die Betrachtung von zwei Einzelereignissen zur Berechnung der Wahrscheinlichkeiten zu verbinden, ergibt sich, wenn die Ereignisse sich gegenseitig ausschließen und man sich für die Wahrscheinlichkeit interessiert, daß eines dieser Ereignisse eintrifft.

10.2.12. Satz. Gegeben seien die Ereignisse A_1 und A_2 mit ihren Wahrscheinlichkeiten $P(A_1)$ und $P(A_2)$, wobei sich A_1 und A_2 gegenseitig ausschließen mögen. Die Wahrscheinlichkeit, daß eines der beiden Ereignisse eintritt, ist als Summe der Einzelwahrscheinlichkeiten gegeben

$$P(A_1 + A_2) = P(A_1) + P(A_2),$$

allgemein

$$P(A_1 + \ldots + A_n) = P(A_1) + \ldots + P(A_n).$$

10.2.13. Beispiele.

1. Beim Werfen mit einem Würfel hat man eine Wahrscheinlichkeit für das Ereignis A_1 „Augenzahl 1" und von A_6 „Augenzahl 6" von

$$P(A_1) = \frac{1}{6} \quad \text{und} \quad P(A_6) = \frac{1}{6}.$$

Nach 10.2.12. ergibt sich die Wahrscheinlichkeit für das Ereignis „Augenzahl 1 oder 6" zu

$$P(A_1 + A_6) = P(A_1) + P(A_6) = \frac{1}{6} + \frac{1}{6} = \frac{1}{3} \approx 33{,}3\ \%.$$

2. Von 100 Falläpfeln seien 25 faul. Die Wahrscheinlichkeit, einen faulen Apfel zu erhalten ist somit

$$P(f) = \frac{25}{100} = \frac{1}{4} = 25\ \%.$$

Weiter seien 13 andere Falläpfel wurmstichig, die entsprechende Wahrscheinlichkeit ergibt sich also zu

$$P(w) = \frac{13}{100} = 13\ \%.$$

Aus diesen Werten berechnet sich die Wahrscheinlichkeit, einen guten Fallapfel zu erhalten zu

$$\begin{aligned} P(g) = 1 - P(f + w) &= 1 - (P(f) + P(w)) \\ &= 1 - \left(\frac{1}{4} + \frac{13}{100}\right) \\ &= 1 - \frac{38}{100} = 62\ \%. \end{aligned}$$

Der nächste Fall, der untersucht werden soll, ist der, daß zwei Ereignisse vollständig unabhängig voneinander eintreten. In einem solchen Fall spricht man auch von unabhängigen Ereignissen.

10.2.14. Satz. Gegeben seien zwei Ereignisse A_1 und A_2 sowie ihre Wahrscheinlichkeiten $P(A_1)$ und $P(A_2)$. Die Wahrscheinlichkeit, daß beide Ereignisse unabhängig voneinander gleichzeitig eintreten, ist durch

$$P(A_1 \cdot A_2) = P(A_1) \cdot P(A_2),$$

allgemeiner

$$P(A_1 \cdot \ldots \cdot A_n) = P(A_1) \cdot \ldots \cdot P(A_n)$$

gegeben.

10.2.15. Beispiele.

1. Beim Würfeln hat das Ereignis A_6 „Augenzahl 6" eine Wahrscheinlichkeit von $P(A_6) = \frac{1}{6}$. Beim Werfen mit zwei Würfeln ist die Wahrscheinlichkeit, daß jeder Würfel die Augenzahl 6 zeigt, durch

$$\begin{aligned} P(A_6 \cdot A_6) &= P(A_6) \cdot P(A_6) \\ &= \frac{1}{6} \cdot \frac{1}{6} \\ &= \frac{1}{36} \approx 2{,}78\ \% \end{aligned}$$

   gegeben.

2. Sei angenommen, daß pro Jahr einer von 1000 Autofahrern einen Verkehrsunfall erleidet. Die Wahrscheinlichkeit dafür ist somit

$$P(U) = \frac{1}{1000} = 10^{-3}.$$

   Bei 365 Tagen im Jahr ist die Wahrscheinlichkeit, daß jemand an einem bestimmten Tag Geburtstag hat, durch

$$P(G) = \frac{1}{365}$$

   gegeben. Damit berechnet sich die Wahrscheinlichkeit, daß ein Autofahrer an seinem Geburtstag einen Verkehrsunfall erleidet, zu

$$\begin{aligned} P(U \cdot G) &= P(U) \cdot P(G) \\ &= \frac{1}{1000} \cdot \frac{1}{365} \approx 2{,}74 \cdot 10^{-6}. \end{aligned}$$

Betrachtet man nun noch einmal das Beispiel 10.2.13.2., so fällt auf, daß dieses mit der Wirklichkeit nicht übereinstimmt. In 10.2.13.2. wurde nämlich ausgeschlossen, daß ein Fallapfel gleichzeitig wurmstichig und faul sein kann, was jedoch unrealistisch ist. Für diesen Fall muß man den Satz 10.2.12. noch genauer formulieren:

10.2.16. Satz. Gegeben seien zwei Ereignisse A_1 und A_2 sowie ihre Wahrscheinlichkeiten $P(A_1)$ und $P(A_2)$. Die Wahrscheinlichkeit, daß mindestens eines der beiden Ereignisse eintritt, ist durch

$$P(A_1/A_2) = P(A_1) + P(A_2) - P(A_1 \cdot A_2)$$

gegeben.

10.2.17. Beispiele.

1. Die Wahrscheinlichkeit, daß man beim zweimaligen Würfeln mindestens einmal Augenzahl 6 erhält, berechnet sich nach 10.2.16. zu

$$\begin{aligned} P(A_6/A_6) &= P(A_6) + P(A_6) - P(A_6 \cdot A_6) \\ &= \frac{1}{6} + \frac{1}{6} - \frac{1}{36} \\ &= \frac{11}{36} \approx 30{,}56\ \%. \end{aligned}$$

2. Sei Beispiel 10.2.13.2. aufgegriffen. Die Wahrscheinlichkeit, daß man einen schlechten Fallapfel erhält, d.h. einen Apfel, der mindestens faul oder wurmstichig ist, berechnet sich zu

$$\begin{aligned} P(f/w) &= P(f) + P(w) - P(f \cdot w) \\ &= \frac{1}{4} + \frac{13}{100} - \frac{1}{4} \cdot \frac{13}{100} \\ &= \frac{129}{400} = 32{,}25\ \%. \end{aligned}$$

Als letzter der hier behandelten Fälle sei der der bedingten Wahrscheinlichkeit herausgegriffen, d.h. der Fall, daß die Wahrscheinlichkeit eines Ereignisses A_1 berechnet werden soll, nachdem ein Ereignis A_2 eingetreten ist.

10.2.18. Satz. Seien zwei Ereignisse A_1 und A_2 mit den Wahrscheinlichkeiten $P(A_1)$ und $P(A_2)$ gegeben. Die Wahrscheinlichkeit $P(A_1 | A_2)$, daß das Ereignis A_2 eintritt, nachdem das Ereignis A_1 bereits eingetroffen ist, also die bedingte Wahrscheinlichkeit des Ereignisses A_2 unter der Hypothese von A_1, berechnet sich zu

$$P(A_1 | A_2) = \frac{P(A_1 \cdot A_2)}{P(A_1)}.$$

10.2.19. Beispiel. Gegeben seien 100 Falläpfel, von denen 30 faul sind. Die Wahrscheinlichkeit, daß man beim ersten Zugriff einen faulen Apfel erhält, ist demnach

$$P(f_1) = \frac{3}{10}.$$

Untersucht man die restlichen 99 Falläpfel, so können noch 29 faul sein, so daß man mit der Wahrscheinlichkeit von

$$P(f_2) = \frac{29}{99}$$

im zweiten Zugriff ebenfalls einen faulen Apfel erhält.

Die Wahrscheinlichkeit des unabhängigen Ereignisses, daß man bei zweimaligem Zugreifen jeweils faule Äpfel erhält, berechnet sich zu

$$P(f_1 \cdot f_2) = \frac{3}{10} \cdot \frac{29}{99} = \frac{29}{330} \approx 8{,}79\ \%.$$

Schließlich kann man die bedingte Wahrscheinlichkeit berechnen, mit der man beim zweiten Zugriff auch einen faulen Apfel erhält, nachdem man beim ersten Mal bereits einen solchen gegriffen hat:

$$P(f_1 \mid f_2) = \frac{P(f_1 \cdot f_2)}{P(f_1)} = \frac{\frac{29}{330}}{\frac{3}{10}} = \frac{29}{99} \approx 29{,}29\ \%.$$

In 10.2.14. wurde die Statistik von unabhängigen Ereignissen und in 10.2.18. die von bedingten Ereignissen berechnet. Obwohl beide Ereignisse in keinem direkten Zusammenhang miteinander stehen, kann man durch formales Umrechnen den folgenden Satz erhalten:

10.2.20. Satz (Multiplikationssatz). Gegeben seien zwei Ereignisse A_1 und A_2 mit den Wahrscheinlichkeiten $P(A_1)$ und $P(A_2)$. Die Wahrscheinlichkeit, daß bei einem Experiment gleichzeitig beide Ereignisse eintreten, ist gegeben durch

$$P(A_1 \cdot A_2) = P(A_1) \cdot P(A_2 \mid A_1) = P(A_2) \cdot P(A_1 \mid A_2).$$

10.2.21. Beispiel. Unter 1000 Glühbirnen einer Produktionsserie seien 13 defekt. Die Wahrscheinlichkeit, im ersten Zugreifen eine defekte Birne zu erhalten, ergibt sich demnach zu

$$P(d_1) = \frac{13}{1000}.$$

Legt man diese defekte Glühbirne beiseite, so bleiben noch 12 defekte unter insgesamt 999 Glühbirnen übrig. Die entsprechende Wahrscheinlichkeit ergibt sich also zu

$$P(d_2 \mid d_1) = \frac{12}{999}.$$

Die Wahrscheinlichkeit, zwei defekte Glühbirnen zu erhalten, wenn man zweimal zugreift und die erste defekte Birne nicht zurücklegt, ergibt sich nach 10.2.20. zu

$$P(d_1 \cdot d_2) = P(d_1) \cdot P(d_2 \mid d_1) = \frac{13}{1000} \cdot \frac{12}{999} \approx 1{,}56 \cdot 10^{-4}.$$

Abschließend sei noch ein Satz genannt, in dem einige der bisher aufgeführten Sätze enthalten sind:

Nimmt man an, daß ein Ereignis B stets mit einem der sich gegenseitig ausschließenden Ereignisse A_i ($i = 1, \ldots, n$) auftritt, so berechnet sich die bedingte Wahrscheinlichkeit nach 10.2.18. für ein einzelnes Ereignis A_j zu

$$P(B \mid A_j) = \frac{P(B \cdot A_j)}{P(A_j)}.$$

Da die Ereignisse A_i unabhängig voneinander sein und sich gegenseitig ausschließen sollen, ergibt sich aus 10.2.12. und 10.2.14.

$$P(B) = \sum_{i=1}^{n} P(B \cdot A_i).$$

Wendet man jetzt noch den Multiplikationssatz an, so erhält man

$$P(B) = \sum_{i=1}^{n} P(A_i) \cdot P(B \mid A_i).$$

10.2.22. Satz (Satz der totalen Wahrscheinlichkeit). Gegeben seien n unabhängige, sich gegenseitig ausschließende Ereignisse A_i und ihre Wahrscheinlichkeiten $P(A_1)$, ..., $P(A_n)$. Die Wahrscheinlichkeit, daß ein Ereignis B gemeinsam mit einem der Ereignisse A_i eintrifft, ist gegeben durch

$$P(B) = \sum_{i=1}^{n} P(A_i) \cdot P(B \mid A_i).$$

10.2.23. Beispiel. Gegeben seien 6 Tüten mit jeweils 5 Falläpfeln. Davon sind in

a) drei Tüten jeweils zwei faule Äpfel,

b) zwei Tüten jeweils ein fauler Apfel und

c) einer Tüte drei faule Äpfel.

Gesucht wird die Wahrscheinlichkeit, mit der man einen faulen Apfel erhält, wenn man in eine beliebige Tüte greift.

Sei mit A_1 das Ereignis benannt, daß man in eine der drei Tüten greift (Fall a). Die zugehörige Wahrscheinlichkeit wird durch $P(A_1) = \frac{3}{6} = \frac{1}{2}$ gegeben. A_2 sei das Ereignis, daß man in eine der beiden Tüten greift (Fall b). Die zugehörige Wahrscheinlichkeit ist $P(A_2) = \frac{2}{6} = \frac{1}{3}$. Schließlich entspreche A_3 dem Fall c, daß man in die einzelne Tüte greift. Dazu gilt $P(A_3) = \frac{1}{6}$. Sei das Ereignis, einen faulen Apfel zu greifen, durch B gekennzeichnet, so ergibt sich die bedingte Wahrscheinlichkeit, aus einer der drei Tüten einen faulen Apfel zu greifen, zu $P(B \mid A_1) = \frac{2}{5}$, die zu Fall b $P(B \mid A_2) = \frac{1}{5}$ und schließlich die zu Fall c $P(B \mid A_3) = \frac{3}{5}$. Nach 10.2.22. berechnet sich die Wahrscheinlichkeit, überhaupt einen faulen Apfel zu greifen, zu

$$\begin{aligned} P(B) &= P(A_1) \cdot P(B \mid A_1) + P(A_2) \cdot P(B \mid A_2) + P(A_3) \cdot P(B \mid A_3) \\ &= \frac{1}{2} \cdot \frac{2}{5} + \frac{1}{3} \cdot \frac{1}{5} + \frac{1}{6} \cdot \frac{3}{5} \\ &= \frac{11}{30} \approx 36{,}67\ \%. \end{aligned}$$

10.3 Einführung in die Wahrscheinlichkeitstheorie

In Kapitel 10.3. wurden die Wahrscheinlichkeiten einer relativ kleinen Anzahl von Ereignissen berechnet. Dabei gab es mitunter Sonderfälle zu beachten in Abhängigkeit davon, wie die Einzelereignisse zueinander in Verbindung standen. Im Zusammenhang mit 10.2.6. wurde festgestellt, daß die Summe der relativen Häufigkeiten – und damit auch der Einzelwahrscheinlichkeiten – von allen parallel möglichen Ereignissen eines Gesamtexperiments stets 1 ist. Nun ist der Fall denkbar, daß man eine sehr große Zahl von möglichen Ereignissen vorliegen hat ($n \to \infty$), die jeweils mit einer bestimmten Wahrscheinlichkeit versehen sind. Bildet man in einem solchen Fall die Summe, so ist nicht auszuschließen, daß diese größer als 1 wird. Damit ergibt sich aber ein Widerspruch zu 10.2.6. Inhalt dieses Kapitels soll sein, diesen Widerspruch aufzuklären und an speziellen Beispielen einige Wahrscheinlichkeitstheorien vorzustellen.

Dazu ist zunächst eine weitere Definition notwendig:

10.3.1. Definition. Liegen unendliche viele Einzelereignisse innerhalb eines Gesamtexperiments vor, so heißt jedes einzelne Ereignis Z_i eine **kontinuierliche Zufallsgröße.**

Mit dieser Definition ergibt sich schon eine sprachliche Trennung der klassischen Statistik des Kapitels 10.2. von der Statistik sehr großer Zahlen, die in diesem Kapitel behandelt werden soll.

Sind nun unendlich viele Einzelereignisse innerhalb eines Gesamtexperiments möglich, so benötigt man theoretisch unendlich viele Experimente, ehe man ein positives Ereignis erhält. Damit ist aber nach 10.2.9. die Wahrscheinlichkeit einer solchen kontinuierlichen Zufallsgröße Z_i mit $m \to \infty$ und $n = 1$

$$P(Z_i) = \lim_{m \to \infty} \frac{n}{m} = \lim_{m \to \infty} \frac{1}{m} = 0.$$

10.3.2. Satz. Die Wahrscheinlichkeit, daß eine kontinuierliche Zufallsgröße Z_i eintritt, ist gleich Null.

Durch diesen Satz 10.3.2. löst sich der scheinbare Widerspruch in den einleitenden Betrachtungen dieses Kapitels bereits auf.

Für die weiteren Untersuchungen soll von einer besonderen Problemstellung ausgegangen werden:

10.3.3. Problemstellung. Gegeben sei ein größeres Kornfeld. Gesucht wird die Wahrscheinlichkeit, mit der die Länge l eines Kornhalmes in einem Intervall $[x - \Delta x; x + \Delta x]$ liegt.

Aus der Anschauung kann man bereits sagen, daß die Wahrscheinlichkeit P sicherlich von der Lage des Bezugspunktes x abhängt, also eine Funktion des Ortes x ist. Weiter ist P sicherlich zur Breite des betrachteten Intervalls, also Δx, proportional. Damit ergibt sich als möglicher Ausgangspunkt für weitere Berechnungen die Beziehung

$$P(x - \Delta x \leqslant l \leqslant x + \Delta x) = p(x) \cdot \Delta x.$$

10.3.4. Definition. Hängt die Wahrscheinlichkeit P(Z) einer kontinuierlichen Zufallsgröße Z über eine Funktion p(x) vom betrachteten Ort x ab, so heißt p(x) die **Wahrscheinlichkeitsdichte** (Dichtefunktion) der kontinuierlichen Zufallsgröße Z.

Der Name „Wahrscheinlichkeitsdichte" ergibt sich aus einer Analogie zur Massendichte: aus dem Quotienten der Wahrscheinlichkeit P und dem geometrischen Faktor Δx (vgl. 10.3.3.) erhält man die Wahrscheinlichkeitsdichte $p(x) = \frac{P}{\Delta x}$, wie man aus dem Quotienten aus der Masse m eines Körpers und dem (geometrischen) Volumen V die Massendichte $\rho = \frac{m}{V}$ erhält.

Summiert man nun in 10.3.3. über alle denkbaren Intervalle, so erhält man in Analogie zur Lösung des Problems 4.3.1. ein bestimmtes Integral

$$P(a \leqslant l \leqslant b) = \int_a^b p(x)\,dx.$$

10.3.5. Satz. Im Falle von unendlich vielen Ereignissen kann man jedem Wert x einer kontinuierlichen Zufallsgröße Z eine Wahrscheinlichkeitsdichte p(x) zuordnen.
Die Wahrscheinlichkeit P(x), daß x in einem Intervall [a; b] liegt, ist gegeben durch das bestimmte Integral

$$P(x) = \int_a^b p(x)\,dx.$$

Ist b eine variable Integrationsgrenze, so heißt P(b) die Verteilungsfunktion von Z.

Für die Berechnung von Wahrscheinlichkeiten muß man also eine bestimmte Integration durchführen. Dieses ist jedoch nur möglich, wenn man genaue Kenntnisse über die Dichtefunktion hat, so daß der eigentliche Inhalt der Wahrscheinlichkeitstheorien darin liegt, Wahrscheinlichkeitsdichten p(x) zu finden, die den tatsächlichen Verhältnissen möglichst gut entsprechen. Das soll an einem ersten Beispiel sehr stark vereinfacht gezeigt werden.

10.3.6. Beispiel. Das Grundproblem von 10.3.3. soll wieder aufgegriffen werden. Dabei wird nach der Wahrscheinlichkeit gefragt, mit der ein bestimmter Halm innerhalb des gesamten Kornfeldes eine Länge von $80\,\text{cm} \leqslant l \leqslant 90\,\text{cm}$ hat.

Nimmt man eine durchschnittliche Halmlänge von 75 cm an, so kann man die Wahrscheinlichkeitsdichte in einer, allerdings sehr groben, Näherung durch

$$p(l) = \begin{cases} e^{l-75} & \text{für } l < 75\text{ cm} \\ e^{75-l} & \text{für } l \geqslant 75\text{ cm} \end{cases}$$

angegeben. Damit berechnet sich die gesuchte Wahrscheinlichkeit zu

$$P(80 \leqslant l \leqslant 90) = \int_{80}^{90} e^{75-l}\, dl = \left[-e^{75-l}\right]_{l=80}^{l=90}$$

$$= e^{-5} - e^{-15} \approx 6{,}74 \cdot 10^{-3}.$$

Nun gilt nach 10.2.11. für jede Wahrscheinlichkeit P

$$0 \leqslant P \leqslant 1.$$

Damit ergibt sich eine Grundforderung an alle Dichtefunktionen, denn integriert man über den gesamten denkbaren Bereich der kontinuierlichen Zufallsgrößen, so muß der gesuchte Wert sicherlich mindestens einmal auftreten, der gesuchte Wert hat dann also die Wahrscheinlichkeit 1. Damit muß das bestimmte Integral aber bei Integration über den gesamten Bereich den Wert 1 haben.

10.3.7. Satz. Wegen 10.2.11. muß für jede Wahrscheinlichkeitsdichte p(x)

$$\int_{-\infty}^{\infty} p(x)\, dx = 1$$

gelten. Erfüllt eine Funktion p(x) diese Bedingung, so heißt sie auf 1 normiert.

10.3.8. Beispiele.

1. Im Vergleich zu der in 10.3.6. verwendeten Wahrscheinlichkeitsdichte stellt die Funktion $f(x) = \frac{1}{e^x + e^{-x}}$ schon eine erheblich genauere Grundlage zur Berechnung der Wahrscheinlichkeitsdichte dar, obwohl auch diese Näherung nur von dem Bestreben ausgeht, einen möglichst symmetrischen, exponentiellen Abfall zu beschreiben.

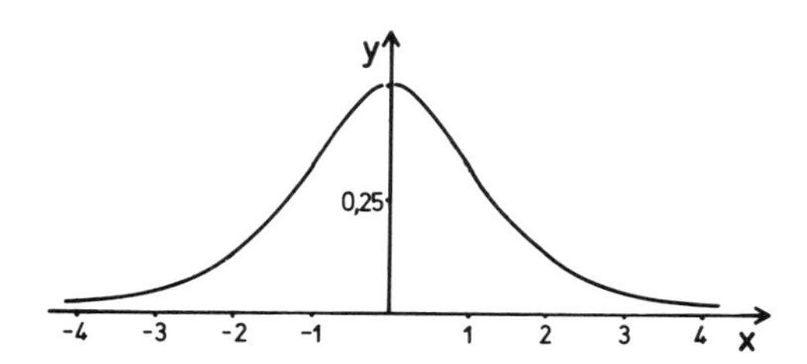

Abb. 10.2.: Verlauf der Funktion $f(x) = \frac{1}{e^x + e^{-x}}$

Nimmt man diese Funktion f(x) als Grundlage zur Berechnung einer Wahrscheinlichkeitsdichte, setzt man also

$$p(x) = a \cdot f(x),$$

so ergibt die Normierung auf 1 unter Verwendung der Substitution $e^x = u$ nach 4.1.9.

$$1 = \int_{-\infty}^{\infty} \frac{a\,dx}{e^x + e^{-x}} = a \int_{-\infty}^{\infty} \frac{e^x dx}{e^{2x} + 1} = a \int_{-\infty}^{\infty} \frac{u}{u^2 + 1} \cdot \frac{1}{u}\, du$$

$$= a \int_{-\infty}^{\infty} \frac{du}{u^2 + 1} = a\, [\arc\tan u]_{x=-\infty}^{x=\infty}$$

$$= a \cdot [\arc\tan e^x]_{-\infty}^{\infty}$$

$$= a \cdot \left(\frac{\pi}{2} - \left(-\frac{\pi}{2}\right)\right)$$

$$= a \cdot \pi$$

$$\Downarrow \qquad a = \frac{1}{\pi}.$$

Die auf 1 normierte Wahrscheinlichkeitsdichte lautet also

$$p(x) = \frac{1}{\pi} \cdot \frac{1}{e^x + e^{-x}}.$$

2. Sei r der Abstand eines Elektrons vom Kern eines Wasserstoffatoms mit dem Bohrschen Radius $r_0 = 5{,}29 \cdot 10^{-11}$ m. Die Wahrscheinlichkeitsdichte, bezogen auf eine Kugelschale vom Radius r, möge die Form

$$p(r) = a \cdot r^2 \cdot e^{-\frac{2r}{r_0}}$$

haben, wobei die Größe von a durch die Normierung auf 1 zu bestimmen ist. Dazu ist zu beachten, daß stets $r \geqslant 0$ gilt.

Mit der Substitution $u = \frac{2r}{r_0}$ kann man das Normierungsintegral nach 4.1.9. und 4.1.7. lösen:

$$1 = \int_0^{\infty} P(r)\, dr = a \cdot \left(-\frac{r_0^3}{8}\right) \int_0^{\infty} u^2 e^u\, du$$

$$= a \cdot \left(-\frac{r_0^3}{8}\right) [e^u (u^2 - 2u + 2)]_{r=0}^{r=\infty}$$

$$= a \cdot \left(-\frac{r_0^3}{8}\right) \left[e^{-\frac{2r}{r_0}} \left(\frac{4r^2}{r_0^2} + \frac{4r}{r_0} + 2\right)\right]_0^{\infty}$$

$$= a \cdot \frac{r_0^3}{4}.$$

Aus dieser Rechnung folgt

$$a = \frac{4}{r_0^3},$$

so daß die gesuchte Wahrscheinlichkeitsdichte lautet

$$P(r) = \frac{4}{r_0^3}\, r^2\, e^{-\frac{2r}{r_0}}.$$

Mit dem Ziel, Wahrscheinlichkeiten möglichst exakt zu berechnen, wurden viele verschiedene Theorien entwickelt, die jeweils für Spezialfälle besonders gut zutreffen. Einige dieser Theorien sollen zum Abschluß dieses Kapitels vorgestellt werden.

Sei zunächst nach der Wahrscheinlichkeit gefragt, mit der bei n Versuchen entweder das Ereignis A_1 oder das Ereignis A_2 eintritt (alternative Wahrscheinlichkeit). Da keine weiteren Möglichkeiten existieren, gilt sicherlich für die Einzelwahrscheinlichkeiten

$$P(A_1) = p \quad \text{und} \quad P(A_2) = q = 1 - p.$$

Trifft nun das Ereignis A_1 innerhalb der n Versuche x-mal ein, so trifft A_2 entsprechend $(n-x)$-mal ein. Die Wahrscheinlichkeit, daß das Ereignis A_1 in den ersten x Experimenten eintritt, berechnet sich nach 10.2.14. aus den Einzelwahrscheinlichkeiten zu

$$P(A_{1_1} \cdot A_{1_2} \cdot \ldots \cdot A_{1x}) = P(A_{1_1}) \cdot P(A_{1_2}) \cdot \ldots \cdot P(A_{1x}) = p^x.$$

Entsprechend ist die Wahrscheinlichkeit, daß das Ereignis A_2 bei den restlichen $(n-x)$ Experimenten eintritt, durch

$$P(A_{2x+1} \cdot \ldots \cdot A_{2n}) = q^{n-x}$$

gegeben. Die Wahrscheinlichkeit, daß A_1 in den Experimenten $1, \ldots, x$ wohl und in den Experimenten $(x+1), \ldots, n$ nicht eintritt, ist demnach $p^x q^{n-x}$. Nun können die x Ereignisse A_1 jedoch auf die n Versuche (ohne Wiederholung und ohne Berücksichtigung der Anordnung) kombiniert werden, so daß sich die gesuchte Wahrscheinlichkeit, daß A_1 in den n Experimenten gerade x-mal auftritt, zu

$$P_n(x) = \binom{n}{x} \cdot p^x q^{n-x}$$

berechnet. Da die Größe x veränderlich ist, liegt mit der Funktion $P_n(x)$ eine Größe vor, die der früher bereits definierten Wahrscheinlichkeitsdichte entspricht. Interessiert man sich nun für die Wahrscheinlichkeitsverteilung über einem Intervall [a; b], so muß man über diesem Intervall summieren. Damit erhält man die Wahrscheinlichkeit, daß das Ereignis A_1 innerhalb des Beobachtungsbereiches [a; b] auftritt. Die dieser Wahrscheinlichkeit zugehörige Verteilung wird Binominal- oder Bernoulli-Verteilung genannt.

10.3.9. Satz. Soll untersucht werden, ob ein Ereignis A mit der Einzelwahrscheinlichkeit $P(A) = p$ in n Experimenten x-mal auftritt, so berechnet sich die Wahrscheinlichkeit dafür nach der **Binominal-Verteilung (Bernoulli-Verteilung)** zu

$$P_n(x) = \binom{n}{x} \cdot p^x (1-p)^{n-x}.$$

Wird die Wahrscheinlichkeit für den Bereich $x \in [0; b]$ gesucht, so lautet die zugehörige Wahrscheinlichkeitsverteilung

$$P(b) = \sum_{k=0}^{b} P_n(x = k) = \sum_{k=0}^{b} \binom{n}{k} \cdot p^k (1-p)^{n-k}.$$

Der Name Binominalverteilung ergibt sich aus der Wahrscheinlichkeitsverteilung, denn für $x \in [0; n]$ kann man schreiben

$$\sum_{k=0}^{n} P_n(x = k) = \sum_{k=0}^{n} \binom{n}{k} \cdot p^k q^{n-k} = (p + q)^n = (p + (1 - p))^n = 1^n = 1,$$

womit sich eine Übereinstimmung mit der Forderung aus 10.2.11. ergibt, nach der bei Betrachtung über den gesamten Bereich der Möglichkeiten die Wahrscheinlichkeit eines Ereignisses 1 sein muß.

10.3.10. Beispiele.

1. Bei der Produktion von Glühbirnen ergebe sich im Jahresdurchschnitt ein Ausschuß von 5 %.

   a) Fragt man nun nach der Wahrscheinlichkeit, daß man in einer Produktionsserie von 50 Glühbirnen gerade 5 defekte erhält, so kann man mit $x = 5$, $n = 50$ und $p = 0{,}05$ nach der Binominal-Verteilung rechnen:

   $$P_{50}(x = 5) = \binom{50}{5} \cdot 0{,}05^5 \cdot 0{,}95^{50-5} \approx 6{,}58 \cdot 10^{-2} = 6{,}58\ \%.$$

   b) Fragt man nach der Wahrscheinlichkeit, daß man in einer Produktionsserie von 50 Glühbirnen 10 defekte vorfindet, so ergibt sich entsprechend

   $$P_{50}(x = 10) = \binom{50}{10} \cdot 0{,}05^{10} \cdot 0{,}95^{50-10} \approx 1{,}29 \cdot 10^{-4}.$$

2. Fünf Jäger schießen gleichzeitig auf ein Kaninchen. Jeder hat eine Trefferwahrscheinlichkeit von 25 %. Wegen

   $$P_5(x = 5) = \binom{5}{5} \cdot 0{,}25^5 \cdot 0{,}75^{5-5} \approx 9{,}77 \cdot 10^{-4}$$

   ist die Wahrscheinlichkeit, daß alle fünf treffen etwa $9{,}77 \cdot 10^{-4}$.

Da die Berechnung der Binominalkoeffizienten für große n sehr umständlich wird, empfiehlt sich für derartige Fälle eine sonderte Betrachtung, zumal dann sehr häufig die Wahrscheinlichkeit p des einzelnen Ereignisses sehr klein wird.

Setzt man zunächst $n \cdot p = \lambda$ an, so kann man aus der Binominal-Verteilung folgendermaßen weiterrechnen:

$$\begin{aligned}
P(x = k) &= \binom{n}{k} \cdot \left(\frac{\lambda}{n}\right)^k \left(1 - \frac{\lambda}{n}\right)^{n-k} \\
&= \frac{n(n-1)(n-2) \cdot \ldots \cdot (n-k+1)}{k!} \cdot \left(\frac{\lambda}{n}\right)^k \left(1 - \frac{\lambda}{n}\right)^n \left(1 - \frac{\lambda}{n}\right)^{-k} \\
&= \frac{\lambda^k}{k!} \cdot \frac{n(n-1)(n-2) \cdot \ldots \cdot (n-k+1)}{n^k} \cdot \left(1 - \frac{\lambda}{n}\right)^n \left(1 - \frac{\lambda}{n}\right)^{-k} \\
&= \frac{\lambda^k}{k!} \cdot \frac{n}{n} \cdot \frac{n-1}{n} \cdot \frac{n-2}{n} \cdot \ldots \cdot \frac{n-(k-1)}{n} \cdot \left(1 - \frac{\lambda}{n}\right)^n \left(1 - \frac{\lambda}{n}\right)^{-k} \\
&= \frac{\lambda^k}{k!} \left(1 - \frac{1}{n}\right)\left(1 - \frac{2}{n}\right) \cdot \ldots \cdot \left(1 - \frac{k-1}{n}\right)\left(1 - \frac{\lambda}{n}\right)^n \left(1 - \frac{\lambda}{n}\right)^{-k}
\end{aligned}$$

Nimmt man jetzt den speziellen Fall $n \to \infty$ und $p \to 0$ und $np = \lambda$ an, so ergeben sich für die einzelnen Faktoren die Grenzwerte

$$\text{a)} \lim_{n\to\infty} \left(1 - \frac{1}{n}\right)\left(1 - \frac{2}{n}\right) \cdot \ldots \cdot \left(1 - \frac{k-1}{n}\right) = 1$$

$$\text{b)} \lim_{n\to\infty} \left(1 - \frac{\lambda}{n}\right)^{-k} = 1$$

$$\text{c)} \lim_{n\to\infty} \left(1 - \frac{\lambda}{n}\right)^{n} = e^{-\lambda} \qquad \text{(folgt aus 2.3.10.)}$$

und damit für die gesuchte Wahrscheinlichkeit

$$Q(x = k) = \lim_{\substack{n\to\infty \\ p\to 0}} P(x = k) = e^{-\lambda} \cdot \frac{\lambda^k}{k!}.$$

Berechnet man zu dieser Wahrscheinlichkeit die zugehörige Wahrscheinlichkeitsverteilung, auch Poisson-Verteilung genannt, und summiert über den vollen Bereich $x \in [0; \infty]$, so ergibt sich wiederum in Übereinstimmung mit 10.2.11.

$$\begin{aligned} \sum_{k=0}^{\infty} Q(x = k) = \sum_{k=0}^{\infty} e^{-\lambda} \cdot \frac{\lambda^k}{k!} &= e^{-\lambda} \left(\frac{1}{0!} + \frac{\lambda}{1!} + \frac{\lambda^2}{2!} + \ldots + \frac{\lambda^n}{n!} + \ldots\right) \\ &= e^{-\lambda} \cdot e^{\lambda} \qquad \text{(vgl. 6.2.11.2.)} \\ &= 1. \end{aligned}$$

10.3.11. Satz. Soll untersucht werden, ob ein Ereignis A mit sehr kleiner Einzelwahrscheinlichkeit $p(A) \to 0$ bei einer sehr großen Zahl von Experimenten $(n \to \infty)$ k-mal auftritt, so berechnet sich die Wahrscheinlichkeit dafür nach der **Poisson-Verteilung** zu

$$Q(x = k) = e^{-\lambda} \cdot \frac{\lambda^k}{k!} \qquad \text{mit} \quad \lambda = n \cdot p = \text{const.}$$

Wird die Wahrscheinlichkeit gesucht, mit der A innerhalb eines Betrachtungsintervalls [0; b] auftritt, so lautet die zugehörige Wahrscheinlichkeitsverteilung

$$\sum_{k=0}^{b} Q(x = k) = \sum_{k=0}^{b} e^{-\lambda} \cdot \frac{\lambda^k}{k!}.$$

Da für die Poisson-Verteilung $\lambda = n \cdot p = \text{const.}$ gefordert wird, läßt sich die Größe λ relativ leicht aus dem Mittelwert der Häufigkeiten über einen großen Bereich bestimmen.

10.3.12. Beispiel. In einer Fabrik wird in regelmäßigen Abständen die Einsatzbereitschaft des gesamten Maschinenparks überprüft. Im langjährigen Durchschnitt sind bei den Überprüfungen jeweils gerade 2 Maschinen ausgefallen. Damit kann man $\lambda = 2 = \text{const.}$ für den betrachteten Zeitraum ansetzen und nach der Poisson-Verteilung weiterrechnen. Sucht man nun die Wahrscheinlichkeit, daß bei einer Überprüfung

a) alle Maschinen einsatzbereit sind, so ergibt sich mit x = 0

$$Q(x = 0) = e^{-2} \cdot \frac{2^0}{0!} \approx 13{,}53\ \%$$

b) drei Maschinen ausgefallen sind, mit x = 3

$$Q(x = 3) = e^{-2} \cdot \frac{2^3}{3!} \approx 18{,}04\ \%$$

c) bis zu zwei Maschinen ausgefallen sind,

$$\sum_{k=0}^{2} Q(x = k) = \sum_{k=0}^{2} e^{-2} \cdot \frac{2^k}{k!}$$

$$= e^{-2} \left(\frac{2^0}{0!} + \frac{2^1}{1!} + \frac{2^2}{2!} \right)$$

$$= 5\,e^{-2} \approx 0{,}6767 = 67{,}67\ \%.$$

Zum Abschluß dieser Betrachtungen über einzelne Wahrscheinlichkeitstheorien soll noch die wohl wichtigste Verteilung, die Normal- oder Gauß-Verteilung behandelt werden. In 10.3.6. und 10.3.8. wurden näherungsweise Wahrscheinlichkeitsdichten aus Verteilungsfunktionen hergeleitet, die aus der Exponentialfunktion mit negativen Exponenten hervorgingen. Diese Annäherungen werden durch die Normalverteilung erheblich verbessert, wobei zu beachten ist, daß mit der Normalverteilung nicht, wie bei der Binominal- oder der Poisson-Verteilung, Wahrscheinlichkeiten von Einzelereignissen berechnet werden können, sondern Wahrscheinlichkeitsverteilungen mit Hilfe von Wahrscheinlichkeitsdichte und Satz 10.3.5.

10.3.13. Satz. Bei der **Normalverteilung (Gauß-Verteilung)** lautet die Wahrscheinlichkeitsdichte

$$p(x) = \frac{1}{\sigma\sqrt{2\pi}} \cdot e^{-\frac{1}{2}\left(\frac{x-\mu}{\sigma}\right)^2},$$

wobei die Größen von $\sigma > 0$ und μ vom jeweils vorliegenden Einzelfall abhängen.

Substituiert man nun $u = \frac{x - \mu}{\sigma}$, so ergibt sich mit

$$\varphi(u) = \sigma \cdot p(x) = \frac{1}{\sqrt{2\pi}} \cdot e^{-\frac{u^2}{2}}$$

eine vereinfachte Darstellung der Wahrscheinlichkeitsdichte p(x). Nun benötigt man nach 10.3.5. zur Berechnung der Verteilungsfunktion aber das bestimmte Integral der Wahrscheinlichkeitsdichte bzw. der Funktion $\varphi(u)$. Da beide Funktionen einerseits nicht geschlossen integrierbar sind, man andererseits wegen der großen Bedeutung der Gauß-Verteilung aber die Werte des bestimmten Integrals $\int_0^a \varphi(u)\,du$ benötigt, sind diese tabellarisch in Abhängigkeit der Integrationsgrenze a erfaßt.

10.4 Grundbegriffe der Fehlerrechnung

Bei allen experimentellen Arbeiten kann man grundsätzlich nie erwarten, daß die gemessenen Werte absolut genau sind. Stets treten irgendwelche Ungenauigkeiten auf, die die Exaktheit der Meßwerte einschränken. Da die Güte der erhaltenen Meßwerte jedoch direkt von der Größe der möglichen Fehler abhängt, ist zur objektiven Beurteilung der Qualität irgendwelcher experimenteller Daten stets eine Angabe über den maximal möglichen Fehler erforderlich.

10.4.1. Grundsatz. Jede Angabe eines Meßwertes ist ohne Angabe über den möglichen Fehler unvollständig.

Nun gibt es unterschiedliche Fehlerquellen beim experimentellen Arbeiten:

1. Fehlerquellen, deren Ursachen in den spezifischen Eigenarten der experimentellen Bedingungen bzw. des Experimentators liegen. Diese Fehler kann man mit Hilfe der Statistik erfassen und in Form einer Fehlerrechnung exakt bestimmen.

2. Andere Fehlerquellen haben ihre Ursachen in den äußeren experimentellen Anordnungen. So ist es z.B. durchaus wichtig, ob man ein Meßgerät mit einer Meßgenauigkeit von 10 % oder von 1 % verwendet. Diese Fehlerquellen können aber in Form einer Fehlerabschätzung aus den Angaben der Gerätehersteller bestimmt werden.

Eine gute Meßanordnung sollte grundsätzlich so ausgestattet sein, daß die Ergebnisse der Fehlerabschätzung, d.h. die Fehler aus den äußeren Umständen des Experiments, sehr klein gegen die aus der Statistik bestimmten Werte der Fehlerrechnung sind. Das Ergebnis jeglicher Fehlerbetrachtung schließlich faßt den errechneten und den abgeschätzten Fehler zum Gesamtfehler des Experiments zusammen.

In diesem Kapitel sollen nun die statistischen Fehler beim experimentellen Arbeiten berechnet und schließlich Möglichkeiten aufgezeigt werden, wie man aus der statistischen Verteilung von Meßwerten das „wahre" Ergebnis bestimmt.

Vor jeglicher Rechnung mit Fehlern ist jedoch zunächst eine Klärung der Begriffe notwendig:

10.4.2. Definition. Der Betrag Δx der Differenz zwischen dem Meßwert x_i und dem wahren Wert x

$$\Delta x = |x - x_i|$$

heißt **absoluter Fehler** von x_i.

Der Quotient $\frac{\Delta x}{x}$ aus absolutem Fehler und wahrem Wert x heißt **relativer Fehler** des Meßwertes x_i.

Wie bei der Unterscheidung zwischen Fehlerabschätzung und Fehlerrechnung bereits gesagt wurde, soll sich dieses Kapitel im wesentlichen nur auf solche Fehler beschränken, die sich nach den Gesetzmäßigkeiten der Wahrscheinlichkeitsrechnung bestimmen lassen. Dagegen sollen alle nichtstatistischen Fehler zunächst unberücksichtigt bleiben. Nun gibt es aber neben den Geräteungenauigkeiten (z.B. falscher Meßbereich) auch andere Fehlerquellen, die sich nicht aus der Statistik berechnen lassen und ihre Ursachen beim Experimentator haben, so daß die vorherige Unterscheidung präzisiert werden muß.

10.4.3. Definition. Man unterscheidet drei Arten von Fehlern:

1. Ein Fehler Δx heißt **grober Fehler**, wenn seine Ursache auf einer prinzipiell vermeidbaren Unachtsamkeit des Experimentators beruht.

2. Ein Fehler Δx heißt **systematischer Fehler**, wenn
   a) Δx unter gleichen experimentellen Bedingungen denselben Wert annimmt und
   b) sich Δx bei gesetzmäßigen Änderungen der Versuchsbedingungen gleichmäßig ändert oder konstant bleibt.

3. Ein Fehler Δx heißt **zufälliger Fehler**, wenn
   a) eine positive oder negative Abweichung vom wahren Wert x mit gleicher Wahrscheinlichkeit auftritt,
   b) die Wahrscheinlichkeit eines größeren Wertes Δx kleiner ist als die eines kleinen und
   c) die Wahrscheinlichkeit für den Fehler $\Delta x = 0$ maximal ist.

10.4.4. Beispiele.

1. Die bereits genannten Ungenauigkeiten z.B. der verwendeten Meßgeräte mit falschem Meßbereich zählen zu den groben Fehlern, da sie bei entsprechender Auswahl der Meßgeräte vermieden werden können.
2. Versieht sich ein Experimentator beim Ablesen seiner Meßwerte um eine Zehnerpotenz, so macht er einen groben Fehler.
3. Eine (prinzipiell) vermeidbare Nullpunktsdrift eines Meßinstruments stellt einen groben Fehler dar.
4. Ist der (konstante) Nullpunkt eines Meßgerätes falsch eingestellt, so liegt ein systematischer Fehler vor, da die gefundenen Meßwerte jeweils um den verschobenen Nullpunkt falsch sind.
5. Bei Dickemessungen einer Plastikfolie mögen sich die auf der folgenden Seite befindlichen Meßwerte ergeben haben: Die einzelnen Meßwerte d_i schwanken um das arithmetische Mittel

$$\bar{d} = 2{,}26 \cdot 10^{-4}\ \text{m}.$$

Die Summe der Abweichungen ist 0. Damit sind die Fehler Δd zufällige Fehler.

d_i [10^{-6} m]	$d_i - \bar{d}$ [10^{-6} m]
230	+ 4
221	− 5
225	− 1
224	− 2
229	+ 3
227	+ 1

$$\bar{d} = 226 \cdot 10^{-6}\ \text{m} \qquad \sum_{i=1}^{6} (d_i - \bar{d}) = 0.$$

Wie man der Definition 10.4.3. bereits entnehmen kann, unterliegen nur die zufälligen Fehler den Gesetzmäßigkeiten der Wahrscheinlichkeitsrechnung. Damit können aber auch nur zufällige Fehler in einer Fehlerrechnung berücksichtigt werden. Grobe und systematische Fehler müssen dagegen für eine Fehlerbetrachtung zurückgestellt werden.

Hat man nun eine Messung vorliegen, wie sie z.B. in 10.4.4.5. als Meßreihe dargestellt ist, so stellt sich die Frage, welcher der sechs Meßpunkte d_i dem wahren Wert d der Foliendicke nach statistischen Gesichtspunkten entspricht. Verallgemeinert lautet damit die Frage, welchem von n Meßwerten x_i der wahre Wert x mit der größten Wahrscheinlichkeit entspricht.

Nimmt man an, daß die Meßwerte einer Normalverteilung (vgl. 10.3.13.) um den wahren Wert x unterliegen, so lautet die Wahrscheinlichkeitsdichte für die Richtigkeit des Meßwertes x_1

$$p(x_1) = \frac{1}{\sigma\sqrt{2\pi}} \cdot \exp\left(-\frac{(x - x_1)^2}{2\sigma^2}\right).$$

Eine entsprechende Wahrscheinlichkeitsdichte der Normalverteilung ergibt sich für die Werte $x_2, \ldots, x_n$. Nach 10.2.14. ergibt sich die Wahrscheinlichkeit, daß der Wert x dem ersten, zweiten, ..., n-ten Versuchsergebnis x_1, x_2, bzw. x_n entspricht, zu

$$p(x) = p(x_1 \cdot \ldots \cdot x_n) = \frac{1}{\sigma\sqrt{2\pi}} \cdot \left(e^{-\frac{(x - x_1)^2}{2\sigma^2}} \cdot \ldots \cdot e^{-\frac{(x - x_n)^2}{2\sigma^2}}\right)$$

$$= \frac{1}{\sigma\sqrt{2\pi}} \cdot e^{-\frac{\sum_{i=1}^{n} (x - x_i)^2}{2\sigma^2}}$$

Sucht man nun denjenigen unter den Meßwerten x_i, der mit der größten Wahrscheinlichkeit dem wahren Wert x entspricht, so muß man das Maximum der obigen Verteilungsfunktion berechnen. Das erhält man aber, wenn der (negative) Exponent minimal wird. Damit stellt sich die Aufgabe, mit den Mitteln der Differentialrechnung das Minimum der Funktion

$$u(x) = \sum_{i=1}^{n} (x - x_i)^2$$

zu bestimmen. Die Rechnung ergibt

$$\frac{d\,n(x)}{dx} = 2 \sum_{i=1}^{n} (x - x_i) = 2\left(\sum_{i=1}^{n} x - \sum_{i=1}^{n} x_i\right)$$

$$= 2\left(nx - \sum_{i=1}^{n} x_i\right) = 0$$

$$\Rightarrow\ x = \frac{1}{n} \sum_{i=1}^{n} x_i.$$

Als Ergebnis dieser Rechnung erhält man also das arithmetische Mittel aller Meßwerte x_i (Mittelwert) als den Wert, der mit größter Wahrscheinlichkeit unter den gegebenen Werten x_i dem wahren Wert x entspricht.

10.4.5. Satz. Derjenige von n Werten x_i, der mit der größten Wahrscheinlichkeit dem wahren Wert x entspricht, ist durch das **arithmetische Mittel** der n Meßwerte gegeben:

$$x = \bar{x} = \frac{1}{n} \cdot \sum_{i=1}^{n} x_i.$$

Hat man nun die Möglichkeit, einen Wert als den nach der Wahrscheinlichkeitsrechnung wahren Wert anzugeben, so kann man auch Abweichungen davon, also Fehler, berechnen. Dabei muß man jedoch unterscheiden, ob man den Fehler des einzelnen Meßwerts x_i, also die statistische Abweichung des Wertes x_i vom wahren Wert x, oder den Fehler des Mittelwertes $\bar{x}$ berechnen will. Entsprechend unterscheiden sich die Berechnungsvorschriften.

10.4.6. Satz. Der mittlere Fehler m_{x_i} von n voneinander unabhängigen Einzelmessungen x_i gleicher Wahrscheinlichkeit berechnet sich nach

$$m_{x_i} = \sqrt{\frac{\sum_{i=1}^{n} (x_i - \bar{x})^2}{n - 1}}.$$

Der Wert heißt **Standardabweichung der Einzelmessung.**

10.4.7. Satz. Der mittlere Fehler $m_{\bar{x}}$ des Mittelwertes $\bar{x}$ von n Einzelmessungen x_i gleicher Wahrscheinlichkeit berechnet sich zu

$$m_{\bar{x}} = \sqrt{\frac{\sum_{i=1}^{n} (x_i - \bar{x})^2}{n(n - 1)}}.$$

Der Wert heißt **Standardabweichung des Mittelwertes.**

Betrachtet man die Gleichung zur Berechnung der Standardabweichungen des Mittelwertes, so fällt auf, daß der Fehler mit $\frac{1}{\sqrt{n}}$ kleiner wird. Diese Beobachtung entspricht auch z.B. der in 10.2.7. enthaltenen Erkenntnis: je mehr Meßwerte x_i man hat, desto genauer wird die Berechnung von statistischen Größen.

10.4.8. Beispiel. Gegeben sei eine Meßreihe von 10 Werten der Dickemessung einer Folie:

d_i [10^{-6} m]	$d_i - \bar{d}$ [10^{-6} m]	$(d_i - \bar{d})^2$ [10^{-12} m]
230	4	16
225	−1	1
224	−2	4
229	3	9
227	1	1
225	−1	1
221	−5	25
228	2	4
226	0	0
225	−1	1

$$\bar{d} = \frac{1}{10} \sum_{i=1}^{10} d_i = 226 \qquad \sum_{i=1}^{10} (d_i - \bar{d})^2 = 62$$

a) Der mittlere Fehler der Einzelmessung ergibt sich nach 10.4.6. zu

$$m_{x_i} = \sqrt{\frac{\sum_{i=1}^{10} (d_i - \bar{d})^2}{10 - 1}} = 10^{-6} \sqrt{\frac{62}{9}} \approx 2{,}62 \cdot 10^{-6} \leqslant 3 \cdot 10^{-6}.$$

Rundet man die Angabe für den Fehler auf, so ergibt sich ein Maximalfehler, so daß man z.B. den Meßwert x_5 durch die folgende Angabe beschreiben kann:

$$x_5 = 2{,}27 \cdot 10^{-4} \pm 3 \cdot 10^{-6} \text{ m}$$
$$= (2{,}27 \pm 0{,}03) \cdot 10^{-4} \text{ m}.$$

b) Der mittlere Fehler des Mittelwertes $\bar{d}$ berechnet sich nach 10.4.7. zu

$$m_{\bar{x}} = \sqrt{\frac{\sum_{i=1}^{10} (d_i - \bar{d})^2}{10(10 - 1)}} = 10^{-6} \sqrt{\frac{62}{90}} \approx 0{,}83 \cdot 10^{-6} \leqslant 1 \cdot 10^{-6}.$$

Rundet man den Fehler nach oben auf, so erhält man einen Maximalfehler und kann den Mittelwert $\bar{d}$ durch die folgende Angabe beschreiben:

$$\bar{d} = (2{,}26 \pm 0{,}01) \cdot 10^{-4} \text{ m}.$$

Nun ist bisher nur der einfachste und auch seltenste Fall einer Fehlerrechnung behandelt, nämlich der, daß sich ein Meßergebnis aus nur einem einzigen Meßwert direkt bestimmen läßt, wobei der Fehler des Meßwertes berechnet wurde. Tatsächlich liegt meistens eine erheblich kompliziertere Situation vor, denn in den meisten Fällen setzt sich das gesuchte Versuchsergebnis aus mehreren Meßwerten zusammen, die jeder mit einem Fehler behaftet sind. Hier muß also aus einigen Einzelfehlern unterschiedlicher Meßgrößen ein maximaler Gesamtfehler des zu bestimmenden Versuchsergebnisses berechnet werden. Dabei ist es gleichgültig, ob die Einzelfehler einer Fehlerrechnung oder einer Fehlerbetrachtung entstammen. Dazu ein Beispiel:

10.4.9. Beispiel. Nach dem Stokesschen Gesetz wirkt auf eine Kugel vom Radius r, die von einer Flüssigkeit mit der Viskosität η und der Geschwindigkeit v umströmt wird, die Kraft

$$K = K(r, \eta, v) = a \cdot \eta \cdot v \cdot r \qquad \text{mit } a = \text{const.}$$

Für diese Funktion lautet das totale Differential

$$\begin{aligned} dK &= \frac{\partial K}{\partial r} dr + \frac{\partial K}{\partial \eta} d\eta + \frac{\partial K}{\partial v} dv \\ &= a \cdot \eta \cdot v\, dr + a \cdot r \cdot v\, d\eta + a \cdot r \cdot \eta\, dv. \end{aligned}$$

Dividiert man nun das totale Differential durch K, so folgt

$$\begin{aligned} \frac{dK}{K} &= \frac{a \cdot \eta \cdot v\, dr}{a \cdot \eta \cdot v \cdot r} + \frac{a \cdot r \cdot v\, d\eta}{a \cdot \eta \cdot v \cdot r} + \frac{a \cdot r \cdot \eta\, dv}{a \cdot \eta \cdot v \cdot r} \\ &= \frac{dr}{r} + \frac{d\eta}{\eta} + \frac{dv}{v}. \end{aligned}$$

Schreibt man nun statt der Differentiale die Differenzen, so erhält man mit

$$\frac{\Delta K}{K} = \frac{\Delta r}{r} + \frac{\Delta \eta}{\eta} + \frac{\Delta r}{r}$$

ein Maß für den relativen Fehler der Kraft K als Versuchsergebnis aus den Einzelfehlern von Radius r, Geschwindigkeit v und Viskosität.

In diesem Beispiel pflanzt sich der jeweilige Fehler aus den Einzelmessungen bei der Berechnung des Fehlers des Versuchsergebnisses additiv fort. Daher heißt das prinzipielle Verfahren zur Berechnung eines Gesamtfehlers aus den Fehlern der Einzelmessungen auch Fehlerfortpflanzung*.

Nun können einzelne Fehler formal unterschiedliche Vorzeichen haben und sich gegenseitig aufheben. Damit wäre der in 10.4.9. berechnete Gesamtfehler zu groß angesetzt, so daß man noch eine weitere Korrektur anbringen muß. Da man Vorzeichen am besten durch Quadrieren eliminieren kann, ist das dafür übliche Verfahren das der Summation der Quadrate. Damit ergibt sich für den mittleren Gesamtfehler bei

---

* Fußnote siehe Seite 355.

der Bestimmung der Kraft nach dem Stokesschen Gesetz aus Messungen des Kugelradius, der Viskosität und der Strömungsgeschwindigkeit der strömenden Flüssigkeit

$$\frac{\Delta K}{K} = \sqrt{\left(\frac{\Delta r}{r}\right)^2 + \left(\frac{\Delta \eta}{\eta}\right)^2 + \left(\frac{\Delta v}{v}\right)^2}.$$

10.4.10. Satz (Fehlerfortpflanzung). Setzt sich eine Meßgröße x aus n unterschiedlichen Meßwerten zusammen, d.h. gilt

$$x = f(x_1, \ldots, x_n),$$

so berechnet sich der mittlere Fehler Δx aus den Fehlern der einzelnen Meßgrößen x_i zu

$$\Delta x = \sqrt{\left(\frac{\partial f}{\partial x_1} \Delta x_1\right)^2 + \ldots + \left(\frac{\partial f}{\partial x_n} \Delta x_n\right)^2}.$$

10.4.11. Beispiele.

1. In diesem Satz über die Fehlerfortpflanzung ist das Beispiel 10.4.9. bereits enthalten.
2. Nach dem idealen Gasgesetz gilt für den Druck p eines Gases

$$p = p(n, V, T) = n \cdot R \cdot \frac{T}{V} \quad (R = \text{Gaskonstante}).$$

* Ergibt die aus dem totalen Differential hergeleitete Beziehung für die Fehlerfortpflanzung nur eine gute Näherung des gesuchten Maximalfehlers (vgl. 3.3.14.), so erfolgt die exakte mathematische Herleitung über eine Taylor-Reihenentwicklung um den Mittelwert. Sei eine mehrdimensionale Funktion $F(x_1, \ldots, x_n)$ gegeben, zu deren Meßwerten der maximale Fehler berechnet werden soll, so kann man diese Funktion folgendermaßen als Taylor-Reihe um den Mittelwert $F(x_{10}, \ldots, x_{n_0})$ entwickeln:

$$F(x_1, \ldots, x_n) = F(x_{10}, \ldots, x_{n_0}) + \sum_{i=1}^{n} \frac{\partial F}{\partial x_i} \Delta x_i + \sum_{i,j=1}^{n} \frac{\partial^2 F}{\partial x_i \partial x_j} \Delta x_i \Delta x_j + \sum_{i,j,k=1}^{n} \frac{\partial^3 F}{\partial x_i \partial x_j \partial x_k} \Delta x_i \Delta x_j \Delta x_k + \ldots$$

Aus dieser Reihenentwicklung berechnet sich der gesuchte Fehler ΔF der Meßwerte x_i im Vergleich zu den Mittelwerten x_{i_0} zu

$$\Delta F = F(x_1, \ldots, x_n) - F(x_{10}, \ldots, x_{n_0}) = \sum_{i=1}^{n} \frac{\partial F}{\partial x_i} \Delta x_i + \sum_{i,j=1}^{n} \frac{\partial^2 F}{\partial x_i \partial x_j} \Delta x_i \Delta x_j + \ldots.$$

Die Terme mit den höheren Ableitungen tragen dabei zur genaueren Berechnung des Fehlers bei; sie heißen Fehler höherer Ordnung.

Zur Erläuterung des Gesagten sei das Beispiel 3.3.14. erneut herangezogen: Gesucht wird die Fläche F aus Messungen der Länge l und der Breite b eines Rechtecks, wobei beide Messungen mit einem Fehler Δl bzw. Δb behaftet sind. Bildet man nun die partiellen Ableitungen zur Taylor-Reihenentwicklung, so ergibt sich der gesuchte maximale Meßfehler zu

$$\Delta F = \frac{\partial F}{\partial l} \Delta l + \frac{\partial F}{\partial b} \Delta b + \frac{\partial^2 F}{\partial l \partial b} \Delta l \Delta b$$
$$= b\Delta l + l\Delta b + \Delta l \Delta b$$

in Übereinstimmung mit 3.3.14.

Hat man nun die Meßgrößen Volumen V, Temperatur T und Molzahl n mit ihren jeweiligen Fehlern ΔV, ΔT bzw. Δn bestimmt, so berechnet sich der relative mittlere Fehler des Druckes Δp nach 10.4.10. zu

$$\frac{\Delta p}{p} = \frac{\sqrt{\left(\frac{\partial p}{\partial V}\Delta V\right)^2 + \left(\frac{\partial p}{\partial T}\Delta T\right)^2 + \left(\frac{\partial p}{V}\Delta n\right)^2}}{P}$$

$$= \frac{\sqrt{\left(-\frac{n\,RT}{V^2}\Delta V\right)^2 + \left(\frac{nR}{V}\Delta T\right)^2 + \left(\frac{RT}{V}\Delta n\right)^2}}{\frac{n\,RT}{V}}$$

$$\sqrt{\left(\frac{-\frac{n\,RT}{V^2}\Delta V}{\frac{n\,RT}{V}}\right)^2 + \left(\frac{\frac{n\,R}{V}\Delta T}{\frac{n\,RT}{V}}\right)^2 + \left(\frac{\frac{RT}{V}\Delta n}{\frac{n\,RT}{V}}\right)^2}$$

$$= \sqrt{\left(-\frac{\Delta V}{V}\right)^2 + \left(\frac{\Delta n}{n}\right)^2 + \left(\frac{\Delta T}{T}\right)^2}\,.$$

Wurden nun die relativen Fehler der Einzelmessungen zu

$$\frac{\Delta V}{V} \leqslant 3\,\% \qquad \frac{\Delta n}{n} \leqslant 1\,\% \qquad \frac{\Delta T}{T} \leqslant 5\,\%$$

berechnet, so ergibt sich der mittlere Gesamtfehler zu

$$\frac{\Delta p}{p} = \sqrt{\left(-\frac{\Delta V}{V}\right)^2 + \left(\frac{\Delta n}{n}\right)^2 + \left(\frac{\Delta T}{T}\right)^2}$$

$$\leqslant \sqrt{0{,}03^2 + 0{,}01^2 + 0{,}05^2} = \sqrt{3{,}5 \cdot 10^{-3}}$$

$$\leqslant 0{,}0592 = 5{,}92\,\%.$$

Bei der Fehlerfortpflanzung können neben den berechneten Fehlern selbstverständlich auch abgeschätzte, also nichtstatistische, Fehler berücksichtigt werden, so daß sich mit der Fehlerfortpflanzung eine Möglichkeit anbietet, eine Gesamtfehlerbetrachtung durchzuführen und somit einen Gesamtfehler anzugeben, der alle denkbaren Fehlerquellen berücksichtigt.

Nun beruht in sehr vielen Fällen die Technik der Auswertung von Experimenten auf einer graphischen Auftragung der Meßwerte zu einer Meßkurve. Aus dieser Meßkurve werden dann die gesuchten Meßergebnisse berechnet, wie das z.B. in den Beispielen 2.1.5., 2.3.20. und 2.3.21. demonstriert wurde. Wie im Zusammenhang mit den genannten Beispielen bereits festgestellt wurde, ist man weiterhin möglichst bestrebt, die Meßkurve zu linearisieren, d.h. die Achsen bei der Eintragung in das Koordinatensystem so zu wählen, daß die Meßkurve eine Gerade ergibt.

Damit ist die lineare Auftragung von Meßpunkten der häufigste und folglich auch wichtigste Weg einer graphischen Auswertung von Versuchsergebnissen. Man muß jedoch davon ausgehen, daß die Meßpunkte nicht alle auf einer Geraden liegen. Vielmehr streuen sie um die Gerade, da sie statistischen Schwankungen um den Idealwert unterliegen. Damit wird es aber mitunter auch schwierig, eine exakte Auswertung der Meßkurve (Gerade) im Hinblick auf Steigung und absolutes Glied durchzuführen. Vielmehr muß man versuchen, die statistischen Schwankungen auszugleichen, d.h. man muß versuchen, eine Ausgleichsgerade zu finden.

Für die Suche nach der Ausgleichsgeraden bieten sich zwei verschiedene Verfahren an, die auch von unterschiedlichen Voraussetzungen ausgehen. Zunächst die zeichnerische Methode:

10.4.12. Satz (Zeichnerische Methode zur Bestimmung einer Ausgleichsgeraden). Es seien n Meßpunkte $(x_i; y_i)$ gegeben, die einer linearen Beziehung

$$y = ax + b$$

genügen mögen. Ferner sei zu jedem einzelnen Meßwert y_i der jeweilige Einzelfehler Δy_i gegeben.

Unter Berücksichtigung der vollen Fehlerbreiten aller Meßpunkte ergeben sich zwei Geraden $y_1 = a_1 x + b_1$ und $y_2 = a_2 x + b_2$, wobei die Gerade $y_1(x)$ die größtmögliche und $y_2(x)$ die geringstmögliche Steigung haben möge. Die Steigung a der gesuchten Ausgleichsgeraden ergibt sich dann als arithmetisches Mittel der Steigungen a_1 und a_2 zu

$$a = \frac{a_1 + a_2}{2} \quad \text{mit} \quad \Delta a \leqslant |a_1 - a|,$$

während sich das absolute Glied b der Ausgleichsgeraden aus den Werten b_1 und b_2 berechnet

$$b = \frac{b_1 + b_2}{2} \quad \text{mit} \quad \Delta b \leqslant |b_1 - b|.$$

10.4.13. Beispiel. Gegeben seien die Meßpunkte

x	1	2	2,5	3,2	3,6	3,7	5,0	5,8	7,0	8,0
y	0,9	2,2	3,0	3,0	4,0	4,5	5,0	6,0	6,7	8,2

,

wobei der Fehler Δy_i jeweils 10 % betragen möge.

Trägt man die Meßpunkte in ein x, y-Diagramm mit den jeweiligen Fehlerbreiten Δy_i ein, so kann man unter Berücksichtigung der vollen Fehlerbreiten zwei extrem voneinander abweichende Geraden einzeichnen (vgl. gestrichelte Geraden in Abb. 10.3.).

Wählt man zwei Punkte auf jeder der extremen Meßgeraden, z.B.

$$P_1(2; 2) \quad \text{und} \quad P_2(8; 9{,}2) \quad \text{bzw.} \quad P_1'(2;2) \quad P_2'(8; 7{,}7)$$

so kann man die Gleichungen der beiden Geraden aus den Koordinaten dieser Punkte berechnen. Es ergibt sich

$$y_1(x) = 1{,}15\,x - 0{,}3 \quad \text{bzw.} \quad y_2(x) = 0{,}95\,x + 0{,}1.$$

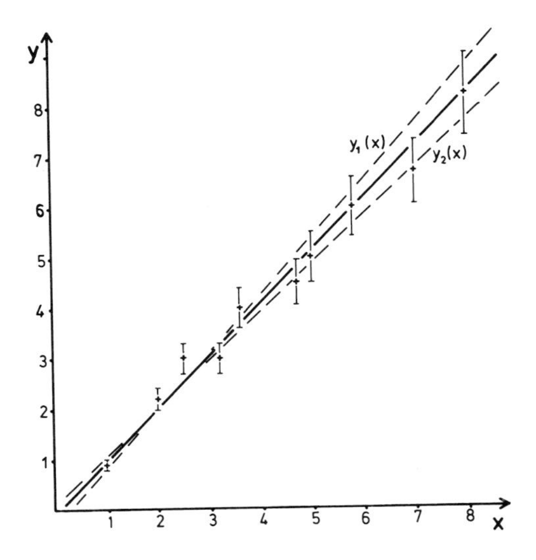

Abb. 10.3: Zeichnerische Bestimmung der Ausgleichsgeraden

Nach 10.4.12. berechnen sich Steigung und absolutes Glied aus dem arithmetischen Mittel der entsprechenden Werte der Geraden $y_1(x)$ und $y_2(x)$ zu

$$a = \frac{1{,}15 + 0{,}95}{2} = 1{,}05 \qquad \text{mit } \Delta a \leqslant |\,1{,}05 - 0{,}95\,| = 0{,}1$$

$$b = \frac{-0{,}3 + 0{,}1}{2} = -0{,}1 \qquad \text{mit } \Delta b \leqslant |\,-0{,}3 + 0{,}1\,| = 0{,}2.$$

Damit lautet die Gleichung der gesuchten Meßkurve, also der Ausgleichsgeraden

$$y = y(x) = 1{,}05x - 0{,}1.$$

Das zweite Verfahren zur Bestimmung einer Geraden aus gegebenen Meßpunkten, von denen erwartet wird, daß sie einen linearen Verlauf haben, ist eine rein rechnerische Methode. Sie geht davon aus, daß die Aufgabe darin besteht, aus den streuenden Meßpunkten Steigung a und absolutes Glied b der Ausgleichsgeraden so zu bestimmen, daß die gefundenen Werte mit größter Wahrscheinlichkeit die wahren Werte sind.

Dazu wird zunächst die allgemeine Geradengleichung vorausgesetzt

$$y = ax + b \quad \text{bzw.} \quad y - ax - b = 0,$$

wobei die Größen a und b zu bestimmen sind. Hat man nun n Meßpunkte $P_1(x_1; y_1), \ldots, P_n(x_n; y_n)$ vorliegen, so erfüllen deren Koordinaten im allgemeinen diese Geradengleichung nicht, d.h. es gilt

$$v_1 = y_1 - ax_1 - b \neq 0$$
$$v_2 = y_2 - ax_2 - b \neq 0$$
$$\vdots$$
$$v_n = y_n - ax_n - b \neq 0.$$

Nun werden die Werte a und b gesucht, die die größte Wahrscheinlichkeit dafür bieten, daß die Differenzen v_i möglichst klein sind, d.h. daß die gegebenen Meßpunkte möglichst dicht an der gesuchten Geraden liegen. Dieses Problem ist zu lösen, wenn man bedenkt, daß die Summe der Abweichungen v_i von der Geraden möglichst gering, also minimal, sein muß. Um auch hier Fehler durch unterschiedliche Vorzeichen zu vermeiden, quadriert man die Differenzen v_i und sucht die Werte a und b, für die die Summe der Quadrate

$$v(a, b) = \sum_{i=1}^{n} v_i^2 = \sum_{i=1}^{n} (y_i - ax_i - b)^2$$

ein Minimum hat. Entsprechend wird das Verfahren auch die Methode der kleinsten Quadrate genannt.

Das gesuchte Minimum ergibt sich nach den Regeln der Differentialrechnung aus den Ableitungen der Funktion $v(a, b)$:

$$\frac{\partial v(a, b)}{\partial a} = \frac{\partial}{\partial a} \sum_{i=1}^{n} v_i^2 = 2 \sum_{i=1}^{n} (-x_i)(y_i - ax_i - b)$$

$$= 2 \sum_{i=1}^{n} (-x_i)\, v_i = 0$$

$$\frac{\partial v(a, b)}{\partial b} = \frac{\partial}{\partial b} \sum_{i=1}^{n} v_i^2 = 2 \sum_{i=1}^{n} (-1)(y_i - ax_i - b)$$

$$= -2 \sum_{i=1}^{n} v_i = 0.$$

Diese beiden Ableitungen führen zu einem System aus zwei Gleichungen, aus denen man die Unbekannten a und b berechnen kann.

10.4.14. Satz (Methode der kleinsten Quadrate). Es seien n Meßpunkte $P_i(x_i; y_i)$ gegeben, die um eine Gerade $y = y(x) = ax + b$ streuen mögen.

Die unbekannten Größen a und b der Ausgleichsgeraden berechnen sich als Lösungen des Gleichungssystems

$$\sum_{i=1}^{n} (-x_i) \cdot (y_i - ax_i - b) = \sum_{i=1}^{n} (-x_i)\, v_i = 0$$

$$\sum_{i=1}^{n} (y_i - ax_i - b) = \sum_{i=1}^{n} v_i = 0 \qquad \text{mit } v_i = y_i - ax_i - b.$$

10.4.15. Beispiel. Gegeben seien die Meßpunkte aus Beispiel 10.4.13. Aus diesen 10 Meßpunkten ergeben sich nach 10.4.14. die Gleichungen

$$\begin{aligned}\sum_{i=1}^{n} (-x_i) v_i &= (-1)(0{,}9 - a - b) + (-2)(2{,}2 - 2a - b) + \\ &\quad + (-2{,}5)(3 - 2{,}5a - b) + (-3{,}2)(3 - 3{,}2a - b) + \\ &\quad + (-3{,}6)(4 - 3{,}6a - b) + (-4{,}7)(4{,}5 - 4{,}7a - b) + \\ &\quad + (-5)(5 - 5a - b) + (-5{,}8)(6 - 5{,}8a - b) + \\ &\quad + (-7)(6{,}7 - 7a - b) + (-8)(8{,}2 - 8a - b) \\ &= -230{,}25 + 228{,}18a + 42{,}80b = 0\end{aligned}$$

$$\begin{aligned}\sum_{i=1}^{n} v_i &= (0{,}9 - a - b) + (2{,}2 - 2a - b) + (3 - 2{,}5a - b) + \\ &\quad + (3 - 3{,}2a - b) + (4 - 3{,}6a - b) + (4{,}5 - 4{,}7a - b) + \\ &\quad + (5 - 5a - b) + (6 - 5{,}8a - b) + (6{,}7 - 7a - b) + \\ &\quad + (8{,}2 - 8a - b) \\ &= 43{,}5 - 42{,}8a - 10b = 0.\end{aligned}$$

Aus diesen beiden inhomogenen Gleichungen berechnen sich die Unbekannten a und b zu

$$a \approx 0{,}9748 \qquad \text{und} \qquad b \approx 0{,}2754.$$

Die gesuchte Ausgleichsgerade hat also die Gleichung

$$y = 0{,}9748x + 0{,}2754.$$

Die hier gefundenen Werte für a und b stimmen mit den Werten aus der zeichnerischen Auswertung in 10.4.13. unter Berücksichtigung der dort genannten Maximalfehler gut überein.

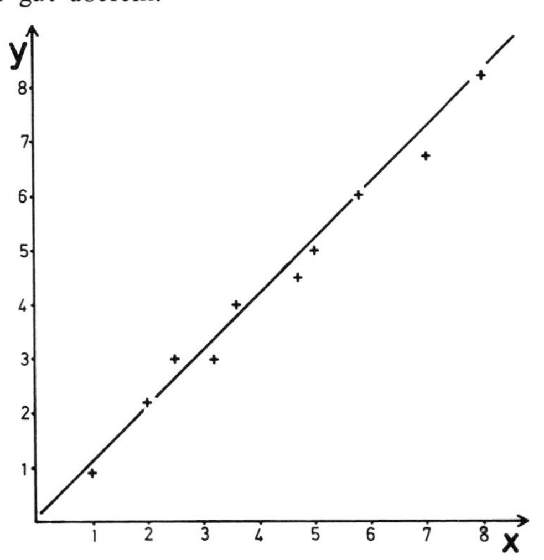

Abb. 10.4: Darstellung der Ausgleichsgeraden $y = 0{,}9748x + 0{,}2754$

11 Verzeichnis der wichtigsten Abkürzungen und Symbole

A ⮏ B	aus A folgt B
A ⇅ B	aus A folgt B und aus B folgt A
$A \Rightarrow B$	die Aussage A führt zur Aussage B hin
$\vee$	oder
$\wedge$	und
$\mathbb{N}$	die Menge der natürlichen Zahlen
$\mathbb{Z}$	die Menge der ganzen Zahlen
$\mathbb{Q}$	die Menge der rationalen Zahlen
$\mathbb{R}$	die Menge der reellen Zahlen
$\mathbb{C}$	die Menge der komplexen Zahlen
ϕ	die leere Menge
$a \in M$	a ist Element der Menge M
$a \notin M$	a ist nicht Element der Menge M
$M = \{x \mid a = A\}$	M ist die Menge der Elemente x mit der Eigenschaft A
$M = \{x_1; x_2; x_3; \dots\}$	M ist die Menge der Elemente $x_1, x_2, x_3, \dots$
$A \; \forall x \in M$	die Aussage A gilt für alle Elemente x aus M
$=$	gleich
$\neq$	ungleich
$\approx$	angenähert gleich
$\triangleq$	entspricht
$<$	kleiner
$>$	größer
$\leqq$ bzw. $\leqslant$	kleiner oder gleich
$\geqq$ bzw. $\geqslant$	größer oder gleich
Σ	Summenzeichen z.B. $\sum_{i=1}^{5} i = 1 + 2 + 3 + 4 + 5 = 15$
Π	Produktzeichen z.B. $\prod_{i=3}^{7} i = 3 \cdot 4 \cdot 5 \cdot 6 \cdot 7 = 2520$
!	Fakultät z.B. $5! = 1 \cdot 2 \cdot 3 \cdot 4 \cdot 5 = 120$
$\binom{n}{k}$	n über k z.B. $\binom{3}{5} = \frac{5 \cdot 4 \cdot 3}{1 \cdot 2 \cdot 3} = 10$

$\lim\limits_{\to}$	limes (Grenzwert) z.B. $\lim\limits_{x\to\infty} \frac{1}{x} = 0$
const.	konstante Größe
$\pi = 3{,}14159...$	Kreiszahl
$e = \lim\limits_{n\to\infty} \left(1 + \frac{1}{n}\right)^n = \sum\limits_{n=0}^{\infty} \frac{1}{n!} = 2{,}71828...$	Eulersche Zahl
$i = \sqrt{-1}$	imaginäre Einheit
∞	unendlich

12 Sachregister